"先进化工材料关键技术丛书"(第二批)编委会

编委会主任：

薛群基　中国科学院宁波材料技术与工程研究所，中国工程院院士

编委会副主任（以姓氏拼音为序）：

陈建峰　北京化工大学，中国工程院院士

高从堦　浙江工业大学，中国工程院院士

华　炜　中国化工学会，教授级高工

李仲平　中国工程院，中国工程院院士

谭天伟　北京化工大学，中国工程院院士

徐惠彬　北京航空航天大学，中国工程院院士

周伟斌　化学工业出版社，编审

编委会委员（以姓氏拼音为序）：

陈建峰　北京化工大学，中国工程院院士

陈　军　南开大学，中国科学院院士

陈祥宝　中国航发北京航空材料研究院，中国工程院院士

陈延峰　南京大学，教授

程　新　济南大学，教授

褚良银　四川大学，教授

董绍明　中国科学院上海硅酸盐研究所，中国工程院院士

段　雪　北京化工大学，中国科学院院士

樊江莉　大连理工大学，教授

范代娣　西北大学，教授

傅正义　武汉理工大学，中国工程院院士

高从堦　浙江工业大学，中国工程院院士

龚俊波　天津大学，教授

贺高红　大连理工大学，教授

胡迁林　中国石油和化学工业联合会，教授级高工

胡曙光　武汉理工大学，教授

华　炜　中国化工学会，教授级高工

黄玉东　哈尔滨工业大学，教授

蹇锡高　大连理工大学，中国工程院院士

金万勤　南京工业大学，教授

李春忠　华东理工大学，教授

李群生　北京化工大学，教授

李小年　浙江工业大学，教授

李仲平　中国工程院，中国工程院院士

刘忠范　北京大学，中国科学院院士

陆安慧　大连理工大学，教授

路建美　苏州大学，教授

马　安　中国石油规划总院，教授级高工

马光辉　中国科学院过程工程研究所，中国科学院院士

聂　红　中国石油化工股份有限公司石油化工科学研究院，教授级高工

彭孝军　大连理工大学，中国科学院院士

钱　锋　华东理工大学，中国工程院院士

乔金樑　中国石油化工股份有限公司北京化工研究院，教授级高工

邱学青　华南理工大学 / 广东工业大学，教授

瞿金平　华南理工大学，中国工程院院士

沈晓冬　南京工业大学，教授

史玉升　华中科技大学，教授

孙克宁　北京理工大学，教授

谭天伟　北京化工大学，中国工程院院士

汪传生　青岛科技大学，教授

王海辉　清华大学，教授

王静康　天津大学，中国工程院院士

王　琪　四川大学，中国工程院院士

王献红　中国科学院长春应用化学研究所，研究员

国家出版基金项目
NATIONAL PUBLICATION FOUNDATION

先进化工材料关键技术丛书（第二批）

中国化工学会 组织编写

石油化工催化新材料

New Catalytic Materials for Petrochemical Industry

聂 红 等著

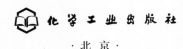

·北京·

内 容 简 介

《石油化工催化新材料》是"先进化工材料关键技术丛书"（第二批）的一个分册。

本书系统论述了石油化工产品生产中各类催化材料、催化剂的创新思路、设计优化、合成改性、工业应用等。内容包括绪论、氧化铝材料、分子筛催化材料、重整催化新材料、生产芳烃的催化新材料、催化裂化新材料、催化加氢新材料等。

《石油化工催化新材料》是多项国家和省部级成果的系统总结，反映了催化材料领域国际前沿的研究水平，应用效果突出，可供化工、材料、化学、环境、能源、生物等专业领域的科技人员、管理人员阅读，也可供高校相关专业师生参考。

图书在版编目（CIP）数据

石油化工催化新材料/中国化工学会组织编写；聂红等著. —北京：化学工业出版社，2024.8
（先进化工材料关键技术丛书. 第二批）
国家出版基金项目
ISBN 978-7-122-45381-5

Ⅰ. ①石… Ⅱ. ①中… ②聂… Ⅲ. ①石油化工－催化－化工材料 Ⅳ. ①TE65

中国国家版本馆 CIP 数据核字（2024）第 069592 号

责任编辑：杜进祥
文字编辑：黄福芝
责任校对：边　涛
装帧设计：关　飞

出版发行：化学工业出版社（北京市东城区青年湖南街13号　邮政编码100011）
印　　装：中煤（北京）印务有限公司
710mm×1000mm　1/16　印张25¾　字数535千字
2024年9月北京第1版第1次印刷

购书咨询：010-64518888　　　售后服务：010-64518899
网　　址：http：//www.cip.com.cn
凡购买本书，如有缺损质量问题，本社销售中心负责调换。

定　　价：199.00元　　　　　　　　　　　版权所有　违者必究

作者简介

聂红，中国石化首席专家，正高级工程师，博士生导师。兼任国家石油产品质量监督检验中心主任、国家能源石油炼制技术研发中心主任、中国石油学会石油炼制分会主任。曾任中国石化石油化工科学研究院副院长。

　　参加工作 38 年来，根植科研一线，主持并承担了多项国家和中国石化重点攻关项目，负责清洁燃料生产、重油加氢、生物航煤生产等重大技术的研发工作。围绕石油资源高效利用、油品清洁化质量升级和低碳减排的国家重大需求，致力重油高效转化，开发重油加氢催化剂及新技术，提高了轻质油品收率；聚焦油品清洁化，持续创新催化剂和工艺，支撑我国柴油质量不断升级；关注航空燃料绿色化，在国内率先开发出以餐饮废油等为原料的生物航煤生产技术并成功工业化，生产出生物航煤并在国内外航线商业飞行成功，为我国航空业低碳减排奠定了技术基础。

　　所开发的新技术，在国内外工业应用 170 多套次，经济和社会效益显著，为我国石油炼制技术的进步、石油炼制工业的提质增效和绿色发展作出了贡献。

　　研究成果获国家技术发明奖二等奖 1 项和国家科技进步奖二等奖 2 项；获中国专利奖金奖 2 项，省部级科技进步奖一等奖 10 项；享受国务院政府特殊津贴，当选新世纪百千万人才工程国家级人选、中国化工学会会士、中国石油学会会士；获全国创新争先奖、何梁何利基金科学与技术创新奖；发表论文 131 篇，出版专著 1 部，获国内外发明专利授权 263 项。

丛书（第二批）序言

　　材料是人类文明的物质基础，是人类生产力进步的标志。材料引领着人类社会的发展，是人类进步的里程碑。新材料作为新一轮科技革命和产业变革的基石与先导，是"发明之母"和"产业食粮"，对推动技术创新、促进传统产业转型升级和保障国家安全等具有重要作用，是全球经济和科技竞争的战略焦点，是衡量一个国家和地区经济社会发展、科技进步和国防实力的重要标志。目前，我国新材料研发在国际上的重要地位日益凸显，但在产业规模、关键技术等方面与国外相比仍存在较大差距，新材料已经成为制约我国制造业转型升级的突出短板。

　　先进化工材料也称化工新材料，一般是指通过化学合成工艺生产的、具有优异性能或特殊功能的新型材料。包括高性能合成树脂、特种工程塑料、高性能合成橡胶、高性能纤维及其复合材料、先进化工建筑材料、先进膜材料、高性能涂料与黏合剂、高性能化工生物材料、电子化学品、石墨烯材料、催化材料、纳米材料、其他化工功能材料等。先进化工材料是新能源、高端装备、绿色环保、生物技术等战略性新兴产业的重要基础材料。先进化工材料广泛应用于国民经济和国防军工的众多领域中，是市场需求增长最快的领域之一，已成为我国化工行业发展最快、发展质量最好的重要引领力量。

　　我国化工产业对国家经济发展贡献巨大，但从产业结构上看，目前以基础和大宗化工原料及产品生产为主，处于全球价值链的中低端。"一代材料，一代装备，一代产业。"先进化工材料因其性能优异，是当今关注度最高、需求最旺、发展最快的领域之一，与国家安全、国防安全以及战略性新兴产业关系最为密切，也是一个国家工业和产业发展水平以及一个国家整体技术水平的典型代表，直接推动并影响着新一轮科技革命和产业变革的速度与进程。先进化工材料既是我国化工产业转型升级、实现由大到强跨越式发展的重要方向，同时也是保障我国制造业先进性、支撑性和多样性的"底盘技术"，是实施制造强国战略、推动制造业高质量发展的重要保障，关乎产业链和供应链安全稳定、绿色低碳发展以及民生福祉改善，具有广阔的发展前景。

"关键核心技术是要不来、买不来、讨不来的。"关键核心技术是国之重器，要靠我们自力更生，切实提高自主创新能力，才能把科技发展主动权牢牢掌握在自己手里。新材料是战略性、基础性产业，也是高技术竞争的关键领域。作为新材料的重要方向，先进化工材料具有技术含量高、附加值高、与国民经济各部门配套性强等特点，是化工行业极具活力和发展潜力的领域。我国先进化工材料领域科技人员从国家急迫需要和长远需求出发，在国家自然科学基金、国家重点研发计划等立项支持下，集中力量攻克了一批"卡脖子"技术、补短板技术、颠覆性技术和关键设备，取得了一系列具有自主知识产权的重大理论和工程化技术突破，部分科技成果已达到世界领先水平。中国化工学会组织编写的"先进化工材料关键技术丛书"（第二批）正是由数十项国家重大课题以及数十项国家三大科技奖孕育，经过 200 多位杰出中青年专家深度分析提炼总结而成，丛书各分册主编大都由国家技术发明奖和国家科技进步奖获得者、国家重点研发计划负责人等担纲，代表了先进化工材料领域的最高水平。丛书系统阐述了高性能高分子材料、纳米材料、生物材料、润滑材料、先进催化材料及高端功能材料加工与精制等一系列创新性强、关注度高、应用广泛的科技成果。丛书所述内容大都为专家多年潜心研究和工程实践的结晶，打破了化工材料领域对国外技术的依赖，具有自主知识产权，原创性突出，应用效果好，指导性强。

创新是引领发展的第一动力，科技是战胜困难的有力武器。科技命脉已成为关系国家安全和经济安全的关键要素。丛书编写以服务创新型国家建设，增强我国科技实力、国防实力和综合国力为目标，按照《中国制造 2025》《新材料产业发展指南》的要求，紧紧围绕支撑我国新能源汽车、新一代信息技术、航空航天、先进轨道交通、节能环保和"大健康"等对国民经济和民生有重大影响的产业发展，相信出版后将会大力促进我国化工行业补短板、强弱项、转型升级，为我国高端制造和战略性新兴产业发展提供强力保障，对彰显文化自信、培育高精尖产业发展新动能、加快经济高质量发展也具有积极意义。

中国工程院院士：

序言

　　石化工业的主要产品是交通运输燃料和有机化工原料。未来炼油厂将呈现三种模式，即清洁燃料型炼油厂、油化结合型炼油厂和化工型炼油厂，后两者比例将越来越大，这是燃料型炼油向化工型炼油转型的客观需要。在可预见的将来，石化工业仍将保持强劲的发展态势。

　　超过 80% 的石油化工反应过程是催化反应过程。催化反应过程可以说是现代工业建立以及高科技开发的科学基础。实践证明，催化材料在石油化工反应中发挥关键作用。因此，石化工业转型离不开新催化剂，尤其是催化新材料的支撑。开发催化新材料及催化剂新品种是重中之重。

　　催化材料的开发是石化工业发展的源泉与动力，其研发与生产技术水平决定着一个国家的石化工业水平。以聂红为代表的中国石化石油化工科学研究院（简称石科院）催化材料和催化剂研发团队，开发出石油馏分加氢、裂化、重整、芳烃生产等一系列催化材料和催化剂，在国内外石化工业中业绩亮丽、口碑颇佳。进入 21 世纪，石科院作为依托单位，先后承担了"石油炼制和基本有机化学品合成的绿色化学""石油资源高效利用的绿色可持续化学""绿色高效的炼油化学工程基础""适应国六清洁汽油生产关键技术""适应国六清洁柴油生产关键技术"等"973 计划""863 计划"、国家重点研发计划项目等，支撑了国家车用燃料各阶段升级工作，"石脑油催化重整成套技术的开发与应用""高效环保芳烃成套技术研发与应用""活性相定向构建及复杂反应分级强化的柴油高效清洁化关键技术"等多个项目获得国家级科技奖项，培养了一批年轻的科学家和技术专家，构成了我国催化新材料研发骨干力量，并通过基础研究，特别是经过工业实践，形成了一系列具有特色的研究领域和研究群体。这些成果为石油化工领域催化新材料的发展奠定了坚实基础。

　　只有面向应用的研究开发才可持续、有生命力。本书所述及的催化材料主要是聂红团队近 20 年来的研究成果，反映了催化材料领域国际前沿的研究水平，体现出前瞻性。尤其可贵的是，这些催化材料都是经过工业验证的，这也是本书最大的特色与亮点。在编写过程中，作者没有面面俱到、刻意追求学科的完整性和系统性，而是围绕石油化工最重要的加工生产单元，从基础材料入手，根据反应途径和特点设计开发新催化材料和催化剂新品种，采用多种物化表征手段分析研究构效关系，通过产业化实践检验研发效果，以专题论述的形式展现领域研发的概貌，具有极高的参考价值。

创制新型催化材料和挖掘现有催化材料的潜能，是今后石油化工催化材料研发的主攻方向，也是支撑石油化工转型的关键要素。催化材料特别是分子筛材料，经过五十多年的发展，已经在石油化工、煤化工、精细化工、化工新材料以及环境保护等领域中得到了广泛应用，产生了巨大的经济和社会效益。进一步提升催化过程效益的新机会，既孕育在新结构催化材料的合成中，尤其是 8～12 元环、结构稳定性优异的硅铝、磷硅铝、硅钛、硅锡等新分子筛结构材料的合成中，也蕴藏于催化材料调变、制造技术中，例如扩孔技术的不断创新、分子筛结晶规整度提升新方法以及分子筛催化含氧有机物转化新反应的开发之中。这些研究一旦取得突破，将可为石油炼制和化工等过程工业跨越式发展和行业转型作出新贡献。催化材料潜力巨大，机会无限，未来越来越多的催化新材料将会被开发和应用，在科学技术日新月异的今天，我们毫不怀疑，且充满期待。

李大东　舒兴田　谢在库
2023 年 11 月 10 日于北京

前言

石油化工行业是以石油和天然气为原料生产石油产品和化工产品的制造工业，是关系国家能源安全和国计民生的支柱产业。催化材料是石化工业的基础和核心，在重油高效转化、汽柴油质量升级、烯烃芳烃等基础原料的生产过程中发挥着巨大作用。石油化工行业的高质量发展离不开催化材料的开发和应用。经过半个多世纪的研究攻关，我国催化材料实现了从无到有、由弱到强的快速发展。同时，催化材料新品种的研发和工业化经验不断丰富，绝大部分催化材料已实现国产化，整体技术达到国际先进水平，部分技术实现国际领先，有些技术成功出口海外，为石化工业发展提供了保障和支撑。随着中国能源结构不断调整、环保要求日趋严格以及"双碳"目标的提出，石油化工行业面临严峻挑战，急需低碳高效的新技术，其中加快开发新催化材料尤为重要。随着高通量计算、先进分析表征和评价技术的崛起，影响催化材料性质、催化作用的本质原因不断被揭示，催化材料的研发将以精准理性设计和可控制备为主要特征，从原子级尺度调控催化性能，为催化材料快速开发提供有效支撑。

针对高效精准催化目标，催化新材料发展还有许多科学问题和技术难题需要解决，研究模式也需要创新。本书从炼油化工的基础催化材料入手，针对石油化工中几个具有代表性的工艺单元，总结了石油化工催化材料的研究方法、创新思路，阐述了从反应特征、反应机理以及原料分子尺寸、目标产品的分子结构组成特点等明晰催化材料的构效关系到设计开发的原则，创制适合反应体系的高活性、高稳定性的催化材料及其成功的工业应用案例，以期为高性能催化新材料的开发提供参考和借鉴。本书涵盖了石油炼制中主要的催化剂和催化材料，主要分两个部分：第一部分为第一章至第三章，对石油化工中基础的催化材料进行分类和梳理，并介绍了新材料的开发成果，对催化材料的发展进行展望；第二部分为第四章至第七章，围绕石油化工行业中具有代表性的重整催化剂、生产芳烃的催化剂、催化裂化催化剂和催化加氢材料，从催化剂材料组成、催化剂制备方法和工业应用等方面进行了系统性总结。

本书由聂红负责框架设计、统稿、修改和定稿，由洪定一和刘海超审稿。第一章由聂红撰写；第二章由聂红、曾双亲撰写；第三章由邢恩会、夏长久、罗一斌、欧阳颖和王成强撰写；第四章由王春明和臧高山撰写；第五章由高宁宁、刘中勋、祁晓岚和王辉国撰写；第六章由宋海涛、刘倩倩、袁帅、周翔、沙昊、周灵萍和于善青撰写；第七章由聂红、李会峰和黄卫国撰写。杨清河、罗一斌、马爱增、王辉国和于善青参与了部分审稿工作。此外，鲍俊参与了本书的部分编写工作，对此书的修改提出了宝贵意见。

本书是在系统总结笔者团队多年来所承担的国家重点研发计划项目"适应国六清洁汽油生产关键技术""适应国六清洁柴油生产关键技术"，国家科技支撑计划项目"劣质、重质原油高效转化""符合国家第四阶段排放要求的清洁车用汽柴油关键生产技术"，国家重点基础研究发展计划（"973计划"）课题"石油炼制过程氢定向利用的化学和工程基础""石油高效转化多级孔催化材料研究""稀土型催化剂在清洁汽油生产中应用的工程基础研究""清洁油品生产的化学和工程基础""稀土催化材料的功能化和工程化基础研究""催化加氢脱硫机理与新催化材料"，科技部研究专项基金项目"新型二甲苯异构化催化剂的研发"，国家自然科学基金项目"规整化多级孔沸石基催化剂对烃类大分子吸附、扩散和反应性研究"等多项国家级项目或课题研究结果的基础上编写而成的，包含了笔者团队所获得的多项相关国家级科技奖、中国专利奖金奖等成果内容，如PS-Ⅳ型（3961）连续重整催化剂的研制及工业应用（1999年国家科技进步奖二等奖）、甲苯与重质芳烃歧化与烷基转移成套技术及催化剂（2002年国家技术发明奖二等奖）、石脑油催化重整成套技术的开发与应用（2009年国家科技进步奖一等奖）、重油高效转化的加氢处理及其与催化裂化新型组合关键技术（2011年国家科技进步奖二等奖）、高效环保芳烃成套技术研发与应用（2015年国家科技进步奖特等奖）、活性相定向构建及复杂反应分级强化的柴油高效清洁化关键技术（2019年国家技术发明奖二等奖）、一种降低重质原料油中沥青质和残炭含量的方法（2020年中国专利奖金奖）等。本书介绍的新材料研发思路和方法，催化剂应用中的工程问题、应用实践等，对相关领域的科学研究、技术开发和工业生产都有较强的指导和参考价值，希望对广大读者在基础研究和催化材料的开发等方面有所帮助。

本书参考了国内外同行撰写的相关文献，在此表示衷心的感谢。本书虽经多次审查、讨论和修改，由于笔者水平有限，仍难免有不足之处，敬请广大读者批评指正。

聂红

2024 年 2 月

目录

第一章
绪　论　　　　　　　　　　001

第一节　石油化工催化材料的分类　　　　　002
　一、氧化铝及其改性材料　　　　　　　　004
　二、分子筛　　　　　　　　　　　　　　006
　三、其他材料　　　　　　　　　　　　　007
第二节　催化材料在石油化工中的应用　　　009
　一、重整催化剂　　　　　　　　　　　　009
　二、生产芳烃催化剂　　　　　　　　　　010
　三、催化裂化催化剂　　　　　　　　　　012
　四、加氢催化剂　　　　　　　　　　　　013
第三节　石油化工催化材料的发展趋势　　　015
参考文献　　　　　　　　　　　　　　　　017

第二章
氧化铝材料　　　　　　　　　　023

第一节　概述　　　　　　　　　　　　　　024
第二节　氧化铝的基本性质　　　　　　　　026
第三节　氧化铝的形态及其前身物　　　　　026

第四节　氧化铝晶体结构、表面化学性质及孔性质　031

一、γ-氧化铝和η-氧化铝的晶体结构　031

二、γ-氧化铝和η-氧化铝的表面化学性质　032

三、氧化铝的孔性质　037

第五节　改性氧化铝　040

一、热处理方法　040

二、化学改性　048

第六节　氧化铝前身物的生产方法　060

一、$NaAlO_2-Al_2(SO_4)_3$法　061

二、$NaAlO_2-CO_2$中和法　065

三、醇铝水解法　068

四、铝盐–氨水中和法　070

第七节　氧化铝载体生产方法　071

一、氧化铝载体成型　072

二、氧化铝载体热处理　078

第八节　总结与展望　082

参考文献　083

第三章
分子筛催化材料　089

第一节　概述　090

一、沸石分子筛及其发展历程　090

二、分子筛合成与改性　093

三、分子筛催化剂在石油炼制与石油化工中的应用　095

第二节　支撑催化裂化技术的分子筛材料　098

一、重油转化Y型分子筛系列　098

二、催化裂化辛烷值助剂　102

三、催化裂化丙烯助剂　104

四、催化裂化丁烯助剂　109

第三节　支撑催化加氢技术的分子筛材料　112

　　一、支撑加氢裂化的超稳 Y 型分子筛　112

　　二、润滑油异构降凝 ZIP 分子筛　113

第四节　支撑石油化工技术的分子筛材料　114

　　一、AEB 系列乙烯与苯液相烷基化催化剂　114

　　二、空心钛硅分子筛（HTS）催化氧化新材料　116

第五节　总结与展望　118

参考文献　119

第四章
重整催化新材料　121

第一节　概述　122

第二节　重整催化剂及工艺介绍　124

　　一、半再生重整　126

　　二、连续（再生）重整　126

第三节　重整催化剂的制备与表征　127

　　一、载体的制备　128

　　二、金属组元的引入　132

　　三、重整催化剂的表征　134

第四节　重整催化剂的再生过程　146

　　一、重整催化剂的烧焦　146

　　二、催化剂的氯化更新　147

　　三、催化剂的还原　149

　　四、催化剂的预硫化　150

　　五、重整催化剂的再生方式　150

第五节　重整催化剂的开发应用　152

　　一、铂锡催化剂　152

　　二、铂铼催化剂　156

第六节　总结与展望　158

参考文献　159

第五章
生产芳烃的催化新材料　　　　165

第一节　概述　　　　166
第二节　C$_8$芳烃异构化催化新材料　　　　167
　一、C$_8$芳烃异构化反应　　　　167
　二、C$_8$芳烃异构化催化剂　　　　176
　三、C$_8$芳烃异构化催化剂应用　　　　182
　四、C$_8$芳烃异构化催化材料及催化剂技术发展　　　　185
第三节　甲苯歧化与烷基转移反应中的分子筛合成技术　　　　185
　一、用于纯甲苯歧化反应的 ZSM-5 分子筛　　　　186
　二、用于甲苯与 C$_9^+$ 芳烃歧化和烷基转移反应的丝光沸石分子筛　　　　193
　三、用于重质芳烃原料轻质化反应的 β 型分子筛　　　　196
第四节　C$_8$芳烃分离吸附新材料　　　　199
　一、用于二甲苯吸附分离的 FAU 分子筛　　　　200
　二、其他二甲苯吸附分离材料　　　　208
第五节　总结与展望　　　　210
参考文献　　　　211

第六章
催化裂化新材料　　　　221

第一节　概述　　　　222
　一、催化裂化反应化学及理论基础　　　　222
　二、催化裂化材料分类　　　　224
第二节　催化裂化催化剂FAU结构分子筛主活性组分材料　　　　225
　一、FAU 结构分子筛的结构与组成　　　　225
　二、FAU 结构分子筛的主要性能及表征方法　　　　225
　三、FAU 结构分子筛的改性方法及工艺原理　　　　228
第三节　催化裂化催化剂MFI结构分子筛助活性组分材料　　　　238

一、MFI 结构分子筛的结构与组成 238

二、MFI 结构分子筛的改性及其在催化裂化催化剂中的应用 239

三、中空富铝纳米 ZSM-5 分子筛用于环烷烃高选择性增产低碳烯烃 240

第四节 催化裂化催化剂基质材料 241

一、催化裂化催化剂基质材料的发展 241

二、催化裂化催化剂基质材料的分类、性质及作用 242

三、催化裂化催化剂黏土矿物基质材料及其应用 245

四、催化裂化催化剂黏结剂基质材料及其应用 249

第五节 催化裂化催化剂的开发及应用 255

一、催化裂化催化剂的研究进展概述 255

二、催化裂化催化剂的工业生产流程 256

三、催化裂化新催化剂的开发及应用 257

第六节 催化裂解催化剂的开发及应用 271

一、催化裂解催化剂的研究进展 271

二、催化裂解新催化剂的开发及应用 272

第七节 催化裂化环保助剂材料 278

一、CO 助燃材料 278

二、烟气脱 SO_x 材料 279

三、烟气脱 NO_x 材料 283

四、多效组合降低烟气中 SO_x、NO 和 CO 的材料 287

第八节 总结与展望 288

参考文献 289

第七章
催化加氢新材料 295

第一节 催化加氢材料基本概念和分类 296

第二节 催化加氢材料设计原理 297

一、载体表面结构性质的影响 298

　　二、金属前驱体分子结构的影响　　301

　　三、载体表面结构性质和金属前驱体分子结构的共同影响　　305

　　四、硫化过程参数的影响　　307

　　五、引入有机物的作用　　309

第三节　催化加氢材料结构特点与分析表征　　311

　　一、催化加氢材料结构特点　　312

　　二、催化加氢材料结构的分析表征　　315

第四节　催化加氢材料的生产与制备　　320

　　一、浸渍条件对加氢催化剂生产与制备的影响　　321

　　二、干燥条件对加氢催化剂生产与制备的影响　　323

　　三、焙烧条件对加氢催化剂生产与制备的影响　　323

　　四、柠檬酸的引入方式对加氢催化剂生产与制备的影响　　325

　　五、加氢催化剂开发的基本流程和技术平台　　326

第五节　催化加氢材料应用　　327

　　一、在清洁汽油生产中的应用　　327

　　二、在清洁柴油生产中的应用　　329

　　三、在重油高效转化中的应用　　334

第六节　多产化工原料型催化加氢材料的特点与应用　　340

　　一、多产化工原料型加氢催化剂的特点　　341

　　二、酸性材料对催化剂性能的影响　　342

　　三、金属组分对催化剂性能的影响　　349

　　四、多产化工原料型以及调整柴汽比加氢催化剂的应用　　351

第七节　润滑油异构脱蜡催化加氢材料的特点与应用　　356

　　一、润滑油异构脱蜡催化剂　　356

　　二、异构脱蜡催化材料设计原理　　358

　　三、异构脱蜡加氢催化剂的生产与制备　　359

　　四、异构脱蜡加氢催化剂应用　　360

第八节　催化加氢材料的回收与利用　　362

　　一、废加氢催化剂的再生与利用　　363

　　二、加氢催化剂的梯级利用技术　　365

　　三、废加氢催化剂的金属回收与利用　　366

第九节　总结与展望 368

参考文献 370

本书缩写符号表 381

索引 382

第一章

绪　论

第一节　石油化工催化材料的分类 / 002

第二节　催化材料在石油化工中的应用 / 009

第三节　石油化工催化材料的发展趋势 / 015

随着国民经济的快速发展，石油和化学工业取得了举世瞩目的成就，石油化工产品已融入人们工作和生活的各个方面。近二十年来，作为石化工业核心的催化材料的创新发展是推动石油化工技术进步的关键。本书重点总结了石油化工中几类关键过程的催化材料的成功研发和工业应用案例，希望对相关领域的科学研究、技术开发和工业生产有帮助。

在化学反应中，催化剂可改变反应速率而不改变该反应的标准吉布斯自由能。按照催化作用功能分类，催化剂有氧化催化剂、加氢催化剂、脱氢催化剂、脱水催化剂、烷基化催化剂、异构化催化剂、歧化催化剂、聚合催化剂等。根据反应原料性质及催化反应特性，不同催化剂所需催化材料各不相同。本书提到的催化材料是具有催化作用的物质并包括各种催化剂的泛称。据统计，80%以上的化工原料和化工产品都由催化反应过程获得。因此，新型催化材料的研究成为人们关注的焦点之一，并成为催化研究中非常活跃的领域。

第一节
石油化工催化材料的分类

石油化工生产中的催化反应大多属于多相催化，催化剂主要为负载型催化剂、活性组分加基质（氧化铝）催化剂。负载型催化剂主要由载体材料和活性金属材料构成，载体材料通常为氧化铝、无定形硅铝、分子筛、活性炭等，图 1-1 为氧化铝和分子筛典型的结构示意图。载体材料的选择取决于反应原料及反应特性，以氧化铝（Al_2O_3）为例，当活性组分必须高度分散在氧化铝载体上才能表现出足够的催化活性时，就应选用大比表面积材料，如 γ-Al_2O_3 或 η-Al_2O_3[1,2]。当活性组分不需要大的比表面积就能保证催化剂有足够高的活性，特别是表面反应速率快、扩散成为催化反应速率的控制步骤、强放热反应时，就应选择小比表面积载体材料，如 α-Al_2O_3[3]。石脑油重整反应要求载体具有催化烃类骨架异构的活性，就应选择卤素（F、Cl 等）改性的 Al_2O_3 材料[4]；蜡油加氢裂化反应需要载体材料具有催化 C—C 键断裂的功能，因而需选择比 Al_2O_3 酸性更强的无定形硅铝或分子筛[5]。除此之外，载体还要具有一定的机械强度、热稳定性、抗毒物性能等。催化剂上负载的铂、钯、镍、钨、钼、钴等金属及其化合物是催化剂的重要组成部分，对催化剂的活性起着关键作用。以金属 Pt 为例，具有加氢、脱氢等功能，在重整、异构化、烷烃脱氢等催化剂中具有广泛的应用。高性能的催化剂离不开载体与活性金属适宜的匹配，载体的结构和表面性质、金属活性相的形貌结构、金属-载体的相互作用力成为科研工作者研究的重要内容。

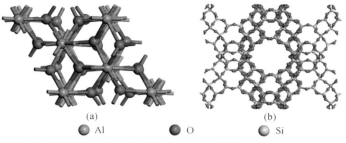

(a)

● Al ● O ● Si

图1-1 氧化铝（a）和分子筛（b）典型结构示意图

图 1-2 为燃料型炼油厂炼油工艺流程图，其主要工艺单元有催化重整、芳烃生产、催化裂化/催化裂解、汽油/煤油/柴油/渣油加氢等。重整催化剂一般选

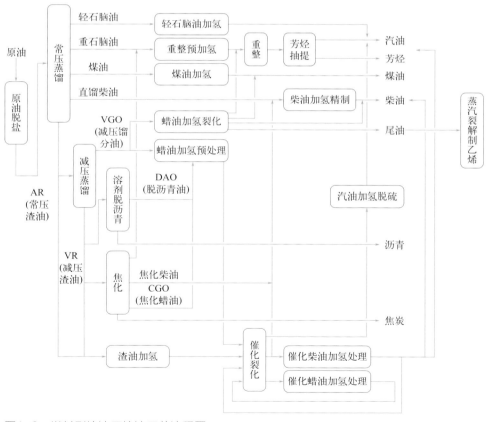

图1-2 燃料型炼油厂炼油工艺流程图

用 γ-Al$_2$O$_3$ 材料作载体，它具有可几孔径大、孔结构稳定性好等优点。活性金属材料为 Pt、Re、Sn 等。生产芳烃催化剂的固体酸材料常选用 MFI、MOR、FAU 和 EUO 等拓扑结构类型的分子筛，如 ZSM-5、丝光沸石分子筛、β 型分子筛等，Pt、Pd 等贵金属是最主要的活性金属材料。催化裂化催化剂以 FAU 结构分子筛为主活性组分材料，以 MFI 结构分子筛为助活性组分材料，以高岭土、累托土等天然黏土以及铝溶胶、硅溶胶、拟薄水铝石等合成材料为黏结剂。加氢催化剂按有无载体可分为非负载型和负载型催化加氢材料。非负载型催化加氢材料由金属及其化合物组成，例如，骨架镍（雷尼镍）、二硫化钼、二硫化钨等。负载型催化加氢材料主要由载体和负载其上的金属物种组成。常用的载体材料包括氧化铝、二氧化硅、二氧化钛、无定形硅铝、分子筛、活性炭以及复合氧化物载体等，常用的金属是 Co、Mo、W、Ni、Pt、Pd 等及其化合物。上述催化材料及其应用将在第二章至第七章分别予以详细介绍。

一、氧化铝及其改性材料

氧化铝是氢氧化铝加热脱水后的产物，根据脱水温度的差异，可以生成各种晶型的 Al$_2$O$_3$，如 ρ- 氧化铝、η- 氧化铝、γ- 氧化铝、χ- 氧化铝、δ- 氧化铝、θ- 氧化铝、κ- 氧化铝、α- 氧化铝等。氧化铝具有良好的化学稳定性和热稳定性，以氧化铝为主要材料制备的载体在机械强度、化学酸性等方面具有优良的性能。石油炼制中所用的加氢催化剂（加氢裂化除外）和重整催化剂的载体、催化裂化催化剂的基质几乎都是氧化铝材料[6-8]，晶型以 γ- 氧化铝和 η- 氧化铝为主。

氧化铝的制备方法主要有铝酸盐中和法、铝盐中和法、铝溶胶中和法、醇铝水解法等[9,10]。德国 Sasol 公司以高级醇和高纯铝屑为原料成功开发出拟薄水铝石 SB 粉。SB 粉具有比表面积大、纯度高等优点，常作为贵金属催化剂的载体。国内制备氧化铝的主要方法为中和沉淀法，如偏铝酸钠 - 硫酸铝法、碳化法等。偏铝酸钠 - 硫酸铝法生产的氧化铝载体含有微量杂质（Na$^+$、SO$_4^{2-}$），适用于对杂质含量无苛刻要求的催化剂，如一般的加氢处理催化剂。碳化法是以 CO$_2$ 气体中和偏铝酸钠溶液制备拟薄水铝石的方法。该方法工艺简单，基本上不会排放废物，环境污染小，但产品中也含有杂质，经水洗处理后可用于加氢催化剂和催化裂化催化剂。

石油化工中不同反应原料性质差别较大，为了使催化剂具有较高的催化反应活性，需要精准调节氧化铝及其载体的比表面积、孔道结构、表面性质等，使之更好地满足催化反应的具体需要。改变氧化铝的孔结构，一般从两个方面入手：一是调节氧化铝粒子的大小，二是控制粒子堆积的紧密程度。氧化铝粒子越大，堆积越蓬松，其孔容（又称孔体积）越大，大孔越多；反之，孔容越小，小孔越多。通过调节氧化铝前驱体制备过程中的参数（如 pH 值、老化水热温度等）和焙烧条件，可以生产出不同形貌、表面化学性质和晶型的氧化铝材料；也可以对氧化铝进行热处理，改变氧化铝表面性质。本书著者团队基于对氧化铝制备过程中孔结构调变的认识，成功开发出 RPB90、RPB100、RPB110、RPB120、Rocket、Asia 等系列氧化铝产品，可满足汽油、柴油、蜡油、渣油等不同分子量石油组分炼制的需求。

除研究构效关系外，氧化铝的工业生产问题更是关注的焦点，即如何开发出低成本、环保的制备工艺以及如何在工业上稳定生产出高质量、满足不同工艺需求的氧化铝[11]。传统偏铝酸钠 - 硫酸铝法制备氧化铝的工艺主要包括中和、老化、多次板框过滤和浆化、闪蒸干燥等过程，流程长，产品收率低，孔结构波动大，过程"三废"多。本书著者团队[12-14]通过对拟薄水铝石晶种成核和生长过程的认识，创新性地对拟薄水铝石工业制备工艺进行改进。将传统的一次中和反应改成分步连续中和，稳定控制了拟薄水铝石晶种生成过程。同时，将晶粒生长集中于老化过程阶段，稳定控制晶粒生长。其次，将板框 - 打浆罐过滤洗涤装置替换成带式过滤机，提高洗涤效率。通过多种优化改进，形成了绿色环保、短流程连续化的拟薄水铝石制备新工艺。新工艺物料停留时间变成原来的 1/3，产品孔结构稳定可控，收率从 77.9% 提高到 98.7%，洗涤用水量降低 82.7%，实现了废渣和废液的零排放，生产成本显著降低。

氧化铝只有 Lewis 酸（L 酸）中心，没有 Brønsted 酸（B 酸）中心，其 L 酸中心浓度与预处理或焙烧温度有密切关系。在使用氧化铝作为载体材料时，经常需要对氧化铝的酸性进行调节，以适应催化反应对酸性的要求。氧化铝的改性方法主要有两种：一是热处理，通过改变焙烧温度来调节氧化铝的酸性；二是添加助剂，改变助剂的种类和添加量使表面化学结构发生变化，从而调节酸性。常用的助剂有两类，一类是含能与氧化铝形成复合氧化物元素的化合物，如含硅、钛、锆、硼等元素的化合物[15-17]；另一类是含卤素、磷等元素的化合物，如 HF、NH_4F、HCl、H_3PO_4 等[18,19]。助剂的添加可以在前身物制备的过程、成型过程或者浸渍过程中进行[20,21]。复合氧化物载体可以消除单一氧化物载体存在的不足，通过协同作用更好发挥各自的性能优势。如在氧化铝中加入 GeO_2 或 SiO_2，会产生 B 酸中心[22]。而在氧化铝中引入锆的氧化物，会增加弱 L 酸中心，降低强 L 酸中心，但不会产生 B 酸中心。在氧化铝中加入少量的磷酸或氟，均能使酸性增强。用 F、B、Mg、Zn 等对氧化铝进行改性，可以明显抑制氧化铝与 Ni、Co 的相互作用，减少镍 - 铝尖晶石或钴 - 铝尖晶石的生成。氧化铝经 P 改性后，能提高其热稳定性。

中国石化石油化工科学研究院（简称石科院）在开发 RN-1 馏分油加氢脱氮催化剂的过程中，氧化铝材料的改进起了重大作用[23]。采用结晶度高、颗粒大小均匀的氢氧化铝原料，以助剂改性氧化铝，制备的载体 Lewis 酸中心减少，并有适量的 B 酸中心，构建的催化剂可以减少碱性氮化物的吸附，降低生焦速度并促进 C—N 键的断裂；能抑制镍 - 铝尖晶石形成，可更有效地发挥活性组分 Ni 的作用。

二、分子筛

分子筛，又称沸石，是一类具有有序孔道结构的多孔材料。分子筛具有较高的比表面积、表面酸性和良好的稳定性，在石油炼制和石油化工领域发挥着巨大作用，如催化裂化、加氢裂化、烷基化、异构化、重芳烃轻质化等反应。除此之外，分子筛被大量用作离子交换剂、吸附分离剂、干燥剂，广泛应用于工业、农业和国防等部门。按组成分类，分子筛有硅铝基类、磷酸盐类、钛硅类和其他杂原子类分子筛[24-27]。从拓扑结构来看，分子筛是由 [SiO$_4$]、[AlO$_4$] 或 [PO$_4$] 等四面体基本结构单元通过氧原子（氧桥）连接形成的具有规则孔道结构的无机晶体材料，形成了特征的笼、孔道等结构。分子筛的孔口尺寸通常在 1nm 以内，与石油中常规分子尺寸在一个数量级，因而分子筛具有择形选择性。自 20 世纪 40 年代开始研究分子筛以来，已经合成出 200 多种不同骨架类型的分子筛，但已规模化应用的有十几种。目前合成的分子筛中，具有代表性的有 ZSM-5、ZSM-11、SAPO-11、MCM-22、β 型分子筛、Y 型分子筛等[28-33]。其中，Y 型分子筛主要用作催化裂化催化剂活性组元，也用于加氢裂化、烷基化等过程的催化剂活性组元。ZSM-5 分子筛是目前应用范围最广、品种最多的分子筛，除了催化裂化、催化裂解、催化重整、加氢裂化等传统炼油过程外，在煤化工、精细化工等领域也发挥着重要作用。β 型分子筛在催化裂化、加氢裂化、C$_5$/C$_6$ 异构化、乙烯与苯烷基化、烷基转移、重芳烃轻质化、酰基化等过程中得到应用。MCM-22 可用于乙烯苯烷基化、丙烯苯烷基化、烷基转移、重芳烃轻质化等反应。SAPO-11 分子筛、ZSM-22 分子筛和 ZSM-48 分子筛在长链烷烃异构化制备润滑油基础油催化剂中得到了应用；同时 ZSM-22 分子筛也在生物基喷气燃料过程中发挥作用。

分子筛的合成方法有水热合成法、有机模板剂法、溶胶凝胶法、微波合成法等。通过在合成中改变原料组分比例、金属离子种类、模板剂种类、硅源和铝源的种类等，使分子筛孔道结构、酸性、活性位点产生差别，从而制备出不同结构、性能的分子筛催化材料。新结构分子筛的发现将为催化材料提供更多的选择，推动了分子筛合成和应用工作的发展，使分子筛在石油炼制和化工过程中发挥更大作用。本书著者团队基于"分子筛晶体重排"新技术，制备了钛硅分子筛（HTS）催化材料，打破了国外知识产权壁垒。HTS 材料具有独特的空心结构，可显著提升晶内扩散性能。此外，分子筛的催化活性、稳定性以及合成重现性均得到增强。

　　为了提高分子筛的反应活性和延长其寿命，对分子筛进行改性或后处理成为常用方法，如脱铝改性、脱硅改性和金属改性等[34-36]。其中，脱硅改性的主要方式是碱处理，可以改变分子筛的孔道结构。通过脱硅改性可形成多级孔而获得介孔，有利于反应（或产物）分子的扩散，降低分子筛内积炭，延长催化剂寿命。脱铝改性主要通过水蒸气或酸溶液处理，将铝元素从分子筛的骨架中脱离，或脱除非骨架铝。经脱铝改性的分子筛，硅/铝比提高、酸性密度调整、催化活性提升以及寿命延长。金属改性是采用浸渍法等途径将金属均匀负载到分子筛上，金属物种可以存在于分子筛的孔道或骨架中。通过金属改性，可以降低分子筛的酸性，提高催化活性，延长寿命。在流化催化裂化过程中，随着原油重质化和劣质化，迫切需要高活性、低生焦的渣油催化裂化催化剂。通过对 NaY 分子筛进行离子交换或水热、化学改性，本书著者团队先后开发了高稀土含量 HRY 分子筛、水热超稳 PSRY 分子筛和多级孔 HWY 分子筛，提高了催化剂活性和选择性，取得了良好的经济效益和社会效益。通过对 ZSM-5 和 β 型分子筛的改性，开发了系列催化裂化增产低碳烯烃的催化剂、助剂和配套技术。在加氢裂化中，通过水热脱铝和化学脱铝相结合的方式，制备出一系列不同酸性和孔结构的 Y 型分子筛，实现石脑油和中间馏分油收率的提高，催化剂的抗氮能力提高、寿命延长。

　　除改性方法外，为了提高分子筛的性能，通过合成纳米分子筛来增加比表面积和提高活性也是一个重要途径。纳米 ZSM-5、TS-1 分子筛先后被合成出来[37,38]。据报道，薄片状的低硅纳米 SAPO-34 分子筛具有中空多级孔结构，在催化甲醇制烯烃（MTO）反应中具有很高的低碳烯烃选择性，有好的工业应用前景[39]。

三、其他材料

1. 二氧化硅

　　SiO_2 是一种常见的载体，它有无定形和多种结晶形态，作为催化剂载体的 SiO_2 一般都是无定形的。SiO_2 是一种难熔氧化物，熔点在 1400℃以上。除与 HF 反应外，SiO_2 不与其他酸发生反应，但可与碱发生反应，生成硅酸盐。作载体用的 SiO_2，通常采用稀硫酸或 CO_2 中和水玻璃溶液的方法制备，制备过程包括形成 SiO_2 凝胶、凝胶老化、洗涤、成型、干燥和焙烧等步骤。因制备条件的差异，SiO_2 的比表面积和孔体积可在比较大的范围内变化。以水玻璃为原料制得的 SiO_2 中，Na_2O 含量可降到 1% 左右。以硅溶胶为原料，可制备出低钠含量 SiO_2，

Na_2O 含量在 0.5% 以下。以四氯化硅或硅酸乙酯水解的方法可制备钠含量更低甚至无钠的二氧化硅，其比表面积在 $400m^2/g$ 左右。SiO_2 可作为加氢催化剂复合载体的组分，负载铂催化剂可用于硅氢加成等反应[40,41]，SiO_2 负载钌催化剂可用于催化氨硼烷水解产氢等反应[42]。

2. 二氧化钛

TiO_2 是一种两性氧化物，具有最佳白度和光亮度，在化妆品、印刷、涂料等工业中得到广泛应用。TiO_2 存在三种晶型：金红石型、锐钛矿型和板钛矿型[43]。市场上大量销售的粉状 TiO_2（钛白粉）是一种白色颜料，它是用硫酸法或氯化法生产的经过表面改性的 TiO_2。用作载体的 TiO_2，主要采用含钛化合物水解的方法制备[44]。制备出 TiO_2 的前驱物后，需经过老化、洗涤、干燥、成型和焙烧等步骤，最后得到 TiO_2 载体。与 Al_2O_3 相比，TiO_2 成型比较困难，特别是用挤出成型方法，一般难以获得具有足够机械强度的条形载体。

虽然 TiO_2 作为载体在负载型催化剂领域的应用还远比不上 Al_2O_3，但 TiO_2 在化学和晶体结构方面的特性，使它具有 Al_2O_3 等其他载体没有的一些性能。例如，TiO_2 与金属活性组分间会产生强相互作用，从而使它成为 CO 甲烷化、NO_x 脱除等催化剂的优良载体，其性能显著优于 Al_2O_3 和 SiO_2 载体[45]。我国以 TiO_2 为载体的 CoMo 型有机硫加氢催化剂 T205 在活性组分降低 1/3 时，催化剂活性超过当时同类 Al_2O_3 催化剂近一倍多[46]，且催化剂开工前不需要预硫化。载体对硫化钼催化剂的加氢和加氢裂化活性有重要影响，以 TiO_2 为载体的催化剂对煤液化油改质有一定应用前景。

3. 氧化锆

ZrO_2 一般是二氧化物，有五种晶型：单斜晶系、立方晶系、正交晶系、四方晶系（存在两种晶面间距）。纯 ZrO_2 为白色，含杂质时呈黄色或灰色，一般含有 HfO_2，很难将它进一步去除。因此，一般所说的 ZrO_2，实际上可以认为是一种被 HfO_2 改性的 ZrO_2。氧化锆载体可用锆盐（硝酸锆、碳酸锆、二氯氧化锆等）水解的方法获得[47]。较典型的制备方法是用氨水中和硝酸锆溶液，当 pH 达到中性时，ZrO_2 则以水合物凝胶形式沉淀出来。对硝酸锆溶液浓度没有特别严格的要求，但最好保持在 10% ～ 15% 范围内。一般难以得到高表面积的氧化锆，为了获得高表面积的载体，最好采用低温成胶的办法。

Mo/ZrO_2 具有良好的加氢性能，以 ZrO_2 为载体的硫化钼催化剂对噻吩的加氢脱硫活性（101kPa，400℃）是 Mo/Al_2O_3 的两倍多[48,49]。但以 ZrO_2 为载体时，Ni 对 Mo 的协同效应比 Al_2O_3 作载体时小很多。以 ZrO_2 为载体的催化剂遇高温时催化剂结构不稳定。因此，需要添加其他氧化物在 ZrO_2 载体中形成稳定的复合载体[50,51]。

第二节
催化材料在石油化工中的应用

催化材料是工业催化的核心，石油炼制、有机合成、精细化工、生物化学等工业的进步离不开催化新材料的研发。本节以石油化工中的重整催化剂、生产芳烃催化剂、催化裂化催化剂、加氢催化剂为例，讲述催化材料在其中的应用。

一、重整催化剂

催化重整是在催化剂的作用下烃类分子结构重新排列的过程，催化重整工艺的主要目的是将低辛烷值的石脑油转化成高辛烷值的汽油组分或者芳烃，同时副产氢气。催化重整是现代石油炼制和化工的支柱技术之一，在重整过程中有五元环烷脱氢异构、六元环烷脱氢、烷烃异构化和脱氢环化、氢解以及积炭等反应[52]。重整催化剂都具有双功能作用[53,54]，在金属中心上主要发生烃类的脱氢和加氢反应，在酸性中心上进行烃类的重排等反应。

催化重整催化剂一般由氧化铝、金属和其他助剂组成，其酸性功能主要靠 Al_2O_3 载体材料提供，卤素组元（如 F 或 Cl）存在时，可改变催化剂的酸性中心和催化性能[55]。催化重整的总反应速率与金属中心和酸性中心上各个步骤的反应速率相关，其中最慢的步骤将起决定性作用。金属功能过强，很容易导致严重的积炭和氢解反应；若催化剂上酸性功能太强，会使裂化反应加剧，液体收率下降，芳构化反应选择性下降，催化剂的积炭速率也会加快。因此金属功能与酸性功能要有机地协调配合。

γ-Al_2O_3 材料可几孔径大，孔结构稳定性好，常用作重整催化剂载体。根据重整装置工艺的不同，氧化铝载体可为小球状或条状。重整催化剂的金属组分由最初的 Cr_2O_3、MoO_3、CoO 等[52]发展到以 Pt 为主，反应时间、活性及芳构化选择性得到大幅提高。以 Pt 为金属材料的催化剂比以 MoO_3 和 Cr_2O_3 为金属材料的催化剂活性分别高 10 多倍和 100 多倍，因而 Pt/Al_2O_3 得到了极大的发展[56]。在 Pt/Al_2O_3 重整催化剂中，Pt 含量一般为千分之几，在 Al_2O_3 上可以充分分散，从而提供足够的金属中心[57,58]。随着对重整生成油辛烷值和液体收率要求的提高，重整反应苛刻度也不断增加，仅靠铂金属催化剂已不能满足要求。为了进一步提高 Pt/Al_2O_3 催化剂的活性、稳定性、选择性和再生性能，常添加其他金属材料作为助剂对催化剂进行修饰。采用的金属助剂包括 Re、Sn、Ge、Ir、Rh、Au 以及稀土金属等[59,60]。引入 Re 后，催化剂的酸性并没有发生多少变化，而 Re 在高温下能产生氢溢出，有利于减少催化剂积炭[61]。提高 Re/Pt 比，可以提高催化剂氢解和开环选择性，降低芳构化和异构化选择性[62]；催化剂硫化后也可降低烷烃脱氢环化和环己烷脱氢选择性，提高异构化选择性和甲基环戊烷脱氢异构选择性，抑制开环反应，降低催化剂上积炭量，提高催化剂的稳定性[63]。引入 Sn 后，催化剂上的 Pt 金属分散度得到提高，高温氢吸附中心显著增加，脱氢反应的选择性和稳定性得到提高。稀土的特殊电子结构对 Pt/Al$_2$O$_3$ 有显著的促进作用，引入稀土可减弱 Al$_2$O$_3$ 的酸性，促进 Pt 的分散，使按原子态分散的 Pt 数目增多。稀土对 Pt-Sn/Al$_2$O$_3$ 催化剂的活性中心及催化性能具有较大影响。

我国对催化重整催化剂的研究始于 20 世纪 50 年代。第一个铂重整催化剂于 1958 年成功开发，7 年后成功应用于我国自行设计和建设的第一套铂重整装置。20 世纪 80 年代开发了 Pt-Re 双（多）金属半再生重整催化剂，20 世纪 90 年代开始连续重整催化剂（Pt-Sn）的研究和应用[64]。进入 21 世纪以来，本书著者团队在金属组元配方和浸渍制备技术方面进行创新，并对载体进行优化改进，2015 年开发世界首创无需额外预硫化的综合性能优良的半再生催化剂 SR-1000 并投入使用[65]。基于对"金属 - 酸性"双功能的创新认识，开发了 RC011、RC031 连续重整催化剂，并在国内 70 多套工业装置上累计应用超过 100 次，在控制积炭，提高液体收率、芳烃产率和氢气产率等方面效果明显[66,67]。通过对载体性质和配方的调变，2018 年成功开发了高活性、低铂含量、高堆比连续重整催化剂 RC191。较高的堆比可以允许更大的运行空速，提高工业装置处理能力，适用于现有装置的扩能改造和新建的大型连续重整装置。2021 年，高堆比半再生重整催化剂 SR-2000 被成功开发，该催化剂综合性能达到国际领先水平。

二、生产芳烃催化剂

芳烃，一般是指分子中含有苯环的烃类，在石油化工生产的产品中，常见的轻质芳烃（BTX）有苯、甲苯、二甲苯等，由其衍生物可获得各种聚酯、纤维、橡胶、染料、药剂、精细化学品等。BTX 和 C$_9$ 及其以上重芳烃资源除来自石脑油催化重整外，BTX 还来自 C$_8$ 芳烃异构化、甲苯歧化与烷基转移、对二甲苯吸附分离等[68]。这些单元的技术核心在于以分子筛材料支撑的催化材料及催化剂新品种[69]。

C$_8$ 芳烃异构化催化剂是一种酸 - 金属双功能催化剂，通常由分子筛固体酸材料、少量金属材料和适宜的基质材料构成，催化过程中要完成二甲苯异构化和乙苯转化反应[70]。用于 C$_8$ 芳烃异构化催化剂中的分子筛材料一般具有 MFI、MOR 和 EUO 等拓扑结构[71]。其中，MFI 结构的 ZSM-5 分子筛材料主要应用于乙苯脱烷基型异构化催化剂，MOR 结构的丝光沸石（mordenite）和 EUO 结构的 EU-1

则主要应用于乙苯转化型异构化催化剂。催化剂中常用的金属组元是 Pt、Pd 等贵金属，金属组元可以通过浸渍、吸附、离子交换、共沉淀或沉积等方法引入催化剂载体。C$_8$ 芳烃异构化催化剂的酸性质是催化性能的主要决定因素，通过对分子筛材料进行水热处理、SiCl$_4$ 处理、阳离子处理等，可以调变其酸性质使之符合催化反应要求。本书著者团队自主研发的异构化系列催化剂为 Pt 负载型催化剂，催化剂的活性、选择性和稳定性良好 [72,73]。

得益于下游聚酯产业迅猛发展，二甲苯需求量迅速增长。在制备二甲苯的技术中，甲苯歧化与烷基转移是主要的工艺之一。对于甲苯歧化与烷基转移催化反应，常用的三类重要分子筛有丝光沸石、ZSM-5 和 β 沸石 [74]。ZSM-5 分子筛的酸性适中，孔径与苯环的动力学直径相近，具有较高的产物选择性，是目前应用最为广泛的甲苯歧化催化材料。为了提高 ZSM-5 分子筛材料的性能，目前的改进研究大多集中在分子筛纳米化、孔结构改性和酸性质调控等方面 [75-77]。纳米分子筛能有效缩短微孔孔道，暴露出更多的外表面和外表面活性中心，显著改善催化活性。当反应物涉及多环芳烃时，如将劣质化原料转化为苯、二甲苯等高附加值芳烃产品，为了匹配这类反应物分子的大小，通常选用丝光沸石分子筛。丝光沸石的硅 / 铝比高、酸性强、稳定性高，其制备合成方法主要有水热合成、微波合成、干凝胶合成、无溶剂干粉体系合成等方法 [78,79]。在制备过程中，通过改变模板剂种类、引入杂原子等手段，调变丝光沸石的结构和酸性，使其具有优良的催化性能。当芳烃原料中甲苯含量较低，大部分为重质芳烃原料时，就需要更大孔径的分子筛作为重质芳烃轻质化的催化组分，如 β 型分子筛等。β 型分子筛属于高硅沸石，有三维十二元环孔道结构，具有较好的稳定性、可控的酸性、较长的催化寿命等优点。不同学者对合成 β 型分子筛的路径进行优化，不仅使其硅 / 铝比、形貌、孔结构和酸性质可调控，更重要的是大幅降低制造成本，被广泛应用于石油化工、精细化工以及近些年发展迅速的生物质转化等领域。在催化苯和乙烯烷基化生产乙苯、苯和丙烯烷基化生产异丙苯过程中，β 型分子筛也发挥重要作用 [80-82]。

在二甲苯吸附分离过程中常用的材料是八面沸石，它的拓扑结构为 FAU[83]。八面沸石通常在常压且接近 100℃ 的水热条件下合成。为了缩短晶化时间、提高产物结晶度，通常向八面沸石合成体系中加入导向剂。采用吸附分离技术生产的碳八芳烃产品主要包括对二甲苯和间二甲苯。八面沸石对碳八芳烃异构体的选择性吸附能力与其骨架外阳离子种类密切相关，通过调变八面沸石阳离子的种类可使其具备对某一碳八芳烃异构体分子的选择性吸附能力，从而用于吸附分离生产不同的芳烃产品。BaX 或 BaKX 型分子筛常作为对二甲苯吸附剂的活性组分，用于生产高纯度对二甲苯产品 [84]。用于生产高纯度间二甲苯产品的吸附剂活性组分一般为 NaY 型分子筛 [85]。对八面沸石而言，其硅 / 铝比、含水量等均是影响二甲苯吸附选择性的重要因素。

近年来，中国的芳烃技术取得长足进步，自主研发的"高效环保芳烃成套技术开发及应用"获得国家科技进步奖特等奖。随着新型沸石材料合成技术的不断进步，本书著者团队对转化型异构化催化剂的沸石材料完成更新换代，催化剂性能显著进步，RIC 系列催化剂取得良好工业应用业绩[86,87]。中国石油石油化工研究院以 β 型分子筛为催化剂，成功研发出固定床液相循环烷基化新工艺，展现了广阔的应用前景。

三、催化裂化催化剂

催化裂化是石油炼制的主要过程之一，重质油在催化剂的作用下发生裂化反应，转变为液化气、汽油和柴油等[88,89]。主要有裂化、异构化、烷基转移、氢转移、环化、缩合等反应。与热裂化相比，催化裂化轻质油产率高，汽油辛烷值高，并副产富含烯烃的液化气。催化裂化催化材料及催化剂新品种由活性组分和基质组成，其中，活性组分材料包括主活性组分 FAU 结构分子筛和助活性组分 MFI 结构分子筛；基质材料包括高岭土、累托土与铝溶胶、硅溶胶、拟薄水铝石等形成的半合成基质。

Y 型分子筛具有 FAU 结构，是催化裂化催化剂的重要活性组元，其化学组成包括 Na_2O、Al_2O_3 及 SiO_2。为了使分子筛具有较高的活性、选择性和稳定性，使用时通常需要对分子筛进行改性。NaY 型沸石分子筛改性方法有两类，包括离子改性和骨架改性[90,91]。分子筛的离子改性主要是采用含 RE^{3+}、NH_4^+ 等盐类与分子筛中的 Na^+ 交换以降低分子筛中的钠含量，增加分子筛的酸性；而分子筛的骨架改性主要是对其结构进行超稳处理，提高分子筛的骨架硅/铝比，改善稳定性。通过改性，可得到 HY 型沸石、REY 沸石、REHY 型沸石、超稳 Y 型分子筛等。本书著者团队基于对分子筛超稳化学过程的深入研究，发现超稳分子筛的反应活性、选择性和稳定性与其结构特征有对应关系。通过关联制备过程的条件，如将原料性质、反应条件等变量与结构特征构建关联模型，在模型的指导下开展超稳 HSY 分子筛的工业生产。在成功制备超稳分子筛的基础上，开发了环境友好的新催化剂制备技术，同时实现分子筛生产过程无铵化，助力催化剂生产企业绿色发展[92]。

分子筛助活性组分材料通常为 MFI 结构的分子筛，其中最具代表性的是 ZSM-5 分子筛。ZSM-5 分子筛的形貌较规整，为两端接近椭圆的六方棱柱形，具有适宜的孔道和酸性质以及良好的抗结焦能力。为了适应原料的多样性，更好地提高低碳烯烃选择性和产率，需要对 ZSM-5 分子筛进行改性，主要手段是改变分子筛硅/铝比、调节分子筛酸强度、改善孔结构，以此提高低碳烯烃的收率、选择性以及水热稳定性[93,94]。研究发现，改性 HZSM-5 分子筛可减少副产物和积炭的生成，是轻烃催化裂解生产低碳烯烃的优选催化剂。多级孔 ZSM-5 分子筛的孔道较传统分子筛更为丰富、比表面积更大，因而具有更好的传质扩散性能，活性中心可接近性好[95,96]，在新一代择型高效工业催化剂的研制中发挥着重要作用。

催化裂化催化剂的基质材料主要有高岭土、累托土及蒙脱石等天然黏土以及铝溶胶、硅溶胶、拟薄水铝石等黏结剂。基质是催化剂的重要组成部分，提供了催化剂的孔结构、粒度、密度和耐磨性等，对催化剂的输送、流化和汽提性能起主要作用。基质要有合适的孔大小和分布，使大分子能够通过基质的孔与沸石接触。

随着经济社会的发展和石油资源重质化、劣质化加深，催化裂化催化剂面临新的挑战。在生产清洁油品、强化重油转化、增产轻质油品和增产化工原料方面，催化裂化催化剂技术正不断发展。石科院先后开发了 GOR、CGP 系列生产清洁油品的催化裂化催化剂，MLC-500、CC-20D 等系列多产柴油兼重油裂化的催化剂，RGD 系列多产柴油和液化气兼重油裂化的催化剂，DOS、CDOS（ZDOS）、ARC/CARC、HSC 等系列重油催化裂化催化剂，SLG-1、HBC、SLA-1、FLOS 等系列增产化工原料的催化裂化催化剂。

四、加氢催化剂

石油是复杂的混合物，含 8000 多种化合物，其主要元素是 C、H，同时含有少量的 S、O、N 以及微量的金属元素。石油产品燃烧产生的硫化物、氮化物和颗粒物等严重污染环境。为此，世界各国制定了严格的环保法规，对石油产品提出了更高的质量要求。高效利用石油资源并炼制出满足环保法规的清洁油品，是石油炼制企业必须解决的关键问题。加氢技术可以改善重质油的品质，提高油品的可裂化性，将重油高效转化成轻质油品。通过加氢，可以降低汽油中的硫和烯烃含量，降低柴油中的硫、芳烃含量的同时提高十六烷值，调整油品结构。为了不同需求，不同功能的加氢催化材料及催化剂新品种不断被开发出来，推动了石油化工行业的绿色发展[97-102]。按加工原料馏分的不同，加氢可分为轻烃馏分、汽油馏分、煤油馏分、柴油馏分、润滑油、渣油等加氢以及减压馏分油加氢裂化等。

载体材料的酸性和孔结构对催化剂的活性和选择性有重要影响。一般根据实际加氢工况条件下原料油中目标反应分子的尺寸和反应动力学特点，选择适宜的载体和金属前驱物，通过调控制备参数以达到合适的金属 - 载体相互作用，然后调变硫化 / 还原条件促使其形成更多的、分散更好的活性相。加氢处理 / 加氢精制催化剂选用的载体材料有 Al_2O_3、含 SiO_2 的 Al_2O_3、TiO_2、含分子筛的 Al_2O_3、活性炭等，最常见的是 Al_2O_3 和含少量 SiO_2 的 Al_2O_3；活性组分为 Mo、W、Ni、Co 等金属材料及其化合物[103-105]。调变金属物种的分散状态，可通过制备不同性质的 Al_2O_3 来实现，如改变焙烧温度、增加水热处理等可调控 Al_2O_3 表面的羟基种类和分布。加氢裂化催化剂不但要求具有加氢活性，而且要求具有裂解活性和异构化活性。该类催化剂是由提供加氢功能的金属和提供酸性的载体材料组成的双功能催化剂。催化剂的活性金属组分包括ⅥB族和ⅧB族中的几种金属元素（如 Co、Ni、Mo 等）或贵金属 Pt、Pd 等；载体材料需要具有一定的酸性以提供裂化功能，常用酸性材料包括分子筛、无定形硅铝等[106]。

汽柴油是关系到国计民生的重要交通燃料，给人们出行带来便利的同时，其燃烧后排放的废气是导致大气污染的重要原因。为保护环境，近 20 年来国家不断提高车用汽油和柴油标准。汽油加氢需要在加氢脱硫的同时尽量减少烯烃加氢饱和，以减少辛烷值的损失。这就要求催化材料具有较高的选择性，在制备过程中需要精准调控活性相形貌。目前国内外汽油加氢主要技术有 Prime-G+、S-Zorb、RSDS、OCT-M 技术等。

随着柴油产品质量标准从国四升级到国六，其硫含量要求从 $50\mu g/g$ 降低到 $10\mu g/g$，多环芳烃质量分数从 11% 降低到 7%，柴油清洁化需要超深度脱硫和多环芳烃饱和。实现上述目标，需要加氢催化剂兼具高活性和高稳定性。通过对常规柴油加氢催化剂失活规律的研究发现，活性相聚集长大是造成催化剂失活的关键因素。本书著者团队[107]在目前工业上广泛采用的焙烧法和络合浸渍法的基础上，创新提出了制备加氢催化剂高分散活性相稳定技术：通过焙烧负载了金属前驱物的载体，强化金属 - 载体间的相互作用力；同时在金属前驱物负载至载体表面的过程中添加分散剂，利用焙烧形成的碳物种阻隔活性金属的聚集，构建高活性小尺寸活性相。基于上述创新，成功开发了适应不同装置和原料特点的高活性、高稳定性的柴油加氢催化剂 NiMo 型 RS-2100 和 CoMo 型 RS-2200[108]。通过在原子尺度辨析工业催化剂上活性相形貌和定位积炭位置，基于失活因素有效控制技术，开发了具有更高稳定性的 NiMo 型 RS-3100 和 CoMo 型 RS-3200 催化剂并在工业装置发挥作用。

渣油加氢的主要目的是通过加氢处理，脱除油品中的硫、氮、金属等其他杂质，促进沥青质等大分子加氢转化，为催化裂化装置提供优质原料。渣油加氢反应为扩散控制过程，同时需要发生脱金属、脱硫、脱残炭等多种反应，需要多种不同功能的加氢催化剂在复杂反应体系协同作用完成所需要的加工过程。不同反应要求催化剂具有不同的扩散性能和活性，相对应各类催化材料的性质也要各具特点[109-111]。渣油加氢保护催化剂主要捕捉原料中的固体颗粒，脱除含 Fe、Ca、Na、Si 等元素的化合物以及反应活性较高的结焦前身物。保护催化剂颗粒尺寸较大，溶垢能力强。脱金属催化剂为了满足大分子扩散和反应的要求，往往具有大孔和超大双峰孔结构。脱金属脱硫过渡催化剂的孔径和孔体积较脱金属催化剂的小。脱硫脱残炭催化剂需要有一定大直径孔道使反应物易于接触到活性中心。国内外固定床渣油加氢催化剂主要有 ICR 系列、RM/RN 系列、TK 系列、RHT 系列、FZC 系列等。

在选择加氢裂化催化材料时应综合考虑加氢活性、裂化活性、选择性、氮化物及水蒸气的敏感性、稳定性、机械强度等[112]。根据原料和产品需求，需要对加氢功能和裂化功能进行匹配。一般来讲，载体的酸性强，催化剂的活性和对轻油（石脑油或汽油馏分）的选择性高，而对中馏分油（喷气燃料和柴油馏分）的选择性相应较低；载体的孔大有利于避免中间馏分油的进一步裂化，从而提高中间馏分油产率。Y 型分子筛具有开环选择性和环状烃裂解活性高的特点；β 型分子筛具有开放式孔道结构，能有效降低二次裂解的概率，可以提高中间馏分油的收率和生产高质量的燃料油[113]。以适量 USY 分子筛与无定形硅铝和大孔氧化铝构成的复合载体材料可作为高活性中油型加氢裂化催化剂载体，β 型分子筛与大孔的无定形硅铝可作为高中油产率加氢裂化催化剂的载体，通过改性调节 USY 分子筛的酸性，可以获得多产优质尾油（蒸汽裂解制乙烯原料）的加氢裂化催化材料，形成多产化工原料的加氢裂化技术[114,115]。为了使催化剂有高的活性，加氢活性组分需要高度分散，并有适当的孔径以便反应分子和产物分子的顺利扩散。为此，载体应有大的比表面积和相适应的孔道结构。加氢裂化国外生产商及专利商主要有 ExxonMobil、Criteria、UOP 等，国内的专利商主要有中石化石油化工科学研究院（RIPP）、中石化大连石油化工研究院（DRIPP）等。

随着世界原油的重质化、劣质化的趋势加重，加氢催化剂在石油炼制中将发挥越来越重要的作用。中国能源结构正发生着变化，炼油向化工转型成为炼油厂变革的方向，多产化工原料的加氢裂化催化剂及相应技术迎来发展机遇。加氢催化剂的研发将从催化材料的创新、活性位精准控制以及制备方式升级等方面，开发高活性、高选择性、高稳定性、高性价比和低氢耗的加氢催化剂，有力促进我国石油工业的发展和进步。

第三节
石油化工催化材料的发展趋势

新材料作为当代科技发展的基础之一，在推动社会生产力的发展、促进产业经济结构调整中发挥关键作用。催化剂对提高石油化工行业的经济效益发挥着巨大作用。石油化工催化材料经历了数个发展阶段,每个阶段都会催生新产品、新技术。随着绿色、低碳、高效的发展逐渐成为全球趋势,以高能耗、高碳排放为特征的石油化工行业面临着巨大的发展压力。面对挑战,石油化工催化新材料将不断涌现,并在石油化工装置节能降耗、能源结构调整、低碳环保绿色可持续发展中发挥巨大作用。新催化材料的开发将具有科学性、前瞻性和先导性,并以精准催化为目标,数据技术和催化剂制备工艺相结合,充分考虑其实际应用条件、稳定性、选择性及活性等特征,采用环保的工艺路线,进行催化材料的理性设计和构建。未来石油化工催化材料将有如下发展趋势。

(1)绿色的催化材料制备和回收工艺:环保和低成本将是催化材料合成与应用的发展方向,开发绿色催化剂制备工艺,探索非常规合成方式,缩短催化材料制备流程提高制造效率,提高催化剂生产过程中产品质量的可控性,降低催化剂制造成本,使制备工艺流程更为友好和环保,实现零污染排废。随着催化材料应用范围和需求量的不断增大,废催化剂及其材料的回收与利用和无害化处理将是重点关注和需要研究的课题。有学者开始研究催化剂全生命周期绿色供应链技术,可全面助力资源的高效环保利用和促进整个炼油行业的绿色健康和可持续发展[14]。

(2)高效的催化材料开发技术:传统的催化材料研发需要进行大量的实验,通过对实验数据的分析筛选得到较优的制备工艺,从研发到实际应用周期长,效率低。在材料研发阶段引入高通量计算平台,通过高通量材料计算和材料数据共享平台促进新材料的研发,以计算数据驱动载体材料及活性相的精准调控。除此之外,通过整合多种单一的催化新材料及催化剂新品种制备技术,形成新型催化剂制备技术平台(如 ROCKET$^+$ 技术平台)[116]。原有的研究模式和构建方法将不断被突破,生产出更多创新型催化材料。通过高通量计算的理性设计,"定制化"的材料开发将是未来的发展方向。

(3)催化材料精细化研发:随着催化材料的开发和合成加工技术的日趋成熟,催化材料选择性和反应过程效率不断提高,应用领域越来越广。传统的石油化工技术趋于成熟,高效绿色低碳发展急需性能要求更高的催化材料,满足精准催化等方面的要求,催化新材料及催化剂新品种的研发将趋于个性化和精细化。催化材料研究热点将从揭示基本性质转向明晰特定反应需求的特定性质,实现活性中心的精准控制、路径选择性的精准认识、反应环境及活性中心匹配的精确设计等。构建精准高效的催化剂将大大提高反应效率,降低反应过程的能耗,助力低碳发展。

石油化工产业的发展离不开催化材料,催化剂新品种的研发已成为国际上技术竞争的重要领域。在 21 世纪科技迅速发展的背景下,石油化工催化新材料面临良好的发展机遇，在能源开发、资源利用、低碳环保等方向大有可为。随着对相关研究的投入，石油化工催化剂新品种的发展前景会越来越好。本书著者团队将关注市场契机，改变催化材料研发模式，持续开发新特性的氧化铝、分子筛等催化材料及更高效、低碳的催化重整、芳烃生产、加氢催化、催化裂化等催化剂，为更清洁燃料生产、石油化工产业转型升级、绿色低碳发展等作出新贡献。

参考文献

[1] 赵新强，刘涛，刘清河，等. 渣油加氢脱硫催化剂 RMS-30 的开发及其工业应用 [J]. 石油炼制与化工，2013, 44(6): 35-38.

[2] 毛丽秋，张同来，冯长根. V_2O_5-Ag_2O/η-Al_2O_3 催化剂上甲苯氧化制苯甲醛的研究 [J]. 分子催化，2003, 17(2): 146-150.

[3] 李成成，闫世润，杨为民，等. 载体比表面积及孔径对 Nb_2O_5/α-Al_2O_3 催化剂酸性及反应性能的影响 [J]. 石油化工，2006, 35(3): 221-225.

[4] Casfro A A，潘履让. 石脑油重整催化剂制备中 H_2PtCl_6 和 HCl 在 Al_2O_3 上的竞争吸附 [J]. 化学工业与工程，1985, 3: 76-81.

[5] 董松涛. 加氢裂化催化剂选择性的研究 [D]. 北京：石油化工科学研究院，2001.

[6] 曾双亲. 氧化铝载体表面化学性质对 Ni-W/γ-Al_2O_3 加氢催化剂活性的影响 [D]. 北京：石油化工科学研究院，2000.

[7] 张迪倡，戚杰，杜崇敬，等. 氧化铝载体表面酸性对铂铼重整催化剂催化性能的影响 [J]. 石油学报（石油加工），1993,1: 38-44.

[8] 周红军. 催化裂化原料油加氢脱金属催化剂研究 [D]. 青岛：中国石油大学（华东），2011.

[9] 李齐春，林闯，王作芬，等. 醇铝水解法生产高纯氧化铝工艺的改进 [J]. 当代化工，2013, 42(3): 346-348.

[10] 张哲民，杨清河，聂红，等. $NaAlO_2$-$Al_2(SO_4)_3$ 法制备拟薄水铝石成胶机理的研究 [J]. 石油化工，2003, 32(7): 552-554.

[11] 李大东. 控制氧化铝孔径的途径 [J]. 石油化工，1989, 18(7): 488-494.

[12] 曾双亲，杨清河，刘滨，等. 拟薄水铝石工业生产中三水氧化铝含量的控制 [J]. 石油学报（石油加工），2021, 37(4): 719-727.

[13] 曾双亲，杨清河，肖成武，等. 干燥方式及老化条件对拟薄水铝石性质的影响 [J]. 石油炼制与化工，2012, 43(6): 53-57.

[14] 杨清河，曾双亲，刘锋，等. 加氢催化剂全生命周期绿色供应链技术的研发 [J]. 石油炼制与化工，2022, 53(03): 1-8.

[15] 郑金玉，罗一斌，慕旭宏，等. 硅改性对工业氧化铝材料结构及裂化性能的影响 [J]. 石油学报（石油加工），2010, 26(6): 846-851.

[16] 陈子莲，王继锋，杨占林，等. 硼对 NiMo/γ-Al_2O_3 加氢处理催化剂性能的影响 [J]. 石油学报（石油加工），2016, 32(1): 56-63.

[17] 赵野，马守涛，张文成，等. 钛改性 $AlPO_4$-5/Al_2O_3 复合载体催化剂的制备及加氢脱硫与芳烃饱和性能评价 [J]. 石油炼制与化工，2011, 42(1): 60-63.

[18] 曲良龙，建谋，石亚华，等. F 在硫化态 NiW/γ-Al$_2$O$_3$ 催化剂中的作用 [J]. 催化学报，1998, 19(6): 608-609.

[19] 王嘉. Cl$^-$ 改性对 Ag/Al$_2$O$_3$ 催化剂结构及其催化 C$_3$H$_6$-SCR 和 H$_2$/C$_3$H$_6$-SCR 反应性能的影响 [D]. 合肥：中国科学技术大学，2021.

[20] 曾双亲，杨清河，李丁健一，等. 含磷水合氧化铝成型物及制备方法和制备含磷氧化铝成型物的方法：CN201210167855[P].2016-01-20.

[21] 刘滨，杨清河，聂红，等. 含硅水合氧化铝组合物和成型体及制备方法和应用以及催化剂及制备方法：CN201610966621.4[P].2018-05-08.

[22] Bao J, Yang Q H, Zeng S Q, et al. Synthesis of amorphous silica-alumina with enhanced specific surface area and acidity by pH-swing method and its catalytic activity in cumene cracking [J]. Microporous Mesoporous Mater, 2022, 337: 111897.

[23] 李大东，石亚华，崔剑文，等. RN-1 型加氢精制催化剂的研制及工业试生产 [J]. 石油炼制与化工，1985(6): 16-23.

[24] 范煜，鲍晓军，石冈，等. 载体组成对 Ni-Mo/硅铝沸石基 FCC 汽油加氢异构化与芳构化催化剂性能的影响 [J]. 石油学报（石油加工），2005, 21(2): 1-7.

[25] 田媛，殷平，包冲荣，等. 金属磷酸盐分子筛的催化性能研究 [J]. 化工时刊，2009, 23(11): 56-62.

[26] 林民，舒兴田，汪燮卿. 钛硅分子筛晶化过程 XRD 和 FT-IR 的研究 [J]. 石油炼制与化工，2003, 34(10): 38-43.

[27] 焦金庆，赵震，段爱军. 加氢精制催化剂载体材料的研究进展 [J]. 黑龙江大学自然科学学报，2020, 37(5): 554-563.

[28] 熊浩林，韩秀梅，张晓燕. 分子筛催化剂的发展与展望 [J]. 材料导报，2021, 35(S01): 137-142.

[29] Qi T, Kang Y, Arowo M, et al. Production of ZSM-5 zeolites using rotating packed bed: Impact mechanism and process synthesis studies [J]. Chem Eng Sci, 2021, 244: 116794.

[30] Meriaudeau P, Tuan V A, Nghiem V T, et al. SAPO-11, SAPO-31, and SAPO-41 molecular sieves: Synthesis, characterization, and catalytic properties in *n*-octane hydroisomerization [J]. J Catal, 1997, 169(1): 55-66.

[31] Corma A, Corell C, Perez-Pariente J. Synthesis and characterization of the MCM-22 zeolite [J]. Zeolites, 1995, 15(1): 2-8.

[32] 沈剑平，闲恩泽. 酸处理对 β 沸石结构和酸性的影响 [J]. 高等学校化学学报，1995, 6: 943-947.

[33] Arafat A, Jansen J C, Ebaid A R, et al. Microwave preparation of zeolite Y and ZSM-5[J]. Zeolites, 1993, 13(3): 162-165.

[34] 范广，林诚. β 型分子筛的改性研究进展 [J]. 分子催化，2005, 19(5): 408-417.

[35] 孙书红，王宁生，闫伟建. ZSM-5 沸石合成与改性技术进展 [J]. 工业催化，2007, 15(6): 6-10.

[36] 郑文斌. 金属改性分子筛催化剂的制备及其对异戊醇催化性能研究 [D]. 西安：西北大学，2017.

[37] Xia C, Ju L, Zhao Y, et al. Heterogeneous oxidation of cyclohexanone catalyzed by TS-1: Combined experimental and DFT studies [J]. Chinese Journal of Catalysis, 2015, 36(6): 845-54.

[38] Qi T, Shi J, Wang X, et al. Synthesis of hierarchical ZSM-5 zeolite in a rotating packed bed: Mechanism, property and application [J]. Microporous Mesoporous Mater, 2021, 311: 110679.

[39] 孙启明，王宁，喜冬阳，等. 高性能 SAPO-34 分子筛的合成及 MTO 催化反应性能研究 [D]. 长春：吉林大学，2015.

[40] 刘继，金培玉，朱晓英. 二氧化硅负载铂催化剂的制备及其在硅氢加成反应中的应用 [J]. 有机硅材料，2019, 33(5): 350-355.

[41] 蔡诚，张志杰，胡涛，等. 二氧化硅负载铂催化剂的制备及性能研究 [J]. 化工新型材料，2020, 48(10):

201-205.

[42] 孙海杰, 刘欣改, 陈志浩, 等. 二氧化硅负载钌催化剂催化氨硼烷水解产氢研究 [J]. 无机盐工业, 2020, 52(5): 81-85.

[43] Johari N, Moroni L, Samadikuchaksaraei A. Tuning the conformation and mechanical properties of silk fibroin hydrogels [J]. Eur Polym J, 2020, 134: 109842.

[44] 沈平生, 李大东, 闵恩泽. 二氧化钛载体强度和孔结构的关系 [J]. 催化学报, 1984, 5 (4): 320-325.

[45] 鲁杰, 吴华东, 马尚, 等. 镍系催化剂的制备、表征及其甲烷化性能的研究 [J]. 无机盐工业, 2019, 51(5): 78-81.

[46] 沈炳龙, 李定一. 两种以 TiO$_2$ 为载体的新颖高效催化剂——T205 型有机硫加氢催化剂和 J107 型甲烷化催化剂 [J]. 氮肥设计, 1995, 33 (3): 49-50.

[47] 郑文裕, 陈潮钿, 陈仲丛. 二氧化锆的性质、用途及其发展方向 [J]. 无机盐工业, 2000, 32(1): 18-20.

[48] 赵玉宝, 李伟, 张明慧, 等. ZrO$_2$ 晶相对 Mo 基纳米结构 ZrO$_2$ 加氢脱硫催化剂活性的影响 [J]. 石油学报（石油加工）, 2002, 18(5): 21-27.

[49] 石秋杰, 杨静, 李包友. Co, Mo 掺杂对 Ni/ZnO-ZrO$_2$ 催化剂催化噻吩加氢脱硫性能的影响 [J]. 分子催化, 2009(2): 130-134.

[50] Manriquez M E, Lopez T, Gomez R, et al. Preparation of TiO$_2$-ZrO$_2$ mixed oxides with controlled acid-basic properties [J]. J Mol Catal A: Chem, 2004, 220(2): 229-237.

[51] 李凝, 罗来涛, 欧阳燕. 纳米 ZrO$_2$/Al$_2$O$_3$ 复合载体及 Ni/ZrO$_2$/Al$_2$O$_3$ 催化剂的性能研究 [J]. 催化学报, 2005, 26(9): 775-779.

[52] 徐承恩. 催化重整工艺与工程 [M]. 北京: 中国石化出版社, 2006.

[53] 张晏清, 依·瓦·卡列契茨. 关于烃类转化的机理和铂重整催化剂的活性中心问题 [J]. 科学通报, 1958, 15: 477-478.

[54] 郭燮贤, 谢安惠, 过中儒. 铂催化剂的多重性 I. 铂, 氟含量对反应性能的影响 [J]. 燃料化学学报, 1958, 3(1): 18-24.

[55] 张晏清, 依·瓦·卡列契茨. 五元环烷在铂重整条件下的转化 [J]. 科学通报, 1958, 15: 476-477.

[56] 刘君佐, 史佩芬. 气体脉冲色谱法测定负载催化剂上金属的分散度——I. 应用于 Pt/Al$_2$O$_3$ 催化剂 [J]. 石油化工, 1978, 7(5): 454-496.

[57] 常永胜, 马爱增, 蔡迎春. 连续重整催化剂铂中心可接近性研究 [J]. 分子催化, 2009, 23(2): 162-167.

[58] 杨锡尧, 任韶玲, 庞礼. Ti 对 Pt-Ti-Al$_2$O$_3$ 催化剂表面吸附中心性质的影响 [J]. 催化学报, 1981, 2(3): 170-178.

[59] 陈世安, 胡满生, 金海冰, 等. 连续重整催化剂研究及应用进展 [J]. 工业催化, 2013, 21(9): 12-17.

[60] 汪莹, 马爱增, 潘锦程, 等. 铕对 Pt-Sn/γ-Al$_2$O$_3$ 重整催化剂性能的影响 [J]. 分子催化, 2003, 17(2): 151-155.

[61] 王君钰, 肖建良. 双金属重整催化剂中 Re, Sn, Ir 组元作用的研究 [J]. 石油学报（石油加工）, 1989, 5(1): 61-70.

[62] 徐远国, 孙逢铎. 不同 Re/Pt 比重整催化剂反应性能的研究 [J]. 石油学报（石油加工）, 1989, 5(3): 15-25.

[63] 邵建忠, 王君钰, 武迟, 等. 铼铂比对铂铼重整催化剂反应性能与抗硫性能的影响 [J]. 石油学报（石油加工）, 1991, 7(4): 39-45.

[64] 马爱增. 中国催化重整技术进展 [J]. 中国科学: 化学, 2014, 44(1): 25-39.

[65] 徐洪君, 张海峰. 半再生催化重整催化剂 SR-1000 的首次工业应用 [J]. 石油炼油与化工, 2019, 50(11): 40-44.

[66] 罗卫东，彭孟良，刘安军．RC011 连续重整催化剂的工业试生产 [J]．工业催化，2003, 11(5): 23-25.
[67] 刘安军，许浩洋，潘锦程．RC031 连续重整催化剂的工业试生产 [J]．工业催化，2009, 17(6): 39-41.
[68] 戴厚良．芳烃生产技术展望 [J]．石油炼制与化工，2013, 44(1): 1-10.
[69] 孔德金，杨为民．芳烃生产技术进展 [J]．化工进展，2011, 30(1): 16-25.
[70] 张惠跃，刘中勋，王建伟．C_8 芳烃异构化技术的选择研究 [J]．石油炼制与化工，2008, 39(6): 56-59.
[71] 周震寰，张爱军，胡维军，等．碳八芳烃异构化分子筛的酸性与反应分析 [J]．石油炼制与化工，2017, 48(11): 76-81.
[72] 阮迟，冯小兵，胡满生，等．低铂脱乙基型 C_8 芳烃异构化催化剂的工业应用 [J]．石油炼制与化工，2014, 45(2): 64-67.
[73] 奚奎华，戴厚良，桂寿喜，等．SKI-400-40 型 C_8 芳烃异构化催化剂的研制 [J]．石油炼制与化工，2000, 31(8): 48-52.
[74] 杜玉如，娄阳．歧化与烷基转移反应用沸石分子筛催化剂的发展现状 [J]．石化技术与应用，2014, 32(4): 366-369.
[75] 张秀斌，李歧峰，柳云骐，等．硅改性 ZSM-5 催化剂上甲苯歧化反应性能的研究 [J]．石油大学学报：自然科学版，2005, 29(3): 130-138.
[76] 王岳，李凤艳，赵天波，等．纳米 ZSM-5 分子筛的合成、表征及甲苯歧化催化性能 [J]．石油化工高等学校学报，2005, 18(4): 20-23.
[77] 梁金花，任晓乾，王军．化学液相沉积法改性 ZSM-5 沸石上甲苯择形歧化 [J]．石油化工，2004, 33(z1): 1010-1012.
[78] 祁晓岚，刘希尧．丝光沸石合成与表征的研究进展 [J]．分子催化，2002, 16(4): 312-319.
[79] 王侨，刘显灵，王磊，等．具有介孔结构丝光沸石的合成与表征 [J]．硅酸盐学报，2012, 40(3): 425-431.
[80] 晁会霞，张凤美，姚丽群．磷改性 β 型分子筛的制备及其在苯与乙烯烷基化反应中的应用 [J]．石油炼制与化工，2012, 43(1): 41-44.
[81] 张通，顾彬，卫皇曌，等．Beta 分子筛改性对催化苯和乙烯烷基化反应的影响 [J]．工业催化，2018, 26(3): 33-38.
[82] 陈钢，李士杰，李斌，等．β 沸石催化甲苯 - 丙烯烷基化反应 [J]．分子催化，2006, 20(2): 109-113.
[83] 吕荣先．美国环球油品公司吸附分离技术的改进 [J]．当代石油石化，1993, 2: 27-32.
[84] 王辉国，杨彦强，王红超，等. BaX 型分子筛上对二甲苯吸附选择性影响因素研究 [J]．石油炼制与化工，2016, 47(3): 1-4.
[85] 王玉冰，王辉国．Y 型分子筛上间二甲苯的吸附分离 [J]．石油化工，2019, 48(6): 570-574.
[86] 孙磊，梁战桥．新型二甲苯异构化催化剂 RIC-270 的工业应用 [J]．石油化工，2017, 46(12): 1532-1535.
[87] 徐向荣，梁战桥．RIC-270 型 C_8 芳烃异构化催化剂的工业应用性能特点 [J]．石油炼制与化工，2019, 50(7): 75-79.
[88] 许友好，张久顺，龙军．生产清洁汽油组分的催化裂化新工艺 MIP [J]．石油炼制与化工，2001, 32(8): 1-5.
[89] 侯芙生．21 世纪我国催化裂化可持续发展战略 [J]．石油炼制与化工，2001, 32(1): 1-6.
[90] 石茂才，胡若娜，李超博，等．NaY 分子筛离子改性和脱铝改性研究进展 [J]．辽宁化工，2020, 12: 1557-1560.
[91] 朱赫礼，宋丽娟，高翔，等．NaY 分子筛的改性及对 FCC 汽油选择吸附脱硫的研究 [J]．石油炼制与化工，2009, 40(9): 37-41.
[92] 中国石化石油化工科学研究院科研处．中国石化石油化工科学研究院开发的高效超稳分子筛及催化剂制备技术助力中国石化绿色行动 [J]．石油炼制与化工，2018, 49(8): 5.

[93] 吕仁庆. 直接法 ZSM-5 的改性及水热活性稳定性研究 [D]. 天津：南开大学，2003.

[94] 王磊. 用于 FCC 汽油加氢改质的 ZSM-5 沸石改性研究 [D]. 北京：中国石油大学（北京），2010.

[95] 陈艳红，韩东敏，崔红霞，等. 多级孔 ZSM-5 沸石分子筛的制备研究进展 [J]. 无机盐工业，2017，49(7): 1-4.

[96] 王有和，孙洪满，彭鹏，等. 两段变温法水热合成多级孔 ZSM-5 分子筛及其催化裂化性能 [J]. 无机化学学报，2018, 34(5): 989-996.

[97] Nie H, Li H, Yang Q, et al. Effect of structure and stability of active phase on catalytic performance of hydrotreating catalysts [J]. Catal Today, 2018, 316: 13-20.

[98] 聂红，石亚华，石玉林，等. 石油化工科学研究院开发的加氢技术与清洁燃料生产 [J]. 石油炼制与化工，2002, 33(z1): 8-15.

[99] 高晓冬，胡志海，聂红，等. 生产低硫低芳烃柴油的加氢催化剂 [J]. 石油炼制与化工，2002,33 (z1): 36-37.

[100] 刘佳，胡大为，杨清河，等. 活性组分非均匀分布的渣油加氢脱金属催化剂的制备及性能考察 [J]. 石油炼制与化工，2011, 42(7): 21-27.

[101] 陈文斌，杨清河，赵新强，等. 加氢脱硫催化剂活性组分的分散与其催化性能 [J]. 石油学报（石油加工），2013, 29(5): 752-756.

[102] 聂红，高晓冬. 新一代馏分油加氢精制催化剂 RN-10 的研制与开发 [J]. 石油炼制与化工，1998, 29(9): 8-11.

[103] 聂红，李明丰，高晓冬，等. 石油炼制中的加氢催化剂和技术 [J]. 石油学报（石油加工），2010, 26(Z1): 77-81.

[104] 江洪波，吕海龙，陈文斌，等. $CoMo/Al_2O_3$ 催化剂柴油加氢脱芳烃集总反应动力学模型 [J]. 石油学报（石油加工），2019, 35(3): 433-439.

[105] 王锦业，龙湘云，聂红，等. $NiW/\gamma-Al_2O_3$ 加氢催化剂化学吸附性质的研究 [J]. 催化学报，1999, 20(5): 541-544.

[106] 毛以朝，聂红，李毅，等. 高活性中间馏分油型加氢裂化催化剂 RT-30 的研制 [J]. 石油炼制与化工，2005, 36(6): 1-4.

[107] 聂红，张乐，丁石，等. 柴油高效清洁化关键技术与应用 [J]. 石油炼制与化工，2021, 52(10):103-109.

[108] 张乐，李明丰，聂红，等. 高性能柴油超深度加氢脱硫催化剂 RS-2100 和 RS-2200 的开发及工业应用 [J]. 石油炼制与化工，2017, 48(6): 1-6.

[109] 杨清河，戴立顺，聂红，等. 渣油加氢脱金属催化剂 RDM-2 的研究 [J]. 石油炼制与化工，2004, 35(5): 1-4.

[110] 石亚华，孙振光，戴立顺，等. 渣油加氢技术的研究 I.RHT 固定床渣油加氢催化剂的开发及应用 [J]. 石油炼制与化工，2005, 36(10): 9-13.

[111] 汪燮卿. 中国炼油技术 [M]. 北京：中国石化出版社，2021.

[112] 王方朝，丁思佳，杨占林. 分子筛应用于加氢处理研究进展 [J]. 当代化工，2021, 50(11): 2694-2701.

[113] 刘雪玲，张喜文，王继锋. 加氢裂化催化剂中分子筛的研究进展 [J]. 当代化工，2020, 49(6): 1184-1188.

[114] 董建伟，胡志海，熊震霖，等. 一种由劣质重质原料多产化工轻油的加氢裂化方法：CN101210195[P]. 2012-05-30.

[115] 聂红，杨清河，石亚华，等. 石油资源的有效利用 [C]. 中国工程院化工、冶金与材料工程学部第五届学术会议论文集. 北京，2005: 160-165.

[116] 张乐，刘清河，聂红，等. 高稳定性超深度脱硫和多环芳烃深度饱和柴油加氢催化剂 RS-3100 的开发 [J]. 石油炼制与化工，2021, 52(10): 150-156.

第二章
氧化铝材料

第一节　概述 / 024

第二节　氧化铝的基本性质 / 026

第三节　氧化铝的形态及其前身物 / 026

第四节　氧化铝晶体结构、表面化学性质及孔性质 / 031

第五节　改性氧化铝 / 040

第六节　氧化铝前身物的生产方法 / 060

第七节　氧化铝载体生产方法 / 071

第八节　总结与展望 / 082

地球上铝资源十分丰富，在地壳中铝元素的丰度排在第三位（按质量计约8%），随着铝工业的发展，氧化铝的生产成本已经大幅下降。氧化铝具有优良的化学和物理性质以及良好的化学稳定性和热稳定性，同时具有丰富的孔结构。氧化铝表面含有丰富的羟基和酸性中心，具有良好的吸附性能、强亲水性能和分散活性组分的能力。成型后的氧化铝载体还具有很高的机械强度。因此，氧化铝材料在石油化工领域的应用非常广泛，如作为加氢催化剂的载体、催化裂化催化剂的基质黏结剂、催化重整催化剂的载体、吸附剂、添加剂等。氧化铝是石油化工领域目前应用最为广泛的一种无机材料，同时也是用无机材料解决有机反应优选的材料。氧化铝制备技术的持续进步对石油化工领域技术的发展具有重要作用。本丛书中另有分册《多孔氧化铝制备与催化应用》（陆安慧），读者可以相互参照阅读。

第一节
概述

氧化铝是由其前身物水合氧化铝（氢氧化铝）在不同温度下脱水生成的。因氢氧化铝形态和脱水条件的差异，可以生成各种形态氧化铝，如低温氧化铝（ρ-氧化铝、η-氧化铝、γ-氧化铝、χ-氧化铝）和高温氧化铝（δ-氧化铝、θ-氧化铝、κ-氧化铝、α-氧化铝）。前身物水合氧化铝包括三水氧化铝（三水铝石、拜三水铝石、诺三水铝石）、一水氧化铝（薄水铝石、硬水铝石、拟薄水铝石）和无定形三种。不同水合氧化铝脱水转化成不同形态的低温氧化铝及各种形态的低温氧化铝转化成高温氧化铝都存在一定的转化规律性，并受脱水温度和气氛中水蒸气量影响。

石油化工领域最常用的两类氧化铝为γ-氧化铝和η-氧化铝。γ-氧化铝和η-氧化铝的晶体结构都属于变形的尖晶石结构。γ-氧化铝的表面主要是（110）晶面或（100）晶面，η-氧化铝的表面主要是（111）晶面。氧化铝表面存在3大类5种表面羟基。氧化铝载体用吡啶红外（Py-IR）只能检测到Lewis酸（简称L酸）中心，检测不出Brønsted酸（简称B酸）中心。随脱水温度升高氧化铝载体表面的酸性发生明显变化，吸附活性金属的能力也发生变化。氧化铝载体的孔隙是由氧化铝微观晶粒之间堆积形成的空隙，氧化铝微观晶粒的大小、形状、晶粒间的堆积方式及二次粒子的堆积方式决定孔性质，通过调节氧化铝前身物的性质可以达到调节氧化铝孔结构的目的；通过调节晶粒不同晶面的比例，或者添加其他组分可以调节氧化铝载体的表面化学性质；另外，脱水温度（焙烧温度）等条件对氧化铝孔结构和表面性质影响也很大。

为满足特定反应的需要，可以采用各种方法对氧化铝的性质进行调变。通过调节水热处理条件可以调变氧化铝前身物粒子生长并影响其堆积方式；通过调节焙烧条件控制脱水时的温度和气氛可以调变氧化铝的孔结构性质和表面化学性质；通过水热处理氧化铝可调变氧化铝载体的表面化学性质进而调变载体吸附活性金属的能力；通过添加其他化学物质（常用的元素有 Si、Ti、F、B 等）可以对氧化铝的性质进行调变。

氧化铝的前身物水合氧化铝的制备方法对氧化铝载体性质影响巨大，氧化铝前身物可以由其酸碱化合物或者醇铝化合物等经不同的工艺路线制备。工业上常用的氧化铝前身物的生产方法包括 $NaAlO_2$-$Al_2(SO_4)_3$ 法（简称硫酸铝法）、$NaAlO_2$-CO_2 法（简称碳化法、二氧化碳法）、烷氧基铝水解法、铝盐 - 氨水中和法等。$NaAlO_2$-$Al_2(SO_4)_3$ 法在机理研究和工业实践上都取得了重大进展，基于对反应机理的深入研究，本书著者团队开发了两次连续中和高温老化新工艺流程，实现了环境友好、高效系列化拟薄水铝石的连续稳定生产，生产过程的能耗和洗涤水耗量大幅降低，产品收率接近 100%，生产成本显著下降。$NaAlO_2$-CO_2 法在反应机理认识上已经较为深入，明确中和 pH 值对产品的晶相组成有显著影响，工业生产方面仍以间歇中和工艺为主，连续中和工艺的研究取得一定进展，可获得没有丝钠铝石和三水铝石杂晶的拟薄水铝石产品。烷氧基铝水解法可以制备高纯度的氧化铝前身物，满足贵金属催化剂对高纯度载体的要求，但产品成本偏高，该过程包括高纯金属铝与醇的反应过程和烷氧基铝的水解过程，其中烷氧基铝水解过程中的各种条件均会影响产品性质，醇的回收、含有机物废水的处理和再利用也使成本增加。国内烷氧基铝水解法生产工艺近年来进步较大，正开始逐步实现工业化生产。铝盐 - 氨水中和法是生产氧化铝的传统工艺路线，中和条件和老化条件对氧化铝产品的孔性质和表面性质影响显著，可用于制备低杂质含量的氧化铝，但氨水带来的 HSE［健康（health）、安全（safety）和环境（environment）］问题使工业应用的场合在逐渐变少。

氧化铝载体材料只有满足一定的强度和形状尺寸要求才能在工业上应用，因此氧化铝载体的生产过程也很重要。氧化铝载体的生产过程一般包括成型、干燥、焙烧等步骤。通过压缩成型法、挤出成型法、转动成型法、喷雾成型法等成型技术制备出条形、异形、不同尺度的球形（毫米级小球、微米级小球）等形状不同的氧化铝载体，以满足固定床、移动床、流化床等不同工业应用场合。氧化铝成型后的干燥和焙烧脱水过程中的各种因素，如干燥速度、干燥程度、焙烧气氛、焙烧温度、焙烧时间和工业焙烧设备等对氧化铝载体的性质均有不同程度的影响，另外生产过程中引入的杂离子也会影响氧化铝载体的性质。

第二节
氧化铝的基本性质

氧化铝具有良好的吸附性。在酸性溶液中，氧化铝表面质子化呈正电性，能吸附带相反电荷的阴离子，相当于一种阴离子吸附剂。在碱性溶液中，氧化铝表面吸附 OH⁻ 变成负电性，能吸附带正电荷的阳离子，相当于一种阳离子吸附剂。氧化铝表面对很多物质具有较强的吸附能力。

氧化铝具有强亲水性。当氧化铝与水溶液接触时，在表面张力的推动下，水溶液迅速地渗入氧化铝微孔中。当氧化铝用作催化剂载体时，其强亲水性在催化剂的制备过程中显得极为重要，可以方便地使用浸渍法制备催化剂，只需将含活性组分的浸渍液与氧化铝有效接触，依靠氧化铝的强亲水性，浸渍液就能很快进入氧化铝内部的孔道中，从而达到将活性组分负载到氧化铝上的目的。

氧化铝是一种高熔点（＞2000℃）的难熔氧化物，具有很好的热稳定性和稳定分散活性组分的能力。当活性组分（熔点一般比氧化铝低很多）高度分散在氧化铝表面时，可以避免或减缓活性组分在高温下的聚集。因此氧化铝能对活性组分起到很好的热稳定和分散的作用。

氧化铝是典型的两性化合物，可分别与酸或碱发生反应，生成相应的含铝化合物。弱酸的铝盐在水溶液中可发生水解，强酸的铝盐在水溶液中则很稳定。铝既能以阴离子（铝酸根）的形式存在，也能以阳离子的形式存在，还能以有机醇铝化合物的形式存在。可用来制备氧化铝的典型含铝化合物有偏铝酸钠、硫酸铝、三氯化铝、硝酸铝、异丙醇铝、高级醇铝等，以上述含铝化合物为原料采用不同的工艺方法制备氧化铝。

第三节
氧化铝的形态及其前身物

氧化铝是其前身物（水合氧化铝/氢氧化铝）加热脱水后的产物。氧化铝前身物不同、脱水条件不同（如温度、气氛、压力等）会导致产生八种不同形态的氧化铝，其中 α- 氧化铝是最稳定的脱水产物。不同形态的氧化铝具有不同晶体结构和不同的物理、化学和表面性质。

氧化铝前身物是指以水合物形式存在的水合氧化铝。可通过改变合成条件（反应、老化、干燥）制备出含水量、晶型、形貌和堆积方式等不同的水合氧化铝。后经成型、干燥、焙烧后，得到氧化铝载体。通过对氧化铝前身物的合成过程、氧化铝载体的成型过程和干燥焙烧过程中的条件进行调控，可以制备出形状、尺寸、晶相、堆密度、孔性质（比表面积、孔体积、孔径及分布）和表面化学性质等不同的氧化铝载体，以满足不同需求。

氧化铝前身物（水合氧化铝/氢氧化铝）的种类、名称和相应的分子式见表 2-1。从表 2-1 可知，氧化铝前身物可分为结晶形和无定形两大类，结晶形又可分为三水氧化铝和一水氧化铝，三水氧化铝有三水铝石、拜三水铝石和诺三水铝石，一水氧化铝有薄水铝石（软水铝石）、硬水铝石和拟薄水铝石。拟薄水铝石是结晶度不高的薄水铝石，其物相谱图与薄水铝石相似，但半峰宽增大，晶粒较小，又称胶状薄水铝石或假薄水铝石，因此表 2-1 中将拟薄水铝石归入一水氧化铝中。拟薄水铝石常用作制备氧化铝催化材料的原料和一些其他载体（如含分子筛载体）成型的黏结剂或基质。表 2-1 中同时给出了各种三水氧化铝和一水氧化铝对应的中英文名称和分子式。

表2-1　氧化铝前身物的种类、名称及分子式

种类		名称		分子式
		中文	英文	
结晶形	三水氧化铝	三水铝石	gibbsite	$\alpha\text{-Al(OH)}_3$
		拜三水铝石	bayerite	$\beta_1\text{-Al(OH)}_3$
		诺三水铝石	nordstrandite	$\beta_2\text{-Al(OH)}_3$
	一水氧化铝	薄水铝石（软水铝石）	boehmite	$\alpha\text{-AlOOH}$
		硬水铝石	diaspore	$\beta\text{-AlOOH}$
		拟薄水铝石	pseudoboehmite	$\alpha\text{-AlOOH}$
无定形		—	—	—

各种形态氧化铝的分类、化学式、读音、中文译名及对应的美国名称和欧洲名称见表 2-2。从表 2-2 可知，氧化铝可以分为低温氧化铝和高温氧化铝两大类，低温氧化铝包括 ρ- 氧化铝、η- 氧化铝、γ- 氧化铝、χ- 氧化铝四种，高温氧化铝包括 δ- 氧化铝、θ- 氧化铝、κ- 氧化铝、α- 氧化铝四种，各种氧化铝的中文译名与美国名称一致，与欧洲名称存在一些差异。表 2-2 中的 η- 氧化铝和 γ- 氧化铝具有较大的比表面积，并具有一定活性，通常被称为活性氧化铝，在石油化工领域中应用广泛。α- 氧化铝比表面积很小，不具有活性，通常被称作惰性氧化铝。

表2-2 氧化铝的分类及命名

分类	氧化铝名称		美国名称	欧洲名称
	化学式	中文译名		
低温氧化铝	$\rho\text{-}Al_2O_3$	ρ-氧化铝	ρ- alumina	ρ- alumina
	$\eta\text{-}Al_2O_3$	η-氧化铝	η- alumina	η- alumina
	$\gamma\text{-}Al_2O_3$	γ-氧化铝	γ- alumina	γ- alumina
	$\chi\text{-}Al_2O_3$	χ-氧化铝	χ- alumina	χ- alumina
高温氧化铝	$\delta\text{-}Al_2O_3$	δ-氧化铝	δ- alumina	$\delta+\theta$- alumina
	$\theta\text{-}Al_2O_3$	θ-氧化铝	θ- alumina	θ- alumina
	$\kappa\text{-}Al_2O_3$	κ-氧化铝	κ- alumina	$\kappa+\theta$- alumina
	$\alpha\text{-}Al_2O_3$	α-氧化铝	α- alumina	α- alumina

不同氧化铝前身物的加热脱水过程有着明显的差别，同一种氧化铝前身物根据脱水条件不同，其结果也明显不一样。各种氧化铝前身物（氢氧化铝）在不同条件下加热脱水过程中晶型转变如图 2-1 所示[1]。从图 2-1 可以看出，拟薄水铝石在 300～900℃ 范围内焙烧转晶得到低结晶度 γ- 氧化铝，结晶薄水铝石在 400～750℃ 范围内焙烧转晶得到 γ- 氧化铝，高结晶度薄水铝石在 450～600℃ 范围内焙烧转晶得到低比表面积 γ- 氧化铝。各种氧化铝前身物经过高温焙烧后得到的最终形态都是 α- 氧化铝。

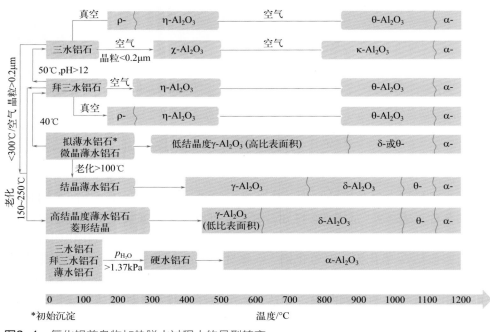

图2-1 氧化铝前身物加热脱水过程中的晶型转变

张英等[2]以纯度为99.999%（5N）的高纯Al(OH)₃为原料，研究了高纯Al₂O₃的结构演变过程及不同焙烧温度条件下高纯氧化铝粉体的性能，随着焙烧温度的升高，Al(OH)₃演变过程为η-Al₂O₃ → γ-Al₂O₃ → θ-Al₂O₃ → α-Al₂O₃，产物的平均粒度和比表面积逐渐减小。1200～1400℃维持α相不变，随焙烧温度继续升高，晶粒发生体积收缩，平均粒度和比表面积继续减小[3]。

李建华等[4]详细研究了热处理条件对γ-Al₂O₃和θ-Al₂O₃两种过渡相氧化铝向α-Al₂O₃转化的规律。在较低温下处理时，γ-Al₂O₃和θ-Al₂O₃均具有一定的结构稳定性，而在高温下都向稳定的α相转变。当热处理温度低于相变温度时，随焙烧温度的升高，两种氧化铝的比表面积和总孔体积虽都有所减小，但经长时间处理仍能保持较高的值。γ-Al₂O₃和θ-Al₂O₃在不同温度下热处理后的XRD谱图及晶相转化示意图见图2-2。如图2-2所示，γ-Al₂O₃在900℃转变为θ相，θ-Al₂O₃在1100℃逐渐

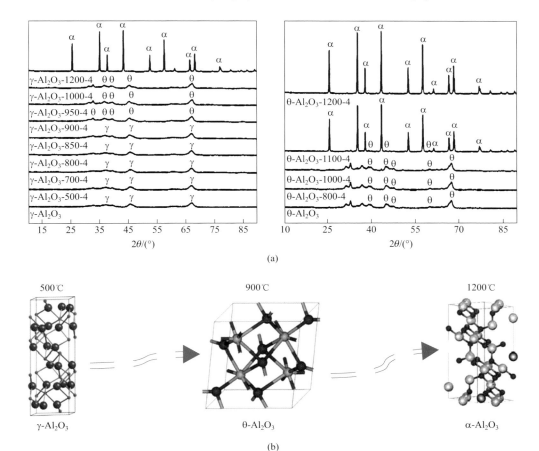

图2-2　γ-Al₂O₃和θ-Al₂O₃不同温度热处理后的XRD谱图（a）及晶相转变示意图（b）

向 α 相转变，且随着焙烧时间增加，α 相的含量逐渐增加，在 1200℃ 快速转变为单一的 α 相。氧化铝的晶相是根据 Al^{3+} 亚点阵的不同进行区分的，其中，$\gamma\text{-}Al_2O_3$ 属于立方晶系，$\theta\text{-}Al_2O_3$ 为单斜晶系，$\alpha\text{-}Al_2O_3$ 为三方晶系。在高温条件下向 α 相转变时，氧化铝的孔结构完全坍塌导致孔体积迅速减小，形成致密结构的 $\alpha\text{-}Al_2O_3$。

当氧化铝中含有某些杂元素时会加速或延迟氧化铝随温度升高的相变过程，并改变形成的 $\alpha\text{-}Al_2O_3$ 的形貌等性质。

氟有助于氧化铝粉体由过渡相转变为稳定的 α 相，提高 $\alpha\text{-}Al_2O_3$ 的生成率并降低 Na_2O 杂质含量。申亚强等研究发现氢氧化铝中添加不同量的氟化铵后在 1100℃ 下焙烧 1h 所制备的系列氧化铝样品的微观形貌不同（图 2-3）。当氟化铵

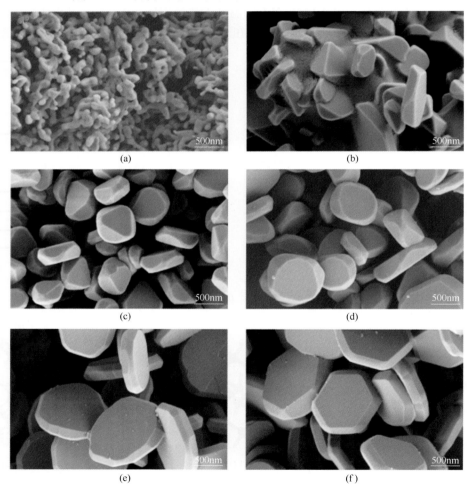

图2-3 NH₄F添加量对制备α-氧化铝微观形貌的影响：（a）0% NH₄F；（b）0.2% NH₄F；（c）0.6% NH₄F；（d）1.2% NH₄F；（e）1.8% NH₄F；（f）2.4% NH₄F

添加量（质量分数）从 0% 增加至 2.4% 时，氧化铝的微观形貌发生显著变化，从"蠕虫状"逐渐转化成"扁平化"的六边形；同时氧化铝中 Na_2O 的质量分数从 0.16% 降至 0.07%，α-Al_2O_3 的生成率从 63.50% 增加至 99.2%[5]。

金属（如镧、锶等）氧化物可提高转晶温度，改善氧化铝热稳定性，并调变氧化铝的其他性质。储刚等[6]研究表明，加入 La^{3+} 提高了 γ-Al_2O_3 的热稳定性，La_2O_3/γ-Al_2O_3 复合产物的热稳定性比 γ-Al_2O_3 的热稳定性提高近 100℃。通过控制 La^{3+} 的加入量和焙烧温度，可调控多孔 γ-Al_2O_3 粉体的比表面积、孔体积、孔径大小及孔径分布。掺杂的 La^{3+} 并未进入晶格，而是分布于 γ-Al_2O_3 晶体间隙，形成 Al—O—La 键结构。蒋军等[7]研究碱土金属氧化物助剂对氧化铝热稳定性的影响，碱土金属氧化物助剂可抑制高温下过渡相氧化铝向 α- 氧化铝的转晶。碱土金属氧化物同样具有稳定 Al_2O_3 结构的效果。

第四节
氧化铝晶体结构、表面化学性质及孔性质

在石油化工催化中应用较为广泛的氧化铝材料主要为 γ- 氧化铝和 η- 氧化铝，这两种氧化铝的晶体结构、表面化学性质和孔性质对催化剂的性能有重要影响。

一、γ-氧化铝和η-氧化铝的晶体结构

γ- 氧化铝和 η- 氧化铝的晶体结构都属于变形的尖晶石结构，而 η- 氧化铝的结构变形程度更大。尖晶石结构的化学通式是 A_2BO_4，A 是 3 价阳离子、B 是 2 价阳离子，A、B 的大小相近，A—O 和 B—O 键都是离子键。尖晶石的晶格由氧离子（O^{2-}）按立方密堆积的方式构成（氧离子密置层按 ABCABC… 的顺序堆积），氧离子之间存在着八面体和四面体两种间隙。阳离子 A 和 B 就分别位于这两种间隙中，所以这两种间隙又分别称为阳离子的八面体位和四面体位。位于八面体位的阳离子与 6 个氧离子相接，位于四面体位的阳离子与 4 个氧离子相接。Al_2MgO_4 是典型的尖晶石结构，每个晶胞中含有 32 个氧离子，氧离子之间的 24 个阳离子位分别被 16 个 Al^{3+} 和 8 个 Mg^{2+} 所占据。

γ- 氧化铝和 η- 氧化铝的每个晶胞由 32 个氧离子和 $21\frac{1}{3}$ 个铝离子组成，而每个晶胞中的八面体位和四面体位共有 24 个，因此有 $2\frac{2}{3}$ 个阳离子空位。γ- 氧化

铝中的氧离子排列比较规则，而 η- 氧化铝中的氧离子晶格缺陷相对较多。γ- 氧化铝中 Al—O 键的平均键长是 0.1818 ～ 0.1820nm，而 η- 氧化铝中 Al—O 键的平均键长稍长，为 0.1825 ～ 0.1838nm。η- 氧化铝的晶体密度小于 γ- 氧化铝。

二、γ-氧化铝和η-氧化铝的表面化学性质

晶体暴露在外的晶面（结晶表面）主要是低晶面指数的晶面，即（111）、（110）、（100）等晶面。γ- 氧化铝的表面可能主要是（110）晶面或（100）晶面，η- 氧化铝的表面主要是（111）晶面。在氧化铝的（111）晶面上，氧离子和铝离子的排列状况见图 2-4[8]。从图 2-4 可以看出，氧化铝的（111）晶面的离子排列有两种情形（A 层和 B 层），A 层中铝离子分布于四面体位和八面体位，B 层中的铝离子均处于八面体位。

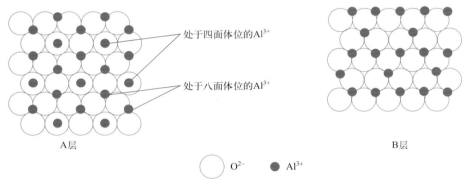

图2-4　氧化铝（111）晶面上氧离子和铝离子的排列状况[8]

氧化铝晶体的终端面应是氧离子层。根据鲍林的静电价规则，稳定的离子型结构的净电荷应等于或接近于零，在低温和有水蒸气的气氛下，氧化铝晶体表面层应由—OH（羟基）组成。以 γ- 氧化铝为例，羟基覆盖的（100）晶面的理想表面结构如图 2-5 所示 [9]。

根据红外光谱的实验结果，氧化铝表面有 5 种羟基，可归结为 5 种孤立羟基（没有其他羟基与之相邻），如图 2-6 所示。

从图 2-6 看出，5 种孤立羟基的区别在于与之相邻的氧离子数目不同，与 A、D、B、E、C 这 5 种类型孤立羟基相邻的氧离子数目，分别为 4、3、2、1、0。Knözinger 和 Ratnasamy[8] 在总结前人和自己研究成果的基础上提出了氧化铝的表面模型。该模型的基础是假定暴露的晶面是尖晶石结构的低指数晶面（111）、

（110）、（100）的混合体，并设想这些晶面的丰度随氧化铝的不同而改变。对应于羟基的配位方式，有 5 种不同的羟基，其 IR 振动波数范围见图 2-7。

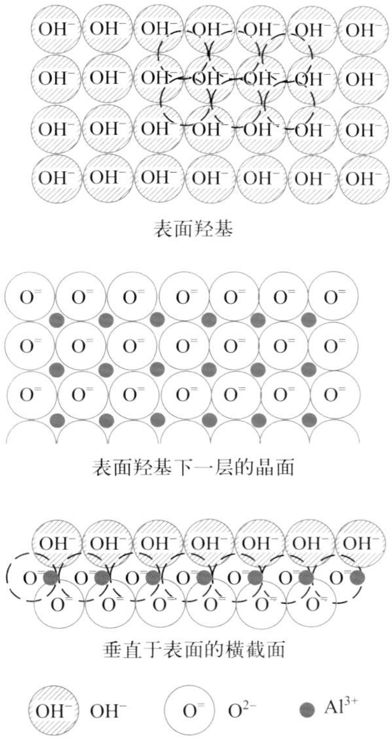

表面羟基

表面羟基下一层的晶面

垂直于表面的横截面

OH⁻ OH⁻   O²⁻ O²⁻   ● Al³⁺

图2-5　羟基覆盖的γ-氧化铝（100）晶面的理想表面结构[9]

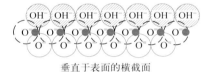

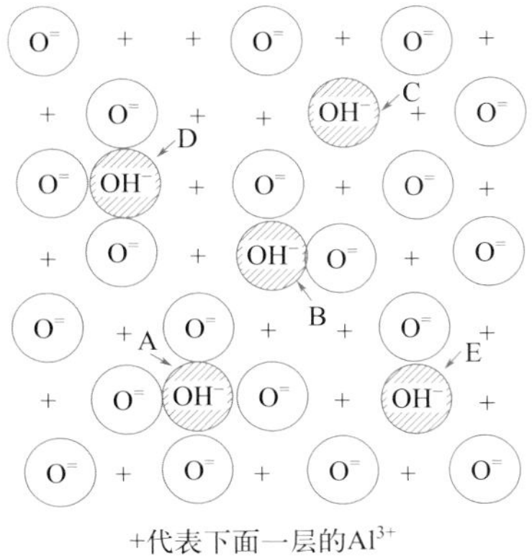

+代表下面一层的Al³⁺

图2-6　氧化铝表面孤立羟基的类型[9]

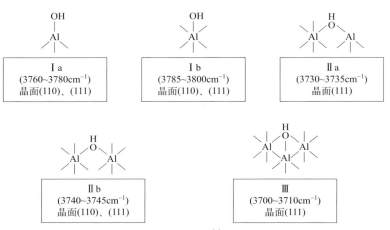

图2-7 理想氧化铝表面羟基的5种模型[8]

从图 2-7 可知，氧化铝表面 5 种羟基的构型分别为：与一个四面体位的铝离子结合的 I a 型羟基，与一个八面体位的铝离子结合的 I b 型羟基，同时与一个四面体位和一个八面体位的铝离子结合的 II a 型羟基，同时与两个八面体位的铝离子结合的 II b 型羟基，同时与三个八面体位的铝离子结合的 III 型羟基。

该模型自从提出以来已被广泛应用。Nortier、Srinivasan、Dalla Llana、Ivanov 等各自以红外光谱测得 $\gamma\text{-Al}_2\text{O}_3$ 表面羟基的振动波数见表 2-3。

表2-3 文献报道的氧化铝表面羟基的IR振动波数　　　　　　　　　　　　　　单位：cm^{-1}

测试者	I 型	II 型	III 型
Nortier	3775	3730	3687
Srinivasan	3770	3730	3670
Dalla Llana	3785	3720	3680
Ivanov	3770	3730	3680

在干燥的气氛下温度升高时，氧化铝表面会发生脱羟基过程：两个羟基结合，生成一个水分子并脱附，在原来羟基的位置留下一个氧离子，并暴露出一个配位不饱和的铝离子（又称阴离子空位），形成所谓"阴离子空位/氧离子对"。其中配位不饱和的铝离子成为 L 酸中心，而对应的氧离子则成为 Lewis 碱中心。在温度低，氧化铝表面的羟基或氢离子不易移动的情况下，脱羟基过程只发生于相邻的两个羟基；在温度比较高，表面的羟基或氢离子容易移动的情况下，脱羟基过程也可能发生在非相邻的两个羟基之间。

表面酸性是氧化铝的一种重要性质，已经得到广泛的研究。制备方法、杂质含量等都会引起氧化铝表面酸性的变化。本书著者团队曾双亲[10]用 Py-IR 方法测试了由 3 种不同工艺路线合成的拟薄水铝石制备的氧化铝载体 A、B、C 上的酸性，结果如图 2-8 所示，3 种氧化铝载体 A、B、C 上都只能检测到 L 酸中心，检测不出 B 酸中心。

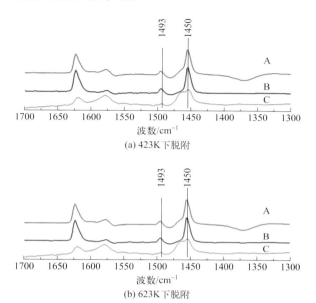

(a) 423K 下脱附

(b) 623K 下脱附

图2-8 不同方法制备氧化铝载体的Py-IR谱图

氧化铝前身物在一定温度下经过预处理或焙烧脱除部分表面羟基后，氧化铝才表现出酸性，氧化铝的酸性（包括酸量和酸强度分布）与预处理或焙烧温度密切相关。本书著者团队曾双亲等[11]研究了拟薄水铝石在不同温度下热处理后的含水量，结果见表 2-4。从表 2-4 可知，在不同温度下处理后拟薄水铝石的含水量明显不同，当热处理温度低于 300℃时，拟薄水铝石能维持结构式 $AlOOH \cdot xH_2O$ 中的因子 x 大于 0，同时维持结构式 $Al_2O_3 \cdot yH_2O$ 中因子 y 大于 1，这说明在 300℃以下脱去的水基本上是吸附在拟薄水铝石晶体表面的水，而拟薄水铝石晶体内部的结构水保持稳定。当拟薄水铝石热处理温度为 400℃时，结构式 $AlOOH \cdot xH_2O$ 中的因子 x 小于 0，证明吸附在拟薄水铝石表面的水被完全脱除，同时结构式 $Al_2O_3 \cdot yH_2O$ 中因子 y 小于 1，证明已经发生结构水的脱除，导致表面羟基数量降低。

表2-4 不同温度处理后的拟薄水铝石的含水量

处理温度/℃	$AlOOH \cdot xH_2O$中的x值	$Al_2O_3 \cdot yH_2O$中的y值
120	0.473	1.946
200	0.346	1.691
300	0.222	1.444
400	−0.136	0.729

氧化铝的脱水程度会直接影响其吸附活性金属的能力。以不同温度处理的拟薄水铝石为载体，以相同浓度的 Ni-Mo-P 溶液为浸渍液，在相同的条件下以过饱和浸渍法制备催化剂，考察载体对活性金属的吸附能力，结果见图 2-9。从图 2-9 可知，热处理温度低于 300℃时载体上吸附的活性金属氧化物 MoO_3 的量最高，而且基本相同。随载体热处理温度的继续升高，载体吸附活性金属氧化物 MoO_3 的能力明显降低，热处理温度在 300℃至 500℃范围内变化时，载体对 MoO_3 的吸附能力下降尤为显著。载体对活性金属氧化物组分 MoO_3 的吸附能力与热处理后载体含水量的相关性非常明显，而载体的热处理温度对 Ni 的吸附几乎没有影响。

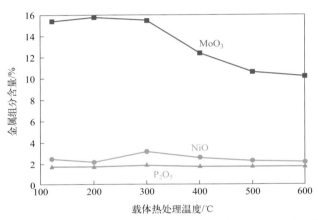

图2-9 不同温度处理的载体在相同条件下采用过饱和浸渍法时载体上的活性金属吸附量

氧化铝表面的酸性强弱表现在酸中心的强度和浓度的差异上，通过合适的方法可以对酸性进行适当调节。酸中心的强度越强，吸附碱性物质（比如氨、吡啶等）后再脱附时，需要的温度就越高。一般按氨脱附温度范围 25～200℃、200～400℃和＞400℃可以将酸中心分为弱酸、中等酸和强酸三类。当载体预处理温度为 500℃时，按每平方米表面计强酸中心数量，顺序为 η- 氧化铝＞γ- 氧化铝；当预处理温度从 500℃升高到 700℃时，γ- 氧化铝和 η- 氧化铝的强酸中心数量都显著增加；当预处理温度从 700℃升高到 900℃时，γ- 氧化铝的强酸中心数量减少，而 η- 氧化铝的强酸中心数量仍在增加，说明 η- 氧化铝的酸性明显强于 γ- 氧化铝。Boretskaya 等[12]研究了化学改性方法、水热处理、高温焙烧等条件对氧化铝酸性的影响，见表 2-5。从表 2-5 可以看出，与未改性氧化铝载体 AO-1 相比，初始氢氧化铝 AH-1 经化学改性方法得到的氧化铝载体（AO-Ac、AO-F、AO-Na、AO-Cs）可以保持高比表面积，并能调整载体表面酸性，乙酸和 NH_4F 改性可以提高总酸中心浓度和氨完全脱附温度，NaOH 和 $CsNO_3$ 改性可降低总酸中心浓度和氨完全脱附温度；水热处理氢氧化铝 AH-1 得到的氧化铝载体 AO-2 的比表面积、总酸中心浓度和氨完全脱附温度均降低，水热处理氧化铝 AO-1 得到的氧化铝载体 AO-3 能提高比表面积、总酸中心浓度和氨完全脱附温度；高温焙烧导致氧化铝载体比表面积、总酸中心浓度和氨完全脱附温度随焙烧温度的提高而逐渐降低。

表2-5　改性方法和焙烧温度对氧化铝性质的影响

样品	改性方法	焙烧温度/℃	比表面积 / (m²/g)	孔体积 / (cm³/g)	总酸中心浓度 / (μmol/g)	T_d/℃
AO-1	AH-1不改性	550	191	0.49	819	519
AO-Ac	AH-1乙酸	550	232	0.45	1044	688
AO-F	AH-1NH₄F	550	210	0.45	853	536
AO-Na	AH-1NaOH	550	226	0.42	552	455
AO-Cs	AH-1CsNO₃	650	200	0.40	356	463
AO-2	AH-1水热	550	169	0.41	579	505
AO-3	AO-1水热	550	217	0.45	876	653
AO-800	AH-1不改性	800	149	0.50	561	492
AO-900	AH-1不改性	900	133	0.47	445	483
AO-1100	AH-1不改性	1100	63	0.23	130	458

注：T_d 为 NH₃-TPD 结果得出的氨完全脱附温度。

氧化铝的酸性随预处理温度的变化，是其表面脱羟基和晶体结构随温度变化的综合结果。在温度不太高的阶段，如 500℃ 或 600℃ 以下，表面羟基的脱除起主导作用。随温度升高，表面羟基的脱除率不断增大，作为 L 酸中心的配位不饱和铝离子（阴离子空位）越来越多，表现为酸量的增加，同时各种形式的表面结构缺陷也相继出现，成为酸性更强的酸中心[13]。当温度继续升高，这时大部分的表面羟基已经被脱除，氧化铝晶体结构的变化，如结晶更完整、晶粒变大和晶相转变等，导致比表面积减小，暴露的缺陷位减少，从而逐渐导致酸性的下降。

三、氧化铝的孔性质

孔性质是指多孔性物质内部含有的孔结构性质，孔结构会影响反应物和产物分子在孔道内的扩散速度及表面活性中心利用率，从而影响反应速率。载体的孔结构对催化剂的活性、选择性、稳定性和机械强度都会产生重要影响。

氧化铝的孔性质是重要的性质之一，是发挥各种作用的基础。衡量氧化铝载体孔性质的重要指标是孔体积、比表面积、孔径大小及其孔体积和比表面积随孔径的分布。氧化铝载体的孔本质上是氧化铝晶粒之间的堆积形成的孔隙（堆积孔），孔性质本质上取决于组成载体的氧化铝微观晶粒的大小、形状、不同晶面的比例、晶粒间的堆积方式。氧化铝微观晶粒的这些性质又取决于其前身物水合氧化铝的微观晶粒的性质。载体内部的孔道主要由一级晶粒、多级粒子之间互相堆积、搭接形成的间隙构成。孔性质主要取决于制备过程形成的粒子（一级晶粒、多级粒子）的大小、形状和堆积方式。从 TEM（透射电子显微镜）及 XRD（X 射线衍射）表征可知，氧化铝一级晶粒一般为几纳米的晶粒或者直径为几纳米、长度为十几至几十纳米的纤维状晶粒，而氧化铝载体的孔直径主要集中在几纳米至十几纳米之间。氧化铝载体制备过程中各阶段的工艺参数均会对其孔性质产生影响，通过改变氧化铝前身物的制备条件、载体成型条件、载体干燥焙烧条件等可以对孔性质进行调控。从研究拟薄水铝石的生成机理和氧化铝载体孔的形成机理出发，掌握具有适当孔体积、比表面积、孔径大小和孔分布载体的制备技术是开发高性能催化剂的基础。原料油中烃类分子的大小和结构不同，需要不同的孔结构与之匹配，才能使催化剂活性中心充分发挥作用，这是提高催化剂性能的有效路径。在认识到加氢催化剂孔结构本质上是氧化铝晶粒间堆积孔的基础上，中石化石油化工科学研究院开发了孔结构精确控制的系列化拟薄水铝石材料和连续化生产新工艺，显著地推动和加快了相应加氢催化剂的升级换代[14,15]。刘滨等[16]用硫酸铝溶液和碳酸氢铵溶液为原料，先以共沉淀的方式进行化学反应，通过控制反应的 pH 值和温度，制备出碱式碳酸铝铵 { 化学式为 $NH_4[AlO(OH)]_2HCO_3 \cdot 2H_2O$} 粉体，其 XRD 谱图如图 2-10 所示。从图 2-10 可知，碱式碳酸铝铵和拟薄水铝石的 XRD 谱图不同，碱式碳酸铝铵结晶度较高，$2\theta=21°$ 附近处的衍射峰为其特征峰。通过碱式碳酸铝铵对氧化铝的晶粒形貌和堆积方式的调变，可获得高孔体积和大孔径氧化铝粉体。将碱式碳酸铝铵与常规拟薄水铝石复合经挤条成型、干燥、焙烧形成具有二次孔结构的大孔氧化铝载体。大孔氧化铝载体与常规载体的孔径分布如图 2-11 所示。从图 2-11 可知，由碱式碳酸铝铵制备的复合载体中含有较多直径 100nm 以上的孔，这部分孔可为渣油中大分子如沥青质提供扩散通道，以其作为载体的渣油加氢脱金属催化剂具有良好的脱金属和降残炭性能。

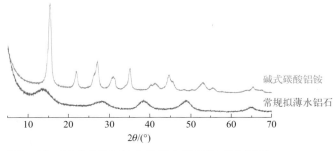

图2-10 碱式碳酸铝铵和拟薄水铝石的XRD谱图

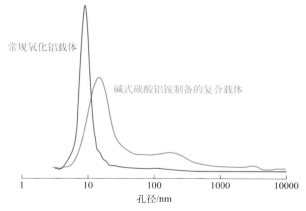

图2-11　两种载体孔径分布曲线

　　在开发新一代柴油加氢催化剂时，基于对氧化铝载体孔性质的认识，为构建具有通畅扩散孔道的载体，开发了微观粒子更细更长的新型载体材料，从而优化了二次粒子的堆积结构。与参比载体相比，新型载体的比表面积相当，孔体积增加了13%，孔径分布明显向大孔方向移动，更有利于反应分子在孔道内扩散。新型载体的堆密度相对于参比载体降低了25%，在金属负载量相同的条件下，降低催化剂的堆密度，提高了催化剂的性价比，支撑了高稳定性超深度脱硫和多环芳烃深度饱和柴油加氢 RS-3100 催化剂的开发[17]。

　　在开发渣油加氢脱硫催化剂时，考虑到在加氢脱硫反应段，渣油已经发生了脱金属、脱沥青质、部分脱硫反应等，含硫物种的尺寸已经变小，催化剂需要适当的孔径。渣油加氢脱硫催化剂的孔径太小不利于反应物分子的接近，会降低活性金属的利用效率，孔径太大又会造成催化剂活性比表面积损失，为了使催化剂具有较高的有效比表面积，催化剂的孔径分布应相对集中。赵新强等[18]设计制备了孔径适当、孔径分布更为集中的新载体 DT-2。新方法制备的载体 DT-2 与老方法制备的载体 DT-1 的孔径分布对比情况如图 2-12 所示。从图 2-12 可以看出，两种载体的可几孔径相同，新制备的载体 DT-2 孔集中度更高。孔集中度提高后，载体 DT-2 的有效比表面积增加 10% 以上，以此载体开发的钴钼型渣油加氢脱硫催化剂 RMS-30 具有更高活性，在金属负载量与上一代催化剂相当的条件下，脱硫率提高 3.7 个百分点。通过进一步提高载体孔径分布集中度、适当增加可几孔径、浸渍工艺由碱浸工艺优化为酸浸工艺、引入助剂调变表面性能等措施开发的新一代渣油加氢脱残炭脱硫催化剂 RCS-31，其脱硫活性与上一代催化剂相当，相对脱残炭活性提高 10% 以上[19]。

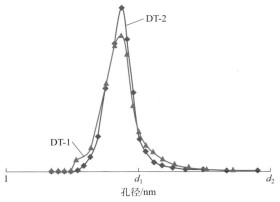

图2-12 不同载体的孔径分布

第五节
改性氧化铝

在使用氧化铝作为石油化工催化材料时，为了使氧化铝载体更好地满足石油化工催化中的某些特定反应，需要对氧化铝的性质进行有针对性的调变。有些反应要求载体具有更大的比表面积，以使活性组分更好地分散；有些反应要求催化剂载体同时具有适当的酸性，以提供适当的催化活性[20]；而有一些反应要求载体具有惰性，比表面积要尽可能小，从而抑制不利副反应的发生[21]。在研究开发催化剂时，需要考虑不同反应体系的使用要求从而对氧化铝载体的物性进行调控。氧化铝改性主要有两种方法：一种是热处理方法，就是利用氧化铝的酸性与预处理温度的关系，通过改变氧化铝的焙烧温度来调节氧化铝的酸性。另一种是添加其他化学物质作为助剂的方法，通过改变助剂的种类和添加量可以使氧化铝表面的化学结构发生变化，从而实现对氧化铝表面性质的调节。常用的助剂有两类：第一类是能与氧化铝形成复合氧化物的元素（如硅、钛、锆、硼等）的化合物；第二类是卤素（主要是氟或氯）和磷等元素的化合物，如 HF、NH_4F、HCl、H_3PO_4 等。助剂的添加可以在前身物制备过程、成型过程或者浸渍过程中进行。

一、热处理方法

采用热处理或水热处理方法可以对氧化铝的物理性质和化学性质进行调变，

在调变氧化铝的孔结构的同时，可以显著调变氧化铝表面的性质。根据载体内部孔隙形成的原理，调变氧化铝孔结构主要有两种方法：一是调节氧化铝粒子的大小和形状；二是控制粒子堆积的紧密程度。粒子越大、堆积越蓬松，其孔体积越大、大孔越多；粒子越小则孔体积越小，小孔越多；粒子大小越均匀，孔径分布越集中[22]。调节氧化铝粒子大小，可以通过调节氧化铝前身物（氢氧化铝）的粒子大小以及氢氧化铝加热脱水（焙烧）形成的氧化铝粒子大小来实现。

1. 氢氧化铝水热处理

对氢氧化铝进行水热处理是调节其粒子大小的一种有效方法。曾双亲等[23]针对拟薄水铝石工业装置改造过程中使用带式过滤机替代板框-浆化罐过滤洗涤后闪蒸干燥得到的产品孔体积明显变小的情况，在实验室中研究了水热老化及干燥条件对拟薄水铝石性质的影响。采用喷雾干燥（快速）、烘箱干燥（慢速）和延长水热老化时间三种方式对快速洗涤滤饼进行处理，获得三个样品：快速洗涤＋喷雾样品（PW）、快速洗涤＋烘箱干燥样品（HX）、延长水热老化时间＋快速洗涤＋喷雾样品（L-PW）。三个样品的 XRD 谱图、BJH 孔体积分布、TEM 照片分别见图 2-13、图 2-14 和图 2-15。

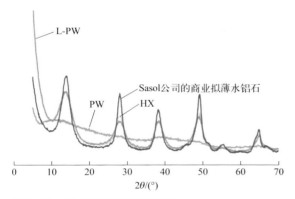

图2-13 三个样品的XRD谱图

图 2-13 说明拟薄水铝石晶粒在水热老化过程和干燥过程都能继续生长，温度和时间是晶粒生长的关键因素。图 2-14 说明通过烘箱干燥（慢速）过程和延长水热老化时间都能提高样品的孔体积。图 2-15，当物料为无定形时粒子间堆积紧密不能形成较大的孔体积，当拟薄水铝石晶粒生长到一定程度时，粒子间堆积松散，能形成较大的孔体积。延长水热老化时间、降低滤饼的干燥速度均能使拟薄水铝石继续生长得到具有较高结晶度的产品。通过改变水热（老化）过程的温度、时间和干燥过程的温度、时间等条件调节氢氧化铝的晶体生长是调节氧化铝孔结构的有效方法。

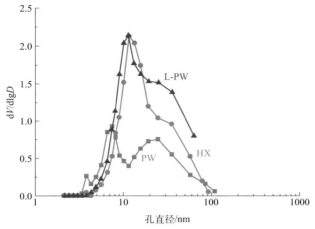

图2-14 三个样品的BJH孔体积分布

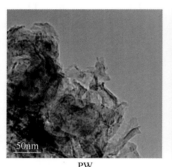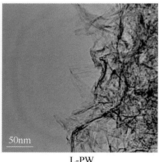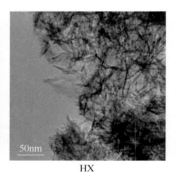

PW   L-PW   HX

图2-15 三个样品的TEM照片

2. 氢氧化铝热处理

三水铝石、拜三水铝石和薄水铝石等氧化铝前身物通过热处理（焙烧）制备氧化铝的过程中，伴随脱水过程，氧化铝晶型发生转化，随晶体中水的不断脱除，氧原子与铝原子的空间堆叠方式不断变化，在形成最终的热稳定相 $\alpha\text{-Al}_2\text{O}_3$ 前，不同晶相的氢氧化铝前驱体会逐步脱水生成多种不同晶相结构的氧化铝[24]。在热处理过程中，氧化铝的孔结构也会发生变化，氧化铝前身物在干燥的空气气氛及一定的温度下加热脱去大部分水后，伴随形成大量微孔，比表面积迅速增加到最大值；温度继续升高，在进一步脱水的同时，比表面积会逐渐下降。说明温度的进一步升高引起了构成氧化铝孔结构的粒子之间的熔结，致使粒子不断长大、微孔孔径增大，比表面积逐渐下降。梁维军[25]研究了拟薄水铝石成型后的干燥载体在管式炉流动空气中进行热处理时，焙烧温度对载体 XRD 谱图和孔性质的影响。图 2-16 是拟薄水铝石制备的载体经过不同温度焙烧后得到的氧化铝载体的 XRD 谱图。从图 2-16 可以看出，焙烧温度低于 400℃时样品的 XRD 曲线与拟薄水铝石 XRD 曲线一致，约在 $2\theta=14°$、$28°$、$38°$、$49°$ 位置附近出现宽化的衍射峰；焙烧温度为 400 ～ 700℃时，$2\theta=19°$、$38°$、$46°$、$67°$ 位置附近出现衍射峰，说明拟薄水铝石在此温度下转变为 $\gamma\text{-}Al_2O_3$；温度为 800℃时，在 $2\theta=33°$ 位置附近出现衍射峰，说明 $\gamma\text{-}Al_2O_3$ 开始向 $\delta\text{-}Al_2O_3$ 转变；温度升高至 1000℃时，$2\theta=31°$ ～ $40°$ 位置出现多个衍射峰，表明氧化铝由 $\gamma\text{-}Al_2O_3$ 转化为 $\delta\text{-}Al_2O_3$。图 2-17 是拟薄水铝石制备的载体经过不同温度焙烧后得到的氧化铝载体孔性质。从图 2-17 可以看出，随着热处理（焙烧）温度由 200℃上升到 1000℃，氧化铝比表面积由 402m^2/g 逐步减小到 126m^2/g；可几孔径随温度的升高持续增大，由 5.1nm 逐渐增大到 12.9nm；而孔体积先由 0.58mL/g 逐步增大，600℃时达到最大值 0.66mL/g，而 1000℃时又减小到 0.56mL/g。

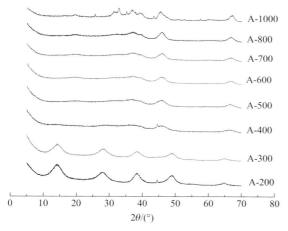

图2-16 不同焙烧温度对氧化铝载体的XRD谱图的影响
（A-200 ～ A-1000分别为相应温度下焙烧的载体样品）

李大东等[26]在控制氧化铝载体孔径的研究中获得热处理温度、热处理时间对氧化铝孔结构的影响结果如表 2-6 所示。从表 2-6 可以看出，当固定热处理时间 2h，热处理温度从 400℃升高至 700℃时，氧化铝的孔体积增大、比表面积减小，相应的平均孔径也增大。在热处理温度 600℃下，随热处理时间从 2h 增加至 24h，氧化铝的孔体积和平均孔径增大，比表面积减小。研究发现提高热处理温度和延长热处理时间，均能使氧化铝载体中 5.0nm 以下的小孔减少而使孔分布向大孔方向移动。

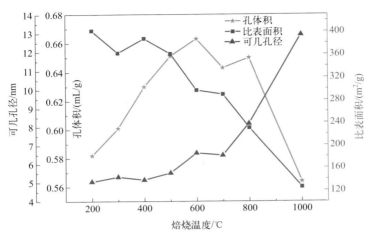

图2-17 不同焙烧温度对氧化铝载体孔性质的影响

表2-6 热处理对氧化铝孔结构的影响

热处理条件		孔结构		
温度/℃	时间/h	比表面积/（m²/g）	孔体积/（cm³/g）	平均孔径/nm
400	2	388	0.536	5.5
500	2	294	0.554	7.5
600	2	316	0.574	7.3
700	2	203	0.629	12.4
600	10	304	0.580	7.6
600	24	202	0.590	8.1

热处理的气氛（与氧化铝接触的气体）会影响氧化铝热处理的效果。三水铝石、拜三水铝石和薄水铝石（拟薄水铝石）等氧化铝前身物在干燥空气与在含水蒸气的空气中进行热处理时，其比表面积随温度变化规律明显不同。梁维军[25]采用管式炉在以300℃/h速度升温、气剂比为600∶1的条件下，当焙烧温度升至300℃时开始向空气中引入不同的水量，600℃恒温3h焙烧下，研究空气中不同水蒸气含量对载体孔性质的影响，结果如图2-18所示。从图2-18可以看出，载体孔体积由未通入水蒸气时的约0.65mL/g随加水量的增加而逐渐增大，当加水量为6mL/h时，孔体积达到最大值接近0.68mL/g，之后减小至约0.66mL/g；可几孔径由7.0nm逐渐增大，当加水量为8mL/h时，达到最大值8.1nm；比表面积随加水量的增加而逐渐减小，由280m²/g减小到240m²/g。说明在水蒸气存在的情况下进行热处理，氧化铝的比表面积减小更快，氧化铝脱羟基过程不同于在干燥空气中的热处理，可能在水蒸气气氛中，氧离子在氧化铝表面的移动性增加，在较低的温度下粒子烧结和收缩便能迅速地进行。

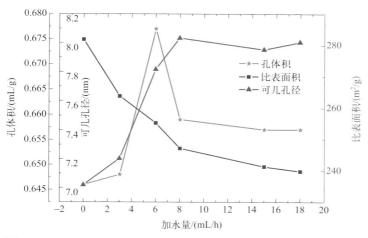

图2-18 300℃下通入不同水蒸气量对载体孔性质的影响

热处理过程得到的不同晶型氧化铝的孔性质差别是由晶体结构逐渐规整、结晶度逐渐增高导致的。刘璐等[27]以拟薄水铝石为前身物分别经500℃、850℃、950℃焙烧6h制备得到γ-Al$_2$O$_3$、δ-Al$_2$O$_3$、θ-Al$_2$O$_3$三种晶型氧化铝，其孔结构参数见表2-7。从表2-7可知，随焙烧温度提高，拟薄水铝石依次转化成γ-Al$_2$O$_3$、δ-Al$_2$O$_3$、θ-Al$_2$O$_3$三种晶型氧化铝的比表面积逐渐减小，可儿孔径和平均孔径逐渐增大。三种晶型氧化铝和1050℃焙烧后得到的α-Al$_2$O$_3$的IR骨架振动结果见图2-19。从图2-19可知，氧化铝晶型在γ→δ→θ的转化过程中，属于四配位Al$_{VI}$—O（850cm^{-1}）振动峰和属于六配位Al$_{VI}$—O（500～750cm^{-1}）振动峰的峰强度都逐渐增强，并且随着晶型的转化振动峰发生分裂，变得尖锐。过渡态氧化铝在由低温向高温转变的过程中，其晶体结构逐渐变得规则，结晶度逐渐增高[28]。以γ-Al$_2$O$_3$、δ-Al$_2$O$_3$、θ-Al$_2$O$_3$三种晶型氧化铝为载体，采用等体积浸渍法负载CoMo活性组分制备成加氢脱硫催化剂，用氢 - 程序升温还原（H$_2$-TPR）表征三种催化剂上金属与载体间相互作用力的强弱，结果见图2-20。从图2-20可知，载体发生γ→δ→θ晶相转变后，其对应的氧化态催化剂的还原峰逐渐向低温移动，说明活性组分与氧化铝载体间的相互作用逐渐减弱。对噻吩的加氢脱硫评价结果表明以γ-Al$_2$O$_3$、δ-Al$_2$O$_3$、θ-Al$_2$O$_3$为载体的催化剂对噻吩的催化活性逐渐提高。

表2-7 不同晶型氧化铝孔结构参数

晶型	比表面积/（m²/g）	孔体积/（cm³/g）	平均孔径/nm	可儿孔径/nm
γ-Al$_2$O$_3$	261	0.86	8.8	6.9
δ-Al$_2$O$_3$	140	0.51	12.9	14.3
θ-Al$_2$O$_3$	114	0.56	15.3	15.3

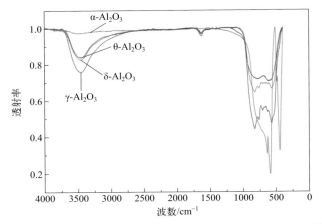

图2-19 以拟薄水铝石制备的不同晶型氧化铝的IR骨架谱图

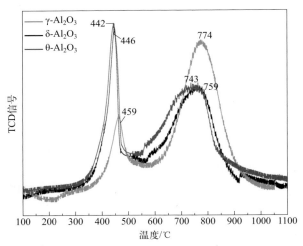

图2-20 不同晶型氧化铝载体负载的CoMo催化剂的H_2-TPR曲线

3．氧化铝再水热处理

　　氧化铝载体经过适当程度的水热处理，可以在表面发生部分水合反应，从而调变氧化铝载体的各种性质。本书著者团队曾双亲等[29]研究了高温焙烧后的氧化铝载体再经过90℃低温水热处理不同时间对载体性质的影响，对载体物相的影响结果见图2-21，对孔性质的影响结果见表2-8。从图2-21和表2-8可知，当水热处理时间不大于12h时，氧化铝载体的物相保持不变，比表面积增大，孔体积缓慢地增大，平均孔径有所减小，基本保持了高温焙烧氧化铝的大孔特性。当水热处理时间达到 24h 以上时，在氧化铝载体的 XRD 谱图上出现了拟薄水铝石的峰，表明较长时间的水合作用导致高温氧化铝载体上生成了拟薄水铝石微小晶体，载体的孔体积增加。

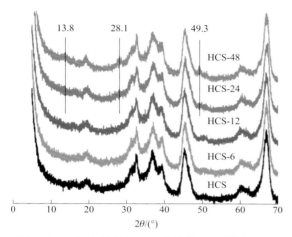

图2-21 不同水热处理时间载体的XRD谱图
（HCS 未水热处理的氧化铝载体；HCS-6 ～ HCS-48 水热处理 6 ～ 48h 的载体）

表2-8 水热处理不同时间后载体的比表面积、孔体积和平均孔径

样品	水热处理时间/h	比表面积/（m²/g）	孔体积/（cm³/g）	平均孔径/nm
HCS	0	129	0.662	20.8
HCS-6	6	141	0.663	19.0
HCS-12	12	147	0.680	18.7
HCS-24	24	148	0.683	18.6
HCS-48	48	150	0.728	18.3

水热处理时间对载体表面—OH 的影响如图 2-22 所示，图 2-22 中 $3754cm^{-1}$ 处峰为 I b 类—OH（呈碱性）、$3733cm^{-1}$ 处峰为 I a 类—OH（呈中性）、$3675cm^{-1}$ 处峰为 II a 类—OH（呈中性）、$3646cm^{-1}$ 处峰为 III 类—OH（呈酸性）、$3592cm^{-1}$ 处峰为 II b 类—OH（呈酸性）。从图 2-22 可以看出，随着水热处理时间的延长，I b 峰强度逐渐降低，I a 和 III 峰变化不大，II a 和 II b 峰强度增加，说明水热作用使得载体表面的—OH 数量增加的同时，碱性—OH 比例减少，中性和酸性—OH 比例增加，并且在水热作用 0 ～ 12h 范围内变化显著，随后基本维持不变。

不同水热处理时间的载体吸附活性金属 Mo 的能力（钼平衡吸附量）发生变化，如图 2-23 所示。从图 2-23 可知，水热处理时间为 0 ～ 12h 时载体表面吸附活性金属 Mo 的量显著增加，水热处理 12h 后载体表面吸附活性金属 Mo 的量基本维持不变。说明载体吸附活性金属 Mo 的能力与载体表面的—OH 数量变化密切相关。

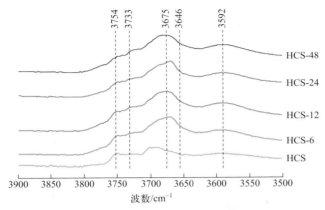

图2-22 不同水热处理时间载体表面—OH的IR谱
(HCS 未水热处理的氧化铝载体；HCS-6 ～ HCS-48 水热处理 6 ～ 48h 的载体)

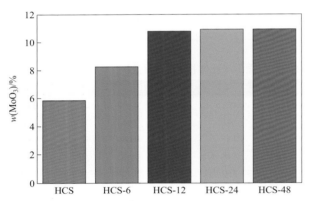

图2-23 不同水热处理时间对载体的钼平衡吸附量的影响
（HCS 未水热处理的氧化铝载体；HCS-6 ～ HCS-48 水热处理 6 ～ 48h 的载体）

综上所述，通过调节氢氧化铝制备过程的水热处理条件、控制氧化铝前身物热处理（焙烧）的条件、氧化铝再水热处理的条件等，都可以改变构成氧化铝晶粒的大小和形貌，从而实现对氧化铝孔性质和表面化学性质的调变。

二、化学改性

化学改性是通过在氧化铝中添加其他化学物质，实现氧化铝的物理和化学性质的改变。添加的化学物质通常可以分为两类，一类是可与氧化铝形成复合氧化物的物质，如含 Si、Ti、Zr 等元素的化合物，形成相应的复合氧化物载体；另一类是除上述元素外的其他一些助剂，如用含 F、B、P、Mg、Zn、Ca、Sr、Ba 等元素的物质对氧化铝进行改性，以达到调节氧化铝的结构和表面化学性质的目的。

1. 硅改性氧化铝

王敏朵[30] 在 $NaAlO_2$-$Al_2(SO_4)_3$ 法合成拟薄水铝石工艺的不同步骤中分别加入水玻璃（硅酸钠），研究硅引入方式（约 10%SiO_2）对氧化铝载体性质的影响。以水玻璃方式引入 Si，Si 与 Al 之间的化学作用较强，改性氧化铝比表面积和酸量增加。水玻璃加入越早，Si 与 Al 之间的化学作用越强，比表面积越大，酸性越强，但酸量越少。由其制备的氧化态 NiMo 催化剂上金属与载体间的相互作用力减弱，八面体配位钼物种相对含量增加，且出现了小晶粒 MoO_3。对应硫化态催化剂上 MoS_2 片晶堆叠层数增加，片晶平均长度变长。

本书著者团队鲍俊等[31] 以水玻璃、硫酸铝和偏铝酸钠为原料，用 pH 摆动法合成不同氧化硅含量的 Si 改性氧化铝材料，合成的干燥样品及焙烧后的样品分别记为 SA 和 ASA。不同氧化硅含量的 ASA 样品的孔结构性质见表 2-9。从表 2-9 可知，随氧化硅质量分数从 20.1% 增加至 67.0%，比表面积从 436m^2/g 下降到 306m^2/g。

表2-9 不同 SiO_2 含量的 ASA 样品的组成和孔结构性质

样品	组成（质量分数）/%		孔结构性质		
	Al_2O_3	SiO_2	比表面积/（m^2/g）	孔体积/（cm^3/g）	孔径/nm
ASA-1	79.9	20.1	436	0.97	9.5
ASA-2	61.5	38.5	346	0.72	9.1
ASA-3	41.5	58.5	321	0.62	7.7
ASA-4	33.0	67.0	306	0.49	5.5

SA 和 ASA 的 XRD 谱图如图 2-24 所示。从图 2-24 可知，当氧化硅含量较低时 SA 样品具有拟薄水铝石结构，当氧化硅含量较高时为无定形结构；焙烧后的 ASA 样品在硅含量较低时具有 γ-Al_2O_3 的物相结构，当氧化硅含量较高时为无定形结构。

不同氧化硅含量的 SA 样品的 TEM 照片见图 2-25。从图 2-25 可知，随氧化硅质量分数从 20.1% 增加至 67.0%，SA 样品的粒子形貌从纤维状变化到较大颗粒状，说明添加的氧化硅影响了粒子的生长形貌，从而也影响了孔性质。

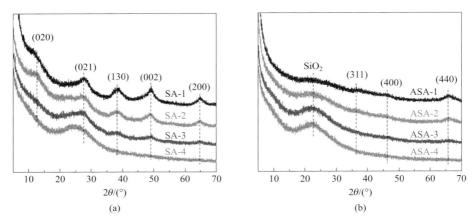

图2-24　不同氧化硅含量的SA（a）和ASA（b）的XRD谱图

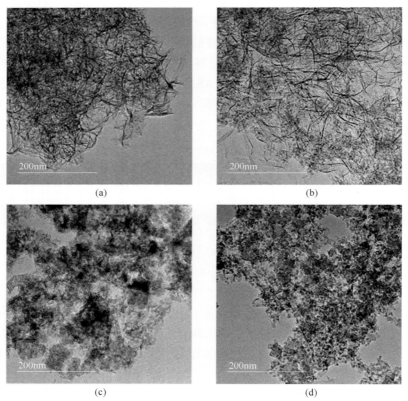

图2-25　不同SiO₂含量SA样品的TEM照片：（a）SA-1,（b）SA-2,（c）SA-3,（d）SA-4

　　ASA 样品中铝配位与 B 酸浓度的关系如图 2-26 所示。从图 2-26 可知 ASA

样品中 B 酸浓度随四配位铝和五配位铝含量的增加而增加，而随六配位铝含量的增加而降低。

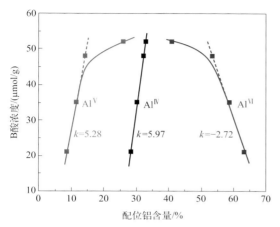

图2-26 ASA中配位铝含量与B酸浓度的关系

用异丙苯裂化反应对合成的 ASA 样品进行了活性评价，异丙苯转化率随反应时间的变化如图 2-27（a）所示。以 120 ~ 180min 内的平均转化率表示异丙苯裂化活性，得到 ASA 的异丙苯裂化活性与 B 酸浓度的关系如图 2-27（b）所示。从图 2-27（b）可知，ASA 上异丙苯裂化与 B 酸浓度成正比。

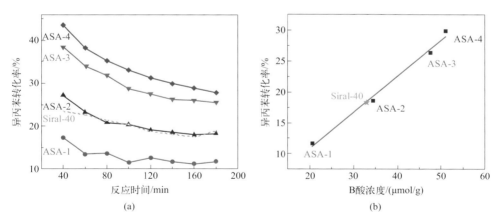

图2-27 异丙苯转化率随反应时间的变化（a）和B酸浓度与异丙苯转化率的关系（b）
（图中Siral-40为Sasol公司的商业无定形硅铝产品）

2. 钛改性氧化铝

TiO_2 改性的复合氧化铝是一种优良的载体。相对于 Al_2O_3 载体而言，TiO_2 载体在高温还原条件下可被还原（Ti^{4+}→Ti^{3+}），在加氢脱硫反应中可充当电子促进剂[32]。MoO$_3$/TiO$_2$催化剂无需预硫化，且形成的活性相不易反硫化而失活[33]，但纯TiO$_2$载体具有热稳定性差、机械强度差的缺点。TiO$_2$-Al$_2$O$_3$复合氧化物可兼顾Al$_2$O$_3$和TiO$_2$的性能，既能保持氧化铝载体比表面积大、机械强度高、热稳定好及孔径分布适宜的优点，同时又具有氧化钛载体的优点。

　　TiO$_2$-Al$_2$O$_3$复合载体的制备方法通常包括浸渍法、沉淀法和共沉淀法，制备方法对钛铝复合载体的性质有较大影响。王焕等[34]采用Ti(SO$_4$)$_2$和Al$_2$(SO$_4$)$_3$的混合溶液与氨水进行共沉淀、Ti(OC$_4$H$_9$)$_4$的乙醇溶液在氧化铝载体上沉淀氧化钛、Ti(SO$_4$)$_2$的稀硫酸溶液浸渍氧化铝载体等三种方法制备TiO$_2$-Al$_2$O$_3$复合载体，分别得到CP-TiO$_2$-Al$_2$O$_3$、P-TiO$_2$-Al$_2$O$_3$、I-TiO$_2$-Al$_2$O$_3$三种含钛复合载体样品，其孔性质如表2-10所示。从表2-10可知，I-TiO$_2$-Al$_2$O$_3$的孔体积和比表面积最大，P-TiO$_2$-Al$_2$O$_3$的孔体积和比表面积有所减小，而CP-TiO$_2$-Al$_2$O$_3$的孔体积和比表面积明显小于其他两种方法的样品。

表2-10　含钛复合载体的孔结构性质

样品	制备方法	比表面积 /（m²/g）	孔体积 /（cm³/g）	可几孔径 /nm
CP-TiO$_2$-Al$_2$O$_3$	Al$_2$(SO$_4$)$_3$和Ti(SO$_4$)$_2$与氨水进行中和共沉淀	179	0.42	27.8
P-TiO$_2$-Al$_2$O$_3$	Ti(OC$_4$H$_9$)$_2$乙醇溶液在氧化铝载体上沉淀	207	0.63	20.1
I-TiO$_2$-Al$_2$O$_3$	Ti(SO$_4$)$_2$稀硫酸溶液浸渍氧化铝载体	220	0.84	15.3

　　三种含钛复合载体的Py-IR谱图如图2-28所示。由图2-28可见，三种复合载体的表面均只有L酸中心，但酸量明显不同，其中CP-TiO$_2$-Al$_2$O$_3$的酸量远小

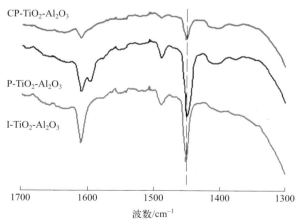

图2-28　含钛复合载体的Py-IR谱图

于其他两种样品，P-TiO$_2$-Al$_2$O$_3$ 的 Py-IR 谱图中 1600cm^{-1} 附近的吸收带分裂为两个峰，说明载体表面存在两类 L 酸中心。因此制备方法不仅影响 TiO$_2$-Al$_2$O$_3$ 载体的孔性质，还对载体的表面酸性质产生影响。

章乃辛[35]采用钛铝混胶法制备 TiO$_2$-Al$_2$O$_3$ 复合载体，其物理性质见表 2-11。从表 2-11 可知采用钛铝混胶法在合适的条件下制备的 TiO$_2$-Al$_2$O$_3$ 复合载体的性质与典型氧化铝载体的性质较为接近，以此载体研制出的裂解汽油二段加氢催化剂各项性能指标均符合标准值的要求，并在工业应用中取得了较好的效果。

表2-11　典型的 γ-Al$_2$O$_3$ 及 TiO$_2$-Al$_2$O$_3$ 载体的物理性质

载体类型	比表面积/（m^2/g）	孔体积/（cm^3/g）	可几孔径/nm	强度/（N/cm）
γ-Al$_2$O$_3$	255	0.53	6.4	>200
TiO$_2$-Al$_2$O$_3$	248	0.51	6.4	>200

焙烧温度对钛铝复合氧化物的性质影响显著。韦以等[36]以 AlCl$_3$ 和 TiCl$_4$ 的混合溶液、NaAlO$_2$ 溶液为原料，采用共沉淀法制备 TiO$_2$-Al$_2$O$_3$（TiO$_2$ 含量 30%）复合载体。复合载体的孔性质见表 2-12。从表 2-12 可知，随焙烧温度的升高，TiO$_2$-Al$_2$O$_3$ 复合载体的比表面积减小，孔体积和平均孔径增大。当焙烧温度为 600 ~ 800℃时，平均孔径小于 10nm，载体的比表面积在 166 ~ 276m^2/g 范围；当焙烧温度达到 1050℃时，平均孔径达到 46.5nm，载体的比表面积降至 19m^2/g。TiO$_2$ 的存在降低了 Al$_2$O$_3$ 晶型的转变温度，而 Al$_2$O$_3$ 的存在则提高了 TiO$_2$ 晶型的转变温度，提高了 TiO$_2$ 的热稳定性。

表2-12　不同焙烧温度下 TiO$_2$-Al$_2$O$_3$ 复合载体的孔性质

温度/℃	孔体积/（cm^3/g）	比表面积/（m^2/g）	平均孔径/nm
600	0.42	276	6.9
800	0.44	166	9.1
1050	0.48	19	46.5

商品 Al$_2$O$_3$ 载体（A）、碱法自制的 Al$_2$O$_3$ 载体（B）和共沉淀法制备的 TiO$_2$-Al$_2$O$_3$ 复合载体均在 1050℃焙烧后，用吸附吡啶程序升温脱附测试其酸性，结果如图 2-29 所示。从图 2-29 可知，不同原料和方法制备的两种 Al$_2$O$_3$ 载体的表面酸强度和酸量存在明显差异，TiO$_2$-Al$_2$O$_3$ 复合载体的酸性明显低于 Al$_2$O$_3$ 载体表面的酸性，脱附峰位置（85℃）低于两种 Al$_2$O$_3$ 载体（100℃和110℃）说明酸强度低，峰强度明显小于两种 Al$_2$O$_3$ 载体说明酸量少。

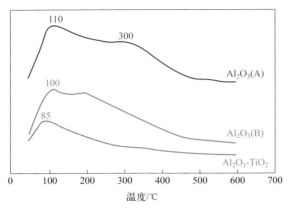

图2-29 不同载体的Py-TPD曲线

3.氟改性氧化铝

在氧化铝中引入氟会使其酸性得到增强。Rodriguez 等[37]用低浓度的 NH_4F 溶液浸渍氧化铝制备不同氟含量的 γ-Al_2O_3 载体，用 NH_3-TPD 方法对其总酸量进行表征，结果见表2-13。由表2-13可知，随 F 含量的增加，氧化铝的总酸量和单位面积上的酸量均增加。用 Py-IR 对其 B 酸性进行表征，结果见图2-30。由图2-30可知，含 F 样品在 $1540cm^{-1}$ 处出现 B 酸吸收峰，随 F 含量增加 B 酸吸收峰强度增加，说明氟化 γ-Al_2O_3 载体具有 B 酸中心。

表2-13 不同F含量氧化铝的NH_3-TPD表征结果

催化剂	实际F含量/%	比表面积/（m^2/g）	单位质量NH_3吸附量/（mmol/g）	单位面积NH_3吸附量/（μmol/m^2）
LRF-00	0	231	0.443	1.92
LRF-04	3.2	185	0.466	2.52
LRF-10	6.5	160	0.493	3.08
LRF-20	14.5	187	0.640	3.42

夏建超等[38]使用不同浓度的氟化铵溶液对氧化铝载体进行改性，氟改性前后氧化铝的 NH_3-TPD 曲线如图2-31所示。从图2-31可知经氟化铵处理后，改性氧化铝的氨脱附曲线上出现了高温脱附峰（图2-31中箭头所指处），说明强酸中心数量增加，随着氟浓度的进一步增加，高温脱附峰又开始减弱。

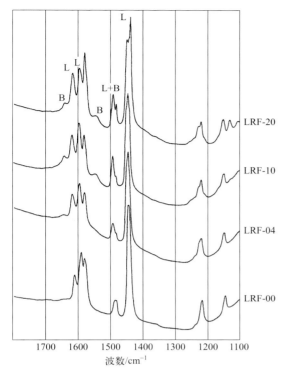

图2-30 不同F含量氧化铝在室温下吸附吡啶后的IR谱图

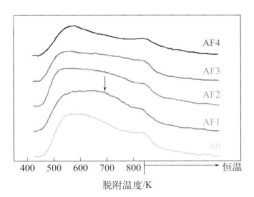

图2-31 氟改性前后氧化铝的NH₃-TPD曲线

（A0改性前氧化铝；AF1 ～ AF4改性用氟化铵浓度分别为0.05mol/L、0.1mol/L、0.2mol/L、0.5mol/L）

  将不同浓度氟化铵溶液改性的氧化铝用于甲醇脱水，其转化率见表2-14。从表2-14可知，经过低浓度氟改性的氧化铝（AF2），在反应温度为523K时使甲醇转化率明显提高，说明氟改性增强了氧化铝的酸性，使其脱水活性提高；

随着反应温度的升高，这种优势被缩小。随着处理液中氟化铵浓度增加，氟处理过度会破坏氧化铝的结构和酸位，此时试样在低温和高温下均使甲醇脱水转化率逐渐下降。

表2-14 不同浓度NH₄F改性氧化铝催化甲醇脱水性能

试样	氟化铵浓度/（mol/L）	甲醇转化率/%		
		523K	553K	593K
A0	—	41.35	74.88	87.28
AF2	0.1	53.89	81.37	85.21
AF3	0.2	39.98	71.37	83.70
AF4	0.5	9.03	26.88	62.71

本书著者团队从20世纪80年代末致力于F改性氧化铝载体的研究，发现F可以增加载体B酸中心，抑制镍铝尖晶石生成，用含F氧化铝作Ni-W加氢催化剂载体可以减少催化剂积炭，提高催化剂活性和稳定性，成功开发了RN-1等系列高水平催化剂[39-41]。李会峰等[42]研究了F对氧化铝的改性作用，与Al₂O₃相比，F改性氧化铝表面的羟基数量（见图2-32）以及载体的等电点显著减少，W的平衡吸附量显著减小，W与载体相互作用力减小，有利于提高活性金属的硫化度。

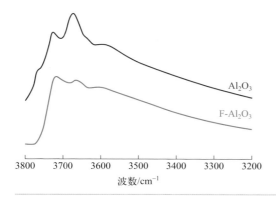

图2-32
Al₂O₃和F-Al₂O₃载体的红外光谱

4．硼改性氧化铝

含硼氧化铝的性质受硼含量和制备方法及条件的影响显著。Youssef Saih等[43]采用在氧化铝上浸渍硼酸的方法制备了系列B₂O₃含量在1%～10%范围内的B₂O₃-Al₂O₃混合氧化物，并将其作为催化剂载体用于二苯并噻吩（DBT）和4,6-二甲基二苯并噻吩（4,6-DMDBT）加氢脱硫。不同 B_2O_3 含量的 B_2O_3-Al_2O_3 载体的孔性质见表 2-15。从表 2-15 可以看出，当硼掺杂量超过 3% 后，由于硼氧化物团簇填充了 γ-Al_2O_3 载体的孔隙，比表面积和孔体积均开始减小。不同 B_2O_3 含量的 B_2O_3-Al_2O_3 载体的羟基 FT-IR 谱图见图 2-33。从图 2-33 可知，未加硼酸，氧化铝载体表面上在 3765cm^{-1}、3726cm^{-1}、3680cm^{-1}、3580cm^{-1} 处出现不同的 Al—OH 基团伸缩振动的特征峰。随 B_2O_3 的含量增加，改性 Al_2O_3 上这些峰的强度降低，而在约 3695cm^{-1} 处出现一个新的可归属于表面的 B—OH 伸缩振动的尖峰。当 B_2O_3 负载量为 7% 时，大部分的 Al—OH 基团消失，只观察到 B—OH 基团的特征峰。表征结果说明，氧化硼与氧化铝表面的 Al—OH 基团反应形成氧化硼覆盖层，并通过 Al—O—B 桥稳定。研究者还发现在氧化铝载体上引入 B，降低了 α-$CoMoO_4$ 的形成速率，该物质最初出现在共浸渍法制备的 CoMo/Al_2O_3 氧化物前驱体表面，这是因为 Co 与 B 改性载体之间存在强相互作用。使用 XPS 进一步研究表明，Co 氧化物与 B_2O_3(x)-Al_2O_3 载体的相互作用更强，对于氧化态和硫化态 CoMo 催化剂，Mo 的表面浓度也受到影响。当氧化硼质量分数低于 5% 时，Mo 的还原度（Mo^{4+}/Mo_{total}）没有受到显著影响，当氧化硼质量分数较高（7% 和 10%）时，Mo 的还原性随着硼含量的增加而降低，这很可能是由于 CoMo 氧化物前驱体中存在还原性较低的体相 MoO_3。在 B_2O_3 质量分数为 3% ~ 5% 时，DBT 和 4,6-DMDBT 在 CoMo/B_2O_3(x)-Al_2O_3 上的加氢脱硫活性最高。加氢脱硫活性的增加可能是因为 Co 物种与 B 改性载体的相互作用更强，抑制了 α-$CoMoO_4$ 的形成，该物种硫化时不易形成活性的"CoMoS"相。当氧化硼质量分数大于 5% 时，由于 Mo 负载物种的分散性和还原性及硫化性降低，CoMo/B_2O_3-Al_2O_3 催化剂上 DBT 和 4,6-DMDBT 的 HDS 活性降低。

表2-15 不同 B_2O_3 含量的 B_2O_3-Al_2O_3 载体的孔性质

载体	B_2O_3质量分数/%	比表面积/（m²/g）	孔体积/（cm³/g）
γ-Al_2O_3	0	235	0.83
B_2O_3(1)-Al_2O_3	1	238	0.83
B_2O_3(2)-Al_2O_3	2	238	0.82
B_2O_3(3)-Al_2O_3	3	231	0.81
B_2O_3(5)-Al_2O_3	5	223	0.80
B_2O_3(7)-Al_2O_3	7	225	0.76
B_2O_3(10)-Al_2O_3	10	219	0.72

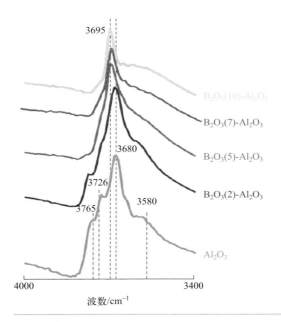

图2-33

不同B₂O₃含量的B₂O₃-Al₂O₃
载体的羟基FT-IR谱图

以硼酸甲醇溶液浸渍拟薄水铝石的方法制备含硼（质量分数）1.0% ～ 3.0%
的氧化铝载体，然后制备 NiMo 及 CoMo 加氢催化剂，研究了催化剂的酸性及
其 4,6-DMDBT 加氢脱硫性能。结果表明，硼改性载体提升了催化剂的脱硫性能。
硼改性氧化铝的 CoMo 催化剂酸性比 NiMo 催化剂高，因此 CoMo/B₂O₃-Al₂O₃ 催
化剂上比 NiMo/B₂O₃-Al₂O₃ 催化剂上出现更多溶剂正十六烷的裂化和异构化产物。
当硼质量分数为 1.0% 时，CoMo 催化剂具有最高活性。然而，CoMo/B₂O₃-Al₂O₃
催化剂由于其酸性强，也更容易受到失活的影响。NiMo 催化剂抗焦炭中毒能力
较强，载体含 3.0% 硼的催化剂的加氢脱硫活性最高。在高温或者低氢／烃比条
件下，硼改性催化剂上的酸功能有导致催化剂失活的倾向[44]。

以 B₂O₃-Al₂O₃ 混合氧化物负载的 CoMo 催化剂经实际油品（加氢脱硫柴油稀
释的 Maya 重油）评价，结果表明 B₂O₃-Al₂O₃ 混合氧化物负载的催化剂失活速度
比氧化铝负载的催化剂快，原因可能是 B₂O₃-Al₂O₃ 混合氧化物具有更高的酸性[45]。

5. 氟硼改性氧化铝

氧化铝载体经 F 和 B 同时改性，对载体酸性改变显著，可提高 B 酸／L 酸比
例，从而制备富含 B 酸的氧化铝载体。姬冰洁[46] 在氧化铝前身物制备过程中加
入 NH₄BF₄ 对氧化铝进行改性研究。结果表明，随着 NH₄BF₄ 加入量的增加，载
体氧化铝的结晶度下降，样品的比表面积轻微减小，孔体积增大，经 NH₄BF₄ 改
性后，载体的酸性质变化见图 2-34。由图 2-34 可知，经 NH₄BF₄ 改性的载体的 B
酸量增加，L 酸量大幅减少，B 酸／L 酸比值增加，最高达到 1.42。

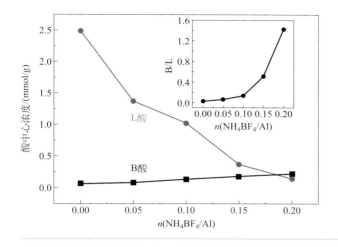

图2-34
NH₄BF₄改性氧化铝的表
面B酸和L酸分布

赵振祥等[47]以工业拟薄水铝石为原料，采用氟硼酸铵为改性剂，通过浸渍法制备了富含 B 酸的氧化铝载体，改性氧化铝载体的表面酸性如表 2-16 所示。从表 2-16 可知，随改性样品中 F/Al 物质的量比的增加，干燥后的改性氧化铝 B 酸 /L 酸的值先增加后降低，最大可达 3.57。

表2-16　氟硼酸铵改性氧化铝载体干燥后的表面酸性

样品	F/Al物质的量比	B酸量/（μmol/g）	L酸量/（μmol/g）	B酸/L酸
F/Al-0	0	0	31.0	0
F/Al-0.05	0.05	3.7	30.6	0.12
F/Al-0.10	0.10	12.0	24.7	0.48
F/Al-0.15	0.15	34.6	9.7	3.57
F/Al -0.20	0.20	25.5	11.3	2.26

经氟硼酸铵溶液改性后的氧化铝载体 550℃焙烧后导致部分氟进入氧化铝体相，表面氟铝比降低，使得表面 B 酸量有所降低（如表 2-17 所示），改性效果在一定程度上减弱，但改性氧化铝焙烧后的 B 酸 /L 酸的值仍高于未改性氧化铝载体。采用富含 B 酸的改性氧化铝为载体制备的 CoMo 加氢脱硫催化剂具有更高的 4,6- 二甲基二苯并噻吩脱硫率，且以直接脱硫路径和异构脱硫路径为主。

表2-17　氟硼酸铵改性氧化铝载体焙烧后的表面酸性

样品	B酸量/（μmol/g）	L酸量/（μmol/g）	B酸/L酸
F/Al-0	0	22.6	0
F/Al-0.05	3.3	19.0	0.17
F/Al-0.10	5.7	11.2	0.51
F/Al-0.15	8.1	8.5	0.96
F/Al -0.20	6.6	6.3	1.06

6. 磷改性氧化铝

氧化铝载体经磷改性后，能调变表面酸碱性，提高热稳定性。往氧化铝中加入很少量的磷酸，可以产生一些酸性较弱的磷羟基，从而使其酸性增加。但磷酸的加入量增多时，反而会使酸性羟基减少，并覆盖部分表面配位不饱和铝，使酸量减少，酸强度下降[48]。在氧化铝中引入磷的方式会对氧化铝的结构、表面酸性产生不同的影响[49,50]，将由凝胶法（GPA）、磷化铝水解（HPA）方法制备的体相磷改性氧化铝和γ-氧化铝前身物经磷酸浸渍制备的氧化铝（IPA）进行了比较，发现磷酸物种所处位置不同可调变表面酸碱性。对于GPA样品，磷酸趋向于处于颗粒边界，因为这些物种不稳定，难以克服高温下的结构重组。相反，在HPA样品中磷被稳定锚定在晶格中，有利于形成不饱和氧阴离子，从而增强碱性。在GPA法中，磷引入步骤对磷改性氧化铝的孔结构、表面酸性和热稳定性等性质影响显著，引起差异的原因不仅与磷物种与氧化铝的相互作用有关，也与磷原子的存在位置有关。陈小华[51]以异丙醇铝为铝源、P123为模板剂、磷酸为磷源，采用溶胶-凝胶法合成含磷的P-OMA（有序介孔氧化铝），以其为载体采用孔饱和浸渍法负载Pd制备催化剂，考察了磷改性载体对催化剂催化甲烷燃烧的影响。与OMA相比，P-OMA的γ-Al_2O_3晶相形成温度以及从γ-Al_2O_3到α-Al_2O_3的相变温度均提高，孔道结构更有序，抗烧结能力更强，金属钯粒子分散度更高，对CO具有更强的吸附性能，Pd/P-OMA表面碱性更弱，有利于产物CO_2的脱附，使得Pd/P-OMA对甲烷氧化具有更高的催化活性。孙利民等[52]将助剂磷引入氧化铝载体调控载体的结构和表面性能，以磷改性氧化铝为载体负载Pd制备的催化剂活性组分利用率高，酸性适宜，选择性好。制备的催化剂用于FCC碳四丁二烯选择加氢，催化剂的活性和选择性显著提高，丁二烯加氢率达98.18%，1-丁烯异构化率达50.22%。

此外，加入碱金属和碱土金属离子可以使氧化铝的酸性降低，甚至消失。在氧化铝中引入锆的氧化物，不会产生B酸中心，但会使弱的L酸中心增加，强的L酸中心减少，总的结果是L酸中心的总量增加[53]。在氧化铝中加入氧化锗，与加入氧化硅相似，会产生B酸中心。用化学蒸汽沉积（CVD）的方法，在氧化铝表面形成超薄的氧化锗层（厚度为原子数量级），也可以使表面呈现B酸性[54]。

第六节
氧化铝前身物的生产方法

工业上用来大规模生产铝的原料是铝土矿，铝工业是从铝土矿中分离杂质、提取氧化铝、生产金属铝的过程。现在工业上几乎全部采用碱法生产氧化铝，即用碱（NaOH 或 Na_2CO_3）处理铝土矿，使矿石中的水合氧化铝与碱反应生成 $NaAlO_2$ 溶液，铝土矿中的铁、钛等杂质及绝大部分的二氧化硅则成为不溶性的化合物进入固体残渣赤泥中，$NaAlO_2$ 溶液与赤泥分离，经净化处理后，再通过分解过程析出 $Al(OH)_3$[55]。碱法氧化铝生产工艺主要包括拜耳法、烧结法和联合法（拜耳法与烧结法的并联、串联、混联）等[56]。

　　不同晶型的氧化铝载体均需要先生产其相应晶型的氧化铝前身物（氢氧化铝），所用铝源来自铝工业生产过程中的 $NaAlO_2$ 溶液、氢氧化铝或者金属铝。按所用铝源的不同，氧化铝载体的生产方法可分为铝酸盐中和法、铝盐中和法、铝溶胶中和法和醇铝（又称烷氧基铝）水解法等。在工业上采用多种方法生产氧化铝载体，无论哪种方法都要先经过成胶或者水解（生成氢氧化铝沉淀）、老化、洗涤、干燥等工序制备出氧化铝前身物，再经成型、干燥和焙烧等工序生产出氧化铝载体。

　　制备 γ- 氧化铝载体的氧化铝前身物一般是拟薄水铝石。工业上生产拟薄水铝石的常用方法包括：① $NaAlO_2$ 溶液用强酸（如硝酸等）或强酸的铝盐（如硫酸铝等）中和法；② $NaAlO_2$ 溶液用 CO_2 中和法；③烷氧基铝水解法；④铝盐溶液用氨水中和法。这些方法虽然都可以得到拟薄水铝石，但由于制备条件（如沉淀速度、温度、pH 值及老化时间等）的不同，得到的拟薄水铝石的晶粒及其堆积方式不同，因而脱水生成的氧化铝表面特性和孔隙结构也不同。

一、$NaAlO_2$-$Al_2(SO_4)_3$法

　　由铝盐和铝酸盐溶液制备拟薄水铝石的基本反应是

$$6NaAlO_2+Al_2(SO_4)_3+4H_2O \longrightarrow 8AlOOH\downarrow + 3Na_2SO_4$$

　　铝盐溶液和铝酸盐溶液是由铝土矿经拜耳法、烧结法或联合法生产的粗氢氧化铝分别与酸和碱溶解反应生成的。这种粗氢氧化铝的结晶形态为三水铝石（gibbsite），三水铝石由于晶粒大，Na_2O 含量高，通常无法制成机械强度和表面性质可以满足石油化工催化剂要求的载体，必须重新溶解在强酸或强碱中，得到铝盐或铝酸盐溶液，再用中和法制备成拟薄水铝石，从而制备性质符合要求的氧化铝载体。

　　通过对成胶、老化过程中各种操作参数（如 pH 值、温度和阴离子类型）的调节可以获得各种形态的氢氧化铝，进而合成出不同晶型的氧化铝载体。图 2-35 给出了 Al^{3+}-H_2O 体系的 pH 值和温度对铝存在形态的影响，说明成胶和老化工序所控制的 pH 值和温度对所得到的氢氧化铝形态起着非常关键的作用[57]。

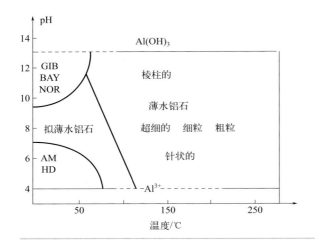

图2-35

简化的两参数氢氧化铝相态

（GIB—三水铝石；BAY—拜三水铝石；NOR—诺三水氧化铝；AM—无定形；HD—微晶三水铝石）

采用 $NaAlO_2$-$Al_2(SO_4)_3$ 法间歇反应制备拟薄水铝石时，成胶工序的加料顺序对生成的氢氧化铝形态也有十分重要的影响。左少卿[58] 采用酸滴碱法得到的产物是不含拟薄水铝石的 β2- 三水氧化铝，焙烧后孔体积为 0.21mL/g，比表面积为 162m²/g。三水氧化铝焙烧后氧化铝的孔体积约为 0.20mL/g，比表面积一般低于 200m²/g。拟薄水铝石生产过程中如果大量生成三水氧化铝会严重影响产品性质，继而影响氧化铝载体的性质。因此，为减少三水氧化铝的生成，得到纯度较高的拟薄水铝石，间歇反应制备拟薄水铝石时一般都采用碱滴酸法。

硫酸铝和偏铝酸钠溶液连续并流中和成胶方式过程易于控制，产品稳定，研究和应用更为广泛。李振华等[59] 研究了连续并流成胶 pH 值、成胶温度、反应物浓度等因素对拟薄水铝石性能的影响。产物的晶型主要受成胶 pH 值影响，成胶 pH 值低时（<6.0）得到无定形水合氧化铝，成胶 pH 值在 6.5 ～ 8.5 范围得到较纯净的拟薄水铝石，成胶 pH 值高（≥10.0）时产物是三水铝石；成胶温度升高会明显增大产物的比表面积和孔体积。李国印等[60] 研究了连续并流成胶工艺，在优化的工艺条件下可合成堆密度不大于 0.32g/mL、总孔体积不小于 1.2mL/g、比表面积不大于 200m²/g 的具有双孔分布的大孔体积低密度 γ- 氧化铝载体，其中孔径大于 100nm 的孔体积占总孔体积的 50% 以上；并研究了 pH 值交替变动、水热处理和添加表面活性剂对活性氧化铝孔结构的影响，pH 值交替变动和水热处理使得氧化铝一次粒子粒径变大，比表面积减小，孔径分布向大孔径方向迁移，可以制备小比表面积（≤150m²/g）的大孔体积氧化铝载体，而加入表面活性剂使氧化铝比表面积增大，孔径分布向小孔径方向迁移，可以制备出大比表面积（≥250m²/g）的大孔体积氧化铝载体[61]。万艳春等[62] 进行了以偏铝酸钠、硫酸铝为原料通过并流滴加法合成大孔体积氧化铝的研究。沉淀过程的反应 pH 值、

原料浓度、老化 pH 以及加入表面活性剂十二烷基苯磺酸钠（SDBS）等因素对制备大孔体积纤维状的 γ- 氧化铝具有重要影响。原料浓度会影响成核生长机制，从而得到不同形貌的 γ- 氧化铝，其中纤维状有利于形成大孔体积。当 $NaAlO_2$ 浓度为 $0.50 \sim 0.75mol/L$，反应 pH 值在 $8.0 \sim 9.5$ 范围，老化 pH 值在 9.0 附近时，得到呈纤维状、孔体积较大的 γ- 氧化铝。在老化过程中添加 SDBS 可使得孔体积进一步增大，并调变孔径分布。王亚敏[63] 在研究 $NaAlO_2$-$Al_2(SO_4)_3$ 并流沉淀法制备拟薄水铝石时发现，反应 pH 值对产物晶相影响显著，反应 pH 值在 $6 \sim 10$ 之间产物为拟薄水铝石，pH 值为 11 时产物为拟薄水铝石和拜三水铝石的混合相。当中和反应温度在 $30 \sim 90℃$ 范围内随反应温度增加拟薄水铝石的结晶度增加。制备过程中添加 PEG-2000 改性的活性氧化铝热稳定性明显提高，可有效抑制 $γ-Al_2O_3$ 向 $α- Al_2O_3$ 转晶。

中国石化催化剂长岭分公司于 20 世纪 70 年代即已建成 $NaAlO_2$-$Al_2(SO_4)_3$ 法工业装置[64]，是国内该工艺技术工业应用的典型代表之一。本书著者团队与该公司长期合作致力于 $NaAlO_2$-$Al_2(SO_4)_3$ 法工艺的研究及改进，详细研究了 $NaAlO_2$ 溶液的微观离子结构[65]、成胶反应机理[66,67]，严格控制了三水氧化铝杂晶的生成[68]，考察了老化条件和干燥温度对产品性质的影响[23,69]，获得了对 $NaAlO_2$-$Al_2(SO_4)_3$ 法工艺各步骤的机理认识。

杨清河[66,67] 在实验室中以并流成胶中和方式详细研究了 $NaAlO_2$-$Al_2(SO_4)_3$ 法合成拟薄水铝石的机理。在中和成胶过程中，当偏铝酸钠与硫酸铝两种反应物溶液处于当量反应时，发生如式（1）所示的完全中和反应生成拟薄水铝石和硫酸钠；当偏铝酸钠溶液过量时，过量的 $NaAlO_2$ 溶液会发生如式（2）所示的自发水解反应生成三水氧化铝；当硫酸铝溶液过量时，过量的 $Al_2(SO_4)_3$ 会发生如式（3）所示的反应生成碱式硫酸铝。

$$6NaAlO_2+Al_2(SO_4)_3+4H_2O \longrightarrow 8AlOOH+3Na_2SO_4 \qquad （1）$$

$$2NaAlO_2+4H_2O \longrightarrow Al_2O_3 \cdot 3H_2O+2NaOH \qquad （2）$$

$$2NaOH+Al_2(SO_4)_3+10H_2O \longrightarrow Na_2SO_4+2[Al(OH)(H_2O)_5]SO_4 \qquad （3）$$

因此，采用 $NaAlO_2$-$Al_2(SO_4)_3$ 法合成拟薄水铝石时，需要尽量使硫酸铝与偏铝酸钠处于当量反应以有利于生成拟薄水铝石。但是在工业大型生产装置中发现，当体系总体处于酸碱当量反应时，微观区域内 $NaAlO_2$ 的局部过量是导致产品中三水氧化铝含量过高的根本原因。

在此基础上，曾双亲[68,70] 等为解决大型工业装置上三水氧化铝含量的控制问题，成功开发了如图 2-36（b）所示的分步连续中和的新工艺，新工艺流程相对原工艺流程［图 2-36（a）］大幅简化。在新工艺中，一次中和反应 pH 值较低，从根本上防止了大型反应器中微观区域内中和反应偏铝酸钠溶液过量生成三水氧化铝晶种的可能性，改进偏铝酸钠溶液的制备及储存方式消除了碱渣排放，提高了老化后物料洗涤性能使得洗涤水用量大幅度减少，通过简单工艺参数调整可以生产孔体积不同的系列化产品，新工艺具有环境友好高效系列化的特点。取新工艺流程生产过程中经老化洗涤后的滤饼，分别放置 0h、24h、72h 再干燥后所得样品为 D-0、D-24、D-72，其 XRD 谱图和 TEM 照片分别如图 2-37、

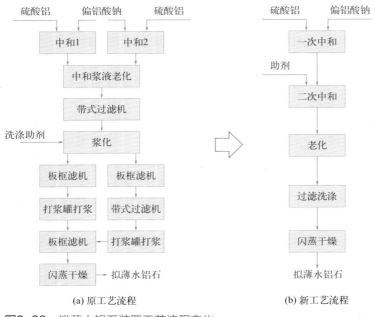

(a) 原工艺流程　　　　　　　　　(b) 新工艺流程

图2-36 拟薄水铝石装置工艺流程变化

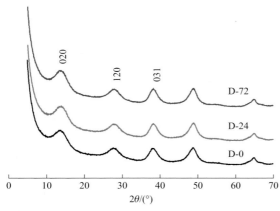

图2-37 新工艺生产的拟薄水铝石样品的XRD谱图

图 2-38 所示。从图 2-37 可以看出，滤饼经直接干燥后所得的拟薄水铝石样品和经过 24h、72h 放置后再干燥所得的拟薄水铝石样品，在 2θ 为 18.0° ~ 21.0° 范围内都没有出现三水氧化铝的特征峰，说明中和反应过程已经消除了三水氧化铝晶种的生成，经放置培养后，仍然没有出现三水氧化铝的物相。从图 2-38 可以看出，在相同放大倍数下，3 个样品的粒子形貌和堆积方式基本没有变化，都是松散纤维状的堆积方式，3 个样品通过 N_2 吸附分析所得到的孔体积和比表面积也相近。新工艺中和反应过程控制了三水氧化铝晶种的生成，解决了拟薄水铝石产品中容易出现三水氧化铝的问题，产品的孔体积合格率得到了大幅提高，生产稳定性得到了大幅提高[68]。

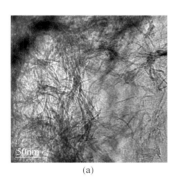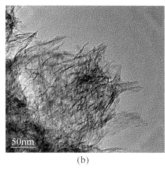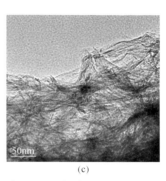

图2-38　新工艺生产的拟薄水铝石干燥后样品的TEM照片：（a）D-0；（b）D-24；（c）D-72；

采用新工艺，三水氧化铝含量合格率为 100%，孔体积合格率为 98.1%，说明采用新工艺生产大孔拟薄水铝石产品时稳定性好、产品质量可控性高。与原工艺相比，采用新工艺生产大孔拟薄水铝石的年产量提高了 64.6%，收率提高了 12.4 个百分点。新工艺从根本上控制了中和反应过程三水氧化铝的生成，生产过程得到优化，而且大幅度降低洗涤水排放量，降低了单位能耗成本和单位物耗成本，实现了系列化产品的连续稳定生产，为各类加氢处理催化剂提供系列化载体材料，甚至用作半再生重整催化剂载体也具有很好的效果[15]。

二、$NaAlO_2$-CO_2中和法

$NaAlO_2$-CO_2 中和法工艺（简称碳化法、CO_2 法）是以 $NaAlO_2$ 溶液为铝源、CO_2 气体作为酸性中和剂制备拟薄水铝石的方法，也属于铝酸盐中和法。$NaAlO_2$ 溶液可以由 $Al(OH)_3$ 与 NaOH 反应制备，也可以依托氧化铝生产企业，直接以氧化铝生产过程中由铝土矿或烧结法熟料用碱溶出的 $NaAlO_2$ 溶液为原料，经精制后与 CO_2 气体进行中和反应，制备拟薄水铝石。$NaAlO_2$-CO_2 中和法工艺流程

如图 2-39 所示。由于 NaAlO₂ 溶液是氧化铝生产过程的中间产品，过滤后的母液和洗涤后滤液又可以返回氧化铝生产过程再利用，CO_2 气体又是烧结法生产过程中产生的废气，因而具有较好的成本优势。该工艺过程与烧结法氧化铝生产工艺过程中碳酸化分解过程存在一定的相似性，但碳酸化分解过程的目的产物是 $Al(OH)_3$，碳化法的目的产物是拟薄水铝石，因此两种工艺的工艺条件（如中和pH、中和温度、老化条件）存在实质性的差别。

图2-39 NaAlO₂-CO₂中和法生产拟薄水铝石示意图

如采用单釜中和 pH 逐渐降低的操作方式，碳酸化分解过程和碳化法过程都是往 NaAlO₂ 溶液中通入 CO_2 气体，使得 NaAlO₂ 溶液 pH 值逐渐降低，从而生成水合氧化铝的过程。原料浓度、反应速率及反应终点 pH 值是关键的参数。在室温下反应 15min，然后将沉淀的氢氧化铝在 75℃下老化 1 个月，所得产物是薄水铝石和拟薄水铝石的混合物。NaAlO₂-CO₂ 中和法反应机理[71-73]如式（4）～式（8）所示，存在生成三水铝石（$Al_2O_3·3H_2O$）和拟薄水铝石（$AlOOH$）两种竞争反应途径，终点 pH 值大于 10.5 有利于生成三水铝石，pH 值小于 10.5 有利于生成拟薄水铝石，pH 值小于 9.0 会生成丝钠铝石 $NaAl(CO_3)(OH)_2$。

$$CO_2(g) + H_2O(l) \Longrightarrow H_2CO_3(l) \tag{4}$$

$$2NaOH + CO_2 \longrightarrow Na_2CO_3 + H_2O \tag{5}$$

$$2NaAlO_2 + 4H_2O \longrightarrow Al_2O_3·3H_2O\downarrow + 2NaOH \tag{6}$$

$$2NaAlO_2 + CO_2 + H_2O \longrightarrow 2AlOOH\downarrow + Na_2CO_3 \tag{7}$$

$$Na_2CO_3 + CO_2 + 2Al(OH)_3 \longrightarrow 2NaAl(CO_3)(OH)_2\downarrow + H_2O \tag{8}$$

当目的产物是拟薄水铝石时，应该控制反应终点 pH 值在 9.5～10.5 范围内，以式（7）反应为主。反应过程的控制步骤是式（4）表示的 CO_2 的吸收传质过程。因此强化 CO_2 由气相向液相中的传质速率，缩短 pH 值降至 10.5 的时间，可以减少发生式（6）中生成三水铝石的副反应，从而提高拟薄水铝石的产品选择性。

NaAlO₂ 溶液浓度、CO_2 浓度和反应温度等条件均对产品性质有较大影响。侯春楼[74,75]、袁崇良[76]、周然然[77] 等对 CO_2 法间歇中和反应制备工艺进行了较为深入的研究，认为 CO_2 气体浓度高、NaAlO₂ 溶液浓度低、达到终点 pH 值的时间短、反应温度低等都有利于合成晶相纯度高、孔体积大的拟薄水铝石产品。反应终点 pH 值对产品性质影响尤其显著[72,73,78,79]，NaAlO₂-CO₂ 中和法用于生产大孔拟薄水铝石材料时，必须使用较低浓度的 NaAlO₂ 溶液[72]，因此生产效率会降低。采用间歇中和工艺，由于中和 pH 值逐渐降低，要稳定控制各批次的中和 pH 值降低速度和 pH 值终点值完全一致，在实际生产中存在很大难度，因此难以保证拟薄水铝石产品质量的稳定性，进而会影响催化剂生产的稳定性。

实现 NaAlO$_2$-CO$_2$ 连续中和工艺是提高拟薄水铝石质量稳定性的有效手段。与间歇中和工艺中 NaAlO$_2$ 溶液 pH 值逐渐降低的过程不同，连续中和过程中 NaAlO$_2$ 溶液和 CO$_2$ 连续逆流接触，在快速搅拌下发生中和反应，NaAlO$_2$ 溶液的 pH 值能迅速降低至所需的中和 pH 值，连续生产过程中体系 pH 值保持恒定不变，可以大大提高生产的稳定性。曾丰等[80]研究了连续中和 - 母液老化、连续中和 - 净水老化两种工艺下，中和 pH 值、老化方式、老化温度以及老化时间对产品的影响。

图 2-40 为采用连续中和 - 母液老化工艺在不同中和 pH 值下制备拟薄水铝石所得样品的 XRD 谱图。从图 2-40 可知，连续中和 pH 值为 10.5 时（样品 A），在 2θ 为 19°、20°、28°、41° 和 53° 处出现 β-Al$_2$O$_3$·3H$_2$O 的衍射峰，在 2θ 为 15°、28°、38°、48° 和 64° 处出现拟薄水铝石衍射峰。连续中和 pH 值为 10.0 时（样品 B），只出现拟薄水铝石的衍射峰，焙烧后得到 γ-Al$_2$O$_3$ 的孔体积为 0.50mL/g。连续中和 pH 值为 9.5（样品 C）和 9.0（样品 D）时，除拟薄水铝石的衍射峰外，还在 2θ 为 16° 和 32° 处出现丝钠铝石的衍射峰，此外，中和 pH 值为 9.0 时，丝钠铝石的峰强度升高。由此看出连续中和过程相对于间歇中和过程更容易生成丝钠铝石，这可能是连续中和过程中，原料 NaAlO$_2$ 溶液进入反应釜后的 pH 值快速降低至中和 pH 值，大量 Al(OH)$_3$ 胶体瞬间析出，将母液包裹其中，造成局部 HCO$_3^-$ 浓度过高，导致生成丝钠铝石。采用连续中和 - 母液老化工艺时，随老化温度降低、老化时间延长更容易生成丝钠铝石。

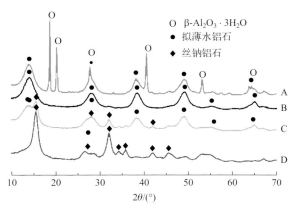

图2-40 NaAlO$_2$-CO$_2$ 法连续中和−母液老化工艺不同中和pH值产品的XRD谱图
（A—pH=10.5；B—pH=10.0；C—pH=9.5；D—pH=9.0）

连续中和 - 净水老化工艺的中和 pH 值为 9.5、9.0、8.0 时，所得样品 G、H 和 I 的 XRD 谱图、TEM 照片见图 2-41、图 2-42。从图 2-41 可知，中和 pH 值在 8.0～9.5 的范围时，都只有拟薄水铝石的衍射峰，连续中和 - 净水老化工艺能有效避免丝钠铝石的生成，容易得到没有三水铝石和丝钠铝石杂晶的拟薄水铝石。图 2-42 所示，三个拟薄水铝石样品的晶粒均为紧密堆积的颗粒状，焙烧后所得 γ-Al_2O_3 的孔体积在 0.48～0.52mL/g。

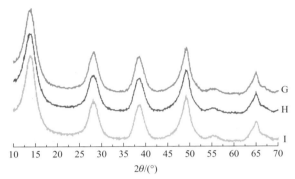

图2-41 NaAlO$_2$-CO$_2$法连续中和-净水老化工艺生产拟薄水铝石XRD谱图
（G—pH=9.5；H—pH=9.0；I—pH=8.0）

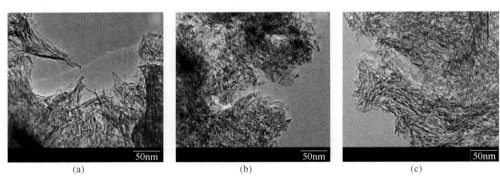

图2-42 NaAlO$_2$-CO$_2$法连续中和-净水老化工艺生产拟薄水铝石的TEM照片：（a）样品 G；（b）样品H；（c）样品I

三、醇铝水解法

催化重整催化剂、贵金属加氢催化剂、汽车尾气处理催化剂等使用贵金属作为活性组分的催化剂需要使用高纯度（杂质质量分数小于 0.01%）的氧化铝作为载体。为制备高纯度的氧化铝，通常用铝工业电解后得到的高纯度金属铝作为原料，使金属铝与有机醇（如异丙醇、正戊醇、正己醇等）反应先制成烷氧基铝，再将烷氧基铝与高纯水发生水解，最后生成高纯度的氧化铝前身物。烷氧基铝水解生成的醇，可以回收后再循环使用。以正戊醇和金属铝为原料，生产氢氧化铝的反应过程可用下式表示：

$$Al+3C_5H_{11}OH \xrightarrow{HgCl_2} Al(OC_5H_{11})_3 \xrightarrow{H_2O} Al(OH)_3+3C_5H_{11}OH$$

一种以异丙醇和金属铝为原料的醇铝水解法生产氧化铝载体的基本过程如图 2-43[81] 所示。从图 2-43 可以看出，低碳醇较好地实现了循环利用。反应开始速率很慢一般需加少量 AlCl₃ 或 HgCl₂ 作反应的引发剂。醇 - 铝反应是放热反应，并伴随大量氢气产生，所以反应过程中需严格控制反应温度和加料速度，以防止反应过快而造成爆沸。醇 - 铝反应结束后，采用减压蒸馏方法将未反应的异丙醇蒸发出来，异丙醇用冷却器冷凝回收，供循环使用。蒸馏出异丙醇后得到的异丙醇铝分两步进行水解反应：第一步加入异丙醇 - 水共沸物，需要控制共沸物中的水量少于异丙醇铝全部水解所需要的水量，使异丙醇中水含量降至<0.1%，通过蒸发可回收水含量低的异丙醇用作醇 - 铝反应的原料；第二步在蒸馏出异丙醇后剩下的未完全水解的异丙醇铝中加入去离子水，使异丙醇铝完全水解，随后进行加热老化，同时使异丙醇和一部分水蒸发出去，经冷凝回收得到稀异丙醇，再用共沸蒸馏方法将稀异丙醇浓度提高，得到异丙醇和水的共沸物，用作第一步水解加入的异丙醇 - 水共沸物。

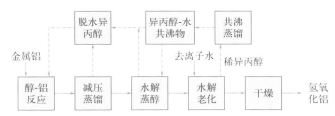

图2-43 异丙醇铝水解法生产氢氧化铝的示意流程

在此基础上为降低高纯度氢氧化铝的生产成本，杨彦鹏等 [82,83] 开发了使用水蒸气汽提氢氧化铝浆液和含醇水萃取分离以回收利用的工艺，分离后的水用于烷氧基铝水解反应，醇用来与金属铝反应生成烷氧基铝。该法可提高醇的回收利用率，降低高纯度氢氧化铝的生产成本，并提高氧化铝的纯度；通过水的循环利用，可实现污水零排放。

张英 [84] 研究了异丙醇铝两步水解方案中的水解时间对水解产物性能的影响，发现水解时间对醇铝水解产物的晶型结构无影响，而对醇铝水解产物的晶粒尺寸有明显影响，随着水解时间的延长，水解产物的晶粒尺寸逐渐变小，比表面积增大。

在以异丙醇铝为原料通过水解、水化、干燥和焙烧合成高纯拟薄水铝石和多孔氧化铝的过程中，水解和水化过程条件对产品性质有重要影响。通过调节烷氧基铝的水解温度，可以得到不同形态的氢氧化铝和氧化铝。如水解温度为 5 ～ 40℃，得到的是拜三水铝石，经 450 ～ 600℃焙烧后成为 η- 氧化铝；若水解温度为 78 ～ 100℃，将得到薄水铝石，经 450 ～ 600℃焙烧后，转变为 γ- 氧化铝。刘袁李等 [85,86] 研究发现水化液中异丙醇的存在会抑制无定形氢氧化铝的晶化，有助于形成大孔径、大比表面积和大孔体积的氧化铝；纯水体系下，60℃以下低温水化铝醇盐水解产物（无定形氢氧化铝）向三水铝石晶相转化，60℃以上高温水化铝醇盐水解产物向拟薄水铝石晶相转化，晶粒越大的拟薄水铝石经焙烧所得氧化铝的孔径和孔体积也增大。随着水化温度的升高，水化后产品的胶溶指数从 25℃水化时的 29.4% 提高至 95℃水化时的 99.0%。异丙醇铝水解过程中水的用量对水解产物晶型有较大影响 [87]，当水与异丙醇物质的量比为 2：1 时，异丙醇铝完全水解，体系内异丙醇含量为 100%，水解产物为无定形态。随着用水量逐渐增加，由无定形态转变为拟薄水铝石相。用水量增加到水与异丙醇物质的量比为 13.5：1 时，拟薄水铝石的胶溶指数均为 95% 以上，氧化铝比表面积 278.7m²/g、孔体积 0.66mL/g、平均孔径 9.6nm。随用水量的增加，体系内醇含量降低，氧化铝的比表面积、孔体积整体呈减小趋势。

四、铝盐-氨水中和法

工业生产中最常用的铝盐是 $AlCl_3$ 和 $Al_2(SO_4)_3$，它们是由氧化铝工业生产的中间产物三水铝石分别与盐酸和硫酸反应制成的。为了使三水铝石完全溶解并保持稳定，必须有适当过量的盐酸和硫酸，所以溶液中通常含有一定量的游离酸。如果要生产低铁含量的氧化铝载体，$AlCl_3$ 或 $Al_2(SO_4)_3$ 溶液还应经过脱铁精制过程，之后再用碱或碱性化合物（最常用的是氨水）与铝盐进行中和成胶反应，生成氢氧化铝沉淀。该反应可用下式表示：

$$Al^{3+}+3OH^- \longrightarrow Al(OH)_3$$

中和成胶时的反应温度、反应物浓度及pH等对最终氧化铝的性质起重要作用。

氯化铝与氨水进行中和成胶时，首先生成氢氧化铝无定形凝胶，其中也可能存在拟薄水铝石的微晶，将这种凝胶在一定温度下老化，可以转化为 β- 三水氧化铝或者薄水铝石。如果中和成胶时维持较高的温度（大于 70℃），凝胶经反复过滤、洗涤后，再经老化、洗涤、干燥生成薄水铝石（拟薄水铝石），经焙烧后得到 γ- 氧化铝。如果中和成胶温度不高，老化温度在 40℃时，就可能生成 β- 三水氧化铝，经焙烧得到 η- 氧化铝。在打浆洗涤和老化的过程中，水合氧化铝晶粒继续生长或发生相变，一级粒子相互结合脱水转化为二级粒子，形貌和堆积方式发生变化，最终导致形成的孔结构发生变化，所以老化温度、老化 pH 对晶相的生长及其对载体孔结构形成也十分重要。

图 2-44 是采用铝盐中和法生产小球形 η- 氧化铝载体前身物的示意流程。为了最后得到 η- 氧化铝载体，控制中和成胶与老化的 pH 值及温度，使得到的氢氧化铝为拜三水铝石或拜三水铝石与诺水铝石的混合物。采用先洗涤后老化的流程，以消除体系中不利于无定形氢氧化铝向拜三水铝石和诺三水铝石转化的大量 Cl⁻，为了洗去 Cl⁻，一般用氨水作为助洗剂。

图2-44 铝盐中和法生产氢氧化铝流程

王昊等[88]以硫酸铝为原料、氨水为沉淀剂、十二烷基硫酸钠为添加剂制备大比表面积 $\gamma-Al_2O_3$。发现无添加剂时，较高温度以及适宜的 pH 值均有利于制备结晶度较好的拟薄水铝石前驱体和较大比表面积的氧化铝，添加适量的十二烷基硫酸钠能够制备出具有更大比表面积的 $\gamma-Al_2O_3$。

上述四种生产氧化铝前身物的方法各有特点。$NaAlO_2-Al_2(SO_4)_3$ 方法生产的氧化铝载体杂质（如 Na^+、SO_4^{2-}）含量一般偏高，适合作对杂质含量无苛刻要求的催化剂的载体，如一般加氢处理催化剂都可以采用这种方法生产的氧化铝载体。$NaAlO_2-CO_2$ 中和法能够生产不含 SO_4^{2-} 杂质的氧化铝。醇铝水解法生产的氧化铝载体纯度高，杂质含量极低（ppm 级），可用作贵金属催化剂的载体。$NaAlO_2-Al_2(SO_4)_3$ 法和 $NaAlO_2-CO_2$ 中和法的生产成本相对较低，而烷氧基铝水解法成本最高。

第七节
氧化铝载体生产方法

氧化铝载体生产是指将水合氧化铝经成型后制备成具有一定形状、大小和强度的固体颗粒，再经干燥、焙烧，转化成氧化铝载体的过程。

一、氧化铝载体成型

石油化工催化剂在使用时必须具有一定的粒度和形状，以方便均匀地填充到工业反应器中，载体的形状基本决定了催化剂的形状。工业上常用的反应器有四种类型：固定床、流化床、悬浮床及移动床。不同反应器通常要求使用不同形状和尺寸的颗粒催化剂。载体制造的目的是用于制备催化剂，所以应在制得的催化剂具有最佳性能状态的前提下，选用工艺可行、设备简单、质量可靠的成型方法。载体常用成型方法主要有：压缩成型法、挤出成型法、转动成型法、滴定成型法、喷雾成型法等[89]。

1.压缩成型法

将水合氧化铝粉体放在一定形状、封闭的模具中，通过外部施加压力，使粉体压缩成为圆柱状、拉西环状等常规形状或齿轮状等异形形状的氧化铝载体。压缩成型可使原始微粒重新排列和密实化[90]，得到的氧化铝载体颗粒形状规则、致密度高、大小均匀、表面光滑、机械强度高[91]，但压缩成型法的生产效率一般较低，模具磨损大[92]。

2.挤出成型法

将水合氧化铝粉末与水、胶溶剂、助挤剂等混捏均匀后，用挤条机在外部挤压力的作用下通过模具挤出成型，控制模具的截面形状（圆柱形、三叶草、四叶草）和尺寸可以控制载体等的形状和尺寸，随后将挤出成型的载体进行养生、切粒、干燥、焙烧，可得到氧化铝的条形载体。水合氧化铝的性质、挤条配方、挤条工艺条件、干燥和焙烧条件等都对载体性质有重要的影响。从理论上讲，挤出成型是压缩成型的特殊形式，都是在外力的作用下使得原始微粒间重新排列而使其密实化程度增加的过程。挤条机是挤条成型的关键设备，有单螺杆挤条机、双螺杆挤条机[93]、柱塞形挤条机、滚轮挤条机、环滚筒式挤条机等。单螺杆挤条机如图2-45所示[94]，从图2-45可知单螺杆挤条机挤压系统主要由进料机筒、填料辊、螺杆、挤出机筒、冷却水环、模板和压板等部件组成。

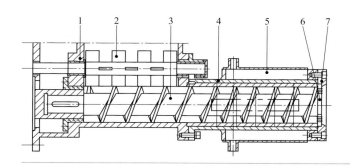

图2-45
单螺杆挤条机挤压系统示意图
1—进料机筒；2—填料辊；3—螺杆；4—挤出机筒；5—冷却水环；6—模板；7—压板

挤出成型法制备催化剂载体的捏合工艺、水粉比及不同挤出设备对载体孔结构都有较大影响。缩短捏合时间有利于载体孔结构向较大孔区域集中，提高水粉比有利于提高载体的总孔体积，与螺杆挤条机相比，柱塞式挤条机生产的载体总孔体积较大，且孔径更趋向集中于 6 ～ 10nm[95]。挤出成型过程中酸量、水量和混捏时间对载体堆积密度有较大影响，切粒整形、焙烧温度及焙烧气氛对渣油加氢脱硫催化剂载体条长分布、孔结构和堆积密度也有较大影响[96]。

3. 转动成型法

转动成型是将粉体、适量水（或黏结剂）送入低速转动的容器中，在容器转动所产生的摩擦力和滚动冲击作用下，粉体微粒形成一定大小的球形颗粒[89]。转动成型法具有处理量大及运转率较高，成本低廉，操作方法简单，设备易控，生产负荷上限高的优点。不足之处是颗粒密度低，圆整度差，强度不理想，且不适合制取粒径较小的颗粒，易产生较大粉尘[97]。转动成型包括核（母球）生成、小球长大和小球排出三个过程[98]。转动成型设备主要有：转盘式滚球机、转筒式成球机、整形机。转动成型法可连续大批量生产，适用于小直径球的加工成型。与其他成型方法相比，转动成型对粉体的要求高，要求原料具有较好的可塑性、合适的粒径和较好的流动性。转动操作条件如转速、斜角、直径、黏结剂水溶液的添加量和粉体的进料量等都对转动成型效果有较大影响[99]。耿红娟等[100]以荸荠式包衣机为成球设备、一定浓度的稀硝酸为黏结剂，使原料转动成球制备直径 1.8 ～ 2.0mm 的活性氧化铝球，制备工艺流程如图 2-46 所示。氢氧化铝、一水软铝石和拟薄水铝石三种不同原料制备的活性氧化铝球成品的抗压强度、孔性质见表 2-18。从表 2-18 可知，以拟薄水铝石为前驱体制备的活性氧化铝球的抗压强度、比表面积和孔体积最大，这与不同前驱体原料的结晶完整性有关，拟薄水铝石的结晶完整性低，晶粒尺寸小，其焙烧后的孔结构丰富，所以其制备的活性氧化铝球的孔性质较好。

图2-46
转动成型法制备活性氧化铝小球工艺流程

表2-18　不同原料制备的活性氧化铝球抗压强度及孔性质

原料	抗压强度/（N/颗）	比表面积/（m²/g）	孔体积/（cm³/g）	孔径/nm
氢氧化铝	7～17	69	0.22	11.3
一水软铝石	8～20	74	0.27	12.6
拟薄水铝石	14～31	298	0.68	9.9

4．滴定成型法（油中成型法）

滴定成型法也可称为外凝胶法。利用溶胶在适当 pH 值和浓度下具有凝胶化的特性，把溶胶以小滴形式滴入油性介质中，在表面张力的作用下，收缩成球，再凝胶化形成小球粒。凝胶小球再经老化、洗涤、干燥、焙烧制成氧化铝小球载体。主要有油氨柱成型法和热油柱成型法两种方法。

油氨柱成型法：油氨柱成型法工艺流程如图 2-47 所示，以洗涤好的氢氧化铝滤饼或者干燥后的氢氧化铝粉体为原料，加水浆化成悬浊液，加入硝酸溶液酸化胶溶，得到一定黏度和流动性的假溶胶。假溶胶在较低压力下通过成球盘滴头，从顶部滴入油氨柱中（油氨柱的上层为油层、下层为氨水），在油层中收缩成球，在氨水层中胶凝固化。油氨柱成球时，还需往油氨柱中加入适量的表面活性剂，其作用是减小在油层中形成的氢氧化铝浆液球穿过油 - 氨水界面时的阻力。张田田等[101]以异丙醇铝为原料，在水解后的浆液中加入硝酸和不同碳链长度的醇，老化得到溶胶，采用油氨柱成型法制备了平均直径约 2mm 的球形 γ-Al$_2$O$_3$，发现加入不同碳链长度的醇，有利于球形 γ-Al$_2$O$_3$ 形成多孔结构。张和平等[102]在研究拟薄水铝石通过油氨柱法成型时，发现拟薄水铝石凝胶的酸化胶溶条件对酸化料浆的流变性和黏度影响大，对载体小球外观和质量也产生较大影响，在中度搅拌、中度失水和适当时间静置等共同条件下生产出的载体小球的外观和质量相对更好。采用拟薄水铝石粉体分散法制备氢氧化铝溶胶，将不同反应温度下所得的氢氧化铝溶胶通过油氨柱成型、干燥、焙烧工艺制备氧化铝球，发现随氢氧化铝溶胶前驱体制备温度的升高，氧化铝球的晶型结构和比表面积变化不大，而氧化铝球的孔径分布更加集中，堆密度有所升高，压碎强度逐渐增大[103]。以拟薄水铝石滤饼和粉体为原料采用油氨柱成型法制备直链烷烃脱氢催化剂载体小球时，采用有机酸与无机酸共同酸化，两种酸的配比对酸化浆料的黏度产生较大影响，进而对载体小球的外观影响很大[104]。以两种铝形态含量不同的聚合氯化铝为原料、氨水为中和剂、聚乙二醇为表面活性剂制备氢氧化铝滤饼，以硝酸为胶溶剂制备铝溶胶，经油氨柱成型法制备氧化铝小球，发现不同 pH 值对合成水合氧化铝晶种有很大影响，pH 值在 8.5 附近合成的拟薄水铝石晶相单一，适合于制备滴球用的铝溶胶。铝形态含量不同的聚合氯化铝会影响产物的孔结构，大的高分子聚合形态 Alc（铝胶体氢氧化物）含量高的聚合氯化铝有利于形成高比表面积的球形 γ-Al$_2$O$_3$；聚乙二醇可用作扩孔剂，随着聚乙二醇表面活性剂分子量的增加，所得球形 γ-Al$_2$O$_3$ 的孔体积和孔径增大，聚乙二醇 10000 的扩孔效果最好[105]。以孔体积 0.90 ～ 1.20mL/g 的大孔拟薄水铝石为原料，加入胶凝剂后再加酸酸化成溶胶，控制拟薄水铝石粒径＜ 15μm，溶胶平均粒径为 20 ～ 50nm，胶凝剂为葡甘露聚糖、半乳甘露聚糖或尿素，经油氨柱成型法可制备压缩强度高、磨耗低的球形氧化铝载体，适用于移动床使用[106]。通过调节油氨柱成型后的氧化铝凝胶湿球在有机溶剂中的老化条件可调节焙烧后球形氧化铝的堆积密度，堆积密度可在 0.30 ~ 0.75g/mL 范围内调节[107]。通过在制备的铝溶胶中添加非离子表面活性剂，在铝溶胶经油氨柱中成型时，可有效地避免油相中形成的球穿越油水界面时发生粘连，提高成球收率[108]。铝溶胶在油氨柱成型过程中使用复合表面活性剂，经油层形成的小球状的氧化铝溶胶粒子可顺利穿过油水界面，不形成乳化层，从而提高成球率，避免产生连球现象[109]。

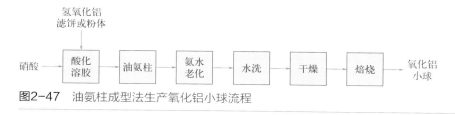

图2-47 油氨柱成型法生产氧化铝小球流程

热油柱成型法：热油柱成型法工艺流程如图 2-48 所示。从图 2-48 可知，通常将铝溶胶和六亚甲基四胺（乌洛托品）配制成均匀混合的胺铝混液（pH 值通常为 2 ~ 3.5），滴入温度较高热油介质中，在热油介质表面张力的作用下，原料滴入后被塑成圆整的球体，同时受热后的六亚甲基四胺分解为甲醛和 NH_3，NH_3 与铝溶胶发生中和反应生成氢氧化铝凝胶湿球[110]。热油柱成型法首先是制备铝溶胶，以金属铝（纯度在 99.7% 以上）和盐酸为原料制备出铝溶胶，其基本反应可表示如下

$$2n\text{Al}+3n\text{HCl}+3n\text{H}_2\text{O} \longrightarrow n\text{Al(OH)}_3 \cdot \text{AlCl}_3+3n\text{H}_2$$

在铝溶胶制备中，关键是控制好铝/氯比（Al/Cl 比）和 Al 的浓度。因为铝溶胶的 Al/Cl 比太小或 Al 的浓度太低，成型时所制成的氢氧化铝湿球太软，强度差。反之，Al/Cl 比太大或 Al 的浓度太高，所得铝溶胶不稳定。将胺铝混液通过特制的滴球装置滴入热油柱的顶部，在油柱中形成小球。老化后的湿球经过洗涤，除去 Cl^-。热油柱法生成的小球氧化铝载体强度优于油氨柱成型的。研究表明通过拟薄水铝石粉体分散路径也可以用热油柱成型法制备氧化铝小球载体，在去离子水、尿素和拟薄水铝石粉的混合浆液中，加入一定量的酸溶液进行胶溶，再加入六亚甲基四胺溶液，得到一定黏度的氢氧化铝溶胶，将溶胶滴入充满白油的热油柱成型装置内，在下端收集氧化铝湿球，然后依次经过水洗、干燥、焙烧处理得到 γ-Al_2O_3 小球[111]，水热稳定性与工业载体相当，各项性能可满足重整催化剂的要求。以拟薄水铝石粉和 ZSM-5 分子筛为原材料，经热油柱成型也可制备毫米级含 ZSM-5 的 γ-Al_2O_3 载体小球，通过优化原料、胶溶剂与胶凝

剂之间的比例，热油柱成型方式制备的小球的压碎强度高于 39N/ 粒，堆密度为 0.59 ～ 0.70g/cm³，磨损率低于 2%，可满足移动床工艺的要求[112]。

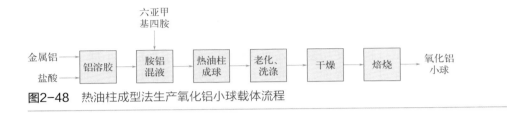

图2-48 热油柱成型法生产氧化铝小球载体流程

5．喷雾成型法

将料液经喷嘴（雾化器）分散成雾状小液滴与热空气一起射入喷雾塔的顶部，利用热空气与雾滴进行热交换使水分蒸发干燥制成微球形固体颗粒。喷雾成型法主要用于制备流化床用微球形载体，通常为粒径 20 ～ 150μm 的微球，同时粒径分布、球形度、耐磨强度等性质须满足使用要求[113]。喷雾成型的优点是操作工艺可调、干燥速率快、产品纯度高，可解决原粉难以回收的问题[114]。典型的微球催化剂有流化裂化催化剂、丙烯氨氧化制丙烯腈催化剂、MTO 分子筛催化剂及 S-Zorb 汽油脱硫吸附剂等[115]。喷雾干燥机的核心部件是喷嘴，喷嘴的形式决定雾化的形式。喷嘴结构是生产微球氧化铝至关重要的因素，雾化角大小直接影响粒度分布及塔底出料量。常用的喷嘴以及雾化形式有压力式喷嘴雾化、气流式喷嘴雾化和旋转式喷嘴雾化 3 种。喷嘴结构、浆液固含量、操作压力、进口温度都对微球氧化铝的性能存在较大影响。朱洪法[116] 用图 2-49 所示工艺，采用具有特殊结构的压力式喷嘴制备流化床用 γ-Al₂O₃ 微球载体，发现在浆液固含量为 9% ～ 14%、操作压力为 1 ～ 8MPa、干燥塔温度在 380 ～ 480℃范围内时，可制得粒度分布适宜的微球氧化铝。

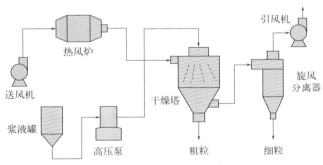

图2-49 喷雾成型法制备微球氧化铝工艺流程

刘冰倩等[117]以拟薄水铝石为前驱体、硝酸为胶溶剂，利用喷雾成型法制备多孔氧化铝微球时，发现溶胶体系 pH 值和固含量对产物形貌影响较大，喷雾成型过程中液滴雾化行为直接影响成型颗粒大小。史晓澜等[118]采用计算流体力学（computational fluid dynamics）方法，基于 Realizable k-ε 湍流模型和 DPM 离散相模型模拟，研究进料速率、气体流量、入口温度等参数对雾化液滴直径的影响规律。喷雾中干燥速度对产品的性能有重要的影响。赵连鸿等[119]采用离心喷雾干燥工艺制备催化裂化催化剂时，发现干燥温度对最终产品的球形度有重要影响，如图 2-50 所示。温度过低，水分难以挥发，造成颗粒含水量大，在塔内运动时，颗粒间易黏附且球形度差；温度过高，催化剂颗粒表层迅速变干，内部水分汽化溢出时易使颗粒表面形成裂纹或微裂纹。适宜的干燥温度在 340℃左右，此时液滴干燥可以有序进行，从而获得颗粒圆整、具有良好球形度的产品。

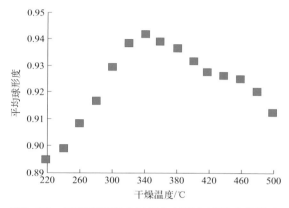

图2-50 不同干燥温度对催化剂平均球形度的影响

孟轩宇等[120]以 α-Al_2O_3 粉体为原料，通过改变固含量、分散剂加入量调节浆料流变性能，采用离心式喷雾干燥工艺制备出氧化铝微球，Al_2O_3 微球粒径呈正态分布，中位粒径为 46.40μm。采用湿法球磨配制出均匀稳定的 Al_2O_3 浆料，研究影响浆料流变性能和微球坯体形貌的关键因素，发现原料粒径分布、浆料固相含量、分散剂种类对坯体的形貌和成球率起决定性作用[121]。使用中位粒径为 3.27μm 的 Al_2O_3 粉体，当浆料固相体积分数为 40%，加入 0.5% 木质素磺酸钠、5% 的黏结剂时，坯体形貌良好，成球率最高为 92.9%。"苹果型"缺陷坯体的形成受浆料固含量的影响显著，如图 2-51 所示。固含量越低，颗粒间距越大，坯体出现的空洞多，易形成大量的"苹果球"坯体。

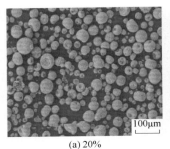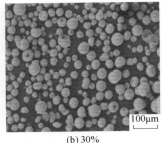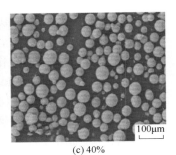

| (a) 20% | (b) 30% | (c) 40% |

图2-51　不同固含量浆料制备的坯体SEM照片

不同成型方法会对氧化铝载体和催化剂性能产生一定程度的影响。刘红梅等[122]分别采用压片成型、挤条成型和油柱成型三种方法得到不同的氧化铝载体颗粒，分别以氧化铝粉末和成型氧化铝为载体制备 Pt-Sn-Na/Al₂O₃ 催化剂，研究结果表明，三种成型方法都会导致氧化铝载体孔道尺寸变小和比表面积减小，其中挤条成型方法的影响最为显著。氧化铝载体颗粒的物理结构影响催化剂在丙烷脱氢制丙烯（PDH）反应中的催化性能。孔体积和孔径较大的氧化铝载体，有利于活性组分分散，由其制备的催化剂具有更高的丙烷转化率和丙烯选择性。以挤条成型方法制备的氧化铝作载体的 PDH 催化剂在反应中容易积炭，油柱成型方法制备的氧化铝作载体的 PDH 催化剂能降低反应中积炭物种的形成。

二、氧化铝载体热处理

氧化铝原料粉体经成型工艺制备成各种形状和尺寸的颗粒，然后进行干燥脱水，并在不同温度下进行焙烧得到所需晶型的氧化铝载体，并获得稳定的孔结构和机械强度。氧化铝载体热处理是将成型后的氧化铝前身物——水合氧化铝（氢氧化铝），经热处理转化成各种过渡态氧化铝或 α- 氧化铝的过程，在热处理过程中氧化铝晶相的转化如图 2-1 所示。热处理通常包括干燥过程和焙烧过程。

氧化铝载体热处理过程本质上是水合氧化铝晶粒在一定的温度和气氛条件下脱水并发生晶相转化的过程。以拟薄水铝石为原料制备活性 γ-A₂O₃ 的过程，其简单化学反应式为

$$2AlOOH \longrightarrow \gamma\text{-}Al_2O_3 + H_2O$$

水合氧化铝的初始晶粒大小、气氛中的水蒸气分压、热处理温度和热处理时间等都对热处理后产品的性质有重要影响。

1. 水合氧化铝初始晶粒大小的影响

Bokhimi[123] 研究了薄水铝石热转化的影响因素，发现薄水铝石热转化与键

长和晶体大小关系密切，在薄水铝石向 γ-Al$_2$O$_3$ 以及进一步向 α-Al$_2$O$_3$ 转变时，薄水铝石的晶体越大，其转化温度越高。Okada 等 [124-126] 在研究薄水铝石相变规律时，也发现薄水铝石焙烧形成 γ-Al$_2$O$_3$ 的相变温度以及过渡态氧化铝进一步转变为 α-Al$_2$O$_3$ 的焙烧温度与薄水铝石制备方法和形成的晶体粒子大小密切相关。当薄水铝石晶体粒子从 0nm 增大到 24.4nm 时，转化成 γ-Al$_2$O$_3$ 的相变温度从 343℃增大到 498℃，由过渡态氧化铝转变为 α-Al$_2$O$_3$ 的焙烧温度由 1052℃增大到 1275℃；晶体粒子越小，开始向 α-Al$_2$O$_3$ 相转化的温度越低。薄水铝石晶体粒子由 0nm 增大到 3nm 时，形成 γ-Al$_2$O$_3$ 时获得较大的比表面积、较小的孔体积，温度超过 1100℃晶体粒子显著变大，而晶体粒子较大的薄水铝石（＞10nm），形成 γ-Al$_2$O$_3$ 时获得较小的比表面积、较大的孔体积。Zhang 等 [127] 在研究 γ-Al$_2$O$_3$ 中孔结构的形成时，发现采用不同前身物制备得到的拟薄水铝石经焙烧得到的 γ-Al$_2$O$_3$ 的比表面积、孔体积、孔径分布明显不同。

2. 焙烧气氛的影响

Dabbagh[128] 考察了薄水铝石分别在常压、低真空（1kPa）和高真空（1Pa）条件下，不同温度焙烧对产品结构的影响。结果表明薄水铝石在 250℃低真空条件下焙烧明显与常压焙烧不同，低真空条件下焙烧得到的样品更接近 γ-Al$_2$O$_3$ 标准谱图，薄水铝石在 350℃和 600℃下焙烧样品 XRD 图差异不大，均可找到 γ-Al$_2$O$_3$ 谱图特征峰。薄水铝石在真空条件下脱水，在 1023cm^{-1} 处出现一个 Al—O—Al 振动峰，这可能是内表面两个—OH 基团或外表面两个不同粒子间—OH 收缩的结果，表明真空下焙烧导致表面羟基减少。高真空条件下焙烧所得晶体较常压下焙烧得到的粒子更大一些。不同条件下制备的催化剂表现出来的活性和选择性也存在明显差异。薄水铝石在加热脱水过程中经历了脱除物理吸附水、脱除化学吸附水、相变脱水形成 γ-Al$_2$O$_3$ 及过渡态氧化铝脱除表面—OH 四个过程。Alphonse[129] 等也研究了焙烧气氛对薄水铝石热转化的影响关系，在含 20% O$_2$ 及 100Pa 真空条件下对三种由醇铝水解法制备的纳米薄水铝石转变为氧化铝的过程进行了研究，结果表明真空条件下薄水铝石相变向低温迁移，200℃时薄水铝石即可向过渡态氧化铝转变，整个过程动力学变化由水的分压决定。经动力学模拟计算，脱去物理吸附水、脱去化学吸附水、薄水铝石转变为过渡氧化铝、过渡氧化铝脱水（内部羟基脱除）四个阶段的活化能分别为 40～45kJ/mol、50～60kJ/mol、105～115kJ/mol、50～70kJ/mol。加热速率、环境气氛等实验条件不改变各个阶段的反应活化能。回佳琦 [130] 研究了氢氧化铝的失重动力学，模拟结果表明氢氧化铝失重可以分为三个阶段。各个阶段的活化能和指前因子如表 2-19 所示。

表2-19 氢氧化铝的失重动力学参数

参数	第一阶段	第二阶段	第三阶段
活化能/（kJ/mol）	101.9	136.3	72
指前因子/min^{-1}	（0.2376~1.5379）×10^9	（0.62~1.12）×10^9	（1.468~2.385）×10^3

α-Al$_2$O$_3$ 晶种、氟化铵以及氟化铝晶种可以有效地降低 α-Al$_2$O$_3$ 的相变温度。南洋等[131]研究了 1200℃下焙烧制备 α-Al$_2$O$_3$ 载体时不同组成气氛的影响。焙烧气氛对载体比表面积、孔体积、强度的影响结果见表2-20。从表2-20可知，随着焙烧气氛中氧气含量的降低，载体比表面积逐渐升高，孔体积并没有明显变化。纯氮气焙烧气氛样品的比表面积是空气气氛焙烧样品的1.22倍，而强度却只有其的24.5%。

表2-20 焙烧气氛对载体比表面积、孔体积、强度的影响

载体编号	气氛组成	比表面积/（m²/g）	孔体积/（cm³/g）	强度/（N/cm）
S-A	100%空气	A_0	V_0	229
S-G1	70%空气-30%N$_2$	1.08 A_0	1.02 V_0	226
S-G2	50%空气-50%N$_2$	1.10 A_0	1.00 V_0	137
S-G3	30%空气-70%N$_2$	1.14 A_0	0.99 V_0	116
S-N	100%N$_2$	1.22 A_0	1.00 V_0	56

3．焙烧温度及时间的影响

何小荣等[132]发现焙烧温度大于400℃后，Al$_2$O$_3$ 载体的比表面积和孔体积随温度的升高而减小，孔径分布向大孔方向移动。张继光[133]获得了相同的研究结论，此外还发现焙烧时间对载体堆密度、比表面积、孔体积的影响不及焙烧温度显著。

张立忠等[134]以拟薄水铝石为前驱体，采用酸性黏结剂挤条成型后经不同温度焙烧制备氧化铝载体，研究焙烧温度对氧化铝载体的影响。如图2-52所示焙烧温度在 500~800℃时，氧化铝载体在 2θ 为 45.9° 和 67.0° 左右处出现明显的 γ-Al$_2$O$_3$ 特征衍射峰，45.9°处衍射峰的对称度 $R<1$，说明该焙烧温度范围内制备出的氧化铝属于 γ-Al$_2$O$_3$。当焙烧温度达到 900~1000℃时，氧化铝载体在 2θ 为 30.0°~40.0° 之间出现 δ-Al$_2$O$_3$ 的特征衍射峰，46.0°左右处的特征衍射峰的对称度 $R>1$，并且均向 d 值较大的方向发生偏移，说明氧化铝载体发生了相转变。

Boumaza 等[135]研究发现焙烧温度从 600℃升高到 1300℃以及在较高温度下延长焙烧时间时，过渡态氧化铝呈现出 γ-Al$_2$O$_3$→γ-Al$_2$O$_3$、θ-Al$_2$O$_3$、δ-Al$_2$O$_3$ 混合相 →α-Al$_2$O$_3$ 的转变过程，同时 IR 结果表明相变过程中出现 AlO$_4$、AlO$_6$、Al-OH 等配位体的含量变化。

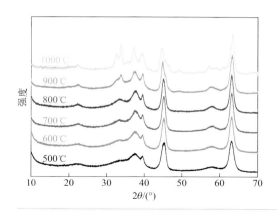

图2-52
焙烧温度对氧化铝晶相的影响

4. 焙烧设备的影响

焙烧设备对氧化铝载体性质的影响，主要体现在设备加热方式对温度均匀性和炉体结构对焙烧气氛中水蒸气含量上。张继光[133]研究发现箱式炉焙烧与立式管式炉相比，由于箱式炉焙烧气氛中水蒸气含量高，所得γ-Al₂O₃载体的堆密度低、比表面积小、孔体积大、可几孔径大，孔径分布向大孔方向移动。在立式管式炉中使用潮湿空气焙烧，随湿度的增加，比表面积明显减小，大孔增加，增湿空气对载体有扩孔作用。

王方平等[136]考察了氧化铝载体工业生产过程中网带炉和转炉两种焙烧炉的差别，以及网带炉的网带运行频率、料层厚度、焙烧温度、改性气体流量和转炉预焙烧温度等生产工艺因素对氧化铝载体孔性质的影响。结果发现，采用转炉焙烧获得的载体比表面积小，孔径为 2～6nm 的孔体积分布比例低，孔径为 6～20nm 的孔体积分布比例高。网带炉焙烧工艺优化后，可降低载体孔径为 2～6nm 的孔体积分布比例，增加孔径为 6～20nm 的孔体积分布比例。转炉焙烧载体时通过调整预焙烧温度，在一定程度上能调整进入转炉的干燥载体条中的水量，从而影响转炉焙烧载体时气氛中的水蒸气含量。预焙烧温度提高 140℃时，孔径为 6～20nm 的孔体积分布比例可达 91.22%。

胡维军等[137]研究了工业上使用热辐射式网带炉（电加热）和热风循环式网带炉（天然气加热）焙烧对加氢催化剂载体性质的影响。结果发现，热辐射式网带炉焙烧载体的结晶度高于热风循环式焙烧载体，热辐射传热方式温度控制更稳定，晶体生长过程更平稳。焙烧方式对载体孔性质的影响见表 2-21。从表 2-21 可知，热风循环式网带炉焙烧得到的载体比热辐射网带炉载体的比表面积大，小孔（＜4nm）的比例高，原因是热风循环网带炉的热风能及时带走水蒸气，减弱水蒸气在焙烧过程中的烧结作用；热辐射方式下焙烧气氛气体流速慢，升温段床层升温速率均匀，恒温段温度波动小，热分解产生的气体扩散均匀，所得载体具有更高的强度。因此，需要综合考虑催化剂的载体孔性质、强度、成本和加工能力等诸多因素，选用合理的载体焙烧炉。

表2-21　载体的孔结构性质

样品编号	焙烧炉	比表面积/（m²/g）	孔体积/（cm³/g）	强度/（N/粒）	孔径分布/%				可几孔径/nm
					<2nm	2~4nm	4~10nm	>10nm	
1	热辐射式	348.2	0.56	268	7.52	12.08	70.72	9.68	7.91
2		346.5	0.55	263	8.64	16.76	71.23	3.37	8.23
3		343.5	0.57	268	6.89	15.51	70.25	7.35	7.98
4	热风循环式	384.9	0.64	254	2.83	20.07	75.55	1.55	7.51
5		389.1	0.63	262	2.13	20.77	75.21	1.89	7.23
6		383.5	0.63	256	2.02	21.48	74.94	1.56	7.36

第八节
总结与展望

氧化铝材料由于具有突出的综合优势，在石油化工催化领域应用非常广泛。氧化铝材料的研究虽历史悠久，但仍方兴未艾。氧化铝材料的研究包括氧化铝表面性质、孔性质、氧化铝前身物的制备工艺、氧化铝载体的生产方法和设备、各种改性氧化铝对特定催化剂性能的影响。近年来氧化铝的研究热点已经从氧化铝基本性质和较常规氧化铝材料转向针对满足某些特定催化剂需求的氧化铝的研究和制备。通过氧化铝前身物的水热处理条件变化、氧化铝前身物的脱水条件变化、添加各种化学物质对氧化铝晶粒形貌进行精准调控，获得所需的孔性质和表面性质，以针对特定应用需求提高催化剂的性能。未来的研究中，以应用为导向，深入研究引起氧化铝化学性质和孔性质变化的机理，开发合适的制备技术满足催化剂对氧化铝载体的精准要求。

国内氧化铝前身物的各种生产工艺中，$NaAlO_2$-$Al_2(SO_4)_3$ 法工艺技术已经趋于成熟，实现了各种规格的系列化拟薄水铝石产品的连续稳定生产，可以满足多个品种催化剂的需求，甚至可以满足半再生重整催化剂对杂质含量的要求。该技术的瓶颈是需要大量洗涤水且难以制备高纯度的产品，未来发展的方向是降低洗涤水耗、扩大装置规模、降低生产成本，并开发满足特定孔性质需求和杂质含量较低的精细化品种。醇铝水解法生产高纯度氧化铝的生产工艺近年来研究非常活跃，国内已经有工业中型试验装置和小规模的工业生产装置。醇铝水解法技术的未来发展方向是尽快实现工业大规模稳定生产，打破高纯氧化铝国内长期依赖进口的局面，在此基础上未来需要开发各种性质的高纯度的高端产品，并提高有机醇的回收率，减少环境污染，降低生产成本。$NaAlO_2$-CO_2 中和法目前仍然以间歇中和反应生产小孔拟薄水铝石为主，未来的发展方向是实现碳化法工艺的连续稳定工业生产，特别是大孔体积拟薄水铝石产品的稳定生产。铝盐 - 氨水中和法可以生产低杂质含量的氧化铝，但由于会产生大量含氨洗涤水，存在氨气泄漏的风险，鉴于环保法规要求严格，铝盐 - 氨水中和法需要解决面临的环保问题。降低氧化铝载体生产过程产生的"三废"，尤其是废水的排放是未来氧化铝载体技术开发需要关注的重点。基于环保要求，未来可能需要重点研发无需酸碱溶解后再进行中和反应，而由氢氧化铝直接通过水热转化制备薄水铝石的绿色环保新工艺。

对氧化铝载体生产过程中水合氧化铝成型、干燥、焙烧等步骤的研究都比较深入。成型方法的机理相对更复杂，虽然常用的各种成型方法如压缩成型法、挤出成型法、转动成型法、滴定成型法、喷雾成型法都实现了工业化应用，但是更多的是注重应用效果，未来应结合计算机技术应用对成型过程的机理进行深入研究，有助于各种成型方法的工艺改进和设备的优化和大型化。对成型后载体干燥焙烧等脱水过程的研究也较为深入，水合氧化铝晶粒大小、焙烧气氛、焙烧温度、焙烧时间和工业焙烧设备等对氧化铝性质影响的研究较为详细，未来需要关注脱水过程中干燥焙烧温度和气相水蒸气气氛变化的数值模拟计算，这样从理论上深入研究脱水过程的影响并开发出高效的干燥焙烧设备。

参考文献

[1] Boitiaux J P, et al. Catalytic naphtha reforming [M]. New York: Marcel Dekker, 1994: 79.

[2] 张英，刘卫，黎阳，等. 高纯 Al_2O_3 的结构演变过程研究 [J]. 中国陶瓷，2015, 51(11): 31-34.

[3] 张英，刘卫，黎阳，等. 高纯氧化铝高温烧结特性研究 [J]. 中国陶瓷，2016, 52(7): 67-70.

[4] 李建华，刘海燕，冯瑶，等. 热处理对 γ-Al_2O_3 和 θ-Al_2O_3 性质的影响 [J]. 工业催化，2017, 33(5): 466-473.

[5] 申亚强，李冬云，徐扬，等. 氟化铵对片状高纯氧化铝粉体的组成和形貌的调控机制探究 [J]. 陶瓷学报，2021, 42(1) : 84-89.

[6] 储刚，曾莉瑛，郭琴，等. La_2O_3/γ-Al_2O_3 复合产物的浸渍 - 燃烧法制备及表征 [J]. 材料科学与工艺，2012, 20(6): 87-91.

[7] 蒋军，李金兵，黄景春. 氧化铝载体的物性调控及其对银催化剂性能的影响 [J]. 石油化工，2016, 45(2) : 169-173.

[8] Knözinger H, Ratnasamy P. Catalytic aluminas: surface models and characterization of surface sites[J]. Catalysis Reviews Science and Engineering, 1978, 17(1): 31-70.

[9] Peri J B. A model for the surface of γ-alumina[J]. J Phys Chem, 1965, 69(1): 220-230.

[10] 曾双亲. 氧化铝载体表面化学性质对 Ni-W/γ-Al₂O₃ 加氢催化剂活性影响的研究 [D]. 北京：石油化工科学研究院，2000.

[11] Zeng S Q, Yang Q H, Li D J, et al. Effect of carrier processing temperature on its properties for adsorption active metals[J]. 中国炼油与石油化工（英文版），2012, 14(2): 1-6.

[12] Boretskaya A, Il'yasov I, Egorova S, et al. Modification of a phase in- homogeneous alumina support of a palladium catalyst. Part Ⅰ: effect of the amorphous phase on the textural and acidic characteristics of alumina and methods for controlling its phase homogeneity [J]. Materials Today Chemistry, 2020,18: 100371-100382.

[13] 姜艳，王继锋，孙晓艳，等. 焙烧温度对含硫前体 NiMoS 加氢裂化催化剂反应性能的影响 [J]. 石油炼制与化工，2011, 42(6): 50-55.

[14] 杨清河，曾双亲，李会峰，等. 满足全氢型炼化模式的加氢催化剂开发技术平台的构建和工业应用 [J]. 石油炼制与化工，2018, 49(11): 1-6.

[15] 曾双亲，聂红，杨清河，等. 载体材料拟薄水铝石的研发对催化剂性能的提升作用 [C]//2017 年中国石油炼制科技大会论文集，2017.

[16] 刘滨，杨清河，胡大为，等. 高孔体积、大孔径渣油加氢催化材料的开发 [J]. 石油炼制与化工，2021, 52(6): 6-10.

[17] 张乐，刘清河，聂红，等. 高稳定性超深度脱硫和多环芳烃深度饱和柴油加氢催化剂 RS-3100 的开发 [J]. 石油炼制与化工，2021, 52(10): 150-156.

[18] 赵新强，刘涛，刘清河，等. 渣油加氢脱硫催化剂 RMS-30 的开发及其工业应用 [J]. 石油炼制与化工，2013,44(6): 35-38.

[19] 赵新强，余战兴，贾燕子，等. 渣油加氢脱残炭脱硫催化剂 RCS-31 的开发 [J]. 工业催化，2013, 21(4): 22-26.

[20] 曹东学，冯敢，任坚强，等. 铂铼重整催化剂的最佳氯含量 [J]. 石油炼制与化工，2000, 31(9): 33-36.

[21] 孙欣欣，林强，李金兵，等. 载体预处理工艺对乙烯氧化银催化剂性能的影响 [J]. 工业催化，2003, 21(1):35-39.

[22] 周红军. 催化裂化原料油加氢脱金属催化剂研究 [D]. 青岛：中国石油大学（华东），2011.

[23] 曾双亲，杨清河，肖成武，等. 干燥方式及老化条件对拟薄水铝石性质的影响 [J]. 石油炼制与化工，2012, 43(6): 53-57.

[24] 王燕鸿. 磷掺杂对活性氧化铝性能与结构的影响及机理研究 [D]. 天津：天津大学，2008.

[25] 梁维军. 加氢催化剂载体制备过程关键设备工程问题的探讨及解决途径 [D]. 北京：石油化工科学研究院，2014.

[26] 李大东. 控制氧化铝孔径的途径 [J]. 石油化工，1989,18 (7): 488-494.

[27] 刘璐，甘丹丹，商辉，等. 不同晶型 Al₂O₃ 载体负载 CoMo 催化剂的制备及其加氢脱硫性能研究 [J]. 精细石油化工，2017, 34(2): 26-29.

[28] 甘丹丹. 不同晶型氧化铝载体制备及其催化剂对汽油加氢脱硫性能研究 [D]. 北京：中国石油大学（北京），2016.

[29] 曾双亲，杨清河，聂红，等. 水热处理时间对氧化铝载体及加氢脱硫催化剂性能的影响 [J]. 石油学报（石油加工），2020, 36(5): 937-943.

[30] 王敏朵. 硅不同引入方式对氧化铝载体性质的影响 [D]. 北京：石油化工科学研究院，2018.

[31] Bao J, Yang Q H, Zeng S Q, et al. Synthesis of amorphous silica-alumina with enhanced specific surface area and acidity by pH-swing method and its catalytic activity incumene cracking[J]. Microporous and Mesoporous Materials, 2022, 337(5): 111897.

[32] Ramírez J, Macías G, Castillo P, et al. The role of titania in supported Mo, CoMo, NiMo, and NiW hydrodesulfurization catalysts: Analysis of past and new evidences[J]. Catalysis Today, 2004, 98: 19-30.

[33] 刘金龙，朱银华，杨祝红，等. MoO_3/TiO_2 催化剂的二苯并噻吩加氢脱硫性能 [J]. 过程工程学报，2009, 9(5): 882-886.

[34] 王焕，轩丽伟，张吉庆，等. 含钛复合载体的制备与表征 [J]. 石油化工高等学校学报，2012, 25(5): 22-24.

[35] 章乃辛. TiO_2-Al_2O_3 复合载体在石油化工催化剂中的应用 [J]. 化学工业与工程技术，1996, 17(4): 5-9.

[36] 韦以，刘新香. Al_2O_3-TiO_2 复合载体的制备与表征 [J]. 石油化工，2006, 35(2): 173-177.

[37] Rodriguez L M, et al. Fluorinated alumina: Characterization of acid sites and relationship between acidity and activity in benzene alkylation[J]. Applied Catalysis A: General, 1999, 189(1): 53-61.

[38] 夏建超，毛东森，陶伟川，等. 氟改性对氧化铝酸性及催化性能的影响 [J]. 石油化工，2005, 34(S1): 445-446.

[39] 李大东，石亚华，崔建文，等. RN-1 型加氢精制催化剂的研制及工业试生产 [J]. 石油炼制与化工，1985, 16(6): 16-23.

[40] 聂红，高晓东，刘学芬，等. 新一代馏分油加氢精制催化剂 RN-10 的研制与开发 [J]. 石油炼制与化工，1998, 29(9): 8-11.

[41] 刘学芬，聂红，张乐，等. RN-10B 柴油加氢脱硫脱芳烃催化剂的研制与工业应用 [J]. 石油炼制与化工，2004, 35(7): 1-5.

[42] 李会峰，李明丰，张乐，等. 氟改性对不同钨物种在催化剂载体上分散及其加氢脱硫性能的影响 [J]. 石油炼制与化工，2019, 50(10): 1-7.

[43] Youssef S, Kohichi S. Catalytic activity of CoMo catalysts supported on boron-modified alumina for the hydrodesulphurization of dibenzothiophene and 4,6-dimethyldibenzothiophene [J]. Applied Catalysis A: General, 2009, 353 : 258-265.

[44] Pablo Torres-Mancera, et al. Hydrodesulfurization of 4,6-DMDBT on NiMo and CoMo catalysts supported on B_2O_3-Al_2O_3[J]. Catalysis Today, 2005, 107/108: 551-558.

[45] Mohan S R, et al. Effect of catalyst preparation and support composition on hydrodesulfurization of dibenzothiophene and Maya crude oil[J]. Fuel, 2007, 86: 1254-1262.

[46] 姬冰洁. 改性氧化铝载体的制备及其柴油超深度加氢脱硫性能研究 [D]. 北京：中国石油大学（北京），2018.

[47] 赵振祥，刘宾，王丹，等. 富 B 酸氧化铝的制备及以其为载体催化剂的加氢脱硫反应性能 [J]. 工业催化，2021, 29(6): 27-34.

[48] 赵琰. 氧化铝、改性氧化铝及硅酸铝的酸性特征 [J]. 工业催化，2002, 10(2): 54-58.

[49] Wang X Q, Shen M Q, et al. Surface basicity on bulk modified phosphorus alumina through different synthesis methods[J]. Physical Chemistry Chemical Physics: PCCP,2011, 13(34):15589-15596.

[50] Wang J, Wang Y H, et al. Effect of phosphorus introduction strategy on the surface texture and structure of modified alumina[J]. Microporous and Mesoporous Materials, 2009, 121 (1/2/3): 208-218.

[51] 陈小华. 磷掺杂有序介孔氧化铝载钯催化剂在甲烷氧化反应中的性能研究 [D]. 福州：福建师范大学，2020.

[52] 孙利民，梁顺琴，王廷海，等. 磷改性氧化铝载体对 FCC 碳四原料丁二烯选择加氢催化剂性能的影响 [J]. 工业催化，2011, 19(6): 51-53.

[53] Lahousse C, et al. Acidic and basic properties of zirconia-alumina and zirconia-titania mixed oxides[J]. J Mol Catal, 1993, 84(3): 283-297.

[54] Naonobu K, et al. Germanium oxide mono-atomic layer prepared by chemical vapor deposition method on γ-alumina: The structure and acidic property [J]. Catal Lett, 1995, 32(1/2): 131-138.

[55] 毕诗文. 氧化铝生产工艺 [M]. 北京：化学工业出版社，2006.

[56] 杨重愚. 氧化铝生产工艺学 [M]. 北京：冶金工业出版社，1993.

[57] 史泰尔斯·A B，等. 催化剂载体与负载型催化剂 [M]. 李大东等，译. 北京：中国石化出版社，1992: 11-58.

[58] 左少卿. 高比表面积大孔体积拟薄水铝石的制备及表征 [D]. 兰州：兰州交通大学，2018.

[59] 李振华，张孔远，刘静怡，等. 成胶条件对硫酸铝法制备拟薄水铝石性能的影响 [J]. 工业催化，2010(4): 27-30.

[60] 李国印，支建平，张玉林，等. 大孔体积低密度活性氧化铝的制备与表征 [J]. 石油炼制与化工，2007, 38(5): 28-33.

[61] 李国印，支建平，张玉林，等. 活性氧化铝孔结构的控制 [J]. 无机化学学报，2007,23(4): 563-568.

[62] 万艳春，王玉军，骆广生，等. 并流滴加法制备大孔容纤维状 γ- 氧化铝 [J]. 化工学报，2018,69(11): 4840-4847.

[63] 王亚敏. 并流沉淀法制备活性氧化铝及其热稳定性的改性研究 [D]. 沈阳：沈阳工业大学，2015.

[64] 长岭炼油厂加氢催化剂会战组. 硫酸铝 - 偏铝酸钠法制备 γ-Al$_2$O$_3$ 的研究 [J]. 石油炼制，1978(11/12): 51-57.

[65] 曾双亲，杨清河，陈小新，等. NaAlO$_2$ 溶液中铝酸根离子的微观结构 [J]. 石油学报（石油加工），2012, 28(3): 374-379.

[66] 张哲民，杨清河，聂红，等. NaAlO$_2$-Al$_2$(SO$_4$)$_3$ 法制备拟薄水铝石成胶机理的研究 [J]. 石油化工，2003, 32(7): 552-554.

[67] 杨清河. NaAlO$_2$-CO$_2$ 法和 NaAlO$_2$-Al$_2$(SO$_4$)$_3$ 法制备 γ-Al$_2$O$_3$ 加氢催化剂载体规律的研究 [D]. 北京：石油化工科学研究院，1998.

[68] 曾双亲，杨清河，刘滨，等. 拟薄水铝石工业生产中三水氧化铝含量的控制 [J]. 石油学报（石油加工），2021, 37(4): 719-727.

[69] 杨清河，刘滨，聂红，等. 拟薄水铝石干燥温度对 γ-Al$_2$O$_3$ 载体压碎强度的影响 [J]. 石油学报（石油加工），2003, 19(2): 77-81.

[70] 杨清河，曾双亲，刘锋，等. 加氢催化剂全生命周期绿色供应链技术的研发 [J]. 石油炼制与化工，2022, 53(3): 1-8.

[71] 王子云，邵磊，郭奋，等. 超重力碳分法制备六角片状纳米级氢氧化铝 [J]. 化工学报，2006,57(7): 1699-1703.

[72] 杨清河，李大东，庄福成，等. NaAlO$_2$-CO$_2$ 法制备拟薄水铝石过程中的转化机理 [J]. 催化学报，1997,18(6): 478-482.

[73] 杨清河，李大东，庄福成，等. NaAlO$_2$-CO$_2$ 法制备拟薄水铝石规律的研究 [J]. 石油炼制与化工，1999, 30(4): 59-63.

[74] 侯春楼，等. 碳酸法工艺（CO$_2$ 法）生产拟薄水铝石 :CN85100161A[P].1986-07-30.

[75] 侯春楼，等. 氢氧化铝凝胶系列产品的二氧化碳法生产工艺 :CN90105317[P].1992-01-01.

[76] 袁崇良，等. 拟薄水铝石的制备方法 : CN200410024185[P].2005-02-23.

[77] 周然然，等. 一种偏铝酸钠 - 二氧化碳法制备活性氧化铝的方法 : CN98110593[P].2000-05-31.

[78] 魏先全，李庆，蔡雅娟，等. 碳化法制备拟薄水铝石的正交实验研究 [J]. 沪天化科技，2005 (3): 277-279.

[79] 周峰，张艳，攀慧芳，等. 拟薄水铝石的偏铝酸钠 - 二氧化碳法制备 [J]. 世界有色金属，2008(5): 31-33.

[80] 曾丰，杨清河，曾双亲. 采用 NaAlO$_2$-CO$_2$ 连续中和法制备拟薄水铝石 [J]. 石油学报（石油加工），2015, 31(10): 1069-1074.

[81] 段启伟，等. 低碳烷氧基铝水解制备氧化铝方法 :CN85100218B[P].1986-08-06.

[82] 杨彦鹏，等. 一种氢氧化铝浆液中夹带醇的脱除方法 : CN202010475974.0[P].2021-12-03.

[83] 杨彦鹏，等. 一种高纯度氢氧化铝的制备方法 :CN201610579053.2[P].2020-12-04.

[84] 张英. 醇铝水解法制备高纯氧化铝的实验室研究 [D]. 贵阳：贵州大学 ,2020.

[85] 刘袁李，沈善文，杨雨哲，等. 异丙醇铝控制水解制备高纯拟薄水铝石和多孔氧化铝 [J]. 工业催化，2020, 28(1): 24-29.

[86] 宁桂玲，等. 一种制备高烧结活性光电极高纯氧化铝的方法 : 中国，ZL 01110122563.4 [P].2013-04-10.

[87] 刘袁李. 醇铝水解法制备催化用拟薄水铝石和氧化铝 [D]. 大连：大连理工大学，2020.

[88] 王昊，胡军，李金金，等. 低成本大比表面积 γ-Al$_2$O$_3$ 的制备 [J]. 工业催化，2019, 27(2): 39-48.

[89] 朱洪法. 催化剂成型 [M]. 北京：中国石化出版社，1992.

[90] 刘力章. 新型膨润土 - 塑料原料粒状吸附剂的制备及其吸附性能试验研究 [D]. 南宁：广西大学，2005.

[91] 张瑞十. 挤出滚圆法制备球形颗粒的一些关键技术的研究 [D]. 上海：华东理工大学，2010.

[92] 张继光. 催化剂制备过程技术 [M]. 北京：中国石化出版社 ,2004:194.

[93] 范家巧，潘相文，刘齐香，等. 前挤式双螺杆催化剂挤条机 [J]. 石油炼制与化工，1998, 29(3): 62-63.

[94] 王建洲，谢民. 催化剂单螺杆挤条机的设计 [J]. 化工机械，2006, 33(4): 215-218.

[95] 杨义，赵振，付超超，等. 成型过程对加氢催化剂载体孔结构的影响 [J]. 工业催化，2020, 28(6): 35-39.

[96] 梁维军. 渣油加氢脱硫催化剂载体堆积密的精确控制 [J]. 工业催化，2014, 22(11): 855-858.

[97] 苏少龙，于海斌，孙彦民，等. 氧化铝成型研究的进展 [J]. 无机盐工业，2017, 49(7): 9-11.

[98] 黄惠阳，申科，袁颖，等. 球形 γ-Al$_2$O$_3$ 载体制备方法评述 [J]. 当代化工，2021, 50(4): 976-979.

[99] 吉依民. 氧化锆陶瓷微珠滚制成型技术与性能研究 [D]. 包头：内蒙古科技大学，2020.

[100] 耿红娟，王燕，韩娟，等. 催化剂载体用活性氧化铝球的制备工艺与性能研究 [J]. 河南化工，2018, 35(4): 32-34.

[101] 张田田，辛秀兰，宋楠，等. 醇的种类对球形 γ-Al$_2$O$_3$ 多孔结构的影响 [J]. 精细化工，2020, 37(8): 1587-1593.

[102] 张和平. 拟薄水铝石凝胶的酸化胶溶条件对 DCS 载体的影响 [J]. 化工管理，2018(5): 62-63.

[103] 刘建良，潘锦程，马爱增. 胶溶条件对拟薄水铝石酸分散性及成球性能的影响 [J]. 石油炼制与化工，2012, 43(5): 40-44.

[104] 赵悦，贺新，霍东亮. 新型直链烷烃脱氢催化剂载体的研制 [J]. 当代化工，2007, 36(6): 610-613.

[105] 何劲松，赵长伟，屠梦波，等. 聚合氯化铝制备球形拟薄水铝石和 γ-Al$_2$O$_3$ 的研究 .I：制备条件探讨 [J]. 无机化学学报，2010, 26(9): 1533-1538.

[106] 梁衡，等. 一种球形氧化铝载体及其制备方法和应用：CN201910759153.7[P].2019-11-05.

[107] 杨彦鹏，等. 一种球形氧化铝的制备方法：202010475987.8[P].2023-01-13.

[108] 刘建良，等. 一种使用油氨柱制备球形氧化铝的方法：CN201110290343.2[P].2013-04-03.

[109] 王国成，等. 一种铝溶胶成球方法：201310027772.X[P].2014-08-06.

[110] 石油化工研究院 306 组. 铝溶胶法油柱成型制备小球载体的研究 [J]. 石油炼制，1983(5): 31-37.

[111] 刘建良，潘锦程，马爱增. 拟薄水铝石路径热油柱成型制备毫米级氧化铝小球的研究 [J]. 石油炼制与化工，2019, 50(5): 1-5.

[112] 刘建良，刘洪全，王国成，等. 毫米级 Al$_2$O$_3$-ZSM-5 小球载体的研制及负载 Ga 催化剂芳构化性能 [J]. 石油炼制与化工，2021, 52(3): 29-33.

[113] 肖新宝，于万金，刘敏洋，等. 喷雾干燥造粒法制备微球催化剂的研究进展 [J]. 浙江化工，2020, 51(8): 7-15.

[114] 王静. 催化剂成型方法 [J]. 化工管理，2015, 3: 77.

[115] 张毅, 史建公, 冯拥军, 等. 微球氧化铝制备研究进展 [J]. 中外能源, 2020, 25(7): 54-63.

[116] 朱洪法. 喷雾干燥制备微球氧化铝载体 [J]. 石油化工, 1993, 22(6): 401-403.

[117] 刘冰倩, 王晶, 顾士甲, 等. 溶胶-喷雾干燥法制备多孔氧化铝微球及其吸附性能 [J]. 大连交通大学学报, 2020, 41(1): 85-91.

[118] 史晓澜, 李伟伟, 柴凡, 等. 喷雾干燥法制备 CL-20 过程的液滴雾化行为的模拟研究 [J]. 火工品, 2021(5): 37-41.

[119] 赵连鸿, 赵红娟, 刘涛, 等. 离心喷雾干燥温度对 FCC 催化剂成型的影响 [J]. 化学工程, 2020,48(4): 33-49.

[120] 孟轩宇, 苏振国, 刘文婷, 等. 氧化铝浆料性能对喷雾干燥微珠形貌的影响 [J]. 硅酸盐学报, 2017,45(6): 863-871.

[121] 孟轩宇. 微米级 Al_2O_3 微珠的制备工艺及性能研究 [D]. 太原: 中北大学, 2017.

[122] 刘红梅, 薛琳, 刘东兵, 等. 载体成型方法对丙烷脱氢催化剂性能的影响 [J]. 石油化工, 2020, 49(11): 1035-1042.

[123] Bokhimi X, Toledo-Antonio J A, Guzmán-Castillo M L, et al. Dependence of boehmite thermal evolution on its atom bond lengths and crystallite size[J].Journal of Solid State Chemistry, 2001, 161(2): 319-326.

[124] Okada K, Nagashima T, Kameshima Y, et al. Effect of crystallite size on the thermal phase change and porous properties of boehmite [J]. Journal of Colloid and Interface Science, 2002, 248: 111-115.

[125] Tsukada T, Segawa H, Yasumori A, et al. Crystallinity of boehmite and its effect on the phase transition temperature of alumina[J]. J Mater Chem, 1999, 9: 549-553.

[126] Okada K, Nagashima T, Kameshima Y, et al. Effect of crystallite size of boehmite on sinterability of alumina ceramics[J]. Ceram Int, 2003, 29: 533-537.

[127] Zhang Z R, Hicks R W, Pauly T R, et al. Mesostructured forms of γ-Al_2O_3 [J]. Journal of JACS Communications, 2002, 124(8): 1592-1593.

[128] Dabbagh H A, Taban K, Zamani M. Effects of vacuum and calcinations temperature on the structure,texture, reactivity, and selectivity of alumina: Experimental and DFT studies [J]. Journa of Molecular Catalysis A: Chemical, 2010, 326: 55-68.

[129] Alphonse P, Courty M. Structure and thermal behavior of nanocrystalline boehmite[J]. Thermochimica Acta, 2005, 425: 75-89.

[130] 回佳琦. $Al(OH)_3$ 制备 Al_2O_3 过程中动力学模拟及低温煅烧工艺研究 [D]. 西宁: 青海大学, 2019.

[131] 南洋, 谢元, 全民强, 等. 载体焙烧气氛对环氧乙烷银催化剂性能的影响 [J]. 工业催化, 2020, 28(8): 37-41.

[132] 何小荣, 朱家义, 胡晓丽, 等. 焙烧温度对 Al_2O_3 载体及 Pd/Al_2O_3 催化剂性能的影响 [J]. 石化技术与应用, 2009, 27(3): 233-237.

[133] 张继光. 催化剂制备过程技术 [M]. 2 版. 北京: 中国石化出版社, 2011: 342-348.

[134] 张立忠, 柴永明, 涨潮, 等. 焙烧温度对氧化铝载体物化性能的影响 [J]. 当代化工, 2015, 44(10): 2317-2320.

[135] Boumaza A, Favaro, Ledion J, et al. Transition alumina phases induced by heat treatment of boehmite: An X-ray diffraction and infrared spectroscopy study[J]. Journal of Solid State Chemistry, 2009, 82: 1171-1176.

[136] 王方平, 刘辉, 郭笑荣, 等. 氧化铝载体工业焙烧条件对孔性质的影响 [J]. 石油炼制与化工, 2021, 52(2): 46-50.

[137] 胡维军, 刘俊, 何彦平, 等. 加氢催化剂载体工业焙烧方式的研究 [J]. 石油炼制与化工, 2019, 50(12): 38-41.

第三章
分子筛催化材料

第一节　概述 / 090

第二节　支撑催化裂化技术的分子筛材料 / 098

第三节　支撑催化加氢技术的分子筛材料 / 112

第四节　支撑石油化工技术的分子筛材料 / 114

第五节　总结与展望 / 118

沸石分子筛是一种典型的结晶形无机多孔材料，在石油炼制、石油化工及煤化工领域应用广、用量大，显著地提升了能源化工过程的能效、经济性、本质安全性及绿色化程度。展望未来，科研人员希望通过分子筛催化新材料的研发，进一步支撑石油炼制、石油化工、煤化工及环保产业升级换代的跨越式发展。有关分子筛催化材料更详细的论述，可以参见本丛书分册《高性能分子筛材料》（杨为民）。

第一节
概述

一、沸石分子筛及其发展历程

1．沸石分子筛的历史

沸石是一类典型的结晶形硅酸盐矿物，研究始于 18 世纪 50 年代。瑞典矿物学家在研究天然硅铝酸盐矿物晶体时，发现这类材料在水中加热时会出现"起泡沸腾"的现象，因此将其称为"沸腾的石头"，即"沸石（zeolite）"。沸石主要是由硅、铝、磷、硼等原子彼此通过与氧原子键合，形成的结晶形无机多孔材料。根据孔道大小，多孔材料可分为微孔材料（孔径小于 2nm）、介孔材料（孔径为 2 ～ 50nm）和大孔材料（孔径大于 50nm）。沸石分子筛材料具有丰富的微孔比表面积结构和规则的孔道，孔径一般小于 2nm，是典型的微孔材料。沸石特有的规整结构具有筛分客体分子的能力，因此沸石也被称为分子筛。

一般情况下分子筛骨架具有负电荷属性，需要骨架外阳离子以平衡骨架所带的负电荷，因此分子筛材料一般都具有阳离子可交换性。通过离子交换产生一定的酸性，因而分子筛作为固体酸已经广泛地应用于石油炼制和石油化工过程。整体而言，分子筛具有规则的孔道、较高的比表面积（尤其是微孔比表面积）、可调变的表面酸性、良好的热和水热稳定性，在催化、吸附、分离和环保等领域有着广泛的应用。

分子筛的系统研究始于 20 世纪 40 年代，每十年就会出现里程碑式的研究成果[1-3]。1936 年研究人员发现酸洗过的天然黏土是优异的石油裂化催化剂，开启了分子筛催化剂的研究。Rechard Barrer 通过模拟天然沸石的合成条件，从而系统研究了人工合成沸石，并于 1948 年合成出第一个非天然沸石 ZK-5（KFI 结构）。Robert Milton 采用高活性原料，在 20 世纪 50 年代合成出了多种沸石分子筛，如 A 型和 X 型分子筛。60 年代研究人员首次以季铵盐为模板剂，成功地合成出第一个高硅分子筛（β型分子筛），从而开启了高硅分子筛的合成及应用，极大地丰富了分子筛的骨架类型及应用领域。70 年代研究人员在有机模板剂体系合成出 ZSM-5 分子筛，后来又在不使用有机模板剂的体系下合成出了 ZSM-5 分子筛，1978 年合成出纯硅 ZSM-5（silicalite）分子筛，极大地拓宽了分子筛的应用范围，推动了系列石油炼制与化工技术的进步。80 年代，分子筛的研究进入鼎盛阶段，合成出多种拓扑结构的磷铝和硅磷铝分子筛以及杂原子取代的钛硅分子筛（TS-1），拓宽了分子筛的骨架元素组成；同时 TS-1 分子筛也极大地推动了催化氧化领域的发展。90 年代介孔材料的问世显著拓宽了分子筛的范畴，期间 MCM-41、SBA-15 等介孔分子筛不断问世；同时将高分辨的显微技术应用于分子筛材料的结构解析，研究模板剂与分子筛的主客体相互作用。进入 21 世纪，分子筛研究领域更是进一步拓展，大于 12 元环的微孔分子筛合成、MOF 材料的开发、分子筛封装金属催化剂的研发、三维 RED 用于分子筛晶体结构解析等新材料和新技术的出现，更是进一步推动分子筛及多孔材料领域的迅猛发展。此外，分子筛合成、改性及催化应用的相关理论计算也与实验研究结合更为紧密，甚至采用数据挖掘、机器学习、人工智能等方法进行分子筛催化材料设计与开发，从而显著提升了分子筛催化材料研究与开发的效率。

2．分子筛的拓扑结构

分子筛的严格定义是由 TO$_4$ 四面体通过氧桥键而形成的三维四连接骨架，骨架 T 原子通常是指硅、铝、磷或硼原子，在少数情况下指其他杂原子，如镓和铍等。[SiO$_4$]、[AlO$_4$]、[PO$_4$] 或 [BO$_4$] 等四面体就是组成分子筛骨架的最基本的结构单元，正是这些基本结构单元通过一系列特定的连接规则形成了具有规则孔道结构和笼结构的无机晶体材料。2001 年国际分子筛协会结构委员会出版的第五版 *Atlas of Zeolite Framework Types* 中，确认的分子筛骨架结构类型有 133 种；2007 年第六版 *Atlas of Zeolite Framework Types* 收录的分子筛骨架拓扑结构类型有 176 种。截至 2022 年 3 月底，国际分子筛协会结构数据库（database of zeolite structure）共有 200 多种拓扑结构类型被收录（图 3-1）[4]。分子筛的拓扑结构由国际分子筛协会（IZA）根据国际纯粹与应用化学联合会命名原则，给每个确定的骨架结构赋予一个由三个大写英文字母组成的代码，如 FAU、MFI、CHA 等。

3．分子筛的结构特点

分子筛作为具有规则孔道的结晶形无机多孔材料，具有以下特点：

ABW	ACO	AEI	AEL	AEN	AET	AFG	AFI	AFN	AFO	AFR	AFS	AFT	AFV	AFX
AFY	AHT	ANA	ANO	APC	APD	AST	ASV	ATN	ATO	ATS	ATT	ATV	AVE	AVL
AWO	AWW	BCT	BEC	BIK	BOF	BOG	BOZ	BPH	BRE	BSV	CAN	CAS	CDO	CFI
CGF	CGS	CHA	-CHI	-CLO	CON	CSV	CZP	DAC	DDR	DFO	DFT	DOH	DON	EAB
EDI	EEI	EMT	EON	EPI	ERI	ESV	ETL	ETR	ETV	EUO	EWO	EWS	-EWT	EZT
FAR	FAU	FER	FRA	GIS	GIU	GME	GON	GOO	HEU	IFO	IFR	-IFT	-IFU	IFW
IFY	IHW	IMF	IRN	IRR	-IRY	ISV	ITE	ITG	ITH	ITR	ITT	-ITV	ITW	IWR
IWS	IWV	IWW	JBW	JNT	JOZ	JRY	JSN	JSR	JST	JSW	KFI	LAU	LEV	LIO
-LIT	LOS	LOV	LTA	LTF	LTJ	LTL	LTN	MAR	MAZ	MEI	MEL	MEP	MER	MFI
MFS	MON	MOR	MOZ	MRT	MSE	MSO	MTF	MTN	MTT	MTW	MVY	MWF	MWW	NAB
NAT	NES	NON	NPO	NPT	NSI	OBW	OKO	OSI	OSO	OWE	-PAR	PAU	PCR	
PHI	PON	POR	POS	PSI	PTO	PTT	PTY	PUN	PWN	PWO	PWW	RHO	-RON	RRO
RSN	RTE	RTH	RUT	RWR	RWY	SAF	SAO	SAS	SAT	SAV	SBE	SBN	SBS	SBT
SEW	SFE	SFF	SFG	SFH	SFN	SFO	SFS	SFW	SGT	SIV	SOD	SOF	SOR	SOS
SOV	SSF	-SSO	SSY	STF	STI	STT	STW	-SVR	SVV	SWY	-SYT	SZR	TER	THO
TOL	TON	TSC	TUN	UEI	UFI	UOS	UOV	UOZ	USI	UTL	UWY	VET	VFI	VNI
VSV	WEI	-WEN	YFI	YUG	ZON									

图3-1 国际分子筛协会认定的分子筛骨架拓扑结构类型

（1）分子筛具有规则的孔道结构，即孔道结构决定了孔道及窗口的大小和形状，也决定了特定的孔道维数、孔道的连接及贯通方式。分子筛组成的孔口环的尺寸变化很大，例如8元环（0.38nm）、9元环、10元环（0.5～0.6nm）、12元环（0.74nm）、14元环、16元环、18元环，20元环、28元环、30元环等。

（2）通过对分子筛孔口修饰，既可以实现扩孔，也可以实现孔口尺寸的微调。

（3）通过合成或后处理的手段实现分子筛晶粒尺寸调控，调控范围从纳米、亚微米到微米级别；也可实现晶体的聚集形态和形貌的调变。

（4）分子筛具有丰富且规整的内部空间，微孔比表面积大，甚至可达800m^2/g。

（5）分子筛晶体内部组成结构单元通过一定规则连接，形成了特征的笼、孔道等结构。

（6）骨架T原子通常指Si、Al、P或B原子，在少数情况下指其他杂原子，如B、Ga、Sn、Ti和Be等。且骨架原子相对量可调，适宜的条件下不同的骨架原子可以发生同晶取代。

（7）平衡分子筛骨架负电荷的阳离子种类、数量可以进行调变，交换成H^+或其他金属离子（除碱金属离子和碱土金属离子）的分子筛，具有可调的酸性，是优异的固体酸催化材料。

（8）12元环以下的分子筛，孔口呈现一定的刚性，但随着温度的升高孔口振动幅度增大，因此分子筛表现出优异的热及水热稳定性。

分子筛特有的性质使分子筛成为优异的催化剂活性组元和催化剂载体，广泛地应用于吸附分离和催化等领域。

4．分子筛与择形催化

由于分子筛具有规整的孔道结构，其孔口尺寸（通常小于1nm）与常规分子的动力学直径在一个数量级，且催化活性中心位于分子筛的晶体孔穴与晶体孔道中，因此只有反应物和产物分子的尺寸和形状小于或与沸石孔道相匹配时，反应物和产物分子才有可能扩散进、出分子筛孔道，体现出"择形催化"这一特质[5-7]。择形催化是依据分子筛孔道大小与反应物、过渡态和产物分子的尺寸大小来判断反应物分子能否进入分子筛孔道发生反应，反应过渡态受分子筛孔道的限制是否形成，产物分子能否离开孔道脱离反应体系。择形催化反应主要分为以下几类。

（1）反应物择形：分子筛特定的孔口结构与尺寸，使反应混合物中仅有一定形状和大小的分子才能进入分子筛孔道内起反应，由此实现对特定反应物分子的择形。

（2）产物择形：在多种可能的反应产物中，只有小于分子筛孔口尺寸的产物分子可以扩散至分子筛晶体外脱离反应体系变成产物，而尺寸较大的产物只有继续转化为尺寸较小的产物方可扩散出分子筛孔道，形成最终产物，由此实现对特定反应产物分子的择形；位于孔道内的产物分子如不能离开反应体系，就会覆盖活性中心或者堵塞分子筛孔道造成分子筛活性位点的失活。

（3）过渡态择形：约束过渡态择形是当某些反应中间体尺寸较大时，分子筛孔道或笼结构的尺寸限制会抑制尺寸较大过渡态的形成，而尺寸较小过渡态则不受分子筛孔道或笼结构限制，此类反应则可以在分子筛孔道或笼的限域空间发生，因此称之为过渡态择形。1970年Csicsery在研究二烷基苯的烷基转移时提出过渡态择形的概念，因此该反应也就作为约束过渡态选择性的典型例子。

二、分子筛合成与改性

1．分子筛水热合成 [1,2]

分子筛是从具有微孔结构的化合物通过焙烧等方法脱除有机模板剂，或经过骨架修饰、离子交换、同晶置换、表面改性和孔道修饰等二次合成方法获得的具有特定孔道结构与性能的无机多孔晶体材料。分子筛的晶化是合成分子筛的核心步骤，绝大多数分子筛都是在一定水热条件下通过硅、铝源的水热反应得到的结晶产物。一般而言，水（溶剂）热合成是指在一定温度和压力条件下，利用水（溶剂）中的反应物通过特定水热合成化学反应所发生的晶化过程。水（溶剂）热合成一般在特定类型的密闭容器如晶化釜或高压反应釜中进行，在亚临界或超临界条件下进行水（溶剂）热合成。分子筛的水热合成研究始于 19 世纪中期，起初研究人员采用高温（＞200℃）和高压（＞10MPa）反应条件模拟天然沸石的地质生成条件，所得的结果差强人意。20 世纪 40 年代，R. M. Barrer 和 J. Sameshima 对分子筛合成进行了系统的探索研究，之后美国联合碳化物公司的 R. M. Milton 和 D. W. Breck 等开发了一系列分子筛合成方法，在相对较为温和的水热条件下（100℃，自生压力），成功地合成出了自然界不存在的分子筛（即人工沸石）：A 型和 X 型分子筛，以及后来的 Y 型分子筛。20 世纪 60 年代，分子筛研究先驱 R. M. Barrer 和 P. J. Denny 等首次以有机铵盐为模板剂进行分子筛合成的探索，成功地将分子筛从低硅铝比拓宽至高硅铝比甚至全硅分子筛的合成，这也为新结构分子筛及分子筛骨架元素调变奠定了基础，自此分子筛合成领域进入了蓬勃发展阶段，极大地推动了石油炼制与石油化工技术的进步。

2. 分子筛改性

分子筛的"二次合成"是改善分子筛催化材料物化性质和催化性能最常用也是最为有效的手段，分子筛的二次合成主要围绕分子筛的酸性（酸量、酸强度及分布）、热及水热稳定性、吸附及扩散性能、离子交换性能、催化活性、选择性、稳定性及寿命等方面开展研究。一般而言，分子筛的二次合成是通过重建、改造或修饰分子筛的孔道结构、孔口大小、分子筛的表面性质（亲水、亲油性）与结构（缺陷位），精细调控分子筛的骨架（孔道、窗口及骨架组成等）和平衡骨架负电荷的阳离子组成与分布，这种二次合成改性的方式能够达到一次合成无法达到的效果，对于分子筛材料的催化性能和吸附分离的改善与提升，甚至开拓分子筛催化新反应、吸附分离以及作为先进功能材料的特质和功能都有着极其重要的作用。

分子筛的修饰与改性，本质上是对分子筛结构和性质的进一步加工，主要取决于分子筛聚集状态的结构（包括但不限于结构缺陷、形貌、晶粒尺寸等）。其中分子筛孔道的骨架结构（孔道与窗口的尺寸与形状、孔道的维数与连接方式、骨架元素组成等）是最主要的影响因素；其次，平衡骨架负电荷的阳离子种类、数量及其分布也对分子筛的吸附、分离和催化性能有着重要的影响。由于分子筛的孔道尺寸与大多数烃类分子相当，存在着构型扩散，因此分子筛的孔隙度、孔道窗口的尺寸与分子筛的扩散性能密切相关。一般而言，分子筛的二次合成，主要是通过对上述因素的调变实现分子筛吸附、分离和催化性能的进一步优化，目前分子筛主要的二次合成方法包括但不限于以下方法：①分子筛阳离子交换改性；②分子筛脱铝（脱铝补硅）改性；③分子筛骨架杂原子同晶取代；④分子筛孔道和表面修饰；⑤多级孔或晶内介孔改性。

三、分子筛催化剂在石油炼制与石油化工中的应用

分子筛被大量用作阳离子交换剂、吸附分离剂、干燥剂等，广泛地应用于工业、农业和国防等部门。在石油化学工业中，分子筛作为固体酸催化剂发挥了不可替代的作用，显著地推动了石油炼制和化工等行业的技术进步。20世纪60年代中期，FAU结构分子筛首次应用于催化裂化过程，其裂化活性显著提高，使得催化裂化汽油收率大幅度提高，显著推动了催化裂化技术的进步，被誉为炼油工业史上的一次"革命"。

目前已经得到工业应用的分子筛结构类型有10余种[8-10]。

FAU结构的Y型分子筛用量最大，最主要的用途是作为催化裂化催化剂活性组元，目前国内年生产量超过6万吨，配制成的催化剂接近20万吨，加工原油近2亿吨。Y型分子筛也是加氢裂化催化剂的活性组元之一，加氢裂化技术通过Y型分子筛酸性与孔道调变，同时通过金属组元（加氢功能）的协同，提高了中间馏分油收率，催化剂抗氮能力提高、延长了操作周期。此外，Y型分子筛也可以作为固体酸烷基化、烷基转移、酰基化等过程的催化剂活性组元。

MFI结构分子筛的ZSM-5分子筛在多个催化过程中得到了工业应用，是目前应用范围最广、品种牌号最多的分子筛，广泛地应用于催化裂化、催化裂解、催化重整、加氢裂化、烷基化、烷基转移、催化脱蜡、异构化、歧化、芳构化、叠合、重芳烃轻质化等传统炼油过程。在催化裂化和催化裂解增产轻烯烃方面，通过对ZSM-5分子筛的改性，开发了系列催化裂化增产低碳烯烃的催化剂和助剂，也开发出了OCC（烯烃催化裂解）、$C_4 \sim C_8$烃裂化、甲醇制丙烯等多种生产低碳烯烃的技术。中间馏分油脱蜡技术，通过对ZSM-5分子筛催化剂的调变，可降低柴油倾点和浊点，改善柴油低温流动性。在烯烃齐聚过程中，分子筛催化剂代替磷酸硅藻土催化剂，稳定性显著提升，再生性能显著改善，从而彻底解决装置腐蚀和催化剂粉化带来的床层压降大等问题。以ZSM-5分子筛为催化剂主要活性组元，开发了烯烃齐聚生产高辛烷值汽油、高十六烷值柴油和优质喷气燃料的技术。二甲苯异构化技术，通过对ZSM-5分子筛催化剂的酸性、孔道调变及表面修饰，不断降低异构化反应原料二甲苯的损耗，二甲苯异构化的操作温度区间不断扩大。甲苯歧化技术，通过对ZSM-5分子筛的合成优化，以及对其扩散性能和外表面活性中心的钝化，可提高催化剂活性，降低操作温度，同时也可提高二甲苯选择性。重芳烃利用技术，通过对分子筛活性组元的改性，以及不同分子筛之间的协同，在较低的氢油比条件下，可提高重芳烃（C_9^+）的转化率，同时$C_6 \sim C_8$芳烃（苯、甲苯和二甲苯）收率增加。轻烃利用技术、芳构化技术，

通过 ZSM-5 分子筛晶粒大小及硅铝比调变等改性措施促进 C_4 馏分转化为芳烃（苯和二甲苯），基于 ZSM-5 分子筛开发的气相法乙苯技术，以催化裂化/裂解干气为原料与苯进行烷基化反应，可显著提升气相烷基化过程的经济性。除了在石油炼制与化工领域外，近二十年 ZSM-5 分子筛在煤化工和精细化工领域发挥着重要作用。21 世纪初，高硅铝比的 ZSM-5 分子筛催化剂在新型煤化工甲醇制丙烯（MTP）过程的工业化应用中也取得重要进展，目前国内引进鲁奇的两套装置已运行多年，降低了轻烯烃对石油资源的依赖程度。同时，ZSM-5 分子筛是环己烯水合制环己醇和醋酸临氢脱水一步制乙酸乙酯两个反应的重要催化剂组元。阳离子被 K 等碱金属取代后的 ZSM-5 分子筛是乙二胺制三乙基二胺（TEDA）和醛氨法合成吡啶的催化剂活性组元，MFI 拓扑结构的全硅分子筛（silicalite-1）作为环己酮肟气相贝克曼重排的催化剂活性组元，已经在无硫酸铵副产的己内酰胺绿色合成中实现了工业示范，骨架硅原子由钛原子取代制取的 HTS 分子筛催化剂在环己酮氨氧化一步制环己酮肟、丙烯环氧化生产环氧丙烷（HPPO）两个重要的石油化工过程中也实现了产业化。

*BEA 结构的 β 型分子筛在催化裂化、加氢、C_5/C_6 异构化、乙烯与苯烷基化、烷基转移、重芳烃轻质化、酰基化等过程中得到工业应用。β 型分子筛作为绿色烷基化技术的催化剂活性组元，完全可以替代 $AlCl_3$，从而彻底避免了 $AlCl_3$ 工艺带来的设备腐蚀和污染问题。以 β 型分子筛和 MWW 结构分子筛为烷基化催化剂活性组元，开发了液相法乙苯和异丙苯技术。通过对分子筛酸性和孔道的精细调变，以及新结构分子筛的引入，促进乙苯和异丙苯合成技术不断进步，提高乙苯和异丙苯的选择性，降低烷基化反应的苯烯比，降低能耗、物耗，减少残油生成。

MOR 结构的丝光沸石在二甲苯异构化、C_5/C_6 异构化、重芳烃轻质化、烷基转移、甲醇与氨胺化制甲胺过程中得到了工业应用，杂原子取代的 Ti-MOR 在环己酮无溶剂氨肟化反应中表现出优异的性能。

MWW 结构的 MCM-22、MCM-49、MCM-56 和 UZM-8 分子筛作为乙烯与苯液相烷基化、丙烯与苯液相烷基化、烷基转移、重芳烃轻质化催化剂主要的活性组元，已经得到了工业应用。以异丙苯技术为例进行说明，用 MWW 结构的 MCM-22 分子筛代替传统的烷基化催化剂，烷基化活性提高了 2 倍，寿命和再生性能也显著改善，分子筛催化剂能够在较低的苯烯比条件下发生烷基化反应，且具有较好的异丙苯选择性，从而降低了整个烷基化过程的能耗。杂原子取代的 Ti-MWW 分子筛在催化氧化反应中也显示出较好的潜力。

EUO 结构的分子筛和 NES 结构的分子筛在二甲苯异构化过程中得到工业应用。

FER 结构的 ZSM-35 分子筛在正丁烯骨架异构化制异丁烯催化过程中得到工业应用。

一维孔道分子筛应用于润滑油异构脱蜡，AEL 结构的 SAPO-11 分子筛、TON 结构的 ZSM-22 分子筛和 *MRE 结构的 ZSM-48 分子筛在长链烷烃异构化制润滑油基础油催化剂中得到了工业应用。对于异构脱蜡技术而言，分子筛活性组元从 ZSM-5 到 SAPO-11 再到 ZSM-22 和 ZSM-48，润滑油收率和黏度指数不断提高，润滑油品质得到显著提升，同时催化剂抗氮能力得到进一步改善；此外，ZSM-22 分子筛也在生物基喷气燃料过程中得到工业应用。RHO 结构的分子筛在甲醇与氨制甲胺过程得到了工业应用。

具有 CHA 结构、骨架由硅磷铝原子组成的 SAPO-34 分子筛在新型煤化工甲醇制烯烃（MTO）过程中大量应用，已经成为我国低碳烯烃（乙烯和丙烯等）生产的主要技术之一，该过程显著降低乙烯、丙烯对石油资源的依赖、重构低碳烯烃生产格局；Cu 改性的 SSZ-13 分子筛替代贵金属用于柴油机尾气 NO_x 脱除，已经成功应用于欧洲和美国柴油车尾气 NO_x 净化，国内研究人员联合发动机厂商正在进行整车试验。

上述 10 多种 8～12 元环的分子筛催化材料，虽然只占目前分子筛种类的很少一部分，但是几乎涵盖了所有石油炼制、精细化工和新型煤化工过程的催化应用。分子筛作为关键的催化剂活性组元和载体在上述工业催化应用中取得了巨大成功，将持续不断推动分子筛在石油炼制与化工领域的应用与开发。Y 型分子筛是最为常用的催化裂化催化剂活性组元，具有优异的裂化性能和良好的水热稳定性，可高效地将大分子石油烃转化为汽柴油等运输燃料；ZSM-5 分子筛是最为常用的催化裂化助剂和催化裂解催化剂主活性组元，可选择性地将汽油馏分裂化为丙烯，增产低碳烯烃；同时也有其他拓扑结构分子筛作为催化裂化助剂组元使用，如 β 型分子筛具有优异的环烷烃开环能力，小孔分子筛具有优异的乙烯选择性。总体而言，分子筛自身裂解性能，尤其是水热稳定性的提升，显著提升了催化裂化催化剂的重油转化能力，提高了汽柴油收率、轻烯烃收率，同时也降低了焦炭选择性。

纵观分子筛的发展历史，尽管分子筛合成、改性及应用技术取得巨大进步，今后依然需要在几个方面开展基础研究和应用研究工作：首先，针对当前石油化工尤其是炼油转型发展的需要，继续加强 FAU 结构（Y 型分子筛）、MFI 结构（ZSM-5、Silicalite-1 和 TS-1 分子筛）、*BEA 结构（β 型分子筛）、MOR 结构（丝光沸石）、MWW 结构（MCM-22、MCM-49、MCM-56、UZM-8 和 Ti-MWW 分子筛）和 CHA 结构（SAPO-34、SSZ-13 分子筛）等分子筛的合成及改性和应用探索，精细调变骨架原子组成、分布、酸性、形貌和孔道结构，进一步优化其本征的吸附分离及催化性能，提高催化剂的活性、选择性和稳定性；或者通过不同分子筛催化剂的精细匹配，实现不同反应之间的协同，从而实现特定的催化功能，以满足石油化工催化剂的需求。其次，应从分子筛催化材料全生命周期进行系统研究，针对大宗分子筛开展绿色合成制备技术研发，特别是分子筛合成和改性过程中的节水、减排、降耗工作，使生产过程更为绿色高效；同时也要密切关注分子筛催化材料的回收及无害化处理，确保全流程的绿色环保。最后，加强对分子筛合成机理及模板剂与分子筛构效关系的研究，实现新结构分子筛和新骨架元素的分子筛合成与改性的突破，获得具有自主知识产权的分子筛产品，支撑先进的石油炼制和化工新技术开发。

第二节
支撑催化裂化技术的分子筛材料

一、重油转化Y型分子筛系列

流化催化裂化（FCC）是原油加工过程的核心技术之一，是炼油厂中最重要的重油轻质化手段，具有较高的经济效益。重油（原油大分子）在基质上发生预裂化，预裂化产物在 Y 型分子筛上进一步裂化为柴油和汽油组分，同时副产液化气及丙烯等。随着原油重质化和劣质化，炼油商在 FCC 原料中增加重质油掺加比例，迫切需要开发高活性、低生焦的渣油催化裂化催化剂。

1. 稀土型 HRY 分子筛 [11]

流化催化裂化过程是石油加工中最为重要的二次加工过程之一，其中 Y 型分子筛是催化裂化催化剂的核心活性组元。直接合成的 NaY 分子筛由于含有大量的碱金属钠，并不具备酸性，同时其水热稳定性差，因此不能直接用于催化裂化过程，必须经过离子交换或稀土改性等处理，才能用于催化裂化，稀土改性处理对分子筛酸性及结构稳定性的改善有显著的促进作用。目前稀土型 Y 型分子筛仍是催化裂化催化剂中最为主要的活性组元，各炼油厂根据各自不同的生产需求、原料油性质或装置情况来选择不同类型的稀土改性 Y 型分子筛产品。对于高稀土型 REY 分子筛而言，通常是通过两次液相稀土离子交换以及两次或一次空气气氛下的焙烧制备得到的，两次交换的总稀土投料量以稀土氧化物质量分数计在 23% 以上，有时甚至高达 30%，而产品中稀土氧化物质量分数的实测值仅为 16% ~ 20%，稀土利用率非常低一般只有 70% ~ 80%，稀土离子交换过程造成稀土的严重浪费，也导致分子筛生产成本增加。

图 3-2 为 HRY 系列分子筛的制备流程示意图。对于高稀土含量 HRY 分子筛,一次交换采用传统的液相稀土离子交换,即将 NaY 分子筛打浆后与稀土溶液混合并用盐酸调节浆液 pH 值,于一定温度下交换一定时间,过滤干燥后进行高温焙烧处理;然后进行铵交换,交换一定时间后加入稀土溶液并用氨水调节 pH 值进行稀土沉积,过滤干燥后进行第二次高温焙烧处理。对于中稀土含量 HRY 分子筛,除一次交换采用稀土溶液和铵盐的混合交换外,其余过程基本与高稀土含量 HRY 分子筛相同,只是稀土投料比例有所差异。

图3-2 HRY系列分子筛的制备流程示意图

中稀土含量的 HRY-1 分子筛和高稀土含量的 HRY-2 分子筛的典型物化参数与比表面性质见表 3-1 和表 3-2。由表 3-1 和表 3-2 中数据可知,两种分子筛比表面积均大于 $600m^2/g$,总孔体积大于 $0.3cm^3/g$,相对结晶度均大于 45%,其中由于稀土含量不同,高稀土含量的 HRY-2 分子筛崩塌温度略高,因此稳定性更好,800℃、100% 水蒸气下老化 17h 后的微反活性(MA)更高。

表3-1 HRY分子筛的典型物化参数

样品	相对结晶度/%	质量分数(RE₂O₃)/%	崩塌温度/℃	MA(800℃,17h)
HRY-1	47.4	>10	997	60.8
HRY-2	45.7	>16	1041	69.1

表3-2 HRY分子筛的典型比表面性质

样品	比表面积/(m²/g)	基质比表面积/(m²/g)	微孔比表面积/(m²/g)	总孔体积/(cm³/g)	微孔体积/(cm³/g)
HRY-1	608	29	580	0.321	0.271
HRY-2	607	31	576	0.340	0.280

2. 水热超稳 PSRY 分子筛[12]

自 20 世纪 60 年代以来,具有 FAU 结构的 Y 型分子筛一直作为流化催化裂化催化剂的主要活性组元。Y 型分子筛经过脱铝后得到超稳 Y 型分子筛,其骨架硅铝比高,与母体分子筛相比晶胞收缩,晶胞常数变小,水热稳定性好。在催化裂化反应中,超稳 Y 型分子筛具有重油裂解能力强、焦炭选择性好、生产汽油辛烷值高等优势，因此被广泛作为渣油催化裂化催化剂的主要活性组元。目前制备超稳 Y 型分子筛的方法主要有：①水热处理和水热改性；②化学改性；③复合改性。水热处理与化学改性相结合制备超稳 Y 型分子筛，兼顾了水热处理具有二次孔和化学改性脱除非骨架铝的优点，从而成为最为常用的抽铝改性方法。石科院在 20 世纪 90 年代开发了水热处理结合氟硅酸抽铝补硅制备骨架富硅超稳 Y 型分子筛的技术，并成功实现工业化。该方法制备的超稳 Y 型分子筛晶体结构完整、非骨架铝少、水热稳定性好且焦炭选择性优异。但是，由于该技术在抽铝补硅过程中使用了一定量的氟硅酸，对环境有一定污染。为此，本书著者团队又开发了水热处理结合复合酸（无机酸和氟硅酸）抽铝补硅技术。与单一的氟硅酸抽铝补硅技术相比，显著降低了氟硅酸的用量，在一定程度上缓解了氟离子对环境的污染，但仍不可避免使用含氟原料。采用该技术制备的分子筛晶体结构完整、非骨架铝少、焦炭选择性好，已经成为多个牌号渣油催化裂化催化剂的主要活性组元[13]。

水热超稳 PSRY 分子筛的制备流程示意图见图 3-3[14]。NaY 分子筛经铵交换得到 NH₄NaY 分子筛，然后在一定温度下进行水热焙烧脱铝，脱铝后的分子筛（PHY）通过复合酸进一步提高其骨架硅铝比，并继续经过过滤交换和水洗，最终得到水热超稳的 PSRY 分子筛。典型的 PSRY 分子筛性质见表 3-3。以 PSRY 沸石为主要活性组元制备的流化催化裂化催化剂，重油转化能力强，而且焦炭选择性好、催化柴油产率高、汽油辛烷值高，自首次工业试生产后，以 PSRY 沸石为主要活性组元的催化裂化催化剂已在全国多个重油催化裂化装置上使用，产生了良好的经济和社会效益。

图3-3
PSRY分子筛制备流程示意图

表3-3　PSRY分子筛的典型物化性质

样品	相对结晶度/%	比表面积/(m²/g)	基质比表面积/(m²/g)	微孔比表面积/(m²/g)	总孔体积/(cm³/g)	微孔体积/(cm³/g)
PSRY	79.1	692	650	42	0.387	0.300

3. 多级孔HWY分子筛

原油重质化、劣质化趋势的不断加强以及不断提高的掺渣比，都对Y型分子筛的重油转化能力提出了更高的要求。一般而言，重油分子的平均直径大于1nm，大于常规Y型分子筛0.74nm的十二元环开口，因此目前的Y型分子筛无法进一步满足重油高效加工的需要。研究人员希望通过扩孔在Y型分子筛晶体内部生成4～10nm介孔，沸点在510～593℃范围内的重油大分子可以进入分子筛晶体内强酸中心上进行选择性催化裂化。Y型分子筛骨架硅铝比为5左右，通常通过脱铝生成介孔，但脱铝一方面会减少活性中心，另一方面过度脱铝会破坏Y型分子筛的骨架结构，导致稳定性下降。针对这一挑战，本书著者团队开发了复合处理Y型分子筛的改性方法，在不影响酸性（活性）中心的基础上，在Y型分子筛晶内引入介孔，形成晶内富含介孔的Y型分子筛（介孔体积占总孔体积的20%～30%），提高了酸中心的可接近性，促进了重油大分子的扩散与转化，并改善了产品选择性（图3-4）。

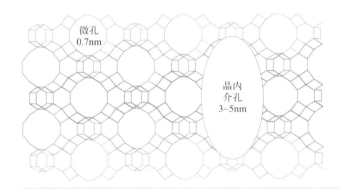

图3-4
多级孔HWY开发思路示意图

USY分子筛晶内的介孔孤立分散，而HWY分子筛晶内形成连通的介孔。以环己烷为吸附质，对USY和HWY分子筛的扩散系数进行测定，结果见表3-4。由3-4表中数据可知，多级孔HWY分子筛具有更为优异的扩散性能。对两种分子筛的酸性及800℃、100%水蒸气下老化17h后的结晶保留度和酸性进行了表征，结果见表3-5。由表3-5中的结果可知：HWY分子筛具有更高的酸量以及酸强度，水热老化处理后，多级孔HWY分子筛比USY分子筛结晶保留度更高，酸量保留更多。多级孔HWY分子筛在荆门石化280万吨/年重油催化裂化装置进行了催化剂性能标定，在中间基减渣直接掺炼比从 40.0% 提高到 53.9%、残炭值达 6.5% 的情况下，使用新催化剂后焦炭产率仍略有下降，同时油浆产率降低 1.92 个百分点，汽油收率提高 2.67 个百分点。

表3-4　零长柱法测定 USY 与 HWY 分子筛的相对扩散系数

样品	直线斜率	R^2	相对扩散系数
USY	−0.01890	0.9954	1.00
HWY	−0.02836	0.9933	1.50

表3-5　USY 与 HWY 分子筛的老化前后酸性与结晶保留度

样品	老化前		老化后（800℃、100%水蒸气下老化17h）	
	氨气吸附量/（mmol/g）	脱附温度/℃	结晶保留度/%	酸量
USY	47.9	345.0	基准	基准
HWY	51.1	355.9	+6%	+28%

催化裂化催化剂经过多年的发展，Y 型分子筛仍然是重油转化最为有效的活性组元，通过对 Y 型分子筛的超稳化，REY 分子筛稀土含量、稀土分布位置的调变，能够进一步提升 Y 型分子筛的活性稳定性；通过适宜的扩孔方式，在 Y 型分子筛晶内构筑贯通的介孔，能够显著提升烃分子的扩散能力，提升重油转化能力的同时，增加汽油收率，且焦炭选择性不变差。同时 Y 型分子筛及其催化剂制备过程的绿色化及低碳化也是研究的重点及热点。

二、催化裂化辛烷值助剂

随着内燃机技术的进步，我国汽车工业的发展对汽油质量要求越来越高，尤其是对于辛烷值的要求。目前我国车用汽油池组成以催化裂化汽油为主，占汽油总量的 70% 以上，而催化裂化汽油的马达法辛烷值在 76 ～ 79，研究法辛烷值一般为 86 ～ 89，相对较低。因此提高催化裂化汽油的辛烷值势在必行，辛烷值助剂的使用是提升 FCC 汽油辛烷值的有效途径。20 世纪 80 年代，Mobil 石油公司首次发现使用含有 ZSM-5 分子筛的添加剂可以提高 FCC 汽油的辛烷值，同时增加 LPG（液化石油气）及丙烯产率，降低焦炭和干气产率，但会降低汽油收率。ZSM-5 分子筛具有三维孔道体系，属正交晶系，主要由两组交叉通道组成，两组交叉通道均由十元环组成，一组走向平行于晶胞的 a 轴，呈 "Z" 字形，具有近似于圆形的开口，其尺寸为 0.53nm×0.56nm。另一组走向平行于 b 轴，为椭圆开口的直通道，其尺寸为 0.51nm×0.55nm，大于正构烷烃的动力学直径（0.36nm），而小于异构烃的动力学直径，因此能够将汽油组分中辛烷值较低的正构烃选择性地裂化为液化石油气和丙烯，从而实现提高 FCC 汽油辛烷值的目的。由于 ZSM-5 分子筛硅铝比高，显著减少了氢转移反应，避免低碳烯烃进一步反应生成低碳烷烃，因此对于提高液化石油气中的丙烯浓度和收率也有一定促进作用。

本书著者团队[15] 以无胺法合成的 MFI 结构分子筛作为母体，采用复合酸化学脱铝的方法制备了不同硅铝比的 ZSM-5 分子筛（HOB），分别命名为 ZSM-D1、ZSM-D2、ZSM-D3。将以上系列 ZSM-5 分子筛进行了硅铝比及结晶度的表征，结果见表 3-6。

表3-6 不同硅铝比ZSM-5分子筛的硅铝比及结晶度表征结果

样品	$n(SiO_2)/n(Al_2O_3)$	相对结晶度/%
ZSM -D0	A	92.0
ZSM -D1	2A	91.9
ZSM -D2	4A	92.4
ZSM -D3	8A	90.8

由表 3-6 结果可以看出，采用复合酸化学脱铝能有效提高 ZSM-5 分子筛硅铝比，直到硅铝比提高到 8 倍时分子筛相对结晶度基本没有明显损失。

将脱铝前后的分子筛进行了 SEM 扫描电镜表征，照片见图 3-5。

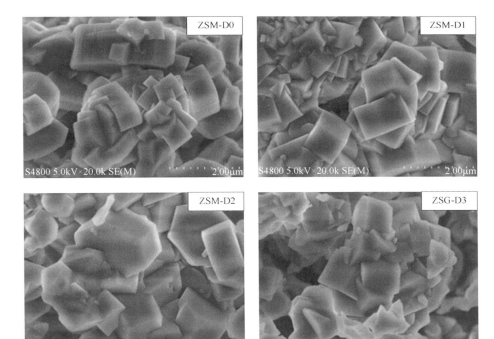

图3-5 脱铝前后MFI结构分子筛SEM照片

从图 3-5 中的 SEM 形貌照片上可以明显看出，复合酸化学脱铝处理后的 ZSM-5 分子筛基本保持了晶体结构完整性，但随着硅铝比的提高，分子筛晶体边缘也出现了部分溶蚀现象。

将以上脱铝前后的分子筛进行氮气吸脱附（BET）表征，结果列于表 3-7。

表3-7 不同硅铝比ZSM-5分子筛BET表征结果

样品	比表面积/ (m^2/g)	基质面积/ (m^2/g)	微孔面积/ (m^2/g)	总孔体积/ (cm^3/g)	介孔体积/ (cm^3/g)	微孔体积/ (cm^3/g)
ZSM -D0	366	17	349	0.185	0.024	0.161
ZSM -D1	363	19	344	0.193	0.027	0.166
ZSM -D2	379	17	362	0.203	0.045	0.158
ZSM -D3	403	14	389	0.218	0.043	0.175

从表 3-7 中数据可以看出，复合酸化学脱铝处理后的分子筛比表面积有所增大，介孔体积也有所增大。这是由于在复合酸的作用下，非骨架铝被清除，分子筛孔道得到清理，同时由于骨架铝的脱除，形成了一些介孔，从而介孔体积有所增加。

以 HOB 分子筛为活性组元，配置的 HOB-1 助剂在中国石化某炼化公司 MIP-CGP 催化裂化装置应用[16]，在助剂占藏量为 9.3% 的情况下，汽油收率增加，研究法辛烷值由 93.5 提高至 94.5，汽油辛烷值桶相对提高 1.73%，丙烯收率从 9.23% 提高至 9.77%，显著提高了催化裂化装置的经济效益。

三、催化裂化丙烯助剂

ZSM-5 分子筛作为催化裂化的助剂，一方面能够将汽油馏分中低辛烷值组分（正构烃）选择性地裂化为 LPG 和丙烯，另一方面由于 ZSM-5 分子筛硅铝比相对较高，显著降低了氢转移反应，提高了丙烯收率。本书著者团队开发了一系列丙烯助剂的 ZSM-5 分子筛，分别为 ZRP 系列、ZSP 系列、MPZ 分子筛和 HSM 分子筛。

1. ZRP 分子筛

在催化裂化高苛刻度的反应再生条件下，常规 ZSM-5 分子筛中的骨架铝会逐渐从骨架脱除，形成非骨架铝，从而导致催化裂化性能下降，表现为裂化活性降低，干气和焦炭选择性增加。为了克服常规 ZSM-5 分子筛水热活性稳定性差的弱点，本书著者团队开发了在有胺体系和无胺体系中以 REY 分子筛为晶种合成具有较高活性稳定性、含稀土的 ZSM-5 分子筛，并通过引入磷进一步提高 ZSM-5 分子筛活性稳定性，形成了具有自主知识产权的 ZRP 分子筛系列，制备流程示意图见图 3-6。

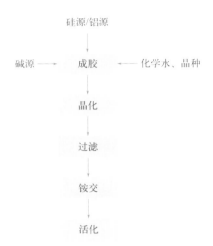

图3-6 ZRP分子筛制备流程示意图

以 $n\text{-}C_{14}$ 为探针分子，分别考察在 800℃、100% 水蒸气条件下，不同老化时间的 ZRP 和常规 ZSM-5 分子筛的裂化性能，结果见表 3-8。由表 3-8 数据可知，常规 ZSM-5 随着老化时间的延长，$n\text{-}C_{14}$ 转化率显著下降；而 ZRP 分子筛则表现出较好的水热稳定性。800℃、100% 水蒸气下老化 12h 时，$n\text{-}C_{14}$ 转化率仅下降了 4 个百分点，而常规 ZSM-5 分子筛转化率则下降了 49 个百分点，这说明 ZRP 分子筛具有优异的水热稳定性。

表3-8 ZRP与ZSM-5水热稳定性对比（$n\text{-}C_{14}$转化率）

800℃、100%水蒸气下老化时间/h	$n\text{-}C_{14}$转化率/%	
	ZRP	ZSM-5
1	98	94
4	98	55
8	96	48
12	94	45

2. ZSP 分子筛

为了进一步提高丙烯收率和选择性，本书著者团队采用可变价过渡金属和磷协同改性技术，使得 ZSM-5 分子筛保持分子筛优异水热活性稳定性的同时，在金属氧化物和分子筛酸中心的协同催化作用下，适当增加汽油馏分中小分子烷烃的选择性脱氢功能，强化分子筛酸性组元对小分子烷烃的转化，从而达到提高丙烯选择性、增加丙烯产率的目的，形成了自主知识产权的 ZSP 分子筛制备技术。通过高分辨电镜和 EDS 能谱表征（图 3-7）证明引入的可变价过渡金属高度分散于 ZSM-5 分子筛上。

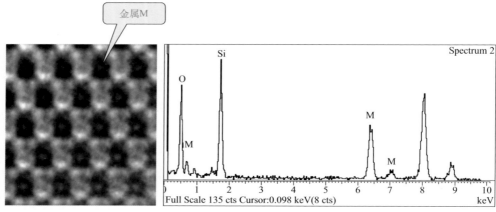

图3-7　ZSP分子筛电镜及能谱表征

　　分别将常规 ZSM-5、ZRP 和 ZSP 分子筛在 800℃、100% 水蒸气条件下老化 4h 和17h，并进行轻油微反活性测试（micro-activity test，MAT），结果见表3-9。由表3-9 数据可知，老化时间由 4h 延长至 17h，常规 ZSM-5 分子筛微反活性显著下降，而 ZRP 和 ZSP 则下降不明显，说明 ZRP 和 ZSP 分子筛的水热稳定性得到了明显提升。

表3-9　不同分子筛的轻油微反活性测试（MAT）

800℃、100%水蒸气下老化时间/h	轻油微反活性		
	ZSM-5	ZRP	ZSP
4	32	38	39
17	26	37	37

注：反应温度 460℃。

　　以正己烷为原料，对比了 ZRP 和 ZSP 的裂解性能，结果见表3-10。由表3-10 数据可以看出，引入可变价的过渡金属，一方面显著提高了正己烷的转化率和丙烯收率，同时丙烯选择性也有一定程度的提高。

表3-10　ZRP和ZSP纯烃（正己烷）裂解性能

项目	ZRP	ZSP
转化率/%	55.0	65.6
丙烯收率/%	12.7	15.5
丙烯选择性/%	23.1	23.8

注：反应温度 600℃，剂油比 1，分子筛藏量 1g，800℃、100% 水蒸气下老化 17h。

3．MPZ 分子筛

　　虽然 ZSM-5 分子筛能够有效地将正构烷烃转化为低碳烯烃，但是由于

ZSM-5 分子筛孔道尺寸约为 0.5nm，位于孔道内的酸性中心的可接近性较差，对大分子，特别是环烷烃的转化能力不足，是制约 ZSM-5 分子筛裂化性能进一步提升的瓶颈之一。因此本书著者团队开发了复合处理的方法，制备了富含晶内介孔的 MPZ 分子筛，一方面改善活性中心的可接近性，提高对尺寸较大分子，尤其是环烷烃的开环裂化能力；另一方面强化低碳烯烃分子脱离活性位向孔道外扩散，抑制消耗低碳烯烃的二次反应（氢转移、叠合和芳构化），从而达到提高低碳烯烃产率及选择性的目的。

MPZ 分子筛与常规 ZSM-5 分子筛的 SEM 和 TEM 结果见图 3-8。由图 3-8 可以看出，MPZ 分子筛形成了大量的晶内介孔，且相对分布均匀；针对介孔区域进行电子衍射，能够清晰看到衍射斑点，这说明局部结构仍维持着 MFI 骨架结构。分别以吡啶和三甲基吡啶测试其内表面和外表面酸性，结果见表 3-11。由表 3-11 数据可知，虽然以吡啶测定的 MPZ 分子筛酸量较低，但是以三甲基吡啶测定的外表面酸性显著增加，且 MPZ 分子筛外表面酸性占比显著增加，这也说明通过复合处理的方式，能够显著提高活性中心对大分子底物的可接近性。

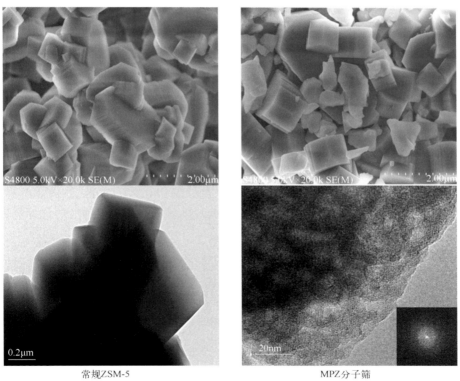

常规ZSM-5   MPZ分子筛

图3-8 MPZ和常规ZSM-5分子筛的SEM（上）和TEM（下）结果

表3-11 MPZ和常规ZSM-5分子筛吡啶和三甲基吡啶测定酸性结果

项目	常规ZSM-5	MPZ
200℃测定的酸量		
吡啶吸附/(μmol/g)	252.1	181.8
三甲基吡啶吸附/(μmol/g)	31.1	94.8
介孔及外表面酸量占比/%	12.34	52.15
350℃测定的酸量		
吡啶吸附/(μmol/g)	148.1	77.5
三甲基吡啶吸附/(μmol/g)	24.0	62.1
介孔及外表面酸量占比/%	16.20	80.17

MPZ 和 ZSM-5 分子筛老化前后的酸量和酸量保留度数据见表 3-12。由表 3-12 数据可知，虽然老化前 MPZ 分子筛由于晶内介孔的形成损失了一部分酸性位，但是老化后的总酸量却明显高于老化后的常规 ZSM-5 分子筛，这说明引入介孔后，并没有降低 MPZ 分子筛的稳定性，同时酸量的保留度也大幅增加。

表3-12 MPZ和常规ZSM-5分子筛水热老化后的酸性结果

项目	常规ZSM-5	MPZ
老化前总酸量	基准	−14%
老化后总酸量	基准	+92%
酸量保留度	基准	+123%

以 MPZ 分子筛为活性组元的催化剂，在中国石化某石化企业催化裂解装置进行应用，结果表明新催化剂在提高处理量的条件下，液态烃产率提高 3.4 个百分点，轻柴油和油浆产率分别降低 2.4 个百分点和 0.7 个百分点，丙烯和异丁烯产率分别提高 1.9 个百分点和 1.0 个百分点，显示了增产低碳烯烃的优异效果。

4．HSM 分子筛

催化裂化的主反应是连串反应，一次裂化生成的丙烯会部分在二次反应（氢转移、聚合等）中消耗，因此需要强化一次裂化，抑制二次反应。裂化反应以单分子反应为主，氢转移和聚合反应是双分子反应，因此酸强度提高、酸密度降低有利于提高裂化反应比例，改善丙烯选择性。一次裂化生成的丙烯及时从分子筛孔道中扩散出来，有利于减少二次反应的发生。通过加强基础研究对反应化学的深刻认识，针对进一步提高丙烯选择性的问题，本书著者团队开发了高选择性择形分子筛催化材料，通过孔结构、酸性质调变及后改性研究，改善低碳烯烃选择性，大幅提高丙烯/丙烷比例，同时降低氢气、甲烷收率及选择性。以高选择性择形分子筛作为主要活性组元开发专用催化剂。通过对母体 ZSM-5 分子筛进行定向脱铝，降低酸密度，从而提高丙烯收率，降低丙烷收率，达到丙烯 / 丙烷显著增大的目的。经历了小试和中试，HSM 分子筛催化剂在齐鲁分公司进行了工业试生产，产品相对结晶度为 86%，Na_2O 质量分数＜0.1%，比表面积＞300m²/g。工业样品的催化性能与实验室样品相当，丙烯 / 丙烷大于 11，丙烯选择性优异。采用 HSM 分子筛作为唯一活性组元的新型催化裂化催化剂，以最大量生产丙烯、丁烯的生产方案，焦炭产率相当，丙烯产率由 6.16% 增加至 12.17%，异丁烯产率由 1.45% 增加至 4.76%，而丙烯 / 干气产率比值从 2.18 增加到 3.03。船用燃料调和组分产率为 28.73%。

四、催化裂化丁烯助剂

随着环保法规的日益严格，内燃机的压缩比不断提高，对高辛烷值汽油调和组分的需求更为迫切。我国已开始全面执行国Ⅵ标准，汽油中芳烃和烯烃含量进一步降低，因此急需醚类等辛烷值助剂提升汽油辛烷值。甲基叔丁基醚（MTBE）是甲醇与异丁烯醚化的产物，是高辛烷值汽油调和组分之一，用量也快速增长。虽然美国加州等地禁用了 MTBE，国内也面临着乙醇汽油的冲击，但目前 MTBE 仍是优异的高辛烷值汽油组分。MTBE 的主流生产技术是异丁烯与甲醇进行醚化，而异丁烯主要来源于蒸汽裂解和催化裂化工艺，但由于蒸汽裂解能耗高且产物多为正构烯烃，因此催化裂化已经成为生产异丁烯的重要工艺。如何在催化裂化过程中多产异丁烯已经成为催化裂化技术发展的方向之一。

β 型分子筛是十二元环分子筛，只有孔道没有笼，具有两个四元环和四个五元环结构的双六元环晶穴，孔道直径在 0.56 ～ 0.75nm 之间，比 ZSM-5 分子筛孔道略大，但又小于 Y 型分子筛孔道，因此适合作为增产液化石油气组分的催化裂化助剂。但 β 型分子筛由于水热稳定性差及成本高等缺点，难以在工业上应用。因此本书著者团队采用有机酸处理 β 型分子筛进行脱铝，脱除部分骨架铝和非骨架铝调变酸性的同时清理 β 型分子筛孔道，得到脱铝后的 β 型分子筛，命名为 HBETA-C1。然后对 HBETA-C1 分子筛进行磷改性，以提高其水热稳定性并进一步调节酸性质。结合有机酸脱铝和磷改性，开发了改性的 β 型分子筛，命名为 HSB 分子筛[17]。

酸处理前后 β 型分子筛的比表面积及孔结构数据见表 3-13。从表 3-13 中的数据可以看出，母体 β 型分子筛经有机酸处理后，脱除了分子筛孔道内外的无定形物，从而提高了分子筛的相对结晶度，同时比表面积和孔体积也均有所增大。

表3-13　酸处理前后β型分子筛的物理性质

项目	HBETA	HBETA-C1
比表面积/(m²/g)		
BET	550	571
基质	112	116
微孔	438	456
孔体积/(mL/g)		
总孔体积	0.575	0.600
微孔体积	0.200	0.207
相对结晶度/%	75	82

　　酸处理前后β型分子筛的吡啶吸附红外酸性表征结果见表3-14。从表3-14中的数据可以看出：经有机酸处理后，β型分子筛的B酸量与L酸量均出现不同程度的降低，其中L酸量降低更为明显；B酸量与L酸量之比有所提高。以上现象说明在有机酸处理过程中主要脱除的是β型分子筛的非骨架铝，同时也有一部分骨架铝被脱除。

表3-14　酸处理前后β型分子筛的吡啶吸附红外酸性表征结果

项目	HBETA	HBETA-C1
200℃		
L酸量/(μmol/g)	705.32	378.58
B酸量/(μmol/g)	431.20	280.19
B酸量/L酸量	0.61	0.74
350℃		
L酸量/(μmol/g)	531.81	223.51
B酸量/(μmol/g)	436.33	295.17
B酸量/L酸量	0.82	1.32

　　磷改性是提升分子筛水热稳定性的常用方法之一，同时在磷改性过程中，也会对分子筛酸性质产生一定的影响。磷改性前后β型分子筛的吡啶吸附红外酸性表征结果见表3-15。由表3-15酸量数据可以看出，经磷改性后β型分子筛的总酸量降低，其中L酸量大幅降低，B酸量略有降低。酸量的降低说明磷改性过程中磷物种可以与分子筛中的B酸反应提升β型分子筛水热稳定性，也可以与L酸反应，生成磷酸盐。

表3-15 磷改性前后β型分子筛吡啶吸附红外酸性表征结果

项目	磷修饰前	磷修饰后
200℃		
L酸量/(μmol/g)	378.58	191.57
B酸量/(μmol/g)	280.19	216.87
B酸量/L酸量	0.74	1.13
350℃		
L酸量/(μmol/g)	223.51	106.02
B酸量/(μmol/g)	295.17	216.87
B酸量/L酸量	1.32	2.05

　　HSB 分子筛在中国石化催化剂分公司成功工业化，并作为主要活性组元应用于多产丙烯和异丁烯的 FLOS 催化裂化助剂。FLOS 助剂的工业试验在某石化企业 MIP-CGP 装置上进行，结果列于表 3-16。由表 3-16 可以看出：工业装置使用 FLOS 助剂后，产品分布明显改善，柴油收率下降了 2.09 个百分点，焦炭产率下降了 0.25 个百分点，总液体收率增加了 0.17 个百分点，液化气收率增加 2.68 个百分点，其中丙烯收率增加 1.01 个百分点，异丁烯收率增加 0.54 个百分点，汽油收率和烯烃体积分数有所下降，汽油辛烷值略有增加。

表3-16 FLOS助剂工业试验结果

项目	空白标定	总结标定
产品分布/%		
酸性气	0.06	0.05
干气	2.96	3.10
液化气	27.79	30.47
汽油	43.23	42.81
柴油	12.80	10.71
油浆	2.82	2.78
焦炭	9.88	9.63
损失	0.47	0.45
总液体收率/%	83.82	83.99
丙烯收率/%	9.10	10.11
异丁烯收率/%	3.43	3.97
汽油		
族组成(FIA法，φ)/%		
饱和烃	41.9	·47.7
烯烃	35.6	31.1
芳烃	22.5	21.2
RON	94.2	94.6
MON	82.5	82.8

通过选取水热稳定性好的十元环和八元环分子筛与 Y 型分子筛复配，以达到提高汽油辛烷值、增产低碳烯烃的目的。目前此类分子筛催化材料面临的共性问题如下：①如何进一步提升分子筛催化材料的水热活性稳定性；②如何通过分子筛催化材料扩散性能和酸中心调变降低氢转移反应；③如何通过构筑脱氢 - 裂化中心的平衡，进一步提高低碳烯烃选择性。

第三节
支撑催化加氢技术的分子筛材料

一、支撑加氢裂化的超稳Y型分子筛

加氢裂化是在较高的氢分压下，石油烃分子与氢气在加氢裂化催化剂表面进行裂解和加氢反应，生成较小分子烃类的过程。催化剂是加氢裂化技术的核心与关键，作为典型的双功能催化剂，加氢裂化催化剂由两部分组成：酸性载体和金属组元。其中酸性载体催化烃类裂解，金属组元发挥加氢功能。工业加氢裂化催化剂的金属组分一般是非贵金属（Ni、Co、Mo、W）的硫化物。酸性载体主要有 SiO_2、Al_2O_3 等无定形组分和分子筛催化材料。Y 型分子筛是加氢裂化催化剂的活性组元之一，但传统的 Y 型分子筛酸中心数目过多，重质烃类分子进入分子筛的孔结构中接触酸性中心发生一次裂解，随后产物又吸附在邻近的酸中心发生二次裂解，导致裂解深度增加，轻组分增加，而中间馏分油选择性差。为了使分子筛载体酸性与催化剂中油选择性达到适宜的平衡，需要对分子筛酸性质及孔结构进行改性。分子筛的改性手段主要是通过脱铝提高分子筛的骨架硅铝比，提高酸强度，降低酸中心数量，尤其是 L 酸中心的数量，同时形成一定量的二次孔，能够有效地降低二次裂解反应，所以 Y 型分子筛的脱铝是制备加氢裂化活性组元的重要手段之一。

本书著者团队通过水热脱铝和化学脱铝相结合的方式，制备出一系列不同酸性和孔分布的 Y 型分子筛。以四氢萘为探针分子，考察其加氢裂化性能[18]。不同 Y 型分子筛的比表面性质见表 3-17，晶胞参数和相对结晶度数据见表 3-18。由表 3-17 的数据可知，随着脱铝深度的增加，Y 型分子筛的微孔比表面积减小，介孔比表面积显著增大，介孔比表面积占总比表面积的比例增加明显，且总孔体积变化较大。由表 3-18 的数据可知，脱铝处理后，晶胞变大，且相对结晶度先提高后降低，这说明脱铝程度较深时，会影响到分子筛骨架结构的完整性。

表3-17　不同Y型分子筛的比表面性质

分子筛	总比表面积/(m²/g)	介孔比表面积/(m²/g)	微孔比表面积/(m²/g)	介孔比表面积/总比表面积	总孔体积/(cm³/g)
参比	669	24	645	0.036	0.356
Y-2	709	85	624	0.120	0.449
Y-3	745	169	575	0.227	0.595

表3-18　不同Y型分子筛的晶胞参数和相对结晶度

分子筛	晶胞参数/nm	相对结晶度/%
参比	2.455	88.1
Y-2	2.447	91.1
Y-3	2.452	81.3

以上述分子筛为载体制备加氢裂化催化剂，并以四氢萘加氢裂化为探针反应，结果表明，Y型分子筛经过适度脱铝后，可显著提高四氢萘的转化深度和轻质芳烃收率。其中以Y-3为载体制备的CAT3催化剂上$C_6 \sim C_{10}$和$C_6 \sim C_8$单环芳烃收率分别为41.5%和24.0%。

二、润滑油异构降凝ZIP分子筛

随着汽车工业的发展，高性能内燃机的应用对润滑油基础油的质量提出了更高的要求，因此API Ⅱ类和API Ⅲ类油标准的基础油需求也逐年增加，因此全加氢型基础油生产技术（加氢处理—催化脱蜡—加氢后精制）成为润滑油技术的重要发展方向。本书著者团队针对润滑油异构脱蜡催化剂的发展趋势，基于对长链烷烃临氢异构降凝反应化学和异构脱蜡反应机理的深入认识，通过调变分子筛性质研究其对异构脱蜡催化剂性能的影响，先后开发出SAPO-11和ZIP分子筛，并在此基础上研究开发了新一代异构脱蜡催化剂RIW-1和RIW-2[19]。

Mobil公司于20世纪80年代后期开发出具有TON拓扑结构的ZSM-22分子筛是一种具有一维孔道的高硅分子筛，其骨架由五元环、六元环和十元环结构组成，仅具有十元环开口的一维孔道。与ZSM-5分子筛相比，ZSM-22分子筛的孔口尺寸稍小，且无交叉孔道，因此在长链烷烃异构化反应中表现出更好的异构选择性。本书著者团队开发了以硅溶胶为硅源、KOH为碱源、己二胺为模板剂的ZIP分子筛合成方法，制备高结晶度形貌规整的ZIP分子筛。ZIP分子筛呈现纳米棒状形貌，如图3-9所示，ZIP分子筛的比表面积和孔体积数据见表3-19。由表3-19的数据可知，ZIP分子筛比表面积大于200m²/g，总孔体积大于0.20cm³/g。以ZIP分子筛为活性组元，制备得到牌号为RIW-2的异构降凝催化剂，并用于润滑油异构脱蜡工艺。

图3-9 ZIP分子筛SEM照片

表3-19 ZIP分子筛比表面积和孔体积数据

分子筛	比表面积 /(m²/g)	基质面积 /(m²/g)	微孔面积 /(m²/g)	总孔体积 /(cm³/g)	微孔体积 /(cm³/g)
ZIP	254	49	205	0.245	0.086

2014年，润滑油异构脱蜡技术（RIW）及其催化剂RIW-2成功地实现了工业应用，以费托合成油为原料，成功地生产出了超高黏度指数基础油（黏度指数＞145）。2016年，RIW技术和RIW-2催化剂应用于某石化企业400kt/a润滑油加氢异构装置，以加氢裂化尾油为原料，成功地生产出API Ⅲ类基础油。工业实验证明，通过进一步优化原料和工艺，可以生产API Ⅲ⁺类基础油，RIW技术填补了国内高档润滑油基础油生产的空白。

第四节
支撑石油化工技术的分子筛材料

一、AEB系列乙烯与苯液相烷基化催化剂

乙苯作为一种重要的化工原料，需求量日益增加。工业上，主要采用乙烯与苯烷基化反应制备乙苯。在乙苯的生产过程中，催化剂发挥着关键作用。乙苯催化剂的发展经历了腐蚀污染的AlCl₃均相催化剂、气相法的ZSM-5分子筛催化剂以及液相法的Y型分子筛、β型分子筛和MCM-22分子筛催化剂。随着绿色低

碳转型发展的要求，开发高活性、高选择性的乙苯催化剂以实现在低的苯与乙烯摩尔比条件下、低能耗生产乙苯是未来发展的趋势。

20 世纪 90 年代初，本书著者团队[20,21]开始研究乙烯与苯液相烷基化合成乙苯的催化剂和工艺，经过工艺条件试验、催化剂活性稳定性试验、与燕山石化合作完成催化剂和工艺的中型试验，成功开发了分别适用于烷基化反应和烷基转移反应的两种分子筛催化剂及固定床液相循环烷基化新工艺。这一技术的成功开发实现了液相烷基化合成乙苯催化剂的国产化。液相乙苯生产工艺流程见图 3-10。烷基化反应的专利催化剂为 AEB-n（β 型分子筛为催化活性组元）系列。以固体硅胶为硅源、四乙基氢氧化铵为模板剂，通过水热合成制备得到晶粒大小 50nm 左右的 β 型分子筛（见图 3-11），以此为乙烯与苯液相烷基化反应的催化剂，反应温度为 200 ～ 250℃、压力为 2.9 ～ 3.5MPa，苯烯物质的量比为 3 ～ 6，乙烯转化率达 100%，乙基化选择性在 99.8% 以上。烷基转移反应催化剂为 AEB-1（Y 型分子筛为催化活性组元），成功用于燕山石油化工公司化工一厂的 6 万吨 / 年乙苯装置改造，改造后乙苯生产能力达到 89kt/a，乙苯产品纯度在 99.8% 以上，二甲苯含量小于 50μg/g。2004 年齐鲁石化 20 万吨 / 年乙苯、2011 年镇海石化 65 万吨 / 年乙苯、中海壳牌 75 万吨 / 年乙苯、中化泉州 50 万吨 / 年乙苯等大型化乙苯装置均采用本书著者团队开发的成套催化剂和工艺技术。经过 20 年的

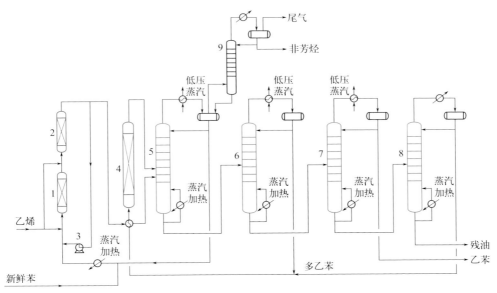

图3-10 乙烯与苯液相烷基化合成乙苯的工艺流程图

1—烷基化反应器 A；2—烷基化反应器 B；3—循环泵；4—烷基转移反应器；5—预分馏塔；6—苯塔；7—乙苯塔；8—多乙苯塔；9—脱非芳烃塔

积累，本书著者团队开发出以 β 型分子筛为活性组元的烷基化催化剂 AEB-2、AEB-6，以超稳 Y 型分子筛为活性组元的烷基转移催化剂 AEB-1/1H。烷基化 AEB-2、AEB-6 催化剂，其主要技术指标如下：乙烯转化率 100%，产品乙苯纯度≥99.8%，其中二甲苯杂质含量＜10μg/g，单程寿命 3 ～ 5 年。本书著者团队开发的乙苯技术已经成功应用于国内十多套乙苯装置，包括 75 万吨 / 年全球最大的乙苯装置。

图3-11　β型分子筛SEM照片

二、空心钛硅分子筛（HTS）催化氧化新材料

烃类催化氧化反应具有产品附加值高、种类繁多和能够满足多层次需要等优点，但传统氧化过程存在反应条件苛刻、污染环境和危害人类健康等问题[22]。钛硅分子筛 TS-1 和双氧水（过氧化氢）组成的催化氧化体系从源头上解决了传统工艺的诸多弊端，副产物仅有水，使大宗化学品的生产实现绿色化和清洁化。然而，采用传统 EniChem 法合成 TS-1 分子筛难度较大，不仅催化活性低，而且合成重现性非常差，因此在很长时间内除 EniChem 公司外未有工业化报道。针对上述难题，本书著者团队首创了"分子筛晶体重排"新技术，制备了 HTS 分子筛催化材料[23,24]。与 TS-1 分子筛相比，HTS 分子筛的优势主要体现在如下三方面：①产生独特的空心结构，显著提升了晶内扩散性能，环己烷探针分子的扩散系数提高了 3 倍，如图 3-12（a）～图 3-12（c）所示；②分子筛硅羟基与钛羟基再缩合产生了更多的活性中心，如图 3-12（d）所示，提高了分子筛催化活性、稳定性以及合成重现性；③打破了国外知识产权壁垒，具有完全自主知识产权。

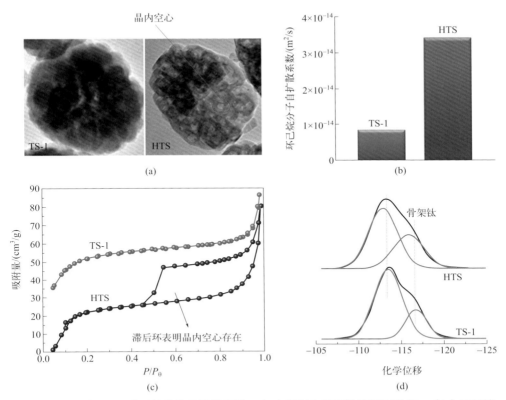

图3-12　HTS与TS-1分子筛的物化性质表征：（a）透射电子显微镜TEM分析；（b）环己烷探针分子脉冲梯度场核磁共振分析；（c）低温氮吸附脱附曲线分析；（d）^{29}Si MAS NMR分析

在实验室成功开发的基础上，本书著者团队于 2000 年完成了 HTS 分子筛的工业化生产，使中国石油化工集团有限公司（简称中国石化）成为第二家生产钛硅分子筛的公司。随后，本书著者团队在单晶单空心 HTS 分子筛的基础上，陆续开发了第二代多晶多空心 HTS 和第三代单晶多空心 HTS 分子筛，且先后实现了该类材料的工业化，荣获国家技术发明奖二等奖 2 项和省部级发明奖一等奖 3 项。HTS 分子筛材料的进步直接推动了工业环己酮氨肟化和丙烯环氧化的快速发展，也促进了环己酮 Baeyer-Villiger 氧化和氯丙烯新氯醇化等新型催化氧化反应的开发。其具体包括[25-27]：

（1）HTS 分子筛原粉催化剂与淤浆床 - 膜分离组合反应器集成，可获得比国外两釜串联工艺更优异氨肟化性能：环己酮转化率 99.9%，环己酮肟选择性 99.5%。与国外同类催化剂相比[28-30]，氨肟化催速寿命长 15 倍，转化率高 34.9%，选择性高 11.3%。与国外先进的 HPO 羟胺化路线相比，将原有的 4 步高压高温苛刻反应，简化为 1 步缓和反应，投资减少 78%，氨利用率提高 60.7%，

NO_x 废气降低 99.5%。

（2）目前国内 60% 左右的环氧丙烷（PO）产品仍采用氯醇化路线制备，存在耗氯量大、设备腐蚀和污染严重等弊端。丙烯直接环氧化工艺（HPPO 法）是最先进和绿色的 PO 制备方法，因技术难度大及知识产权制约，仅美、德两国掌握该技术。以 HTS 分子筛为活性组元，本书著者团队从 2000 年开始研发 HPPO 工艺，并于 2014 年建成 10 万吨 / 年 HPPO 工业装置且一次性开车成功，打破国外垄断。2018 年 4 月完成标定，双氧水转化率达到 97.6%，PO 选择性达到 97.8%，PO 纯度达到 99.975%，各项指标优于国外同类技术[31]。中国石化鉴定结果指出，HPPO 工艺催化剂达到国际领先水平。

另外，HTS 分子筛还用于环境友好地生产苯二酚、丙酮肟、环氧环己烷、叔丁基过氧化物、吡啶硫酮锌和甲乙酮肟等高附加值化学品。

第五节
总结与展望

分子筛催化材料经过多年的发展，逐步从天然沸石到人工合成沸石，极大地丰富了沸石分子筛的种类；特别是将有机模板剂引入分子筛合成体系后，进一步丰富了分子筛的种类，引领了低硅、中硅以至高硅甚至全硅分子筛的全面开发，极大地推动了分子筛应用于产业发展；将杂原子引入分子筛显著拓宽了分子筛的元素组成，同时磷酸铝分子筛也得到了迅猛发展；分子筛的孔道也逐渐从 12 元环微孔互补扩展到超大微孔，再到介孔分子筛，进而由无机多孔骨架逐步拓展至多孔金属有机骨架。半个世纪以来，分子筛作为主要的催化材料、吸附分离材料与离子交换材料在石油炼制、精细化工中取得了诸多进展，也有力地推动了新型煤化工和环保领域的发展。分子筛催化材料骨架呈负电性、规整孔道的择形特性、良好的热及水热稳定性是分子筛发挥优异性能的根本原因。虽然已知结构的分子筛已达 200 多种，但从骨架元素与骨架结构的多样性看，未来会有更多的分子筛材料被合成出来。虽然目前真正实现工业应用的不到 20 种，但未来分子筛催化材料在石油炼制和化工等传统领域的进步，将进一步推动分子筛在催化与分离领域的大发展，建议对以下方面进行重点攻关。

（1）重点关注 FAU、MFI、*BEA、MOR、MWW 和 CHA 等六类分子筛的应用研究进展，通过骨架元素调变、表面修饰、介孔的引入以强化反应物和产物的扩散，通过活性中心的精细调变、亲疏水性能调变等合成与改性手段，进一步提升分子筛催化材料的性能，同时也要积极开拓此六大类分子筛在石油化工、新型煤化工、环保等领域的新用途；特别是在"双碳"背景下，分子筛催化材料在CO_2捕集及转化方面的应用更值得关注。

（2）从基础研究层面关注其他已有结构分子筛的应用前景，通过模型化合物的探针反应建立分子筛结构、性质与扩散性能和催化性能的构效关系数据库，并以此为基础，形成分子筛结构与催化性能的双向互动与指导。

（3）分子筛微孔孔道的限制，导致分子筛晶内扩散阻力大，分子筛利用效率低，要加大对多级孔/等级孔分子筛的开发力度，在分子筛催化材料构建贯通性好的介孔及大孔，优化扩散性能与活性中心的匹配。

（4）优化分子筛合成工艺，提高分子筛合成的效率；探索非常规合成方式对分子筛性能的影响，开展分子筛合成和改性过程中的节水、减排、降耗工作，尤其重点关注减少甚至不使用有机模板剂合成分子筛的研究。

（5）在分子筛催化材料体系通过封装方式引入金属功能，实现限域空间的酸中心与金属中心的协同作用，通过分子筛孔道的限域作用，实现对客体分子吸附形态的调变，以开拓分子筛催化材料的新应用领域。

（6）积极拓展分子筛催化材料在吸附分离，尤其在环保领域的应用，重点关注分子筛膜材料的开发及其与分子筛催化材料的系统集成。

参考文献

[1] 徐如人. 分子筛与多孔材料化学 [M]. 北京：科学出版社，2004.

[2] Cundy C S, Cox P A. The hydrothermal synthesis of zeolites: Precursors, intermediates and reaction mechanism [J]. Microporous and Mesoporous Materials, 2005, 82: 1-78.

[3] Kulprathipanja S. Zeolite in industrial seperation and catalysis [M]. Weinheim: Wiley-VCH Verlag Cmbh & Co. KGaA, 2010.

[4] Database of zeolite structures[EB/OL]. [2024-01-24]. https://asia.iza-structure.org/IZA-SC/ftc_table.php.

[5] Frilette V J, Weisz P B, Golden R L. Catalysis by crystalline aluminosilicates I. Cracking of hydrocarbon types over sodium and calcium "X" zeolites[J]. Journal of Catalyisis, 1962, 1: 301-306.

[6] Weisz P B, Frilette V J. Intracrystalline and molecular-shape-selective catalysis by zeolite salts[J]. Journal of Physical Chemistry, 1960, 64: 382-383.

[7] Csicsery S M. Selective disproportionation of alkylbenzenes over mordenite molecular sieve catalyst[J]. Journal of Catalysis, 1970, 19(3): 394-397.

[8] Degnan T. Recent progress in the development of zeolitic catalysts for the petroleum refining and petrochemical manufacturing industries. Studies in Surface Science and Catalysis, 2007, 170: 54-65.

[9] 慕旭宏，王殿中，王永睿，等. 分子筛催化剂在炼油与石油化工中的应用进展 [J]. 石油学报（石油加

工），2008, 224(S): 1-7.

[10] Yilmaz B, Trukhan N, Wuller U. Industrial outlook on zeolites and metal organic frameworks[J]. Chinese Journal of Catalysis, 2012, 33(1): 3-10.

[11] 郑金玉，罗一斌，舒兴田，等. 高活性稳定性稀土 Y 型分子筛的新制备技术及应用研究 [C]. 第十八届全国分子筛学术会议，上海，2015.

[12] 甘俊，丁泳，于向真，等. 含磷的骨架富硅超稳 Y 型分子筛（PSRY）的研究 [J]. 工业催化，2000, 8(3): 27-29.

[13] 胡颖，罗一斌，赵学斌，等. 骨架富硅分子筛 SRY 及其催化剂的研制 [J]. 石油炼制与化工，1999, 2: 10-12.

[14] 王明进，周继乐. 新型 PSRY 沸石质量影响因素分析 [J]. 企业技术开发，2007, 26(10): 10-12.

[15] 欧阳颖，刘建强，庄立，等. MFI 结构分子筛硅铝比对催化裂化汽油辛烷值桶的影响 [J]. 石油炼制与化工，2017, 48(12): 1-4.

[16] 杜建文. HOB-A 助剂在催化裂化装置的工业应用 [J]. 炼油技术与工程，2021, 51(7): 65-68.

[17] 欧阳颖，陈蓓艳，朱根权，等. 催化裂化过程中改性 Beta 分子筛多产异丁烯作用的研究 [J]. 石油炼制与化工，2017, 48(11): 1-6.

[18] 杨平，庄立，李明丰，等. 多级孔分子筛对四氢萘加氢生产轻质芳烃的影响 [J]. 工业催化，2018, 26(7): 60-66.

[19] 黄卫国，方文秀，郭庆洲，等. 润滑油异构脱蜡催化剂 RIW-2 的研究与开发 [J]. 石油炼制与化工，2019, 50(5): 6-11.

[20] 王瑾，张凤美，李明林，等. 苯和乙烯液相烷基化生产乙苯技术的工业应用 [J]. 石油炼制与化工，2002, 33(9): 13-17.

[21] 郝晓明，张凤美，王瑾. 液相循环法生产乙苯的研究开发及工业应用 [J]. 化工进展，2003, 22(9): 920-924.

[22] Xia C, Peng X, Zhang Y, et al. Environmental-friendly catalytic oxidation processes based on hierarchical titanium silicate zeolites at SINOPEC[M]//Green Chemical Processing and Synthesis. InTech, 2017.

[23] Xia C, Lin M, Zhu B, et al. Hollow titanium silicalite zeolite: From fundamental research to commercial application in environmental-friendly catalytic oxidation processes[M]// Zeolites-Useful Minerals. InTech, 2016.

[24] Lin M, Shu X, Wang X, et al. Titanium-silicalite molecular sieve and the method for its preparation: US09732100[P]. 2002-11-05.

[25] Xia C, Ju L, Zhao Y, et al. Heterogeneous oxidation of cyclohexanone catalyzed by TS-1: Combined experimental and DFT studies[J]. Chinese Journal of Catalysis, 2015, 36(6): 845-854.

[26] Peng X, Xia C, Lin M, et al. Chlorohydrination of allyl chloride with HCl and H_2O_2 catalyzed by hollow titanium silicate zeolite to produce dichloropropanol[J]. Green Chemistry, 2017, 19(5): 1221-1225.

[27] Xia C, Peng X, Lin M, et al. Understanding the pathways of improved chlorohydrination of allyl chloride with HCl and H_2O_2 catalyzed by titanium-incorporated zeolites[J]. Molecular Catalysis, 2017, 442: 89-96.

[28] Xia C, Lin M, Zheng A, et al. Irreversible deactivation of hollow TS-1 zeolite caused by the formation of acidic amorphous TiO_2-SiO_2 nanoparticles in a commercial cyclohexanone ammoximation process[J]. Journal of Catalysis, 2016, 338: 340-348.

[29] Zong B, Sun B, Cheng S, et al. Green production technology of the monomer of nylon-6: Caprolactam[J]. Engineering, 2017, 3(3): 379-384.

[30] Xia C, Lin M, Peng X, et al. Regeneration of deactivated hollow titanium silicalite zeolite from commercial ammoximation process by encapsulating amorphous TiO_2-SiO_2 nanoparticles inside zeolite crystal[J]. Chemistry Select, 2016, 1(14): 4187-4192.

[31] Lin M, Xia C, Zhu B, et al. Green and efficient epoxidation of propylene with hydrogen peroxide (HPPO process) catalyzed by hollow TS-1 zeolite: A 1.0 kt/a pilot-scale study[J]. Chemical Engineering Journal, 2016, 295: 370-375.

第四章
重整催化新材料

第一节　概述 / 122

第二节　重整催化剂及工艺介绍 / 124

第三节　重整催化剂的制备与表征 / 127

第四节　重整催化剂的再生过程 / 146

第五节　重整催化剂的开发应用 / 152

第六节　总结与展望 / 158

催化重整是以石脑油馏分（包括直馏石脑油、加氢裂化石脑油、焦化石脑油、催化裂化石脑油、煤液化石脑油等）为原料，在重整催化剂和临氢条件下，使原料中分子发生结构重排的过程。重整过程的产品为高辛烷值汽油调和组分或芳烃，同时副产大量氢气。重整工艺过程对于炼油厂的成品油生产调和或芳烃化工原料的生产不可或缺，其副产的氢气还可作为炼油厂重质油加氢等工艺的廉价氢源。应用于石脑油催化重整工艺的重整催化剂是一种典型的复合催化材料，包括载体和负载于其上的贵金属及助剂组分，其中贵金属铂是主要的活性金属组分，载体通常是成型为特定形状（球形或条形）的氧化铝，通过引入卤素和助剂获得适宜的表面酸性，并为贵金属铂的分散及催化反应提供活性表面。重整催化材料，即重整催化剂除了要具有较高的催化活性外，还要具有优良的材料力学性能或物理性质以满足工业装置实际应用需求，如较高的强度、较好的抗磨性能、规整的外形等。重整催化新材料即新型高性能重整催化剂的开发对催化重整过程的高效平稳进行至关重要，借助重整催化新材料的优良综合性能不仅可以将原料高效转化为目的产物，减少副产物的生成，还可以保障工业装置长周期平稳运行，从而提高重整过程的经济效益。本章首先简要概述了我国重整催化剂的发展情况，随后依次介绍了重整催化剂及重整工艺、重整催化剂的制备和表征、重整催化剂的再生，然后介绍了我国重整催化剂开发应用情况，最后对重整催化剂的发展进行了展望。

第一节
概述

我国在 20 世纪 50 ～ 60 年代就开发了单铂重整催化剂，并成功地应用于半再生固定床催化重整工业装置。随着对重整生成油辛烷值和液体收率要求的提高，重整反应苛刻度也不断提高，仅靠单铂催化剂已不能满足实际要求。因此，于 20 世纪 70 年代初开始研发双金属和多金属重整催化剂。重整催化剂曾经采用 η-Al_2O_3 作为载体，后来使用热稳定性更好的 γ-Al_2O_3 载体。1983 年开发了以 γ-Al_2O_3 为载体的球形铂铼钛多金属重整催化剂 [1]。1986 年开发出以 γ-Al_2O_3 为载体的球形低铂铼双金属催化剂 [2]。1990 年和 1991 年又开发出两种更低铂含量的球形高铼铂比催化剂 [3]。这些类型的催化剂当时已在国内实现普遍推广使用。1995 年新型低铂含量的等铼铂比和高铼铂比条形催化剂在国内开发成功并完成工业应用 [4]。2001 年低积炭速率高选择性的多金属铂铼系列条形催化剂在国内开发成功并投入使用[5]。2015年世界首创无需额外预硫化的低积炭速率高选择性的多金属铂铼系列条形催化剂 SR-1000（图4-1）在国内开发成功并迅速完成工业应用，其综合性能达到国际领先[6]。

图4-1 SR-1000催化剂（左）和PS-Ⅵ（右）催化剂照片

在开发铂铼双金属催化剂的同时，以锡为助剂的铂锡双金属催化剂的开发也在我国进行。随着20世纪80年代连续重整工艺在我国的引进和应用，适用于连续重整工艺的小球状铂锡双金属重整催化剂的开发成为我国石化工业自立自强的迫切需要。中石化石油化工科学研究院（简称石科院）开发出了一系列铂锡连续重整催化剂，并与有关生产企业合作开发了连续重整催化剂的生产工艺且建设了催化剂生产装置。自1990年开始在国外引进的连续重整装置上使用国产催化剂，这些国产连续重整催化剂表现出良好的活性、选择性和抗磨性能，打破了国外连续重整催化剂的技术垄断。20世纪90年代后半期我国开发出具有高水热稳定性和高活性的新型铂锡连续重整催化剂 PS-Ⅳ（工业牌号：3961）和 PS-Ⅴ（工业牌号：GCR-100），其综合性能达到了当时的国际先进水平，在国内多家炼油厂获得应用并销往海外。进入21世纪，石科院的研究人员基于对重整催化剂"金属-酸性"双功能协同匹配的本质认识，创新催化剂的制备工艺保证活性金属铂的高度分散，引入稀土金属助剂调节催化剂的酸性，降低催化剂的积炭速率，先后开发了 PS-Ⅵ（工业牌号：RC011）（图4-1）、PS-Ⅶ（工业牌号：RC031）多金属连续重整催化剂，在降低积炭速率，提高液体收率、芳烃产率和氢气产率等方面效果明显，目前两种催化剂已在国内70多套工业装置上累计应用超过150次。通过对载体性质和催化剂配方的调变，2018年石科院又成功开发了低铂含量高堆密度连续重整催化剂 PS-Ⅷ（工业牌号：RC191），其具有更高的活性和压碎强度，其较高的堆密度可以允许更大的运行空速。2021年PS-Ⅷ已成功应用于现有装置的扩能改造。我国重整催化剂的研究开发已从"跟踪模仿"走到了"自主创新"，将来要继续沿着"自主创新"的道路走下去，开发出性能更加优异的新型产品，为国产重整催化剂争取更大的国内和国际市场份额。

第二节
重整催化剂及工艺介绍

催化重整是在催化剂的作用下石脑油中烃类分子结构重新排列的过程，主要反应有：六元环烷脱氢、五元环烷脱氢异构、烷烃脱氢环化以及烷烃异构化等。这些反应可提高汽油辛烷值，获得苯、甲苯和二甲苯等轻质芳烃产品或清洁汽油调和组分，属于重整过程中有利的反应。另外，在重整过程中还存在加氢裂化、氢解及积炭等不利的副反应，必须设法抑制。在上述这些反应中，有的反应主要在金属中心上进行，如六元环烷脱氢；有的则需要在金属中心和酸性中心的相互配合作用下进行，如五元环烷脱氢异构和烷烃脱氢环化。因此，重整催化剂是一种具有金属功能和酸性功能的双功能催化剂。催化重整的总反应速率与其金属中心和酸性中心催化的各个步骤的反应速率相关，其中最慢的步骤将起决定性作用，因而金属功能与酸性功能要有机地协调配合。金属功能过强，很容易导致积炭和氢解反应严重，造成催化剂失活，液体收率下降，催化剂的选择性变差，也会造成反应超温，使催化剂受到损伤；若催化剂上酸性功能太强，则加氢裂化反应加剧，会使液体收率下降和芳构化反应选择性下降，也会促使酸性中心结焦，从而导致催化剂的稳定性降低。因此，在催化剂的制备及使用中要考虑金属功能和酸性功能的平衡问题。

从单铂催化剂发展到双金属催化剂和多金属催化剂，主要目的是改善催化剂上金属活性中心的性质，使其更有利于提高催化剂的活性、选择性、稳定性、再生性能以及对原料的适应性。目前国内广泛应用的双金属催化剂和多金属催化剂有两大系列，即Pt-Re系列和Pt-Sn系列。对于重整催化剂中第二金属组元Re或Sn的作用存在各种解释，但通常归属为所谓的电子效应和几何效应。一些研究者认为第二金属组元与Pt形成合金或团簇，改变了金属活性中心的性质，即改变了铂原子周围电子密度的分布，从而对催化剂的反应活性、选择性甚至稳定性产生影响。另一些研究者则认为第二金属组元Re经硫化后生成Re—S键[7-9]，会稀释铂原子团簇，而一些积炭反应常常需要在多个相互邻近的铂原子所构成的多铂中心上进行，第二金属组元的引入可以稀释这些多铂中心，也就抑制了积炭反应。持以上观点的研究者，基本上考虑了第二金属组元可以被还原为金属态。目前也有些人认为在载体的作用下，第二金属组元并没有完全被还原为 0 价金属态，例如部分铼是以 Re^{4+} 存在，锡则以 Sn^{2+} 或 Sn^{4+} 价态存在，锡作为氧化态与载体相互作用从而改变载体的酸性。Pt-Re 系列催化剂由于反应初期 Re 组元的氢解性能较强，一般需在引入后经过适当硫化来降低 Re 的氢解活性，从而使催化剂的选择性不受损伤。而 Sn 组元引入后不需要硫化，它的引入对催化剂的活性稍有抑制，但催化剂的选择性和稳定性大幅提高，尤为适用于在低压高温条件下的连续重整工艺。

重整催化剂的酸性功能主要靠 Al_2O_3 载体提供，即 Al_2O_3 表面上相邻近的羟基在焙烧过程中形成氧桥，通过极化作用，可以产生酸性，如下所示

$$—Al\underset{O}{\overset{O}{\Big\backslash\!\!\!/}}Al— \Longrightarrow —Al^+\underset{O}{\overset{O^-}{\Big\backslash\!\!\!/}}Al—$$

有卤素（如 F 或 Cl）组元存在时，将加强这种极化作用，因此影响催化剂的酸性。重整催化剂中引入第二或第三金属组元时，也可能影响酸性，如 Pt/Al_2O_3 中引入 Sn 后，可以在总酸性不变的情况下减少强酸性中心数量。

催化重整工艺的主要目的是将低辛烷值的石脑油转化成高辛烷值的汽油调和组分，或者生产高芳烃含量的化工原料，同时副产氢气。一般来说重整工艺的原料石脑油为 $C_6 \sim C_{12}$ 的烃类，包括链烷烃、环烷烃和少量芳烃，其馏程范围在 $60 \sim 180℃$。

1940 年 Mobil 石油公司在美国建成了世界上第一套催化重整装置，以氧化钼（或氧化铬）/氧化铝作催化剂，但因催化剂活性不高，操作周期太短，设备复杂，不久就被淘汰。1949 年 UOP 公司第一套铂重整装置实现了工业化，由于采用了含铂催化剂，大大改善了催化剂的性能，催化重整得到了迅速发展。

20 世纪后半叶和 2000 年以来，催化重整技术不断发展，根据使用催化剂类型、工艺流程和催化剂再生方式的差别，相继出现了若干不同的重整工艺，主要包括半再生重整工艺和连续重整工艺。按照主要技术专利商分类包括 UOP 公司的铂重整（platforming）、IFP/Axens 公司的辛烷化技术（octanizing）和芳构化技术（aromatization）、中国石化的超低压连续重整技术（SLCR）和逆流连续重整技术（SCCCR）。

重整工艺包括原料预处理、重整反应、反应产物的处理和催化剂的再生等过程。为了防止重整工艺所用含铂催化剂中毒，在进行重整反应前，要先对原料进行预处理，除去硫、氮、砷、铅、铜及烯烃等杂质。根据催化剂再生方式的不同，重整工艺主要有两种类型，即半再生重整（semi-regeneration reforming）和

连续（再生）重整（catalyst continuous regeneration reforming）。

一、半再生重整

　　半再生重整工艺采用轴向或径向固定床反应器，使用球形或圆柱形催化剂，重整反应在固定床反应器内的催化剂上进行。随着反应时间的延长，反应器内催化剂上的积炭逐渐增多，其活性逐渐下降，装置运行到一定时间就要停下来，对催化剂进行烧焦、氯化更新、还原和硫化等再生过程以恢复催化剂的活性。为了维持较长的操作周期，降低催化剂的积炭速度，反应苛刻度受到一定限制，反应压力和氢油比不能太低，且产品辛烷值不高（RON 一般不大于 98）。Pt-Re 双金属或多金属催化剂比其他催化剂具有更高的稳定性，已广泛应用在半再生重整装置中。在工艺技术方面，国内半再生重整装置大多是 20 世纪 80 年代建成的，采用较先进的麦格纳催化重整（Magnaforming）两段循环氢重整工艺流程，反应压力大多在 1.2 ～ 1.5MPa。在此基础上，中国石化发展出催化剂分级装填技术，即前段反应器（第一、第二反应器）装填选择性高、抗污染能力强的等铼铂比催化剂，后段反应器（第三、第四反应器）装填抗积炭能力强的高铼铂比催化剂[4]。这种催化剂的组配能够最大程度地发挥两种类型催化剂的优点，使重整装置效益得以显著提高。国外半再生重整装置的反应压力大多在 2.0 ～ 3.0MPa，一般设置 3 个反应器。相较而言，国内半再生重整装置的压力明显低而且采用四个反应器更有利于提高液体收率和芳烃产率。

二、连续（再生）重整

　　连续（再生）重整简称连续重整，采用移动床反应工艺，包括多个反应器和催化剂循环及连续再生系统。小球状的催化剂在反应器和再生器之间循环移动，反应后积炭的催化剂在再生器内连续进行烧焦再生，经活化还原后再送回反应器进行反应。由于催化剂连续进行再生，可以充分发挥和保持催化剂的活性，重整装置得以连续运行，不必停车进行催化剂再生，因而装置的操作周期得以延长，反应苛刻度可以大大提高，能够在较低反应压力和较低氢油比的条件下操作，可以获得较高的辛烷值收率（液体产品收率与其辛烷值的乘积）和芳烃产率。连续重整工艺采用 Pt-Sn 双金属催化剂或者多金属催化剂，通过引入稀土等助剂元素作为第三组元，可以进一步调节催化剂酸性，提高催化剂的活性稳定性和抗积炭性能。

　　依托我国自主开发的连续重整催化剂，中国石化组织石科院、中石化洛阳工程公司、中国石化工程建设公司等单位联合攻关，开展自主连续重整成套工艺的开发，这些工艺的成功开发打破了国外技术的垄断，为我国石化技术的产业安全提供了保障。

2001 年自主开发的催化剂连续再生技术成功应用于低压组合床重整装置[10]，在此基础上开发的超低压连续重整装置（SLCR 工艺）于 2009 年首次在广州石化成功建成投产，其采用 PS-Ⅵ型多金属连续重整催化剂，装置规模为 1.0Mt/a，反应压力为 0.35MPa，经过 100% 负荷和 115% 负荷下两次标定，结果显示在低于设计温度的条件下，重整产品辛烷值即可达到 104，液体产品收率、芳烃产率和氢气收率均高于设计值[11]。广州石化超低压连续重整装置的成功投产标志着我国掌握了连续重整从催化剂到工艺技术的成套工艺，2010 年 1 月"石脑油催化重整成套技术的开发与应用"获得了 2009 年度国家科学技术进步奖一等奖。目前采用 SLCR 工艺已在国内建成 17 套重整装置，总加工规模近 30Mt/a，其中包括 2022 年在江苏盛虹炼化建成投产的 3 套 3.1Mt/a 的超大型连续重整装置。

2013 年，由石科院和中国石化工程建设公司联合开发的逆流连续重整新工艺（SCCCR）在中国石化济南分公司成功应用，该工艺首创了催化剂在反应器间与反应物料逆向流动的方式，再生后的高活性催化剂首先进入第 4 个反应器，然后依次通过第 3 个反应器、第 2 个反应器，再到第 1 个反应器，这与传统的催化剂与反应物料流顺向流动不同，目标是实现催化剂性能与重整过程不同类型反应的合适匹配[12]。在济南分公司逆流连续重整工艺工业应用的基础上，通过对催化剂装填比例等技术环节的调整优化，2016 年在中海油气泰州石化建成了 1.0Mt/a 的逆流连续重整工艺装置，在低负荷、低苛刻度下，液体产品收率可以显著提高，该套工艺仍然采用 PS-Ⅵ型连续重整催化剂，说明该催化剂具有广泛的工艺适用性[13]。2020 年在中化泉州石化有限公司建成了规模达到 2.3Mt/a 的逆流连续重整工艺装置，实现了逆流连续重整工艺装置的大型化。

目前我国重整工艺总产能达到 150Mt/a，居世界第二位，其中连续重整工艺产能达到 140Mt/a，占据绝对的优势地位。根据美国油气杂志的报道，世界总的重整加工能力已经超过 500Mt/a，欧美等国家或地区半再生重整工艺和连续重整工艺各自对应的产能基本相当。

第三节
重整催化剂的制备与表征

重整催化剂是双功能催化剂，其金属功能由载体上的金属组元提供，而酸性功能则由含氯的氧化铝载体提供。制备高质量的重整催化剂，关键是使双功能充分协调配合。曾有研究者将具有金属功能及酸性功能的两种物料进行机械混合来制备重整催化剂[14]，说明了两种功能协调匹配的重要性。目前重整催化剂制备采用制备负载型金属催化剂的方法，常用的有浸渍法、离子交换法、共沉淀法等。无论采用哪种方法，载体的选择都是非常重要的[15]，并需确保金属在载体上高分散。

一、载体的制备

最佳的载体应具有以下多方面的性能：有合适而稳定的晶相结构；有足够大的比表面积和适宜的孔分布；能确保金属活性组元高度分散并均匀分布；具有较高机械强度及热稳定性；能确保催化剂颗粒内及颗粒间有良好的传热和传质性能；载体的粒度适宜，在移动床中使用时要具有较好的流动性能和较高的抗磨损性能。

重整催化剂一般选用 γ-Al_2O_3 作载体，其可几孔径大，孔结构稳定性好，经过多次再生后，比表面积下降较少。这类氧化铝由 α- 一水氧化铝高温焙烧脱水制成，而 β- 三水氧化铝经脱水则得 η-Al_2O_3，因此在制备中，要有效地控制氢氧化铝的晶相组成。我国重整催化剂所用氧化铝载体的制备方法大体有如下几种。

1. 铝盐与碱中和成球法

其示意流程如下。

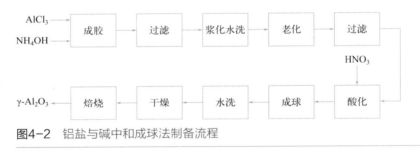

图4-2 铝盐与碱中和成球法制备流程

此方法在成胶时要控制好反应温度、反应物浓度及 pH 值等。因为氯化铝与氨水进行中和成胶时，首先形成氢氧化铝无定形凝胶，将这种凝胶在一定温度下老化，它可以转化为 β- 三水氧化铝或 α- 一水氧化铝。为了获得 α- 一水氧化铝，成胶过程要始终维持在较高温度（大于 70℃），胶体经反复过滤、洗涤后，再经老化、成型、干燥就生成 α- 一水氧化铝，后续过程经 500～600℃ 焙烧，则得 γ-Al_2O_3。若中和成胶温度不高，老化温度在 40℃ 左右时，就可能生成 β- 三水氧化铝，经焙烧则得 $\eta\text{-}Al_2O_3$。由于在浆化水洗及老化过程中存在相变，并且一级粒子相互结合脱水转化为二级粒子并形成孔，所以老化温度及老化 pH 值对晶相的生成以及载体孔结构的形成均十分重要。老化后新生成的氢氧化铝，先进行过滤，其浆液可以进行酸化滴球，即将 HNO_3 加入浆液中使其黏度达到一定要求，然后在油氨柱内成球。凝胶状小球经干燥、焙烧，即可得到所需氧化铝载体。另外也可将老化后的氢氧化铝浆液先经喷雾干燥，然后挤条成型或压片成型，再经干燥、焙烧待用。不同方法制得的 $\gamma\text{-}Al_2O_3$ 载体主要性能见表 4-1 和表 4-2。

表4-1 载体杂质分析

载体制备方法	杂质含量/（μg/g）			
	Fe	Si	Na	Ca
铝盐与碱中和成球法	110	110	58	9
铝溶胶热油柱成球法	50	420	8	7
氢氧化铝胶溶油氨柱成球法	50	40	12	6
挤条成型法	70	30	19	36

表4-2 载体的孔结构（低温氮吸附测定）

载体制备方法	比表面积/（m²/g）	孔体积/（cm³/g）	孔径体积分布/%			
			<3.0nm	3.0~5.0nm	5.0~10.0nm	>10.0nm
铝盐与碱中和成球法	182	0.45		79.2	20.5	0.3
铝溶胶热油柱成球法	199	0.82		10.6	89.4	
氢氧化铝胶溶油氨柱成球法	205	0.53		6.3	84.7	9.0
挤条成型法	202	0.49	11.0	86.3	2.2	0.5

2. 铝溶胶热油柱成球法

铝盐与碱中和成球法制备的载体，杂质含量较高，而且机械强度及热稳定性较差。连续重整工艺开发成功后，催化剂要在反应器内靠自身重力下移或靠气体提升，因此对催化剂的粒度及磨损强度均有更高要求。铝溶胶热油柱成球法可以较好地解决这方面的问题，其主要流程如图 4-3 所示。该工艺以金属铝和盐酸（或三氯化铝水溶液）为原料，经煮溶制备铝溶胶，再与六亚甲基四胺（俗称乌洛托品）的水溶液按比例在常温下混合均匀，通过滴球盘滴入内盛热油的柱子中，液滴在油中收缩成球，而六亚甲基四胺受热水解加速，产生氨气，与铝溶胶中的酸中和使液滴凝固，凝胶球在热油和（或）热氨水罐中老化一定时间，再经过分离、热水淋洗、干燥，最后焙烧得到 $\gamma\text{-}Al_2O_3$ 球形载体[16,17]。其中，铝溶胶纯度对 $\gamma\text{-}Al_2O_3$ 载体的性质有重要影响，其金属杂质含量取决于金属铝的纯度。若要得到杂质含量低的高纯铝溶胶，现有的方法有：一是使用高纯原料制备；二是使用低纯原料制备，通过精制脱除其中的有害杂质[16,18]。利用铝溶胶热油柱成球方法生产的 $\gamma\text{-Al}_2\text{O}_3$ 载体的主要性能见表4-1和表4-2。刘建良等[19]在传统热油柱成型的基础上采用高纯度拟薄水铝石为原料制备溶胶，经热油柱成型制备了毫米级氧化铝小球，通过对原料、胶溶剂、胶凝剂等的调节优化，使得所得氧化铝小球的压碎强度、堆密度、水热稳定性等性能均达到了连续重整催化剂的要求，由所得载体制备的催化剂也达到了工业重整催化剂的性能水平。

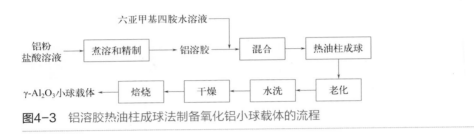

图4-3 铝溶胶热油柱成球法制备氧化铝小球载体的流程

3. 氢氧化铝胶溶油氨柱成球法

除热油柱成球法外，氢氧化铝胶溶油氨柱成球法也是一种制备球形氧化铝载体的主要方法，与热油柱成球法不同的是其以氢氧化铝为原料（氢氧化铝制备方法见第二章）。氢氧化铝胶溶油氨柱成球法的工艺流程如图4-4所示，首先向氢氧化铝粉体或氢氧化铝滤饼中加入硝酸（或盐酸等）溶液，分散形成黏度和固含量合适的氢氧化铝溶胶，浆液通过泵或者压力输送至位于油氨柱顶部的滴球盘中，通过一定尺寸的针头将溶胶滴入油氨柱中。油氨柱由上层的油层和下层的氨水层构成，油层的主要作用是使滴入的氢氧化铝溶胶在表面张力的作用下收缩呈球形，一般可以选用煤油或润滑油。选用的油与溶胶的界面张力要足够大以保证滴入的溶胶成球；氨水层与油层之间的界面张力要足够小，使在油层中成球的溶胶球可以顺利进入氨水层，并且不发生变形，为此需要在氨水层中加入少量的表面活性剂。溶胶球进入氨水层后，小球从表面开始逐渐向内部固化，经收集可以得到氢氧化铝凝胶湿球，再经水洗、干燥和焙烧后得到球形氧化铝载体。该方法所得载体的杂质含量和基本性质见表4-1和表4-2。

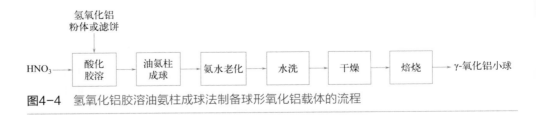

图4-4 氢氧化铝胶溶油氨柱成球法制备球形氧化铝载体的流程

在氢氧化铝胶溶油氨柱成球过程中，所用氢氧化铝粉体的性质，成球过程中氢氧化铝浆液的黏度、固含量，滴球过程中加入表面活性剂的种类，以及对氢氧化铝凝胶湿球的处理条件等均会影响最终球形氧化铝载体的性质，包括载体的球形度、强度等。王国成等[20]研究了加酸量和酸分散时间对拟薄水铝石浆液性质的影响，并通过油氨柱成型制备氧化铝球形载体，考察了溶胶浆液制备条件对最终球形载体性质的影响。刘建良[21]等采用拟薄水铝石粉体分散法制备氢氧化铝溶胶，将不同温度下分散制备的氢氧化铝溶胶通过油氨柱成型、干燥、焙烧制备球形氧化铝，发现随氢氧化铝浆液分散温度的升高，所制备氧化铝球的比表面积变化不大，孔体积有所减小，孔径分布更加集中，堆积密度有所增大，压碎强度逐渐增大。刘建良等[22]还研究了滴球过程中表面活性剂和加入酸的种类的影响，在油氨柱成型制备球形氧化铝的过程中，将氢氧化铝浆液和非离子表面活性剂同时滴加入油氨柱中，能够加快氢氧化铝球穿过油氨界面的速度，有效解决成球过程中氢氧化铝球发生粘连的问题。在氢氧化铝分散浆液的制备过程中，一些研发人员采用有机酸和无机酸的混合酸作为分散剂，其中有机酸的质量占拟薄水铝石干基质量的 0.5% ～ 15%，无机酸的质量占拟薄水铝石干基质量的 3% ～ 10%，能够在不添加扩孔剂的条件下有效降低氧化铝小球的堆积密度，降低氧化铝球的生产成本[23]。杨彦鹏等[24]将通过油氨柱成型得到的氢氧化铝凝胶湿球置于 C_5 ～ C_{10} 的脂肪醇等有机溶剂中进行老化处理，通过改变老化条件调节最终球形氧化铝载体的堆密度，可以避免向氢氧化铝浆液中加入煤油等扩孔剂来调节产品堆密度。张田田等[25]以异丙醇铝水解所制备的氢氧化铝浆液为原料，加入硝酸和不同碳链长度的醇，老化得到溶胶，采用油氨柱成型法制备了平均直径约 2mm 的球形 $\gamma\text{-}Al_2O_3$，发现加入不同碳链长度的醇，有利于球形 $\gamma\text{-}Al_2O_3$ 形成多孔结构。梁衡等[26]以孔体积 0.90 ～ 1.20mL/g 的大孔拟薄水铝石为原料，加入酸分散形成浆液，同时加入葡甘露聚糖、半乳甘露聚糖或尿素等胶凝剂，使氢氧化铝浆液在氨水相中胶凝后更加紧密，同时向氨水相中加入硝酸铵、醇等，使溶胶小球在氨水相中快速胶凝固化，能够降低油氨柱氨水层的高度，减少氨水的用量。

近年来，随着国内连续重整、丙烷脱氢等移动床工艺技术的快速发展，对球形氧化铝载体的需求也逐年增加，国内对油氨柱成型制备球形氧化铝技术的研究也越来越多，相信随着研究的深入，氢氧化铝胶溶油氨柱成球法在工艺流程、环保等方面也会越来越完善。

4. 挤条成型法

20 世纪 90 年代开发了以拟薄水铝石为原料，通过挤条成型制备重整催化剂载体的路线。采用这种方法制备重整催化剂载体时，将拟薄水铝石粉末与水、胶溶剂、助挤剂等混捏均匀后形成膏状物料，用挤条机将这种膏状物料挤出成型，控制模具的形状和尺寸可以控制载体的形状和尺寸，随后将成型的载体进行养生或预干燥、切粒、干燥、焙烧，得到 γ-Al$_2$O$_3$ 条型载体，其主要性能见表 4-1 和表 4-2 所示。挤条配方是挤条成型法的关键，同时挤条工艺条件对 γ-Al$_2$O$_3$ 载体的物化性质也有影响。

二、金属组元的引入

1. 铂的引入

金属铂是重整催化剂中的主要活性金属组元，一般采用浸渍法将铂引入载体中，通常将载体放入已知 Pt 含量的溶液中使 Pt 等金属吸附于载体表面。为了保证活性组元能均匀分布于颗粒的各个部位，在浸渍时须加入合适的竞争吸附剂。浸渍法所用的含 Pt 前身物通常为氯铂酸（分子式 H$_2$PtCl$_6$），在用 H$_2$PtCl$_6$ 与竞争吸附剂混合吸附时，要选择合适的竞争吸附剂，并调整其用量，以达到被浸渍的活性组元均匀分布并获得预期的 Pt 金属含量。

从宏观上看，在成型好的载体上进行浸渍的过程是溶质分子向载体表面扩散然后在其表面发生吸附的过程，其扩散动力源于溶质的浓度差。当浸渍所用的氧化铝载体为颗粒状（包括小球、条、三叶草等形状）时，金属前身物的粒子必须先沿颗粒外部的孔隙扩散至颗粒内部，再与载体发生相互作用。当吸附过程受内扩散控制时，金属组元可能会在载体颗粒横截面上形成浓度梯度分布。为了使金属组元均匀地分布于载体颗粒上，就需要引入竞争吸附剂。竞争吸附剂是与金属前身物吸附性能相近的化合物，当与金属前身物共浸渍时，它能够改变金属活性组元在载体颗粒上的分布。竞争吸附剂的作用原理如下：

$$S\!-\!O\!-\!A^+ + B^+（竞争吸附剂）\longrightarrow S\!-\!O\!-\!B^+ + A^+（金属离子）$$
$$S\!-\!OH_2^+A^- + B^-（竞争吸附剂）\longrightarrow S\!-\!OH_2^+B^- + A^-（金属离子）$$

当溶液中存在竞争吸附剂 B$^+$ 或 B$^-$ 时，反应可以向右进行，这样部分 A$^+$ 或 A$^-$ 被替换下来，使得吸附前沿的 A$^+$ 或 A$^-$ 的浓度增大，从而使 A$^+$ 或 A$^-$ 向颗粒内部的扩散动力增加。控制竞争吸附剂和金属离子与氧化物表面的相互作用强弱，可以控制金属组元在颗粒上的分布。

2. 助剂的引入

重整催化剂的助剂可以采用共沉淀法和浸渍法引入。一些金属助剂可以采用与 H$_2$PtCl$_6$ 相似的浸渍法引入氧化铝载体，例如半再生重整催化剂的助剂铼。连续重整催化剂的助剂锡可以采用共沉淀法和浸渍法引入。氯化锡在其溶液中形成的含锡离子在氧化铝载体上具有极强的吸附能力，致使浸渍法不易获得锡在载体内外的均匀分布，因此锡的引入以共沉淀法为主。共沉淀法是将锡的氯化物溶于铝溶胶中，经油柱成球法制得含锡的氧化铝小球，用这种方法制备的含锡载体中锡的分布较为均匀。

浸渍活性组元和助剂后的催化剂还要经过干燥、焙烧和还原等制备步骤才能得到成品。在干燥过程中要防止载体上所吸附的金属活性组元再次迁移，而造成金属组元的不均匀分布，因此要选择合适的干燥温度、干燥速率等，干燥温度一般在 $100 \sim 120℃$。干燥后的催化剂要进行焙烧，使浸渍上的金属盐类转化为相应的氧化物，如 PtO_x，还可使载体表面上剩余的羟基进一步脱水，并适当调节催化剂上的氯含量，焙烧的温度、时间和气氛会影响金属组元的分散。在催化剂焙烧过程中采用水氯活化处理，即在焙烧时引入少量水汽及氯化氢或含氯有机物到空气气氛中，借以调节催化剂上的氯含量，可以增加金属组元的分散度。Bournoiville[27]曾制备仅经干燥就立即进行还原的催化剂及经干燥又经焙烧后进行还原的催化剂，分别测定两者的金属分散度，从图 4-5 可以看到前者的金属分散度低于后者。不经焙烧的催化剂含有较多水分，会促使铂在高温下迁移而造成金属晶粒的聚集。另外，焙烧温度对还原后金属的价态也会产生影响，如铂铼催化剂的焙烧温度高于$500℃$时，铼的氧化物就很难被还原，不同金属组元的适宜焙烧温度也不相同。

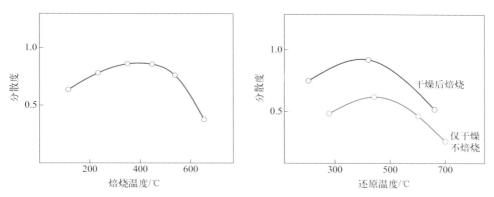

图4-5 重整催化剂焙烧温度及还原温度对其金属分散度的影响

（焙烧条件：干空气，空速 $2000h^{-1}$，时间 2h；还原条件：氢气，空速 $2000h^{-1}$，时间 2h）

焙烧后的催化剂在使用前要经过还原，此步骤也可以在重整装置内进行。但还原用的氢气纯度要高（最好用电解氢），氢气中水含量要小于 $10\mu g/g$。若氢气中含有微量氧，也要设法除掉，因为氧在还原的过程与氢气反应生成水，这些水分会使还原过程中生成的金属晶粒聚集而降低催化剂活性。另外，还原时所用氢气中应不含小分子烃类，因为小分子烃类会在催化剂上发生加氢裂解，放出大量的热，致使催化剂表面局部超温，同时催化剂上积炭增加，活性和稳定性下降。还原时所用氢气中，CO 及 CO_2 的含量也要严格控制在 $10\mu g/g$ 以下，否则有可能生成羰基铂等化合物，会引发铂的聚集或流失，进而损伤催化剂的活性。

另外，为了提高金属利用率和生产效率，对于多金属重整催化剂的制备，催化剂组元的浸渍常采用专有的转鼓旋转真空蒸干的方法[28]，具体制备方法：配制含各种组元的浸渍液，搅拌混合均匀；载体在转鼓中抽真空后，加入配置好的浸渍液；在一定真空度和一定温度下将浸渍液体系的水分蒸干，从而将前体溶液中全部的活性组分浸渍到载体上，再经干燥、活化、还原和（或）硫化后得到最终催化剂。

3. 主要重整催化剂的制备

在 Pt-Re/Al$_2$O$_3$ 半再生重整催化剂制备中，铂的前身物普遍采用 H$_2$PtCl$_6$，Re 的前身物可采用 Re 的无机物或有机化合物，其中 Re 的无机化合物主要是其七价氧化物、高铼酸盐和一些卤化物。常用的制备方法是采用 H$_2$PtCl$_6$ 和 HReO$_4$ 水溶液浸渍成型好的球状或条状 Al$_2$O$_3$，并用 HCl 作竞争吸附剂，当 HCl 的用量合适时，可以使 Pt、Re 和 Cl 在载体内外均匀分布。

在 Pt-Sn/Al$_2$O$_3$ 催化剂制备中，铂的前身物还是采用 H$_2$PtCl$_6$，锡的前身物主要采用 SnCl$_2$ 或 SnCl$_4$，一般在氧化铝载体制备过程中将锡引入，即将锡的水溶性盐类溶于铝溶胶或拟薄水铝石溶胶浆液中，这样通过热油柱成型或油氨柱成型即可将 Sn 均匀分布到载体中。近年来一些研究者尝试采用铂或锡的金属有机化合物进行催化剂制备。Peltier 等[29,30]发明了一种增强铂锡之间相互作用的制备方法，即在氢气气氛下将溶有四丁基锡的有机溶液与还原态 Pt/Al$_2$O$_3$ 催化剂接触，四丁基锡在金属铂中心上被氢气还原，从而可以获得铂锡之间更强的相互作用，如此获得了具有良好催化性能的催化剂。王春明等[31]采用乙酰丙酮合铂作为铂的前身物并将其溶解在有机溶液中浸渍含锡氧化铝载体，通过选用合适的溶剂获得前身物和载体适宜的相互作用实现了铂的均匀负载，铂有机配合物中配体的空间位阻效应，可以阻隔铂原子彼此接近，这样制备的催化剂具有更高的铂金属分散度。

三、重整催化剂的表征

石脑油催化重整反应属多相催化，因此其催化剂构成单独的物相。更确切地说，石脑油催化重整反应是在双功能催化作用下发生的。这意味着在 Pt-Al$_2$O$_3$ 重整催化剂上，有些反应发生在 Pt 金属中心上，而其他反应则发生在氧化铝表面的酸性位上。为了获得最佳的效果，以上两种或多种活性位需要结合到载体的同一基本颗粒上。

重整催化剂的表征通常包含两个方面：①酸功能数量、强度和分布的测量；②金属功能数量和活性的表征。关于催化剂酸性的表征可以使用测定催化剂酸性的一些通用方法，如指示剂法或红外光谱法等。而关于催化剂金属功能度量的一个主要指标是金属分散度，在表征时需要采用合适的方法对金属分散度进行准确测定。

金属分散度很容易定义，但准确地测定却很困难。通常金属分散度可以定义为裸露在表面的金属原子数 N_s 与催化剂中总的金属原子数（N_{total}）的比值。虽然 N_{total} 可以较为精确地测定，但是 N_s 却决定于对表面的定义以及测定所用的实验方法和计算模型。例如，某些金属晶面的排列较其他晶面更加紧密；最外层金属原子的开放程度将会决定次外层原子暴露于气相的程度。除了化学吸附法外，分散度还可以根据金属颗粒的尺寸大小计算得到。对比不同表征方法获得的结果时，必须考虑分散度和颗粒大小的关系。为了计算方便，最常采用的颗粒形状是球形或半球形，对于金属铂来说尤其如此。然而，随着分散度接近于 1，可能会出现二维的盘状结构（或称"木排"）。因此，分散度与晶粒尺寸是相关的，但这一关系并非简单的正相关。担载的铂金属颗粒很少呈现统一的尺寸和形态，而是存在铂颗粒尺寸的大小分布，存在形态也是多种多样的。下面介绍一些催化剂酸性功能和金属功能的测定方法供参考。

1. 酸性测定的 Hammett 指示剂法

重整催化剂的一个重要特征是具有酸性，酸性的准确测定对解释催化剂性能特点具有越来越重要的作用。Benesi 和 Wenquist[32] 对金属氧化物表面 L 酸和 B 酸位的电子对受体进行了简明准确的描述。酸性的表征至少需要提供三项内容：①酸性种类（B 酸或 L 酸）；②酸性位的密度；③酸强度分布。因此酸性的表征需要对上面所有三项性质进行定义和测定。为了表征上述性质，人们采用了许多方法，其中包括 Hammett 指示剂法，即某些化合物与酸性位结合会生成与未结合分子不同的颜色，通过颜色的变化来判断酸性的强弱。

Hammett 酸性测定需要指示剂从不与催化剂酸性位发生反应的合适的非水溶剂中吸附到催化剂上。Benesi[33] 将一系列指示剂的颜色变化和给出相同变化的相应硫酸溶液的浓度进行了关联。这样，通过使用这些指示剂可以在强弱之间对催化剂的酸性进行分类。

Hammett 指示剂用来测定固体的酸性时存在几点不足：①在视觉上很难察觉到颜色的变化；②很多指示剂的分子太大不能进入固体中的微孔；③进行测定时的条件与反应条件相差甚远；④不能区分 L 酸和 B 酸。氧化铝并不是可利用 Hammett 指示剂进行酸性表征的理想物质。在真空、空气或氧气气氛下经适度的高温（400 ~ 700℃）活化后氧化铝将会失去很多羟基，但并不是全部。剩下的羟基并不显示出强酸性[34]，并且以多种配位状态存在。其中一种羟基因为可与 CO_2 反应生成碳酸氢根离子而被认为是碱性的[35]。绝大部分活性氧化铝表面由几种氧离子构成，其中许多是在活化过程中由两个羟基脱除水分子后形成的。表面还包括配位不饱和位（coordinatively unsaturated sites，简称 cus），即赋予活性氧化铝路易斯酸性的铝离子[34]。

2. 红外光谱

一般来说，红外光谱（IR）不太适合对重整催化剂进行直接检测。因此，表征过程中几乎总是先将一种或多种探针分子吸附到重整催化剂上，然后再利用红外光谱来辨别探针分子与催化剂某一特征的相互作用。Eischens 和 Pliskin[36] 揭示了红外光谱（IR）在测定酸性以及金属 - 吸附质相互作用中的应用。研究者指出碱类如氨的吸附能够协助对 B 酸和 L 酸位进行定量测定。B 酸位可以通过所形成的铵离子的特征谱带进行鉴别，而 L 酸则通过共价键的特征谱带进行鉴别。在仪器方面的长足进步，包括一些计算机应用程序对光谱背底吸收的扣除，使得检测更低含量的吸附物种成为可能。

图 4-6 给出了氧化铝的羟基谱图[37]，三个峰位分别位于 3800cm^{-1}（Ⅰ）、3745cm^{-1}（Ⅱ）和 3700cm^{-1}（Ⅲ）附近。根据脱水的程度，在 3780cm^{-1}、3760cm^{-1} 和 3733cm^{-1} 处还会有另外的吸收峰出现。在大量研究的基础上，Peri[38] 提出了氧化铝表面的精细模型（图 4-7）。在该模型中，表面羟基官能团最近邻可以有 0、1、2、3 或 4 个氧离子，对羟基类型的这种分类使得对图 4-6 中经过不同热处理后样品的谱带位置和相对强度进行解释成为可能。

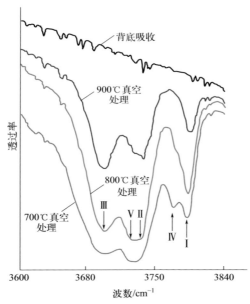

图4-6 氧化铝羟基吸收谱[37]
（罗马数字标示出对图中不同羟基吸收谱带的指认结果）

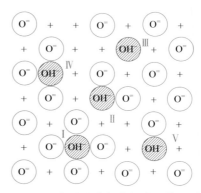

图4-7 部分脱水氧化铝表面的五种羟基离子（以罗马数字表示）[38]
（符号"+"代表在深层的 Al^{3+}）

在氨吸附实验中可以将重量分析和红外光谱分析联合起来[39]。人们发现氨与五种羟基都能结合，除了氨分子的吸附以外，在更高温度时也会有表面反应发生。吡啶吸附及随后升温真空处理的氧化铝样品红外光谱测定（图 4-8）表明[34]，以分子形式吸附的吡啶可以在 150℃真空处理后脱除，而在 1632cm⁻¹ 和 1459cm⁻¹ 处的吸收谱带即使在 565℃处理也未能脱除。这些谱带类似于吡啶与气相路易斯酸生成的配合物的吸收谱带，因此，这些谱带被归结为与 L 酸连接的化学键的特征吸收。氧化铝上吸附吡啶的红外图谱在 1540cm⁻¹ 处没有出现吸收峰，该吸收峰是吡啶与 B 酸位作用生成吡啶离子的特征峰，因此通常认为氧化铝上没有 B 酸位。

L 酸位的酸强度非常重要，并且存在一个较宽的分布。L 酸位的酸强度决定于 Al^{3+} 的不饱和程度，暴露在空位上的四面体配位的 Al^{3+} 的酸性要强于八面体配位的 Al^{3+}[40]。770K 加热后，吡啶在 γ-氧化铝上的化学吸附热在 90kJ/mol 以上，并且化学吸附的吡啶在低于其分解温度 750K 时不能定量脱附[40]。当体积较大的探针分子用于红外光谱研究时，空间位阻效应非常严重。正因为如此，典型的做法一直是用小分子对酸性位进行探测。

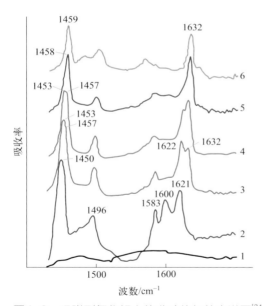

图4-8 吸附到氧化铝上的吡啶的红外光谱图[34]

1—450℃真空处理3h后的γ-氧化铝的谱图；2—25℃吸附吡啶后；3—150℃真空处理3h后；4—230℃真空处理3h后；5—325℃真空处理3h后；6—565℃真空处理3h后

Busca[41] 指出尽管吡啶有毒，味道难闻，挥发性低并且溶于油脂和橡胶，引起气体控制泵的污染，但仍然是在表面酸性表征中应用最广泛的碱性探针分子（图4-9）。然而，随着吡啶的继续使用，对催化剂特定活性位吸收谱带的精确指认成为一项艰巨的任务，一些理论计算方法正被用来辅助完成上述任务[42]。

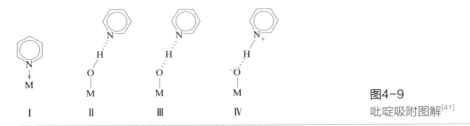

吡啶还可与表面反应，从而使谱图解析更加复杂化。Lavalley[43] 报道了吡啶在 ZnO 上的吸附数据，研究认为游离吡啶的吸附会导致邻位 C—H 键断裂，从而产生 $1546cm^{-1}$ 处的吸收峰。使用吡啶表征硫酸化氧化锆可以发现，在 $1640cm^{-1}$ 处有谱带形成[44]。这一谱带被归属为吡啶邻位氧化生成的类吡啶酮结构的特征吸收，这种类吡啶酮谱带与报道过的吸附在氧化铝上的吡啶经加热形成的谱带类似。

载体酸性红外光谱表征所用的探针分子的种类在不断扩展，并且已经延伸到碱性位的定义[43]。此外，拉曼光谱和红外光谱联合运用提供了更多的信息，增强了所得结论的可靠性[45]。

一氧化碳也被用来探测氧化铝的酸性[46]。在 77K 下，随着分压的增加，吸附在 γ- 氧化铝上的 CO 的红外谱图出现以下谱带：与强正电性的 L 酸位以 σ 键键合的 CO 的谱带（$2238cm^{-1}$），与表面大量的四面体配位的 Al^{3+} 以 σ 键键合的 CO 的谱带（$2210 \sim 2190cm^{-1}$），与表面八面体配位的 Al^{3+} 以 σ 键键合的 CO 的谱带（$2165cm^{-1}$），物理吸附的 CO 的谱带（$3135 \sim 2140cm^{-1}$）。对于室温下 CO 的吸附，谱带不能得到很好的辨析并且还受到氧化铝样品的干扰。

徐广通等[47] 采用 CO 作为探针分子通过原位红外光谱研究了 Pt-Sn 双金属重整催化剂，获得了低 Sn 含量体系中 Sn 的 CO 吸附红外谱图，实验结果证实 Pt 的 CO 吸附特征峰主要以线式吸附状态存在，仅含 Pt 的催化剂上可以观察到 $1826cm^{-1}$ 处 CO 桥式吸附特征峰，添加助剂 Sn 后，CO 桥式吸收峰强度下降，而 CO 线式吸附特征峰的强度则增加，说明 Sn 的加入稀释了 Pt 原子团簇，Pt 原子间距离增大，Pt 的分散度增加；变温 CO 探针吸附原位红外研究表明，随着 Sn 助剂的加入，CO 的脱附温度由 300℃提高到 350℃，同时 CO 特征吸附峰也明显发生蓝移，说明 Sn 的加入一定程度上减弱了活性金属 Pt 中心上的电荷密度，CO 与 Pt 的结合更加紧密。这些研究证实了 Sn 助剂对 Pt 的几何效应和电子效应，同时也说明 CO 探针吸附原位红外是表征 Pt-Sn 重整催化剂的有效手段，可为阐明重整催化剂的助剂作用和研究反应机理提供重要信息。

3．量热分析

酸碱反应会放热，因此另一种测定酸性的方法就是量热法；在金属上的化学吸附也是放热的，因此量热法也可用于金属功能的测定。可对已有的商品仪器进行改装使其适用于重整催化剂的研究[48]，这一仪器能够在低至 200K 的温度下操作。此外，可以对气路控制系统和量热仪进行多种改进，将吹扫气转换到含吸附质气流所引起的基线扰动最小化，以此来增加仪器的灵敏度和精确度。

Gervasini 和 Auroux[49] 使用微量热法测定了 20 种金属氧化物的酸性和碱性。氧化铝属于具有两性特征的氧化物，可以吸附氨和二氧化碳。Cardona-Martinez 和 Dumesic[50] 在对吡啶吸附的微分量热研究中考察了氧化铝，关于微量热技术在酸碱催化剂表征中的应用已经有了综述[51]。该技术的有效性在 Pt-L 分子筛催化剂的研究中已经得到证明[52]。结果显示，在新鲜的 Pt-SiO$_2$ 和 Pt-L 分子筛催化剂上吸附 CO 释放出相近的吸附热，显示相近的 Pt 吸附强度；然而，当催化剂上沉积炭后，在 Pt-SiO$_2$ 催化剂上的吸附热降低而在 Pt-L 分子筛催化剂上的吸附热却不变。在这一实例中，吸附热可能是由金属位和酸性位上的吸附共同产生。

4．X 射线衍射

X 射线衍射（XRD）和 X 射线衍射线宽化技术（XLBA）主要基于去除仪器本身影响的 X 射线衍射峰宽度与被测定的晶粒尺寸相关这一原理。结合现代计算化学工具，XRD 和 XLBA 可以对重整催化剂氧化铝载体的晶粒尺寸和晶面暴露情况进行表征，从而可以得到氧化铝晶粒的微观形貌和优势暴露晶面，这可用于研究不同晶面上铂物种的稳定性和催化性能[53]。催化剂中负载的金属颗粒的衍射峰必须足够强才可以在载体背底上获得可测量的信号，这一要求对于 Pt-SiO$_2$ 催化剂可以轻易满足，但 Pt-Al$_2$O$_3$ 却不行。金属铂的两个主要的衍射强峰落在了晶态氧化铝载体强峰出现的 2θ 区域，这样后者掩盖了前者。因此，XRD 和 XLBA 在表征 Pt-Al$_2$O$_3$ 重整催化剂上具有一定的局限性。这也是为什么 Adams 等[54] 以 Pt-SiO$_2$ 催化剂为对象用电子显微镜、XLBA 和化学吸附三种手段对金属颗粒大小进行对比研究的原因。

从 XLBA 的结果可以计算晶粒的大小，经常采用的方法是测定半峰宽（LWHM）。仪器引起的宽化通常也要考虑，可利用具有较大晶粒的样品测定这一半峰宽，然后用它来修正实测样品的半峰宽。XLBA 技术测定的是晶粒的尺寸而不是颗粒的大小。对于较小的颗粒，例如石脑油重整催化剂中的铂粒子，二者是相同的。然而，随着颗粒的长大，其可能包含两个或更多的晶粒，在此情况下，晶粒尺寸就会比颗粒尺寸小得多[55]。Ascarelli 等[56] 给出了利用 XLBA 来辨别两种不同铂晶粒生长机理聚合过程和奥斯特瓦尔德成长过程（Ostwald Ripening）的计算结果，他们将该方法用于 Pt-C 样品的研究后认为聚合过程与他们的研究数据相吻合。

5. 电子显微镜

Adams 等[54] 测定了特定的 Pt-SiO$_2$ 催化剂 Pt 颗粒的尺寸分布，发现 Pt 颗粒数均直径为 2.85nm，表面平均直径为 3.05nm，而体相平均直径为 3.15nm，通常认为这些粒径数据的统计误差为 10%。

Rhodes 等[57] 通过将分散度为 46% 的样品进行焙烧制备了分散度为 26% ~ 15% 的一系列 Pt-Al$_2$O$_3$ 催化剂，根据透射电子显微镜（TEM）测得的粒径分布，估算了样品的分散度。通过对分散度进行估算，他们获得的数值是 61%、22%、16%，这与利用化学吸附测定的结果具有比较好的一致性。但具有最高分散度的样品一致性较差，他们把这归结为出现较小粒子时计算模型失效。因此，对于石脑油重整催化剂，即贵金属铂在载体上高度分散形成亚纳米级铂簇甚至原子级分散的这一催化剂体系，利用电子显微镜和晶粒模型估算铂分散度的方法并不完全适用。

由载体引起的重叠影像会影响人们对金属粒子的观察，尤其当载体具有一定晶体结构时。White 等[58] 在 Pt-Al$_2$O$_3$ 重整催化剂的高分辨电子显微照片上发现了上述情况。载体引起的反差图像会使金属颗粒更加模糊，从而使其更难分辨。在测定较小金属颗粒的尺寸和形状时，载体对分辨率和图像反差的影响已在相关的理论研究文章中作出了讨论[59]，根据对图像的计算分析，当采用 0.2nm 点分辨率的显微镜观察 1.9nm 厚的无定形载体时，1.2nm 大小的立方八面体晶粒无法被检测出来。粒径大于 1nm 的 Pt 颗粒通常很容易通过明场和暗场显微分析被检测出来。对于更小的颗粒，高角环形暗场成像技术（HAADF）很有用，因为在高角上被散射的电子对于原子数更加敏感，因此在高角条件下与载体相比，铂的灵敏度有所增加。与数字图像处理技术相结合，这一技术可以分辨氧化铝载体上单原子铂或者几个原子组成的铂簇[60,61]。Datye 和 Smith[60] 认为高分散的金属物种在检测上存在的难度可能由物种本身的迁移和难以获得具有足够反差的图像这两个原因共同造成。Nellist 和 Pennycook[61] 较早地采用高分辨电子显微镜对 Pt/γ-Al$_2$O$_3$ 体系进行了原子级分辨的金属形态表征，证实了铂晶粒在体系中呈现多种形态分布，包括由 2 ~ 3 个 Pt 原子组成的二聚体和三聚体，以及平铺状态的 Pt 纳米簇。Huang 等[62] 发现 Pt-Sn/γ-Al$_2$O$_3$ 催化剂上除了含有 TEM 可观察到的较大粒子外，还有数量可观的 TEM 观察不到的粒径小于 1nm 的铂粒子。向彦娟等[63] 采用高分辨球差校正电子显微镜对新鲜的 PS- V 型 Pt-Sn 双金属重整催化剂和对应的工业失活催化剂进行了表征，所得的高分辨透射电子显微镜图像可以同时给出载体的形貌特征，如图4-10所示新鲜催化剂中Pt处于高度分散状态，存在Pt原子簇和Pt单原子物种，而在经过长期使用的失活重整催化剂中可以观察到大粒径的铂晶粒；通过对载体晶形的分析可知失活催化剂中还存在蜂窝状或片状结构的α-Al$_2$O$_3$，说明载体的晶相发生了一定程度的变化；失活催化剂中也可观察到活性金属形成了Pt-Sn合金聚集体，说明经过工业装置上反复的氧化 - 还原再生过程，部分Sn元素可以被还原成为0价金属态，此外在载体上仍然可以观察到呈现原子级分散的Pt物种。这些高分辨电子显微镜的表征结果为揭示重整催化剂中活性金属Pt的存在状态以及Pt与载体和助剂的作用方式提供了较为直接的证明。

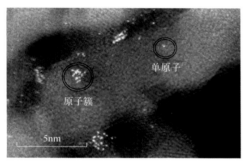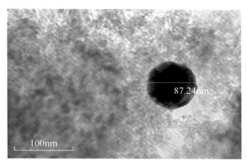

图4-10　PS-V新鲜催化剂（左，STEM）与工业失活催化剂（右，TEM）的电镜照片[63]

刘淑慧等[64]建立了基于电子显微镜照片的原子识别统计方法，对Pt/Al$_2$O$_3$工业催化剂上Pt的存在状态进行了大样本统计分析，结果证实Pt单原子的比例与催化剂的芳构化反应活性正相关，此外采用原位电子显微镜研究发现，氧化气氛下加热时，铂团簇可以动态地转变为Pt单原子。

6. 化学吸附法

氢气在金属上的化学吸附和铂金属或其他金属裸露的原子数目相联系。化学吸附测定很容易被应用于Pt-氧化铝重整催化剂。包括CO、H$_2$、O$_2$和NO在内的多种气体已经被用来进行相关测试。载铂硅胶催化剂的氢气吸附等温线具有代表性，化学吸附在0.1mmHg（13.33Pa）或更低的压力下完成，在较低的温度下饱和吸附量较大。饱和吸附量决定于氢气气氛下还原及降温后真空处理时的温度。Adams等[54]发现随着真空处理温度升高到250℃，化学吸附量也随之增加，但从250～800℃，化学吸附量保持不变，而在900℃下处理却会降低，这大概是因为铂或载体发生了烧结。

为了计算分散度，首先需要确定完全覆盖金属表面所需的氢气或其他化学吸附气体的体积，一般可以使用两种方法获得对应于单层覆盖的气体体积：第一种，可以将吸附等温线外推至压强为零处（图 4-11），如此得到的数值即为合适的单层覆盖吸附量；第二种，先进行等温线的测定，这样可获得压强达到 53.3kPa 左右的 4 ~ 10 个数据点，然后在吸附温度下以 0.1Pa 或更低的压力对样品进行抽真空处理，这样测定第二条等温线，在任意压强处，第一条等温线和第二条等温线之差对应于化学吸附的气量。对于大多数 Pt-Al₂O₃ 催化剂，这两种方法得到的化学吸附氢气量具有相近的体积。

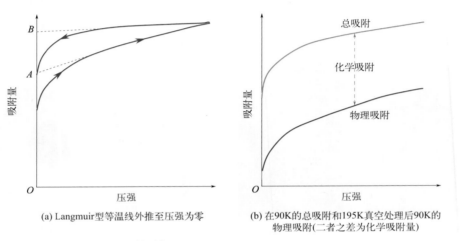

(a) Langmuir型等温线外推至压强为零　　(b) 在90K的总吸附和195K真空处理后90K的
　　　　　　　　　　　　　　　　　　　　　物理吸附(二者之差为化学吸附量)

图4-11　典型的化学吸附测定

　　Via 等 [65] 测定了室温下 Pt-Al₂O₃ 催化剂和载体的氢气化学吸附等温线（见图 4-12），曲线 A（在 Pt-Al₂O₃ 上的吸附）和曲线 B（在氧化铝载体上的吸附）的差值在测定的氢分压下（5 ~ 15cmHg）（1cmHg=1333.22Pa）保持恒定。然而，单独把载体自身的氢气化学吸附曲线外推至压力为零时并没有得到预期为零的吸附数值。对于这一特定的催化剂，从两条曲线的差值（A–B）得到的 H/Pt 为 0.9。相反，如果将 Pt-Al₂O₃ 催化剂的吸附曲线外推至氢分压为零（曲线 A），则相应的 H/Pt 为 1.2。

　　现在仍然不能确定化学吸附测试时 H/Pt 化学计量比的准确值。对于被广泛使用的金属铂催化剂，氢与表面铂原子的化学计量比通常为 1，可利用 XRD 和 TEM 测定铂分散度从而对 H/Pt 进行检验。表面科学测量也显示处在面心立方金属单晶（111）面上每个金属原子最多可吸附一个氢原子[66]。一般认为，大于 2nm 的铂金属颗粒大部分由（111）面构成，因此 H/Pt 取值为 1 是合理的，但也有研究者报道了含铂催化剂上的 H/Pt 大于 1[67]。

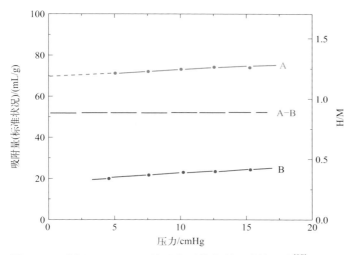

图4-12 室温下Pt-Al₂O₃体系典型的化学吸附等温线[65]

（等温线A是原始曲线，而等温线B是在等温线A测定完成后对吸附池进行10min真空处理后测定的，差值等温线A-B是等温线A减去B得到的）

关于 H/Pt＞1 的结果，人们给出了许多解释。对于大多数催化剂来讲，可逆吸附的氢占了总吸附氢的一部分；而通常只有不可逆吸附的氢才能被用来测定金属表面积。也有人把较高的 H/Pt 比值归因于氢溢流现象。一些人认为小金属颗粒上角位和（或）边位的每个表面金属原子可以吸附一个以上的氢原子。另一个 H/Pt 高的可能因素是一部分氢原子与最外层下面的原子相结合。Kip 等 [68] 对在金属表面之下的吸附或部分金属表面的多重吸附给出了解释。

常永胜等 [69] 采用正庚烷、环己烷、苯和甲苯等重整过程中的反应物或产物分子作为有机探针分子，通过吸附量测定表征了重整催化剂中 Pt 的可接近度，所得结果显示尽管这些分子的直径远大于氢分子，但仍然可以有效地吸附到铂中心上，进而能够给出催化剂中 Pt 的可接近情况，Pt/Al₂O₃ 催化剂上 Pt 的可接近性好于 Pt-Sn/Al₂O₃ 催化剂，这体现了助剂通过所谓的电子效应和几何效应对 Pt 进行了修饰，使得 Pt 中心的性质发生了变化。

7. 氢氧滴定法

氢氧滴定法由 Benson 和 Boudart 在 1965 年提出 [70]。这一方法被认为可以减少或消除由氢溢流引起的误差，同时与氢吸附比较其灵敏度有所提高。氢氧滴定法的结果可以通过下面所列反应的简单化学计量比得出。

$$Pt+1/2H_2 = Pt-H（氢的化学吸附，HC）$$
$$Pt+1/2O_2 = Pt-O（氧的化学吸附，OC）$$

$$\text{Pt-O+3/2H}_2 \Longrightarrow \text{Pt-H+H}_2\text{O（氢滴定，HT）}$$
$$\text{2Pt-H+3/2O}_2 \Longrightarrow \text{2Pt-O+H}_2\text{O（氧滴定，OT）}$$

Isaacs 和 Petersen[71] 发现根据氢气化学吸附得到的分散度高于氢氧滴定法得到的数值，据计算氢气滴定所得分散度与氢气化学吸附所得分散度的比值是 0.82，这与 Kobayashi 等 [72] 得到的 0.81 的数值具有很好的一致性。

杨维慎、马爱增等 [73,74] 采用氢氧滴定法对 Pt-Sn/Al$_2$O$_3$ 催化剂进行表征，通过在室温和高温分别进行氢气滴定获得了所谓的两种铂物种的相对含量，研究认为两种铂物种中一种与载体直接作用，另一种则与助剂和载体同时发生相互作用。

O'Rear 等 [75] 利用表面清洁的铂粉研究了滴定法的化学计量比，并对比了根据氢气化学吸附计算得到的铂颗粒的面积平均粒径和 TEM 测得的数均粒径或者由 XLBA 测得的体积平均晶粒尺寸，利用氢气化学吸附测定的粒径和其他方法之间具有很好的一致性（图 4-13）。

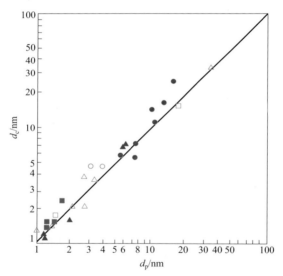

图4-13 设定化学计量比系数为1时，氢气化学吸附测得的担载铂晶粒尺寸（d_c）和透射电镜（TEM）、X射线衍射峰宽化技术（XLBA）等测得的晶粒尺寸（d_p）[75]

表 4-3 总结了一种商用重整催化剂（CK-306；组成相同但并非同一样品）在三个实验室中获得的铂分散度的测量结果，从中可以看出，即使采用不同的实验方法，给出的数值也相近 [76]。

Griselda 等 [77] 通过氢氧滴定测定 Pt-Sn/γ-Al$_2$O$_3$ 催化剂中 Pt 的分散度，实验

结果显示还原后的双金属催化剂中存在还原态的金属态 Pt 和合金 Sn，在用氧气滴定氢吸附后的催化剂时金属 Pt 和合金 Sn 都能吸附氧，而在氧吸附后的再次氢滴定过程中，金属 Pt 上吸附的氧可以被氢滴定，而合金 Sn 上吸附的氧不能被氢滴定，这样就可以结合吸附过程和滴定过程测定 Pt 的分散度并得出合金 Sn 的量。Rajeshwer[78] 认为还原后的双金属催化剂上可能存在非合金 Pt、非合金的 Sn 和 Pt-Sn 合金，可以通过不同温度下的氢氧滴定来表征非合金 Pt、合金 Pt 及合金 Sn。靳彪等[79] 采用氢氧滴定法对不同 Pt 分布形态的 Pt-Sn/γ-Al$_2$O$_3$ 催化剂进行了表征，结果也证实了 Pt 和 Sn 之间可以形成合金。

表4-3　不同方法测定的铂分散度数值对比[76]

方法	分散度/%
A	82
B	73
C	81
D	79

注：A—静态化学吸附；B—Pt-O 表面的体积法氢气滴定；C—Pt-O 表面气相色谱法氢气滴定；D—Pt-H 表面气相色谱法氧气滴定。

8. 程序升温脱附（TPD）、程序升温还原（TPR）、程序升温氧化（TPO）

在特定气氛下的程序升温技术是表征负载型金属催化剂常用的手段[80,81]。以碱性气体如 NH$_3$ 为介质，通过程序升温脱附技术可以表征重整催化剂的酸性特征，一般在惰性气氛下将样品升温到 500 ~ 600℃进行处理，随后降至 100℃左右吸附 NH$_3$，再用惰性气体吹扫以除去物理吸附的 NH$_3$，随后在惰性气体吹扫下即可以一定的升温速率进行 NH$_3$-TPD 测定，同时可用质谱检测脱附物质的种类。NH$_3$-TPD 脱附的 NH$_3$ 的总量或脱附峰面积对应于总酸量，而不同温度下的脱附量则对应于酸强度[82]。

程序升温还原（TPR）技术可以用来研究重整催化剂中负载金属的可还原性特征。在进行 TPR 测试前，需要先将重整催化剂在高温、含氧气氛下变为氧化态，随后降至室温在 H$_2$ 等还原性气体流中以一定的升温速率进行 TPR 测定，通过热导检测等方式测定氢气浓度的变化，即获得了不同温度下催化剂中氧化态金属的还原特征。一般认为较大的铂聚集体更易被还原，而与载体或者助剂金属发生较强相互作用的铂物种则要在更高的温度下才能被还原，这样根据所得 TPR 图中还原峰的大小和位置可以对铂分散情况和与载体及助剂的作用强弱进行讨论[74]。

程序升温氧化（TPO）技术经常被用来表征催化剂上的积炭[12]，即在一定的升温速率下以固定氧含量的气体通过催化剂样品，通过热导检测等方式记录气体组成的变化，已有的研究结果表明催化剂上的积炭主要可以分为两类，即活性金属上的积炭和载体上的积炭，分别对应 TPO 图上的低温峰和高温峰。

第四节
重整催化剂的再生过程

在装置运行过程中，重整催化剂的活性和选择性会逐渐下降，重整产品的芳烃含量或辛烷值降低，除了由于催化剂不可避免地受杂质污染而中毒，或者催化剂在高温下发生烧结而使孔结构和比表面发生不利变化外，主要原因是催化剂上生成的积炭阻止了反应物与催化剂活性位的接触，需要通过烧焦过程除去催化剂上的积炭，恢复催化剂活性。同时在反应和烧焦过程中，催化剂上活性金属铂会发生聚集，这也会影响催化剂性能。为了使聚集的铂重新分散，在催化剂再生过程中还要进行氯化更新步骤，通过注入含氯有机物辅助铂的分散。

一、重整催化剂的烧焦

催化剂的烧焦过程就是用含氧的氮气烧掉催化剂上积炭的过程。烧焦是催化剂再生过程中耗时最长的一个过程，它与烧焦温度、烧焦压力以及催化剂积炭的性质和含量等因素有关。

1．烧焦温度的影响

催化剂上的积炭分为金属上的积炭和载体上的积炭，这两部分积炭的性质和含量是有区别的，金属上的积炭量相对于载体上的积炭量要少且 H/C 比较高[83,84]。根据这一区别，为了避免催化剂烧结，可以分三个阶段进行烧焦，表 4-4 为铂铼催化剂烧焦的操作指标和要求。在烧焦过程中要严格控制好温度，实现稳定燃烧。由于 Pt 的催化性质和积炭富氢，第一阶段主要是烧掉金属上的积炭和部分载体上的积炭。第一阶段烧焦结束后，第二阶段主要是烧掉载体上 H/C 比较低的积炭。烧焦过程中氮气连续补入系统并在重整分离器放空，以降低循环气中 CO、CO_2、SO_2 的浓度。有时为了保证烧焦完全，还需要进行第三阶段烧焦，将反应器入口温度升到 480℃，同时提高系统气中氧体积分数不小于 5.0%，烧去残炭。

此时因催化剂上残炭很少，不会发生剧烈燃烧而超温。当反应器内燃烧高峰过后，温升会很快下降。如果反应器出、入口温度相同或反应器出、入口氧浓度不变，表明反应器内积炭已基本烧完。

表4-4　铂铼催化剂烧焦的操作指标和要求

烧焦阶段	入口温度/℃	升温速率/（℃/h）	第一反应器入口氧体积分数/%	温升控制/℃	N_2置换条件			结束标准
					CO_2体积分数/%	SO_2体积分数/%	CO体积分数/%	
一	400	40～50	0.5～1.0	≤60	>10	>5	>1000	各反应器温升均<5℃，最后一个反应器出口O_2体积分数>0.8%，CO_2无明显增加
二	440	20	1.0～5.0	≤20	>10	>5	>1000	床层无温升，系统无氧耗，CO_2不增加
三	480	20～30	≥5.0	≤20	>10	>5	>1000	床层无温升，系统无氧耗，CO_2不增加

2．烧焦压力的影响

压力提高，在控制相同氧浓度的情况下，实际上提高了氧的分压，这会加快烧焦速度，缩短烧焦时间[85]。另外，烧焦时再生气质量流量大，能及时将所产生的热量带出，减小床层温升，进而减少催化剂上金属的聚集。因此，在设备允许的情况下，可以适当提高烧焦时系统压力，以加快催化剂烧焦速度。

二、催化剂的氯化更新

在烧焦过程中，会产生较多的水，在高温下，一则导致催化剂上氯的流失，再则使活性金属晶粒聚集。这样，既影响了催化剂的酸性功能，又影响了金属功能。因此催化剂在烧焦后，需要进行氯化更新，这是再生过程中很重要的一个步骤。在含氧气氛下，向催化剂中注入一定量的含氯有机化合物，高温下使金属充分氧化，在聚集的铂金属表面上形成 Pt—O—Cl 物种，其与载体的作用力增强，使得较大的金属晶粒再分散，并补充由运行和烧焦时所损失的氯组分，以提高催化剂的性能[86]。

氯化更新的效果与循环气中氧、氯和水的含量及氯化温度、时间有关。一般循环气中氧气摩尔分数大于8%，控制合适的水氯摩尔比，温度在 490～510℃ 之间，时间 6～8h。不同类型的重整催化剂由于其性质不同，因此在氯化更新时的补氯量也不同。在其他条件相同时，如果系统水含量偏高，就会导致催化剂上的氯含量和 Pt 的金属分散度偏低。氯化更新时要密切注意催化剂床层温度的变化，在高温时，如注氯过快，或催化剂上残炭太多，会引起燃烧，将损坏催化剂。氯化更新时还要防止烃类和硫污染。

氯化更新时，不同介质对重整催化剂上 Pt 分散度的影响程度不同，从而影响催化剂的性能，氯化更新后使 Pt 分散度更高的介质更好。国内科研人员考察了 N$_2$、空气和含适量氯化剂的空气等三种介质对 Pt 分散效果的影响，结果如图 4-14 所示（图中以含适量氯化剂的空气为介质时达到的分散度为 1）。

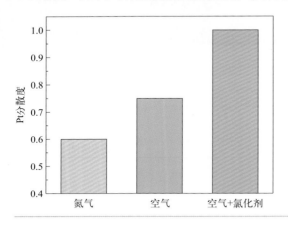

图4-14
不同介质对重整催化剂的
Pt分散度影响

Franck 等 [87] 提出了 Pt/Al$_2$O$_3$ 催化剂氯化更新的机理过程，即在氯化更新过程中，在 O$_2$、氯化剂和 AlCl$_3$ 的作用下，形成了 PtCl$_2$(AlCl$_3$)$_2$ 复合物，然后在载体上生成 PtCl$_2$O$_2$ 复合物，它可以还原为单分散的活性 Pt 簇团。这说明在氯化更新过程中氧气和氯化剂缺一不可。周昕曈等 [88] 采用密度泛函（DFT）计算工具对 Pt/γ-Al$_2$O$_3$ 体系中氯在金属再分散过程中的作用进行了研究，计算过程中将铂晶粒的再分散过程简化为两个步骤，即铂原子从晶粒中分离步骤和被氧化铝载体表面捕获步骤，而将 HCl 引入含氧再生气氛中对于两个步骤都有促进作用，从而保证在催化剂再生条件下金属再分散的各个步骤均为热力学自发过程，HCl 吸附在氧化态的铂颗粒表面后形成类似于 Pt(OH)$_x$Cl$_y$ 结构的小团簇，热力学计算表明这类物质更易于从大的金属颗粒上脱落从而引发再分散过程，同时，铂氯结合的物种更容易被氧化铝表面捕获并在氧化铝表面各个位点稳定吸附，这一研究结果为氧氯化过程中铂金属的再分散现象提供了理论解释。

氯化更新时间对铂再分散的效果也很重要，时间太短会影响氯化更新的效果。氯化更新时间对 Pt 分散度的影响，结果如图 4-15（图中以氯化更新时间为 8h 时 Pt 的分散度为 1）。从图 4-15 可以看出，氯化更新时间达到 8h 后 Pt 分散度达到最高，而且不随时间的延长而增加，因此确定氯化更新时间为 8h 为最好。

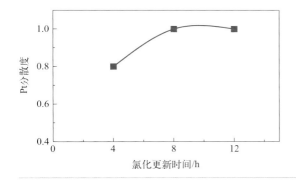

图4-15
氯化更新时间对Pt分散度
的影响

三、催化剂的还原

氯化更新后的催化剂，必须用氢将金属组元从氧化态还原成金属态，催化剂才有良好的活性。以铂铼重整催化剂为例，还原过程中发生如下反应。

$$PtO_2+2H_2 \longrightarrow Pt+2H_2O$$

$$Re_2O_7+7H_2 \longrightarrow 2Re+7H_2O$$

催化剂还原时控制反应温度在 $450 \sim 500℃$，还原后的催化剂，铂晶粒小，金属表面积大，而且分散均匀。还原时必须严格控制还原气中的水和烃。因为水会使铂晶粒长大和载体表面积减小，从而降低催化剂的活性和稳定性，所以必须严格控制还原气中水以及尽量吹扫干净系统中残存的氧。

胡勇仁等[89,90]用铂质量分数为 0.22%、铼质量分数为 0.43%、氯质量分数为1.20% 的铂铼催化剂进行实验，结果表明干燥还原时存在一个适宜的还原温度区$450 \sim 500℃$，此时正庚烷转化甲苯的选择性和 C_5^+ 液收选择性最好；还原氢气中水含量大于或等于 $500μL/L$ 时，催化剂的选择性和稳定性变差。胡勇仁等[90]采用双分子探针 NO 和 CO 进行竞争吸附红外光谱实验，结果表明，对铂铼催化剂，还原氢气中水含量为 $6000μL/L$ 时，对铂氧化物的还原没有明显的影响，但抑制铼氧化物的还原，结果导致催化剂催化正庚烷转化甲苯的选择性、C_5^+ 液收选择性和稳定性变差。为了除去再生过程中生成的水，避免水的不利影响，一般要在还原时投用再生好的分子筛以吸附掉气氛中的水。

烃类（C_2^+）在还原时会发生氢解反应，所产生的积炭覆盖在催化剂的金属表面，影响催化剂的性能。同时由于氢解反应，产生大量热量，催化剂局部表面过热而可能使催化剂烧结。由氢解所产生的甲烷，使还原氢浓度大大下降，不利于还原。如果增加重整氢活性炭吸附处理设施，以除去其所含 C_2^+ 的烃类，则可达到用纯氢（电解氢）还原的同样效果，表现在还原时循环氢浓度保持较高的水平。

四、催化剂的预硫化

铂锡连续重整催化剂还原后不需要进行预硫化，而还原态的铂铼或铂铱等系列重整催化剂具有很高的氢解活性，如果不进行预硫化，将在进油初期发生强烈的氢解反应，放出大量的反应热，使催化剂床层温度迅速升高，出现超温现象。一旦出现这种现象，往往会造成严重后果，轻则造成催化剂大量积炭，损害催化剂的活性和稳定性，重则烧坏催化剂和反应器。对催化剂进行预硫化，目的在于抑制新鲜或再生后催化剂过度的氢解活性，以保护催化剂的活性和稳定性，改善催化剂初期选择性。

催化剂预硫化时可使用二甲基二硫醚或二甲基硫醚（分析纯，纯度≥99%）等硫化剂。硫化剂加入量可根据催化剂上铼或铱的含量、重整装置状况（新装置需多注一些）以及催化剂上已含有的硫量等因素确定。

催化剂还原结束，符合硫化条件要求后，切除在线水分分析仪和在线氢纯度分析仪，切除分子筛罐，调节并控制好注硫速度，按照计算好的注入量将硫化剂在 1h 内均匀地注入各重整反应器，同时密切注意检测各反应器出口气中 H_2S，观察硫穿透时间及反应器温升等情况。注硫结束后反应系统继续循环 1h，使催化剂硫化均匀。

五、重整催化剂的再生方式

不同类型催化剂由于自身的特点、反应原料及反应条件不同，其再生的条件和方法也不尽相同，不同的专利商拥有自己的专利、专有再生技术。

连续重整工艺通常以 $Pt-Sn/Al_2O_3$ 为催化剂，与半再生重整催化剂 $Pt-Re/Al_2O_3$ 不同，催化剂在使用过程中不需要硫化，在再生过程中要经历烧焦、氯化更新、还原等步骤。连续重整工艺中催化剂在反应器和再生器之间连续流动，经过重整反应后已积炭的待生催化剂从最后一个反应器底部出来，经过提升输送至再生器进行连续烧焦再生。待生催化剂进入再生器后，先在烧焦区内以高温低氧的条件烧除催化剂上的积炭，从而控制烧焦过程的放热，通常烧焦区烧焦气体的入口温度为 470～480℃，氧含量控制在 0.5%～1.3% 之间，烧焦放热会使催化剂床层发生温升，通常床层最高温度需要控制在 560℃以下，以防止过高的温度对催化剂造成伤害。烧焦后的催化剂继续向下流动即进入氧氯化区，在氧氯化区通入的高温高氧含量的气体中引入有机氯化物，如四氯乙烯，这样可以实现铂金属的再分散并调节催化剂上的氯含量至合理范围，通常氧氯化区气体的入口温度达到510℃。氯化后的催化剂再输送至还原区，利用氢气对催化剂进行还原，还原温度一般需要达到 500℃以上，还原后的催化剂其活性可以得到有效恢复，并再次进入反应器发挥催化作用。向彦娟等 [91] 利用高分辨电子显微镜对再生前后的连续重整催化剂进行了表征，发现催化重整反应后的积炭待生催化剂中铂晶粒发生了一定聚集，可以观察到粒径为 5～10nm 的铂晶粒存在，而经过再生后聚集的铂晶粒可以实现重新分散。在连续重整工业装置运行过程中，再生过程的注氯环节出现异常，可能导致铂分散状况变差，发生一定程度的铂聚集。马爱增等[92,93]的研究表明 Pt 晶粒聚集是催化剂性能下降的主要原因之一，短期操作异常导致的 Pt 金属聚集，可以通过常规的氧氯化和还原过程使聚集的铂晶粒再分散，恢复催化剂的性能，但当铂聚集成较大的铂晶粒或者催化剂结构发生变化时就很难被再分散。

半再生重整催化剂的再生可分为器内（在线）和器外（离线）两种方式。器内再生是重整装置停工后催化剂不从重整反应器内卸出，直接在反应器内完成烧焦、氯化更新、还原和硫化等再生步骤；器外再生是重整装置停工后将催化剂从重整反应器内卸出进行过筛，然后在催化剂再生厂家专门的设备上分别完成催化剂烧焦、氯化更新、还原和硫化等步骤。国外大多数的半再生重整装置设计反应压力较高，基本采用催化剂器内再生方式，只要再生过程控制合适，催化剂的反应性能将得到较好恢复。SR-1000 催化剂在哈萨克斯坦奇姆肯特炼油厂首次器内再生结果表明再生剂具有较好的活性、选择性，展现了催化剂良好的再生性能[94]。

2004 年以前，国内炼油企业的半再生重整装置大都采用催化剂器内再生方式。近年在实际应用过程中发现，不少半再生重整装置在催化剂再生过程中因含积炭催化剂烧焦、氯化更新和还原等过程中存在装置和设备氯腐蚀而导致换热器、空冷器和水冷器内漏，烧焦过程发生超温导致催化剂和反应器内构件烧坏，催化剂硫污染，以及影响装置检修和开工进度等不利情况，在条件允许下，几乎所有炼油企业的半再生重整装置均采用催化剂器外再生方式。某 450kt/a 半再生重整装置完成 SR-1000 催化剂器外再生后的反应结果如表 4-5 所示。从表 4-5 可以看出，与新鲜催化剂对比，器外再生 SR-1000 催化剂具有良好的反应性能，说明器外再生技术可靠、可行。

表4-5　SR-1000新鲜催化剂与器外再生催化剂工业应用结果

项目	SR-1000新鲜催化剂	SR-1000器外再生剂
原料		
馏程（ASTM D-86）/℃	75～175	75～170
芳烃潜含量（质量分数）/%	30.2	32.5
反应条件		
加权平均入口反应温度/℃	482	483
重量空速/h⁻¹	1.56	1.62
重整高分压力/MPa	1.20	1.20
反应结果		
C_5^+稳定汽油收率（质量分数）/%	88.5	89.0
C_5^+稳定汽油RON	91.7	94.3

第五节
重整催化剂的开发应用

目前工业上使用的主要是铂铼和铂锡两大系列催化剂，均采用热稳定性好的 $\gamma\text{-Al}_2\text{O}_3$ 为载体。铂铼催化剂用于固定床半再生重整装置，铂锡催化剂用于移动床连续重整装置。我国重整催化剂的主要组成见表4-6。

表4-6　国内重整催化剂的主要组成

系列	组成/%		外形	催化剂牌号	系列	组成/%		外形	催化剂牌号
	Pt	助剂				Pt	助剂		
铂铼	0.50	0.30	球	CB-5B	铂铼	0.23	0.40	条	SR-1000
	0.30	0.28	球	CB-6		0.25	0.40	条	SR-2000
	0.21	0.42	球	CB-7	铂锡	0.38	0.30	球	3861
	0.15	0.30	球	CB-8		0.29	0.30	球	GCR-10
	0.25	0.30	球	CB-11		0.35	0.30	球	PS-Ⅳ/3961
	0.25	0.25	条	CB-60（3932）		0.28	0.30	球	PS-Ⅴ/GCR-100
	0.21	0.46	条	CB-70（3933）		0.28	x	球	PS-Ⅵ/RC011
	0.25	0.25	条	PRT-C		0.35	x	球	PS-Ⅶ/RC031
	0.21	0.47	条	PRT-D		0.25	x	球	PS-Ⅷ/RC191

一、铂锡催化剂

我国早期开发的铂锡双金属重整催化剂，贵金属铂的含量较高（≥0.5%），主要用于半再生式重整装置，虽具有液体收率高、选择性好等优点，但稳定性不如铂铼催化剂，因此铂锡双金属重整催化剂已不再用于半再生重整工业装置。

随着连续重整工艺不断向低压、高苛刻度发展，对催化剂提出了更高的要求。首先，要求催化剂具有良好的低压、高温反应性能，即需要催化剂具有较高的液体产品收率、氢气产率，同时保持较低的积炭速率；其次，催化剂要有良好的再生性能、良好的抗金属烧结性能；再次，要求催化剂具有优良的水热稳定性，从而在较长的时间内保持较高的比表面积，维持催化剂较好的持氯能力，保证催化剂较长的使用寿命；最后，要求催化剂具有均匀的粒度分布、较好的球形度和较高的抗磨性能，使其可以在装置应用时顺畅流动并降低粉尘的生成。

随着连续重整工艺的引进，国内于1986年开发成功了第一个连续重整催化剂 3861，随后又开发了一种低铂含量的 GCR-10 催化剂，于 1990 年和 1994 年分别在两套连续重整装置上工业应用。这两种催化剂均表现出良好的活性、选择性和抗磨损性能。

表 4-7 列出了工业生产的 3861 和 GCR-10 催化剂的主要物理性质。

表4-7 3861和GCR-10铂锡重整催化剂的物理性质

项目	3861	GCR-10	项目	3861	GCR-10
铂含量/%	0.38	0.29	平均粒度/mm	1.6	1.6
堆积密度/(g/mL)	0.56	0.56	颗粒压碎强度/N	57	59
比表面积/(m²/g)	188	192	磨损率[①]/%	3.0	3.2

①石科院企业标准 Q/SH 3360　288—2019，规格要求＜4%。

为了适应新一代连续重整工艺操作苛刻度的提高和再生频率的增加，我国开发出新一代高活性、高水热稳定性的 PS-Ⅳ 型铂锡连续重整催化剂，于 1996 年在一套引进的连续重整工业装置上使用。1998 年，低铂含量的 GCR-100 催化剂研制成功并投入工业应用。PS-Ⅳ 型催化剂的活性评价结果见表 4-8，可见在运转工况相似的前提下，其芳烃产率和氢气产率均优于装置原使用的国外催化剂。

表4-8 PS-Ⅳ型铂锡重整催化剂活性评价结果

项目	工况1	工况2	原使用国外催化剂
原料			
密度/（kg/m³）	734.7	734.5	735.5
芳烃潜含量（质量分数）/%	41.55	41.67	42.06
评价条件			
床层平均温度/℃	489.5	489.0	492.2
压力/MPa	0.86	0.86	0.86
体积空速/h⁻¹	0.85	0.90	0.85
评价结果			
芳烃产率/%	60.2	59.6	58.9
氢气产率/（m³/t）	344	353	302

为了进一步降低催化剂的积炭速率，提高催化剂的选择性，开发高选择性连续重整催化剂，一种方法是降低催化剂的比表面积，从而降低催化剂的总酸量，然而催化剂比表面积的下降对催化剂性能有较大影响。比表面积降低以后，催化剂上与氯结合的活性位点减少，催化剂的持氯能力降低，而氯对于确保铂的有效分散和提供适宜的酸性至关重要，因此必须保证催化剂上具有合适的氯含量。为了保证在催化剂上达到同样的氯含量，低比表面积的催化剂需要在催化剂再生环节注入更多的氯。大量氯的注入，使得重整产物中的氯含量增加，由此带来管线、设备和机泵等的严重腐蚀[95]。同时降低比表面积还会缩短催化剂的使用寿命。正是因为降低比表面积这一路线存在上述弊端，石科院没有采用这一技术路

线，而是维持催化剂的高比表面积，通过引入稀土助剂对催化剂的酸性功能进行优化，一方面使得总酸量和强酸量减少，另一方面保留了足够量的中强酸，这一优化可以有效降低催化剂的积炭速率。

在金属功能方面，一般认为重整催化剂中有两种铂活性中心，即 M1 中心和 M2 中心[96,97]，M1 中心直接锚定在 γ-Al$_2$O$_3$ 载体表面，为多 Pt 簇团，对应于氢氧滴定实验中的低温氢吸附；M2 中心则锚定在 γ-Al$_2$O$_3$ 载体上 Sn 氧化物或助剂氧化物表面，与这些氧化物之间产生强相互作用，可对应于氢氧滴定中的高温氢吸附，其结合情况如图 4-16 所示。在反应性能方面，M1 中心适合积炭、氢解等结构敏感反应，M2 中心相对更适合于脱氢及异构化等结构不敏感反应，即在一个 Pt 原子活性位上即可发生的反应。M1 中心对应的反应为重整过程中不希望发生的副反应，M2 中心对应的则是重整过程中需要发生的反应，如果能调节 M1 和 M2 两种活性中心的比例，则可以达到优化催化剂反应性能的目的。向 Pt-Sn/Al$_2$O$_3$ 催化剂体系中引入稀土助剂后，Pt 金属分散度基本不变，但可以有效调变两种 Pt 中心的比例，随着所加稀土量的适度增加，Pt M1 中心减少，而 Pt M2 中心增多，这样可以降低重整过程中副反应的发生概率，降低催化剂的积炭速率，使得重整过程的目标产物收率得到提高[74,95,97]。

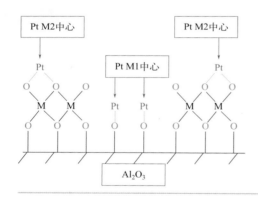

图4-16
重整催化剂两种铂中心示意图[97]

石科院开发人员通过对载体性质、金属组元和制备方法的全方位考察，获得了"两种金属中心及酸性中心作用"的创新认识，提出了调控"金属 - 酸性"双功能的技术方案，进而实现了金属活性中心和酸性活性中心的最佳匹配。在此基础上开发了低积炭速率、高选择性连续重整催化剂 PS-Ⅵ（工业牌号：RC011），并于 2001 年 5 月在镇海炼化一套引进的 800kt/a 连续重整装置上首次工业应用，与装置上原使用的催化剂相比，PS-Ⅵ催化剂的积炭速率明显降低，下降幅度达26.3%，在芳烃产率明显提高的情况下，稳定汽油产率增加 1.32%，氢气产率提高 9.5%；催化剂在运行中的细粉生成量平均为 0.7kg/d，说明催化剂具有良好的机械强度和抗磨损性能；经过 423 个再生周期后，该催化剂的比表面积为 147m²/g，说明其具有优异的水热稳定性[98]。2002 年 5 月，PS-Ⅵ在洛阳石化另一套引进的 700kt/a 连续重整装置上应用，替代原使用的 3861 催化剂，应用结果同样显示 PS-Ⅵ催化剂具有高活性、高选择性和低积炭速率的特点[99]。潘锦程等[100] 的研究结果表明 PS-Ⅵ在具有优异水热稳定性的同时显示出更强的持氯能力，这可以减少重整装置运行过程中氯化物的注入量，从而减轻氯对设备的腐蚀，提高装置运行的稳定性。方大伟等[101] 对催化剂全生命周期的综合成本进行了估算，结果显示 PS-Ⅵ催化剂具有更低的使用成本，可以为企业更好地降本增效。一系列应用和研究结果表明，PS-Ⅵ催化剂综合性能达到国际领先水平[101-104]。截至 2021 年该剂已在中国石化、中国石油、中国海油及地方炼油企业的 60 多套连续重整装置上成功应用，国内市场占有率超过 50%。目前已有多家国外公司对 PS-Ⅵ重整催化剂展现浓厚兴趣，该催化剂正在走向海外市场。

继 PS-Ⅵ连续重整催化剂开发成功后，石科院通过助剂的选择和催化剂制备工艺的改进，进一步调控两种铂活性中心的比例，优化匹配金属功能和酸性功能，2004 年成功开发并工业应用了抗干扰性能更优的新一代高铂型连续重整催化剂 PS-Ⅶ，不仅成功解决了铂含量增加而引起积炭增加的难题，而且使装置的液体收率、芳烃产率和氢气产率明显增加，其运行稳定性更好，特别适合生产芳烃的装置使用[105,106]。

2018 年新型高堆密度连续重整催化剂 PS-Ⅷ开发成功，其堆密度达到 0.66g/mL，较高的堆密度允许更高的运行空速，从而可以有效提高装置的处理能力，适用于现有装置的扩能改造和新建的大型连续重整装置，同时 PS-Ⅷ的铂含量适度降低，在保证催化剂活性的同时维持了催化剂贵金属投资基本不变。2021 年 4 月，中国石化九江分公司对 1.2Mt/a 连续重整装置进行扩能改造，开展了 PS-Ⅷ（工业牌号：RC191）催化剂的首次工业整装应用试验[107]。工业应用结果表明，在液体产品研究法辛烷值（RON）均达到 101.8 的情况下，使用 PS-Ⅷ时加权平均床层温度较 PS-Ⅵ时低 3℃，液体产品收率提高了 0.5 个百分点，芳烃产率提高 0.4 个百分点，催化剂积炭量较低，PS-Ⅷ催化剂具有更高的活性和选择性，较高的活性可以降低反应温度，减少燃料气消耗，从而降低碳排放。PS-Ⅷ催化剂具有更高的压碎强度，使其在催化剂循环量增加的情况下，仍能保持较低的损耗量。PS-Ⅷ催化剂的成功应用为炼化企业连续重整装置扩能改造提供了新的技术方案，推进了国产连续重整催化剂系列化进程，提高了国内连续重整技术的竞争力和影响力。

表 4-9 列出了工业生产的 PS 系列各类型催化剂 3961、GCR-100、RC011、RC031 和 RC191 的主要物理性质。

表4-9 3961、GCR-100、RC011、RC031和RC191重整催化剂的物理性质

项目	3961 （PS-Ⅳ）	GCR-100 （PS-Ⅴ）	RC011 （PS-Ⅵ）	RC031 （PS-Ⅶ）	RC191 （PS-Ⅷ）
铂质量分数/%	0.35	0.28	0.28	0.35	0.25
堆密度/（g/mL）	0.56	0.56	0.56	0.56	0.66
比表面积/（m²/g）	206	200	196	194	200
平均粒度/mm	1.6	1.6	1.6	1.6	1.6
颗粒压碎强度/N	53	50	56	54	70
磨损率/%	2.5	1.9	1.7	2.0	1.6

二、铂铼催化剂

CB-5 催化剂是国内开发的第一个以 γ-Al_2O_3 为载体的全氯型铂铼重整催化剂，该催化剂于 1983 年代替单铂催化剂开始工业应用。继 CB-5 之后国内先后开发了低贵金属含量的铂铼催化剂 CB-6，高铼铂比 CB-7 和 CB-8 催化剂。CB-6 催化剂既可以生产高辛烷值汽油，也可以生产芳烃；CB-7 和 CB-8 催化剂可以适应更高苛刻度的重整反应条件，其中 CB-7 稳定性好、容炭能力强，CB-8 反应性能和再生性能好。由于高铼铂比催化剂的稳定性优于等铼铂比催化剂，工业上已广泛采用了 1990 年开发成功的铂铼重整催化剂两段装填重整工艺，将 CB-7、CB-8 等高铼铂比催化剂装填于反应苛刻度高的最后一个（或两个）反应器，以充分发挥其稳定性好的优越性。

20 世纪 90 年代以来，通过对载体的成型方法进行研究改进，开发出挤条形半再生重整催化剂。此前国产催化剂采用油氨柱成型法生产球形载体，该方法工艺较复杂，成品收率低，生产成本高。采用挤条成型的方法生产条形载体，工艺较简单，成品收率高；由于制备中选择了合适的胶溶剂和助挤剂，载体压碎强度得到提高；同时载体孔结构有所优化，催化剂性能得以改善。与球形载体催化剂 CB-6、CB-7 相比，条形催化剂 CB-60、CB-70 用于两段装填工艺，具有更高的活性、选择性和氢气产率[108]。

进入 21 世纪以来，中国石化在金属组元配方和浸渍制备技术方面进行创新，并对载体进行优化改进，研发出选择性更高、稳定性更好的 PRT 系列催化剂。基于硫对半再生重整催化剂还原过程作用机理和反应行为影响的基础研究，突破传统认知，首创"原位缓释硫化技术"，于 2015 年和 2021 年分别成功开发了新型的低堆密度 SR-1000 催化剂、高堆密度 SR-2000 催化剂，这两种半再生重整催化剂开工不需额外预硫化，开工方法更简便、绿色环保，综合性能达到同类催化剂国际领先水平[109]。

PRT 系列催化剂和 SR-1000 催化剂具有优异的综合性能[5,109-111]，对低芳烃潜含量原料，包括焦化汽油具有很好的适应性，目前已在国内装置获得超过 80 套次的工业应用，基本完全取代了国外催化剂，在海外市场方面也取得不俗业绩，

近年来陆续出口到阿尔及利亚、乍得、尼日尔、巴基斯坦、哈萨克斯坦、孟加拉国、俄罗斯等国家。

表 4-10 是 PRT-C/PRT-D 催化剂采用两段装填、两段混氢工艺，SR-1000 催化剂采用两段混氢工艺分别在某 400kt/a 半再生重整装置上运转标定结果。工业运转结果表明，PRT-C/PRT-D、SR-1000 催化剂在长周期运转下具有优异的活性、选择性和稳定性。

表4-10　PRT-C/PRT-D、SR-1000催化剂工业标定结果

项目	PRT-C/PRT-D	SR-1000
原料		
馏程（ASTM D-86）/℃	80～170	81～161
芳烃潜含量（质量分数）/%	45.7	46.0
反应条件		
加权平均床层温度/℃	469.6	462.7
重量空速/h^{-1}	1.9	2.0
平均反应压力/MPa	1.4	1.4
反应结果		
C_6^+收率（质量分数）/%	85.8	86.9
C_6^+RON	95.7	96.1

经过多年的发展，我国重整催化剂已经形成了适合连续重整工艺和半再生重整工艺的系列化产品，可满足炼油厂重整装置对不同特点催化剂的实际需求。

重整催化剂的牌号及主要特点见表 4-11。

表4-11　重整催化剂的品种、牌号与特性

品种	催化剂牌号	石科院编号	特点
连续重整催化剂	GCR-100A/3961	PS-Ⅳ	高水热稳定性和活性、高铂
	GCR-100/3981	PS-Ⅴ	高水热稳定性和活性、低铂
	RC011/RC021F	PS-Ⅵ	高选择性、低积炭、低铂
	RC031	PS-Ⅶ	高选择性、低积炭、高铂
	RC191	PS-Ⅷ	高堆密度、高活性、高选择性、低铂
半再生重整催化剂	CB-60/3932	PR-C	低铼铂比、双金属，良好的活性、选择性和稳定性
	CB-70/3933	PR-D	高铼铂比、双金属，良好的活性、选择性和稳定性
	PRT-C	PRT-C	低铼铂比、多金属，良好的活性，更高的选择性，低积炭，对原料有很好的适应性
	PRT-D	PRT-D	高铼铂比、多金属，良好的活性，更高的选择性，低积炭，对原料有很好的适应性
	SR-1000	SR-1000	低堆密度，无需额外预硫化，多金属，良好的活性、更高的选择性，低积炭，对原料有很好的适应性
	SR-2000	SR-2000	高堆密度，无需额外预硫化，多金属，良好的活性、更高的选择性，低积炭，对原料有很好的适应性

第六节
总结与展望

　　随着我国炼油能力的不断增加，作为炼油工艺重要组成环节的重整工艺也获得极大发展。近年来我国企业建成了多套加工能力超过 3Mt/a 的超大型连续重整装置，单套装置的重整催化剂装量即达到 300t 左右。当前我国每年重整催化剂的需求量达到 2000 ～ 3000t，其中以连续重整催化剂为主。世界范围内，重整工艺的加工能力也有所增加，但与我国情况不同，半再生重整工艺仍占据一定的市场份额，因此对连续重整催化剂和半再生重整催化剂都有较大的需求。未来我国重整催化剂的开发工作将以基础研究为依托，开展新型高性能催化剂的开发应用并完善催化剂生产的全产业链技术。

　　在基础研究方面，依托高分辨电子显微镜、催化剂高通量反应评价、计算化学等现代表征分析手段的发展进步，可以对重整催化剂的微观结构、构效关系进行深入研究：首先可以对活性金属铂与氧化铝载体相互作用机制进行深入研究，考察不同氧化铝晶面上活性金属铂的存在状态和稳定性，制备具有不同晶粒大小和形态、不同优势暴露晶面的氧化铝载体并考察所得催化剂的反应性能，优选氧化铝载体的适宜晶体结构；其次深入研究各种助剂与活性金属铂及载体的相互作用机制，通过微观精细结构表征阐释助剂对活性金属的修饰调变作用，深入研究助剂对载体酸性、热稳定性的调变机理。在上述研究中，可以将实验表征结果与计算化学相融合，充分发挥计算化学在模型搭建、机理解析中的优势。

　　在新型催化剂开发应用方面，需要从载体、配方和制备方法等方面进行优化，开发适应不同工艺类型的专属催化剂。随着我国新能源车对传统燃油车的加速替代，成品油需求量将逐渐减少，而化工原料的需求将保持一定的增长率，这样将有更多的重整装置从生产高辛烷值汽油调和组分转为生产芳烃化工原料，这就需要开发具有更高芳烃产率的重整催化剂。当然在相当长的时间内，我国仍然将保持一定量的车用成品油的需求，生产高辛烷值调和组分的重整装置也将保有一定的比例，随着清洁油品规格的不断提高（如汽油的国 VI-B 标准），需要重整装置生产更加清洁的调和组分，即适度降低产品芳烃组分的含量，提高异构烃等清洁组分含量，因此需要开发新型催化剂以适应该需求，保障工艺过程高辛烷值液体产品收率的最大化，同时实现产品中烃类组成的优化。

　　未来随着组分炼油理念的实施，通过先进的分离技术，可以对石脑油组分进行高效分离，针对不同组成的原料开发相应的加工工艺和与之配套的催化剂，从而将烷烃异构化、烷烃芳构化、重整等工艺进行有效组合，实现目标产品收率的最大化，使得宝贵的石油资源能够得到充分利用。

在重整催化剂的生产技术开发方面，要实现从氧化铝粉体到特定形状的催化剂载体再到成品催化剂全过程技术的自主可控，开发低能耗低排放的绿色化催化剂生产工艺，实现"卡脖子"技术的突破，保障我国重整工艺的产业安全和不断发展。

综上所述，无论在基础研究方面，还是在工业应用技术改进升级方面，作为石脑油重整工艺中关键催化材料的重整催化剂都将获得研发人员的持续关注，基础研究方面的进步可以为新型催化剂和制备工艺的开发提供理论依据和方向指引，而工业应用不但为基础研究提供了"用武之地"，而且通过实际应用数据验证相关基础研究结果。通过基础研究和工业应用技术开发的相互结合、相互促进，重整催化剂必然将不断更新换代，使得重整过程向着更加绿色、低碳、高效的方向发展。

参考文献

[1] 戴承远，关冠军，刑延平 .CB-5 重整催化剂第二次工业应用总结 [J]. 石油炼制，1987, 7:19-25.

[2] 彭勃，邹未君，李军. CB-6 型重整催化剂的长周期运行 [J]. 工业催化，1988, 3:27-34.

[3] 冯敢，赵仁殿. 国产新一代铂铼重整催化剂 (CB-7) 的性能 [J]. 石油炼制，1991, 6:1-6.

[4] 杭献功. 3932 和 3933 型催化重整催化剂的工业应用 [J]. 炼油设计，1996, 26(1):10-13.

[5] 徐柏福，张大庆，叶小舟，等. PRT-C/PRT-D 重整催化剂的工业应用 [J]. 石油炼制与化工，2008, 39(8): 21-24.

[6] 徐洪君，张海峰. 半再生催化重整催化剂 SR-1000 的首次工业应用 [J]. 石油炼油与化工，2019, 50(11): 40-44.

[7] Sachtler W M H. Selectivity and rate of activity decline of bimetallic catalysts. Journal of Catalysis[J]. 1984, 25(1): 1-12.

[8] Shum V K, Butt J B, Sachtler W M H. The effects of rhenium and sulfur on the activity maintenance and selectivity of platinum/alumina hydrocarbon conversion catalysts[J]. Journal of Catalysis, 1986, 96(2): 371-380.

[9] Shum V K, Butt J B, Sachtler W M H. The effects of rhenium and sulfur on the maintenance of activity and selectivity of platinum/alumina hydrocarbon conversion catalysts：II. Experiments at elevated pressure[J]. Journal of Catalysis, 1986, 99(1): 126-139.

[10] 马爱增，师峰，李彬，等. 洛阳分公司连续重整装置改造工艺及催化剂方案研究 [J]. 石油炼制与化工，2008, 39(03): 1-5.

[11] 马爱增，徐又春，杨栋. 石脑油超低压连续重整成套技术开发与应用 [J]. 石油炼制与化工，2013, 44(04): 1-7.

[12] 王杰广，马爱增，袁忠勋，等. 逆流连续重整低苛刻度反应规律研究 [J]. 石油炼制与化工，2016,

47(08): 47-52.

[13] 刘彤, 陈祥, 张新宽, 等. PS-Ⅵ催化剂在逆流连续重整装置上的应用 [J]. 炼油技术与工程, 2018, 48(02): 51-55.

[14] Gates B C. Chemistry of catalytic process(Mc Graw-Hill Series in Chemical Engineering)[M]. Mc Graw-Hill Book Company, 1979.

[15] 白崎高保, 藤堂尚之. 触媒调制 [M]. 东京: 株式会社讲谈社, 1974.

[16] 李岳君, 余立辉. 炼油催化剂生产技术 [M]. 北京: 中国石化出版社, 2007: 130-133.

[17] 石油化工科学研究院 306 组. 铝溶胶法油柱成型制备 γ-Al₂O₃ 小球担体的研究 [J]. 石油炼制与化工, 1983(5): 31-37.

[18] 吴朝华, 宋瑞雪, 俞佩勋, 等. 从低纯铝制备的铝溶胶中脱除杂质的方法: CN1005002B[P].1989-08-16.

[19] 刘建良, 马爱增, 潘锦程, 等. 拟薄水铝石路径热油柱成型制备毫米级氧化铝小球的研究 [J]. 石油炼制与化工, 2019, 50(05): 1-5.

[20] 王国成, 马爱增. 拟薄水铝石酸分散浆液性质的研究 [J]. 石油炼制与化工, 2011, 42(05): 31-35.

[21] 刘建良, 潘锦程, 马爱增. 胶溶条件对拟薄水铝石分散性及成球性能的影响 [J]. 石油炼制与化工, 2012, 43(05): 40-44.

[22] 刘建良, 潘锦程, 王国成, 等. 一种使用油氨柱制备球形氧化铝的方法: CN201110290343.2[P]. 2011-09-28.

[23] 刘建良, 潘锦程, 马爱增, 等. 一种球形氧化铝的制备方法: CN201310362931.1[P]. 2016-04-27.

[24] 杨彦鹏, 马爱增, 王春明, 等. 一种球形氧化铝的制备方法: CN202010475987.8[P]. 2021-12-03.

[25] 张田田, 辛秀兰, 宋楠, 等. 醇的种类对球形 γ-Al₂O₃ 多孔结构的影响 [J]. 精细化工, 2020, 37(08): 1587-1593.

[26] 梁衡, 韩伟, 潘相米, 等. 一种球形氧化铝载体及其制备方法和应用: CN201910759153.7[P]. 2021-02-09.

[27] Bournoiville J, Frank J P, Martino G. Scientific bases for the preparation of heterogeneous catalysts[C]. Third International Symposium, 1982: 1-11.

[28] 许浩洋, 刘志坚, 邓小肃. 连续重整催化剂装置工程技术优化 [J]. 中外能源, 2022, 27(06): 70-78.

[29] Peltier F L, Blaise D, Jumas J C, etc. Supported bimetallic catalyst with a strong interaction between a group Ⅷ metal and tin, and its use in a catalytic reforming process: US20010934656[P]. 2003-08-12.

[30] Margitfalvi J L, Borbath I, Tfirst E, et al. Formation of multilayered tin organometallic surface species. Preparation of new type of supported Sn-Pt catalysts[J]. Catalysis Today, 1998, 43(1): 29-49.

[31] 王春明, 潘锦程, 马爱增, 等. 一种催化重整催化剂的制备方法: CN200810117098.3[P]. 2010-01-27.

[32] Benesi H A, Wenquist B H C. Surface acidity of solid catalysts[J]. Advances in Catalysis, 1978, 27: 97-182.

[33] Benesi H A. Determination of proton acidity of solid catalysts by chromatographic adsorption of sterically hindered amines[J]. Journal of Catalysis, 1973, 28(1): 176-178.

[34] Parry P E. An infrared study of pyridine adsorbed on acidic solids. Characterization of surface acidity[J]. Journal of Catalysis, 1963, 2(5): 371-379.

[35] Parkyns N D. Influence of thermal pretreatment on the infrared spectrum of carbon dioxide adsorbed on alumina[J]. The Journal of Physical Chemistry, 1971, 75(4): 526-531.

[36] Eischens R P, Pliskin W A. The infrared spectra of adsorbed molecules[J].Advances in Catalysis, 1958, 10:1-56.

[37] Kiselev A V, Lygin V I. Infrared spectra of surface compounds[M]. New York:John Wiley and Sons, 1975.

[38] Peri J B. A model for the surface of γ-alumina[J]. Journal of Physical Chemistry, 1965, 69: 220-230.

[39] Peri J B. Infrared study of adsorption of ammonia on dry γ-alumina[J]. Journal of Physical Chemistry, 1965,

69(1): 231-239.

[40] Knozinger K. Catalysis by acids and bases[M]. Amsterdam: Elsevier,1985: 111-125.

[41] Busca G. Spectroscopic characterization of the acid properties of metal oxide catalysts[J]. Catalysis Today, 1998, 41:191-206.

[42] Ferwerda R, van der Maas J H, van Duijneveldt F B. Pyridine adsorption onto metal oxides: An ab initio study of model systems[J]. Journal of Molecular Catalysis A: Chemical, 1996, 104(3): 319-328.

[43] Lavalley J C. Infrared spectrometric studies of the surface basicity of metal oxides and zeolites using adsorbed probe molecules[J]. Catalysis Today, 1996, 27:377-401.

[44] Davis B H. Infrared study of pyridine adsorbed on unpromoted and promoted sulfated zirconia[J]. Journal of Catalysis, 1999,183: 45-52.

[45] Wachs I E. Raman and IR studies of surface metal oxide species on oxide supports: Supported metal oxide catalysts[J]. Catalysis Today, 1996, 27: 437-455.

[46] Platero E E, Aren C O. Low temperature CO adsorption on alum-derived active alumina: An infrared investigation[J]. Journal of Catalysis, 1987, 107:244-247.

[47] 郝花花，袁蕙，徐广通，等. CO探针原位红外光谱研究Pt/Sn双金属重整催化剂[J]. 光谱学与光谱分析，2018, 38(03): 761-764.

[48] Morterra C, Magnacca G, Filippi F, et al. Surface characterization of modified aluminas I. the Lewis acidity of Sm-doped Al_2O_3[J]. Journal of Catalysis, 1992, 137: 346-356.

[49] Gervasini A, Auroux A. Microcalorimetric investigation of the acidity and basicity of metal oxides[J]. Journal of Thermal Analysis and Calorimetry, 1991, 37(8): 1737-1744.

[50] Cardona-Martinez N, Dumesic J A. Microcalorimetric measurements of basic molecule adsorption on silica and silica-alumina[J]. Journal of Catalysis, 1991, 128(1): 23-33.

[51] Vincenzo S, Italo F. Microcalorimetric characterisation of acid-basic catalysts[J]. Catalysis Today, 1998, 41(1/2/3):179-189.

[52] Sharma S B, Ouraipyvan P, Nair H A, et al. Microcalorimetric, 13C NMR spectroscopic, and reaction kinetic-studies of silica-supported and L-zeolite-supported platinum catalysts for n-hexane conversion[J]. Journal of Catalysis, 1994, 150(2):234-242.

[53] 杨彦鹏，马爱增，聂骥，等. 不同形貌薄水铝石制备 γ-Al_2O_3 及负载 Pt 稳定性的研究进展 [J]. 石油炼制与化工，2019, 50(07):109-118.

[54] Adams C R, Benesi H A, Curtis R M, et al. Particle size determination of supported catalytic metals: Platinum on silica gel[J]. Journal of Catalysis, 1962, 1: 336-344.

[55] Srinivasan R, Rice L, Davis B H. Critical particle size and phase transformation in zirconia: Transmission electron microscopy and X-ray diffraction studies[J]. Journal of American Ceramic Society, 1990, 73(11):3528-3530.

[56] Ascarelli P, Contini V, Giorgi R. Formation process of nanocrystalline materials from X-ray diffraction profile analysis: Application to platinum catalysts[J]. Journal of Applied Physics, 2002, 91(7): 4556-4561.

[57] Rhodes H E, Wang P K, Stokes H T, et al. NMR of platinum catalysts. I. Line shapes[J]. Physical Review B, 1982, 26(7): 3559-3568.

[58] White D, Wang P K, Stokes H T, et al., Electron microscope studies of platinum/alumina reforming catalysts[J]. Journal of Catalysis, 1983, 81(1): 119-130.

[59] Gai P L, Goringe M J , Barry J C. HREM image contrast from supported small metal particles[J]. Journal of Microscopy, 1986, 142: 9-24.

[60] Datye A K, Smith D J. The study of heterogeneous catalysts by high-resolution transmission electron microscopy[J]. Catalysis Reviews-Science and Engineering, 1992, 34(1/2): 129-178.

[61] Nellist P D , Pennycook S J. Direct imaging of the atomic configuration of ultradispersed catalysts[J]. Science, 1996, 274: 413-415.

[62] Huang Z, Fryer J R, Park C, et al. Transmission electron microscopy and energy dispersive X-ray spectroscopy[J]. Journal of Catalysis, 1996, 159(2): 340-352.

[63] 向彦娟, 郑爱国, 忻睦迪, 等. Pt-Sn/γ-Al₂O₃工业失活重整催化剂的微观结构研究 [J]. 石油炼制与化工, 2022, 53(04): 75-81.

[64] Liu S H,Xu H, Liu D D, et al. Identify the activity origin of Pt single-atom catalyst via atom-by-atom counting[J]. Journal of the American Chemical Society, 2021, 143(37): 15243-15249.

[65] Via G H, Sinfelt J H, Lytle F W. Extended X-ray absorption fine structure (EXAFS) of dispersed metal catalysts[J]. The Journal of Chemical Physics, 1979, 71(2): 690-699.

[66] Christmann K, Ertl G, Pignet T. Adsorption of hydrogen on a Pt(111) surface[J]. Surface Science, 1976, 54(2): 365-392.

[67] Frennet A, Wells P B. Characterization of the standard platinum/silica catalyst europt-1. 4. Chemisorption of hydrogen[J]. Applied Catalysis, 1985, 18(2): 243-257.

[68] Kip B J, Duivenvoorden F B M, Koningsberger D C, et al. Determination of metal particle size of highly dispersed Rh, Ir, and Pt catalysts by hydrogen chemisorption and EXAFS[J]. Journal of Catalysis, 1987, 105(1):26-38.

[69] 常永胜, 马爱增, 蔡迎春. 连续重整催化剂铂中心可接近性研究 [J]. 分子催化, 2009, 23(02): 162-167.

[70] Benson J E, Boudart M. Hydrogen-oxygen titration method for the measurement of supported platinum surface areas[J]. Journal of Catalysis, 1965, 4(6): 704-710.

[71] Isaacs B H, Petersen E E. Surface area measurement of platinum/rhenium/alumina: I. Stoichiometry of hydrogen-oxygen chemisorptions and titrations[J]. Journal of Catalysis, 1984, 85(1): 1-7.

[72] Kobayashi M, Inoue Y, Takahashi N, et al. Pt/Al₂O₃: I. Percentage exposed and its effect upon the reactivity of adsorbed oxygen[J]. Journal of Catalysis, 1980, 64(1): 74-83.

[73] 杨维慎, 林励吾. 负载型铂锡催化剂的研究进展 [J]. 石油化工, 1993(05): 347-352.

[74] 汪莹, 马爱增, 潘锦程, 等. 铕对 Pt-Sn/γ-Al₂O₃ 重整催化剂性能的影响 [J]. 分子催化, 2003(02): 151-155.

[75] O'Rear D J, Loffler D G, Boudart M. Stoichiometry of the titration by dihydrogen of oxygen adsorbed on platinum[J]. Journal of Catalysis, 1990, 121(1): 131-140.

[76] Menon P G, Froment G F. Modification of the properties of Pt/Al₂O₃ catalysts by hydrogen at high temperatures[J]. Journal of Catalysis, 1979, 59(1):138-147.

[77] Griselda C, Gelacio A, Ramon M, et al. Method for metal dispersion measurements on Pt-Sn/γ-Al₂O₃[J]. Reaction Kinetics and Catalysis Letters, 2001, 73(2): 317-323.

[78] Rajeshwer D, Basrur A G, Gokak D T, et al. Method for metal dispersion measurements in bimetallic Pt-Sn/Al₂O₃ catalysts[J]. Journal of Catalysis, 1994, 150(1): 135-142.

[79] 靳彪, 马爱增, 王春明. 不同 Pt 分布的 Pt-Sn/Al₂O₃ 催化剂的制备与 TPT 表征 [J]. 齐鲁石油化工, 2010, 38(01):48-51.

[80] 杨锡尧. 固体催化剂的研究方法程序升温分析技术（上）[J]. 石油化工, 2001(12): 952-959.

[81] 杨锡尧. 固体催化剂的研究方法程序升温分析技术（下）[J]. 石油化工, 2002(01): 63-73.

[82] Jahel A, Avenier P, Lacombe S, et al. Effect of indium in trimetallic Pt/Al₂O₃SnIn-Cl naphtha reforming

catalysts[J]. Journal of Catalysis, 2010, 272(2): 275-286.

[83] Beltramini J N, Wessel T J, Datta R. Kinetics of deactivation of bifunctional Pt/Al₂O₃-Cl catalysts by coking[J]. AIChE Journal, 1991, 37(6): 845-854.

[84] 刘耀芳，杨朝合，杨九金，等. 铂锡重整催化剂再生过程的研究Ⅰ. 催化剂上焦炭燃烧过程的特征 [J]. 石油炼制，1988, 19(11):24-32.

[85] 刘耀芳，杨朝合，杨九金，等. 铂锡重整催化剂再生过程研究——2. 烧炭速度与氧分压的关系 [J]. 石油炼制，1989, 20(5):46-50.

[86] Lieske H, Lietz G, Spindler H, et al. Reactions of platinum in oxygen- and hydrogen-treated Pt/γ-Al₂O₃ catalysts: Ⅰ.Temperature-programmed reduction, adsorption, and redispersion of platinum[J]. Journal of Catalysis, 1983, 81(1):8-16.

[87] Franck J P, Martino G P. Deactivation and poisoning of catalysts[M]. New York: Marcel Dekker, 1982: 205-258.

[88] Zhou X T, Zhang Y H, Wang J X. DFT study on the regeneration of Pt/γ-Al₂O₃ catalyst: The effect of chlorine on the redispersion of metal species[J]. Applied Surface Science, 2021, 545: 148988-148995.

[89] 胡勇仁，张兰新，赵仁殿. 微量水对 Pt-Re/γ-Al₂O₃ 重整催化剂还原的影响Ⅰ. 催化性能的研究 [J]. 石油学报（石油加工），1996, 12(1): 20-25.

[90] 胡勇仁，张兰新，赵仁殿，等. 微量水对 Pt-Re/Al₂O₃ 重整催化剂还原的影响Ⅱ. 红外光谱表征结果 [J]. 石油学报（石油加工），1996, 12(1): 26-35.

[91] 向彦娟，郑爱国，王春明，等. Pt-Sn 工业重整催化剂失活过程金属分散性的原子尺度表征 [J]. 石油学报（石油加工），2023, 39(1):127-133.

[92] 刘辰，马爱增. 工业连续重整催化剂的 Pt 聚集与再分散研究 [J]. 石油炼制与化工，2010, 41(08): 29-33.

[93] 刘淑敏，马爱增. 水氯失衡对连续重整催化剂性能的影响 [J]. 石油炼制与化工，2013, 44(02): 8-13.

[94] 王嘉欣，柏锁柱，臧高山，等. SR-1000 重整催化剂在哈萨克斯坦炼油厂的首次再生及应用 [J]. 石油炼制与化工，2022, 53(08): 35-40.

[95] 马爱增，潘锦程，杨森年，等. 低积炭速率连续重整催化剂的研发及工业应用 [J]. 石油炼制与化工，2012, 43(04): 15-20.

[96] 林励吾，杨维慎，贾继飞，等. 负载型高分散双组分催化剂的表面结构及催化性能研究 [J]. 中国科学（B 辑），1999(02): 109-117.

[97] 马爱增. 中国催化重整技术进展 [J]. 中国科学：化学，2014, 44(01):25-39.

[98] 潘茂华，马爱增. PS-Ⅵ型连续重整催化剂的工业应用试验 [J]. 石油炼制与化工，2003, 34(07): 5-8.

[99] 叶晓东，徐武清，马爱增. PS-Ⅵ催化剂在 IFP 第一代连续重整装置上的工业应用 [J]. 石油炼制与化工，2003, 34(05): 1-4.

[100] 潘锦程，马爱增，杨森年. PSⅥ型连续重整催化剂的研究和评价 [J]. 炼油设计，2002, 33(07): 53-55.

[101] 方大伟，马爱增. 连续重整再生烧焦气中水对催化剂性能的影响 [J]. 石油炼制与化工，2016, 47(01): 1-4.

[102] 王以科. PS-Ⅵ重整催化剂在镇海炼化公司的工业应用 [J]. 石化技术与应用，2008, 26(04): 329-335.

[103] 张宝忠，何志敏，马爱增. PS-Ⅵ重整催化剂的工业应用试验 [J]. 化学反应工程与工艺，2007, 223(03): 273-278.

[104] 王以科，潘茂华. PS-Ⅵ连续重整催化剂工业运转性能跟踪 [J]. 石油炼制与化工，2008, 39(07): 36-40.

[105] 马爱增，潘锦程，杨森年. 高铂型低积炭速率连续重整催化剂 PS-Ⅶ的研究和评价 [J]. 炼油技术与工程，2004, 34(12): 45-47.

[106] 周明秋，陈国平，马爱增. PS-Ⅶ型连续重整催化剂的工业应用 [J]. 石油炼制与化工，2008, 39(04): 26-30.

[107] 罗重春. 连续重整高密度催化剂 PS-Ⅷ的工业应用试验 [J]. 石油炼制与化工，2022, 53(08): 62-67.

[108] 林栩，符中林. CB-60/CB-70 还原态重整催化剂的应用 [J]. 齐鲁石油化工，2003, 31(3):193-197.

[109] 王嘉欣，姜石，臧高山，等. 重整催化剂 SR-1000 在哈萨克斯坦炼油厂的应用 [J]. 石油炼制与化工，2020, 51(3): 27-31.

[110] 杨朝华，段超著，刘勇，等. 半再生催化重整催化剂 SR-1000 在玉门炼油厂的工业应用 [J]. 石油炼制与化工，2020, 51(10):77-80.

[111] 文斌，臧高山，刘振伟，等. 半再生重整装置催化剂更换为 SR-1000 催化剂的经济性评估 [J]. 石油炼制与化工，2022, 53(01):64-67.

第五章

生产芳烃的催化新材料

第一节 概述 / 166

第二节 C_8 芳烃异构化催化新材料 / 167

第三节 甲苯歧化与烷基转移反应中的分子筛合成技术 / 185

第四节 C_8 芳烃分离吸附新材料 / 199

第五节 总结与展望 / 210

现代芳烃生产工艺复杂，主要涉及产物为 $C_6 \sim C_{10}$ 芳烃的催化反应过程，如甲苯歧化与烷基转移、C_8 芳烃异构化等，以及产物为高纯度芳烃的分离过程，如吸附、结晶、萃取等。催化反应和吸附分离过程均离不开分子筛材料，如 MOR、MFI、EUO、BEA、MWW、FAU 等。对分子筛材料的酸性、孔道结构、形貌、阳离子种类等进行优化、调变，持续推动了芳烃生产效率的提高。

第一节
概述

苯、甲苯、二甲苯（benzene toluene xylene，BTX）是常见的基本有机化工原料，由其衍生物生产的各种聚酯、纤维、橡胶、染料、药剂、精细化学品等已普遍融入人们的日常生活，广泛应用在化工、电子、汽车、制药、食品等领域。

BTX 和 C_9 及以上重芳烃大部分是通过石脑油催化重整生产获得的，其他部分则来源多样，包括由高温裂解制乙烯副产汽油、轻烃芳构化生成油、催化裂化馏分油、煤加工生成油等分离获得。受热力学平衡限制，芳烃资源中各芳烃单体的分布比例与其各自的市场需求并不匹配，常需经进一步反应转化加工，并结合分离与提纯技术单元，生产满足市场终端需求的芳烃产品。

现代石油化工装置中，芳烃联合装置由芳烃生成、芳烃转化、芳烃分离与提纯等多个技术单元构成。具体包括将优质石脑油转化为 $C_6 \sim C_{10}$ 芳烃的重整单元、由甲苯和重芳烃增产优质 C_8 混合芳烃的甲苯歧化与烷基转移单元、分离非芳烃和 BTX 的芳烃抽提单元、从 C_8 混合芳烃提取高纯度二甲苯尤其是对二甲苯（PX）产品的吸附分离或结晶分离单元、由 C_8 混合芳烃不断增产目标二甲苯产品的 C_8 芳烃异构化单元以及二甲苯分馏单元等。芳烃联合装置中，多数单元的核心技术涉及催化剂和吸附剂的应用，依赖于催化新材料的升级进步，芳烃生产过程所用催化剂和吸附剂的性能不断得以提高，由此使得芳烃生成、转化和分离等生产过程的技术经济性持续提升。

近年来，全球范围内对石油的炼制加工利用已迈入炼化一体化、装置建设规模大型化、产业配置集群化的发展阶段，中国石油石化行业已在诸多技术应用领域开始引领全球石油石化工业的发展。对 C_8 芳烃异构化、甲苯歧化与烷基转移、对二甲苯吸附分离等单元而言，其技术核心在于以分子筛催化材料支撑的催化剂和吸附剂，围绕以分子筛为代表的催化新材料的研究，成为芳烃单元技术进步的核心，催化材料的持续进步与升级，也在很大程度上决定着芳烃联合装置在有机化工生产和芳烃产品市场中的持久生命力。

第二节
C₈芳烃异构化催化新材料

　　C$_8$ 芳烃异构化技术（C$_8$ aromatics isomerization technique，C$_8$AIT）应用于芳烃联合装置，主要用于完成 C$_8$ 芳烃异构体之间的转化，对联合装置运行的技术经济性具有关键影响。C$_8$ 芳烃异构化催化剂通常由分子筛固体酸材料、少量金属材料和适宜的惰性基质材料构成，催化过程要完成二甲苯异构化和乙苯（ethylbenzene，EB）转化，基于 EB 催化转化途径的不同，C$_8$ 芳烃异构化催化技术被细分为乙苯脱乙基型和乙苯转化型两类，前者将乙苯脱烷基生成苯（benzene，B），后者将乙苯异构生成二甲苯。两种类型 C$_8$ 芳烃异构化催化剂所使用的分子筛材料结构及其酸性质自然不同。

一、C₈芳烃异构化反应

1. 催化过程反应与机理

　　C$_8$ 芳烃异构化催化过程的主反应包括二甲苯异构化反应和乙苯转化反应，实际反应过程中，还包含歧化与烷基转移、脱烷基、加（脱）氢、环烷烃异构和加氢裂解等副反应，反应网络[1] 示意如图 5-1。

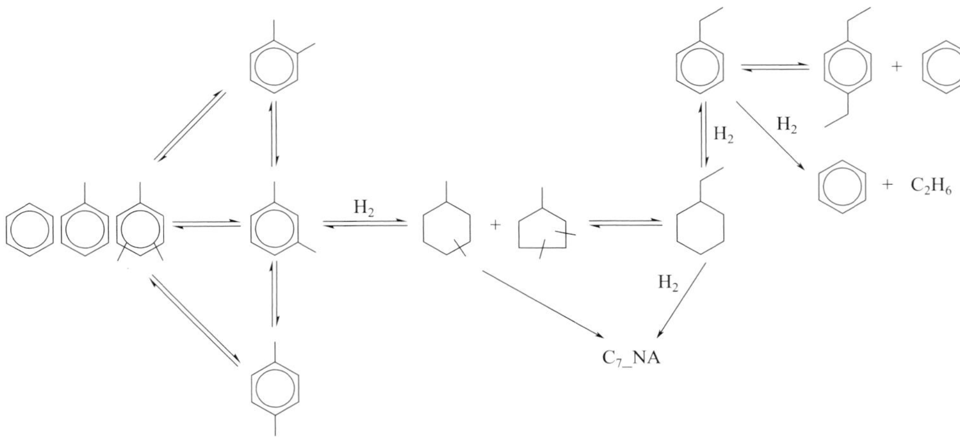

图5-1 C$_8$芳烃异构化催化过程反应网络示意

　　（1）二甲苯异构化反应　二甲苯异构化是典型的酸催化反应过程，研究[2]

认为存在两种反应机理，一种是分子内反应机理，也称为顺序反应机理，认为 PX 到 OX（ortho-xylene）的转化需经 MX（meta-xylene），甲基不能从同一苯环上的对位直接转移到邻位；另一种是分子间反应机理，也称为三角反应机理，认为通过分子间烷基迁移，异构体之间可以直接转化，两种机理示意如图 5-2。

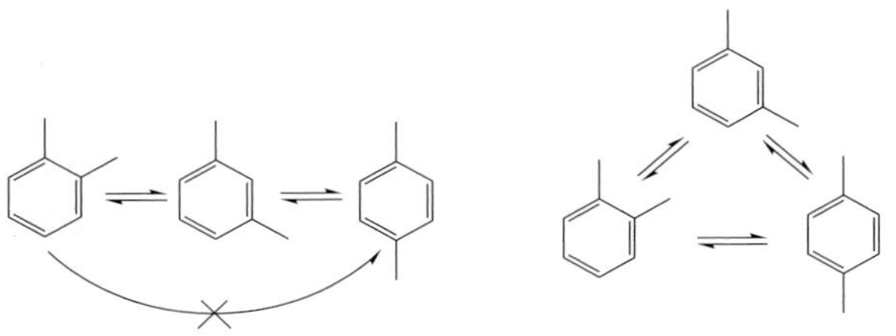

图5-2　二甲苯异构化反应机理示意

1969 年，有研究者[3] 用含同位素的 PX 为反应物在 HY、Beta 和丝光沸石等不同分子筛催化剂上进行异构化反应，间接证明了两种反应机理同时存在。

① 分子内反应机理　分子内反应机理也被称为单分子反应机理。1978 年，Corma 等[4] 将计算化学用于推导二甲苯异构化反应机理，他们以 CNDO/2 方法为基础，提出苯环骨架异构机理。该机理的反应路径如图 5-3 所示。

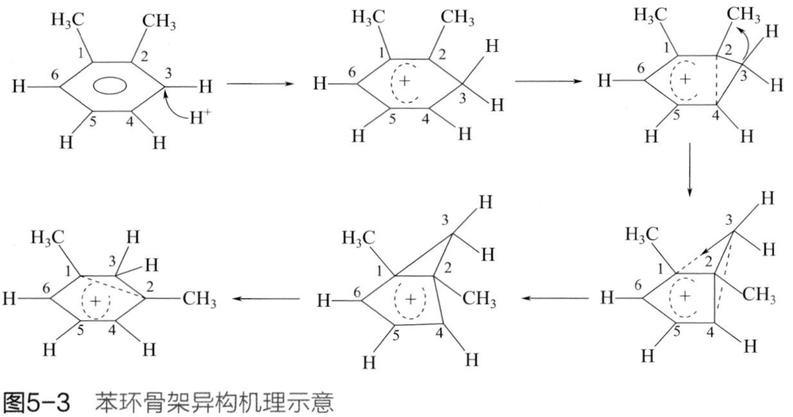

图5-3　苯环骨架异构机理示意

1982 年 Roberts[5] 在研究二甲苯在三氟甲基磺酸催化下的异构化反应时，提出二甲苯在酸作用下发生甲基在苯环内转移的异构化机理，转化过程和反应机理如图 5-4 所示。

研究者[6] 通过分子模拟计算得到苯环上氢转移能量路径，如图 5-5 所示。

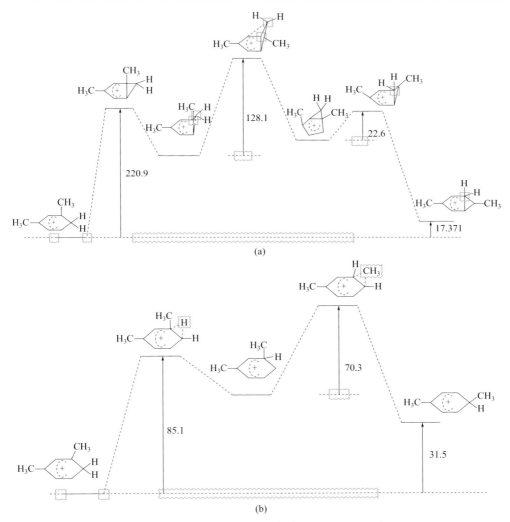

图5-4 甲基转移异构机理示意

图5-5 苯环骨架异构机理（a）和甲基转移机理（b）的能量路径示意

　　由此推断甲基在苯环内转移的反应路径为二甲苯异构化反应的主要路径，氢在苯环上转移也可能成为异构化反应的速控步骤。

② 分子间反应机理　分子间反应机理[7]认为，二甲苯异构化过程需通过分子间的烷基迁移实现，研究者推导出二甲苯的双分子异构化机理按图5-6所示步骤完成[8]。

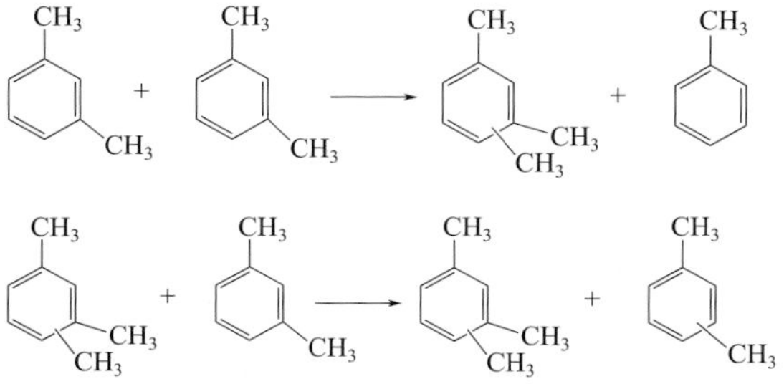

图5-6　二甲苯异构化分子间反应机理示意

（2）乙苯转化反应　C_8芳烃异构化反应过程中，乙苯转化途径有两种，分别为脱乙基生成苯和异构化生成二甲苯[9]。

① 乙苯脱乙基反应。该反应存在不同的反应路径，研究者[10]用^{13}C标记的乙苯分子在中孔HZSM-5和大孔HY分子筛上反应，发现因两种分子筛在酸强度和孔径方面的不同会导致不同的反应路径。HY分子筛催化剂上乙苯转化按图5-7

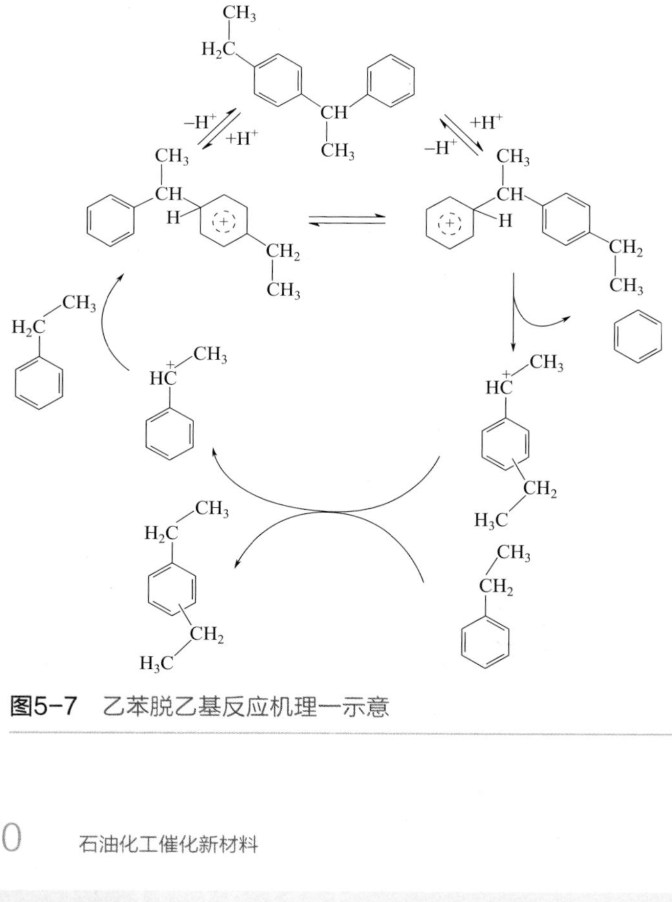

图5-7　乙苯脱乙基反应机理一示意

所示反应路径进行；HZSM-5 型分子筛催化剂上，因孔道空间效应和强酸中心属性，使乙苯脱烷基反应路径更为占优，反应路径示意如图 5-8。

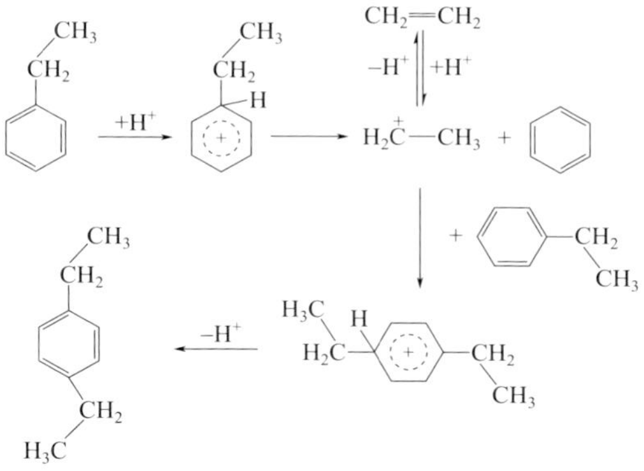

图5-8 乙苯脱乙基反应机理二示意

② 乙苯异构化反应。研究者认为乙苯异构转化为二甲苯的反应需先经金属活性中心催化加氢生成中间产物乙基环己烷或乙基环己烯，然后在酸中心催化作用下骨架异构为二甲基取代环烷结构，再经催化脱氢生成二甲苯。

一种机理[11]认为乙苯异构化反应通过 C_8 环烷烃进行，过程机理示意如图 5-9。

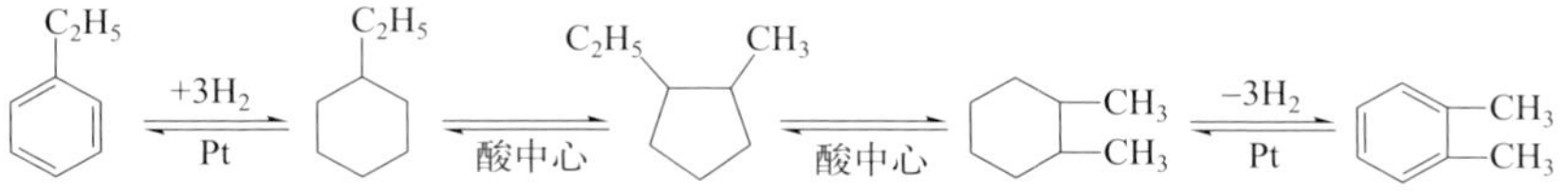

图5-9 乙苯异构化的环烷机理示意

烯烃机理[12,13]认为乙苯转化通过环烯烃中间物完成，过程机理示意如图 5-10。

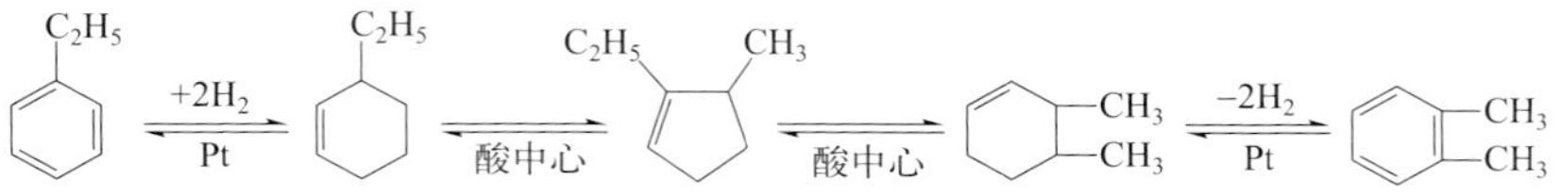

图5-10 乙苯异构化的环烯机理示意

（3）催化过程副反应　二甲苯歧化反应是二甲苯异构化反应过程中最主要的副反应。早期研究[14,15]是在液相体系酸催化基础上进行的，认为二甲苯歧化反应主要遵从亲电反应机理，分为单分子亲电和双分子亲电两种。

二甲苯歧化反应的引发有两种起始途径，一种遵守由氢质子活化苯环形成 Wheland 中间体引发的亲电反应机理，若中间产物为甲基碳正离子则为单分子亲电机理，若中间产物为双苯环结构碳正离子则为双分子亲电机理；另一种遵守由苯环上甲基失去 1 个氢负离子形成苄基碳正离子引发的苄基反应机理。

认识二甲苯歧化副反应机理、研究催化剂材料的特性以及获得对该反应的抑制机理，将有利于研发获得性能更佳的异构化催化剂。

① 亲电反应机理 单分子亲电机理即甲基碳正离子迁移机理，是指二甲苯中的一个甲基在催化剂或热作用下与苯环脱离，形成甲基碳正离子中间体和甲苯，游离的甲基碳正离子与另一个二甲苯发生反应生成三甲苯；双分子亲电机理，是指在反应过程中，二甲苯生成的碳正离子进攻另一个二甲苯分子，形成具有两个苯环结构的碳正离子中间体，完成甲基在两个苯环间的转移。计算[16]发现，反应沿双分子亲电机理进行时，需要克服的能垒较小。二甲苯亲电机理反应过程如图 5-11 所示。

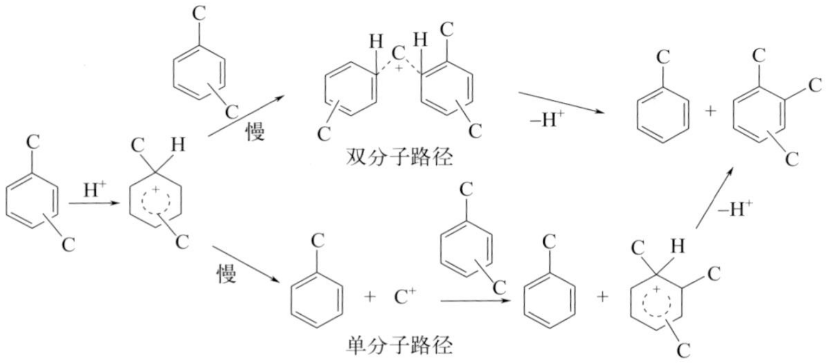

图5-11 二甲苯歧化反应的两种亲电机理示意

② 苄基反应机理 苄基反应机理是指由苄基碳正离子进攻另一个二甲苯而引发的二甲苯歧化反应，苄基碳正离子对歧化反应具有一定的抑制作用。Guisnet 等[17]对二甲苯的苄基歧化路径进行了总结，如图 5-12 所示。

有实验结果[18,19]支持苄基歧化路径，但对于苄基碳正离子的形成过程尚存疑义。Thomas 等[20]研究了二甲苯在分子筛孔道中的歧化反应，比较了单分子亲电机理和苄基反应机理的反应路径能级，如图 5-13。由 B 酸中心引发反应生成苄基的能垒高于甲基碳正离子形成的能垒，这与实验推断的苄基反应路径容易发生相矛盾，推测苄基碳正离子的形成是由 L 酸中心引发。

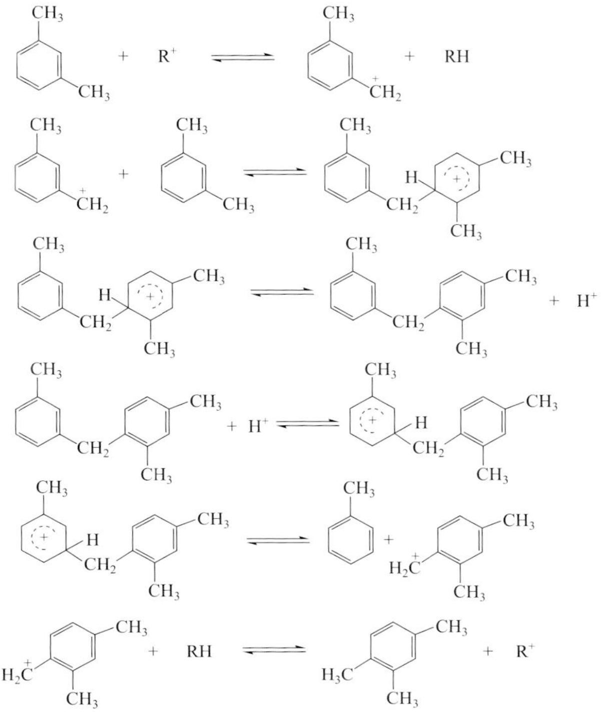

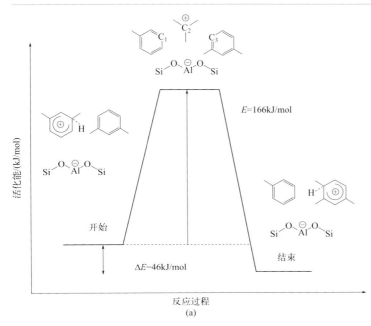

图5-12   二甲苯的苄基歧化机理示意

图5-13

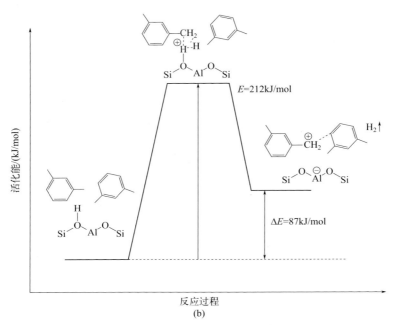

图5-13　单分子亲电机理（a）与苄基反应机理（b）的能量路径示意

2．反应热力学

C_8 芳烃异构化催化反应受其四种同分异构体之间的热力学平衡影响。测定四种异构体在各温度下的热力学参数（焓、熵及吉布斯自由能），即可估算四种异构体的热力学平衡关系。研究者[21-24] 采用差热技术，通过测量四种异构体的恒压摩尔热容 C_p，推算出各异构体的焓（H）、熵（S）和吉布斯自由能（G），获得四种异构体在不同温度下的热力学参数，如表 5-1、表 5-2 和表 5-3 所示。

表5-1　C_8 芳烃异构体的无量纲标准生成焓

温度/K	PX	MX	OX	EB
−23	10.69±0.22	10.40±0.15	11.10±0.25	16.42±0.18
−13	9.86±0.21	9.59±0.15	10.29±0.24	15.38±0.17
7	8.40±0.20	8.14±0.14	8.85±0.22	13.53±0.16
25	7.25±0.19	7.00±0.13	7.71±0.21	12.07±0.15
27	7.15±0.18	6.89±0.13	7.60±0.21	11.93±0.15
47	6.07±0.17	5.82±0.12	6.53±0.19	10.56±0.14
67	5.13±0.16	4.89±0.11	5.60±0.18	9.37±0.13
87	4.32±0.15	4.08±0.11	4.78±0.17	8.32±0.12
107	3.61±0.15	3.38±0.10	4.07±0.16	7.41±0.12
127	2.98±0.14	2.76±0.10	3.44±0.16	6.60±0.11
147	2.43±0.13	2.21±0.10	2.89±0.15	5.89±0.11
167	1.95±0.13	1.73±0.10	2.40±0.14	5.26±0.11

温度/K	PX	MX	OX	EB
187	1.51±0.13	1.30±0.10	1.96±0.14	4.69±0.11
207	1.13±0.14	0.91±0.11	1.58±0.14	4.18±0.12
227	0.79±0.15	0.57±0.12	1.23±0.15	3.73±0.12
247	0.47±0.16	0.27±0.13	0.93±0.16	3.31±0.14
267	0.19±0.17	−0.01±0.15	0.65±0.17	2.93±0.15
277	0.05±0.18	−0.14±0.16	0.52±0.17	2.75±0.16

表5-2　C_8芳烃异构体的无量纲标准生成熵

温度/K	PX	MX	OX	EB
−23	−39.82±0.05	−39.13±0.05	−39.98±0.05	−38.83±0.05
−13	−40.24±0.05	−39.55±0.05	−40.37±0.05	−39.24±0.05
7	−41.03±0.04	−40.34±0.04	−41.10±0.04	−40.02±0.04
25	−41.68±0.04	−41.01±0.04	−41.72±0.04	−40.67±0.04
27	−41.74±0.04	−41.07±0.04	−41.78±0.04	−40.74±0.04
47	−42.40±0.04	−41.73±0.04	−42.40±0.04	−41.39±0.04
67	−42.99±0.04	−42.34±0.04	−42.96±0.04	−41.98±0.04
87	−43.53±0.04	−42.89±0.04	−43.48±0.04	−42.51±0.04
107	−44.03±0.04	−43.39±0.04	−43.95±0.04	−43.00±0.04
127	−44.49±0.04	−43.86±0.05	−44.38±0.04	−43.45±0.05
147	−44.90±0.05	−44.28±0.05	−44.78±0.05	−43.85±0.05
167	−45.28±0.06	−44.67±0.06	−45.14±0.05	−44.22±0.06
187	−45.63±0.07	−45.03±0.07	−45.48±0.06	−44.56±0.07
207	−45.95±0.09	−45.35±0.08	−45.78±0.07	−44.87±0.08
227	−46.25±0.11	−45.66±0.09	−46.06±0.09	−45.16±0.09
247	−46.52±0.12	−45.93±0.11	−46.32±0.10	−45.43±0.11
267	−46.78±0.14	−46.19±0.13	−46.55±0.12	−45.68±0.13
277	−46.91±0.15	−46.31±0.14	−46.66±0.13	−45.79±0.14

表5-3　C_8芳烃异构体的无量纲标准生成吉布斯自由能

温度/K	PX	MX	OX	EB
−23	50.51±0.22	49.53±0.15	51.08±0.25	55.24±0.18
−13	50.10±0.21	49.14±0.15	50.66±0.24	54.62±0.17
7	49.42±0.20	48.48±0.14	49.95±0.22	53.55±0.16
25	48.93±0.19	48.01±0.13	49.43±0.21	52.74±0.15
27	48.89±0.18	47.96±0.13	49.38±0.21	52.67±0.15
47	48.46±0.17	47.56±0.12	48.93±0.19	51.94±0.14
67	48.12±0.16	47.23±0.11	48.56±0.18	51.34±0.13
87	47.85±0.16	46.98±0.11	48.26±0.17	50.83±0.13
107	47.64±0.15	46.77±0.10	48.02±0.17	50.41±0.12
127	47.47±0.14	46.61±0.10	47.83±0.16	50.05±0.12
147	47.33±0.14	46.49±0.10	47.67±0.15	49.74±0.11
167	47.23±0.13	46.39±0.10	47.54±0.15	49.48±0.11
187	47.15±0.13	46.32±0.09	47.44±0.14	49.25±0.11
207	47.08±0.14	46.27±0.10	47.36±0.14	49.06±0.11
227	47.04±0.14	46.23±0.10	47.30±0.14	48.89±0.11
247	47.00±0.15	46.20±0.11	47.24±0.15	48.74±0.12
267	46.97±0.16	46.18±0.13	47.20±0.15	48.60±0.14
277	46.96±0.17	46.17±0.14	47.18±0.16	48.54±0.14

基于吉布斯自由能数据，测算获得在不同温度下四种 C$_8$ 芳烃异构体的热力学平衡组成，如图 5-14 所示。

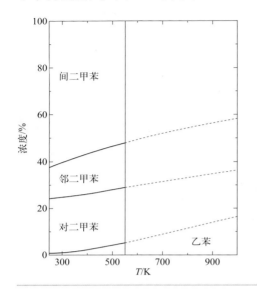

图5-14
C$_8$芳烃异构体的热力学平衡分布示意

平衡组成是各组分在封闭系统条件下的极限组成，仅通过化学反应，是不可能超越热力学平衡限制的。"突破热力学平衡"可以通过分离手段在反应过程中移走目标产物，使目标产物的浓度驱动反应平衡移动，获得表观上的"超平衡"组成，或者依靠催化材料所具有的特定空间效应，使反应物或产物在催化剂孔道体系中因传质和扩散速率的差别产生动力学的积分效应，实现表观上获得"超平衡"组成的结果。

二、C$_8$芳烃异构化催化剂

1. 酸性催化新材料

目前，用于 C$_8$ 芳烃异构化催化剂的固体酸性材料主要包括 MFI[25]、MOR[26] 和 EUO[27] 等拓扑结构类型的分子筛材料，其中以 ZSM-5 为代表的 MFI 结构材料主要应用于乙苯脱烷基型异构化催化剂，而 MOR 结构的丝光沸石（mordenite）和 EUO 结构的 EU-1 则主要应用于乙苯转化型异构化催化剂。另外，MEL[28]、NES[29]、UFI[30] 等结构类型的分子筛也可用于构成 C$_8$ 芳烃异构化催化剂。

分子筛孔道结构的特点是选择反应所需分子筛的重要依据之一，表 5-4 列出了二甲苯异构化主要分子筛的孔道结构特点。

表5-4 二甲苯异构化主要分子筛的孔道特点

分子筛	环结构单元数	孔径/nm×nm	孔道结构
ZSM-5	10	0.53×0.56 0.51×0.55	三维
ZSM-11	10	0.51×0.55	二维
丝光沸石	12	0.65×0.70	一维
EU-1	10	0.41×0.54	一维
NU-87	10	0.48×0.57	二维

ZSM-5 分子筛的孔道体系属于三维正交晶系，其两组交叉通道均由十元环组成，平行于晶胞 a 轴的呈"Z"字形，有近似圆形的开口，尺寸为 0.53nm×0.56nm。平行于 b 轴的为椭圆开口的直通道，尺寸为 0.51nm×0.55nm[28]。EU-1 分子筛孔道体系属于一维类型，主孔道孔口直径为 0.41nm×0.54nm，内含有十二元环支袋，支袋深度为 0.81nm、孔口直径为 0.68nm×0.58nm。

2．分子筛材料的酸性功能

C_8 芳烃异构化催化剂是酸 - 金属双功能催化剂，其酸性功能主要由分子筛材料上的固体酸中心提供。

（1）异构化分子筛的酸性特征 异构化催化剂常用的 ZSM-5、丝光沸石和 EU-1 等分子筛材料的典型 NH_3-TPD 酸性质表征曲线如图 5-15。

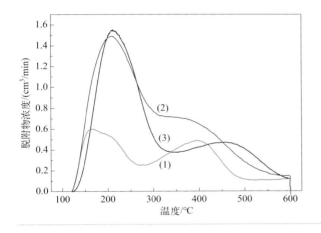

图5-15
三种分子筛的NH_3-TPD表征曲线
（1）—ZSM-5；（2）—EU-1；
（3）—丝光沸石

NH_3-TPD 表征显示三种分子筛的弱酸和强酸分布各有特点，并在弱酸和强酸阶段呈现出并非一致的对比关系，因此不同类型的分子筛材料用于 C_8 芳烃异构化催化反应时，必然表现出不同的活性、选择性和寿命等特征。

用 Py-IR 表征样品的酸性质，可以区分材料中不同类型的酸性中心及其分布，在图 5-16 的谱图中，1450 ～ 1460cm^{-1} 处的特征峰对应 L 酸，

1540～1550cm⁻¹处的特征峰对应B酸，三种分子筛的B酸和L酸的分布如表5-5。

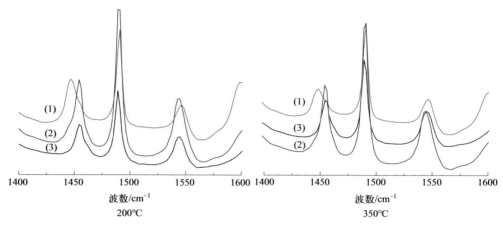

图5-16 三种分子筛的Py-IR表征谱图
（1）—ZSM-5；（2）—EU-1；（3）—丝光沸石

表5-5 三种分子筛的B酸和L酸分布表征结果

分子筛	200℃		350℃	
	L酸	B酸	L酸	B酸
EU-1	基准	基准	基准	基准
ZSM-5	基准×1.66	基准×1.01	基准×0.93	基准×1.16
丝光沸石	基准×2.69	基准×2.83	基准×2.41	基准×2.37

（2）酸中心的空间分布　分子筛酸性材料中的酸中心位置对活性中心的酸性质影响很大。利用探针分子的位阻效应，选用不同尺寸的适宜探针分子，与可达位置上的酸中心发生作用或被催化反应，可以间接获得酸中心的位置信息，从而对材料酸性中心空间位置实现表征。

近年来，固体核磁共振结合探针分子技术用以表征固体酸的酸性取得进展，¹H NMR可以直接获得固体酸表面的羟基信息。由于¹H的天然丰度高，共振频率高，灵敏度高，非常适合用于材料的酸性表征研究。文献报道[31-34]适于¹H MAS NMR表征研究的探针分子主要有氘代吡啶（pyridine）、氘代乙腈（acetonitrile）、全氟三丁胺（perfluorotributylamine）、氘代甲醇（methanol）分子等。

如图5-17，在纳米HZSM-5分子筛上吸附全氟三丁胺后的¹H MAS NMR谱图中，δ=3.9处的B酸中心强度明显降低，而δ=6.0处的峰强度有一定增加。原因在于外表面B酸与全氟三丁胺质子化后向低场发生了位移。通过定量拟合吸附前后δ=3.9处的峰面积，计算外表面B酸含量。

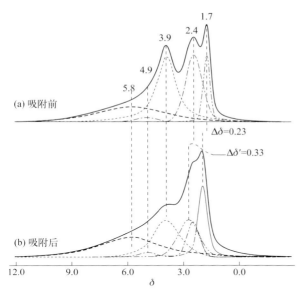

图5-17 纳米HZSM-5分子筛吸附全氟三丁胺前后的^{1}H MAS NMR谱图

在以三烷基膦氧（trialkylphosphine oxide，R$_3$PO）作探针分子的^{31}P MAS NMR 表征中，由于 R$_3$PO 对酸位强度敏感，其^{31}P 化学位移值变化较大，能够理想地区分固体酸的酸强度分布，而且还可以对各个酸位的含量进行定量，以结合不同尺寸大小的 R$_3$PO 探针分子探测分子筛内外表面的酸性。

采用不同尺寸大小的三甲基膦氧（trimethylphosphine oxide，TMPO）和三丁基膦氧（tributylphosphine oxide，TBPO）探针分子研究 HZSM-5 分子筛孔道内外表面的酸位[35]。由于 TMPO 的分子直径较小，仅为 0.55nm，而 TBPO 的分子直径较大，达到 0.82nm，所以 TMPO 可以进入分子筛孔道里面探测其内表面的酸性质，而 TBPO 不能进入分子筛孔道里面，只能探测其外表面的酸性质。

（3）酸中心对反应的影响　探针分子技术既可以通过仪器分析来反映分子筛的酸中心性质，也可以通过探针反应来体现酸中心的催化性能。判断一种分子筛对于 C$_8$ 芳烃异构化反应的适用性，最经典的考察方法即是研究其 MX 的探针反应特性。

在实验室固定床微分反应器上进行 MX 探针反应，可帮助判断分析分子筛材料的催化性能。图 5-18 公开了 16 种分子筛的实验研究结果[36]。

影响酸性分子筛催化 MX 转化反应的因素复杂，分子筛的孔道结构、关联酸中心的空间位置、酸中心强度以及中心密度数等均与反应性能关联。同一类型的分子筛，其硅铝比、晶粒形貌、颗粒尺寸等特性也会在催化 MX 转化的活性、选择性和稳定性方面产生不同的影响。

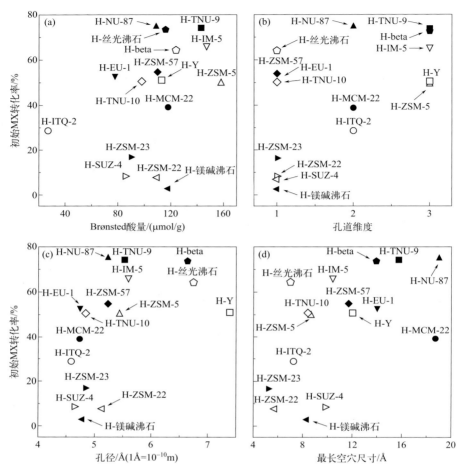

图5-18 MX初始转化率与分子筛特性的关系：（a）吡啶红外光谱确定的16种分子筛酸量汇总；（b）分子筛孔道维度分类；（c）孔口直径；（d）孔内最长内径或交叉孔道位置直径

3. 金属催化材料的制备引入

C_8芳烃异构化催化剂作为酸-金属双功能催化剂，其构成中的金属材料具有不可替代的作用，Pt、Pd等贵金属是最常用的金属组元。

采用浸渍、吸附、离子交换、共沉淀或沉积等方法，金属组元通过溶液或悬浮液引入催化剂载体[37]。催化剂在还原前要进行高温处理，使载体上的金属化合物分解并保持良好的分散。

向异构化催化剂中引入贵金属Pt通常可采用两种方法，即用氯铂酸（H_2PtCl_6）水溶液浸渍载体或在载体上进行$[Pt(NH_3)_4]^{2+}$的受控离子吸附或离子交换均可实现催化剂负载 Pt 的目的。

为降低催化剂制造成本，在异构化催化剂中引入非贵金属或其他贵金属替代Pt，如镍、钴、铁、铜、银和铼等均可通过合适的载入方式用于制备催化剂。

4．催化剂酸性质调变

C_8 芳烃异构化催化剂的酸性质是催化性能的主要决定因素。通过对催化材料进行预处理或改性，可以对其酸性质进行一定的调变，使材料的酸性质更适于催化反应所需。

（1）水热处理　一定温度下的水蒸气处理是提高沸石稳定性及调变其酸性和孔结构的常用方法[38]。在水蒸气气氛下的焙烧过程中，材料的骨架羟基和骨架铝均可发生改变，控制适宜的温度和水蒸气环境，可实现对催化材料上 B 酸中心和 L 酸中心的调变。

（2）$SiCl_4$ 处理　文献报道[39]采用 $SiCl_4$ 处理可实现对分子筛材料的脱铝，以 ZSM-5 沸石为例，不同温度下 $SiCl_4$ 的脱铝效果如表 5-6。

表5-6　温度对 $SiCl_4$ 处理 HZSM-5 的影响

温度/℃	520	540	560	580	600	620	700	750	基准
铝含量/%	1.38	1.31	1.15	1.05	0.81	0.70	0.94	1.14	2.26
$n(SiO_2)/n(Al_2O_3)$	107	111	126	153	161	213	163	104	64.8

（3）阳离子处理　以阳离子化合物与沸石进行离子交换、溶液浸渍、固相反应或机械的物理混合等均可对分子筛材料实施改性，从而实现对材料酸性质的调变。表 5-7 给出 HZSM-5 经钠离子化合物处理后的酸性质变化[40]，用钙盐处理的沸石，其酸性质也有类似的变化规律[41]。

表5-7　HZSM-5 经钠离子化合物处理后的酸性质

样品	酸中心密度/(mmol/g)
HZSM-5	0.482
Na（交换）	0.153
Na（机混）	0.062
Na（快浸）	0.031

（4）高聚物处理　使用高聚物溶液涂覆沸石催化剂是材料酸性质调变中常用的一种改性方法。如以溶解一定量碳硼硅烷聚合物的四氯化碳溶液作涂布液涂覆沸石[42]能使其外表面失活而又不显著地堵塞通道孔口，从而实现既可以使晶内生成产物顺畅扩散，又能抑制外表面二次反应的改性效果。

（5）硅烷化处理　硅改性处理是择形催化剂制备常用的方法，根据改性硅介质性质分为化学气相沉积（chemical vapor-phase deposition，CVD）和化学液相沉积（chemical liquid-phase deposition，CLD）方法。美国专利[43]介绍了一种以氧化硅气相沉积处理 HZSM-5 的方法，制得负载一定量 SiO$_2$ 的 HZSM-5 催化剂，在一定条件下以甲苯进行择形歧化反应，产物中对二甲苯在异构体中的含量达到79%；中国专利[44]介绍了一种以甲基硅氧烷液相沉积处理沸石催化剂的改性方法，该改性方法有效地调变了沸石孔口尺寸，同时有效覆盖外表面活性中心，使催化产物中对二甲苯在异构体中的含量达到 90%。

三、C$_8$ 芳烃异构化催化剂应用

1. 乙苯脱乙基型异构化技术

（1）脱乙基型异构化催化剂的研发历程　1972 年，Mobil 公开 ZSM-5 分子筛[45]合成技术，随后于 1975 年推出了第一代脱乙基型异构化催化剂技术[46]。此后，UOP[47]、中国石化[48,49]等陆续完成同领域的专利技术发明，开展催化剂及工艺研发应用技术推广。至 2021 年，全球至少已有 80 套芳烃联合装置使用了乙苯脱乙基型异构化催化剂，脱乙基型异构化催化技术已获得广泛的应用和认可。

本书著者团队于 20 世纪 70 年代开始研发 C$_8$ 芳烃异构化催化剂及工艺技术，1982 年首次取得工业业绩。20 世纪 90 年代，脱乙基型异构化催化剂研发获得成功，并于 2002 年首次在 OX 联合装置中实现应用，2005 年推出了适于在 PX 联合装置应用的脱乙基型催化剂，此后不断改进催化剂性能，分别于 2009 年、2014 年推出 SKI-110、SKI-210 等牌号的催化剂，又于 2021 年推出最新代具有高活性、高选择性技术特征的 SKI-320 脱乙基型异构化催化剂。

由于采用了独特的 MFI 结构类型的分子筛，并形成自主成熟可靠的制造方法，SKI 脱乙基系列催化剂在使用过程中以单一催化剂形式在常规径向反应器内使用，其二甲苯异构化活性和乙苯转化能力表现良好，同时也具有良好的过程选择性和优异的性能稳定性。最新一代 SKI-320 脱乙基型催化剂具有二甲苯异构化活性高、乙苯转化能力强、选择性好、稳定性优良的技术特点，具体操作工艺条件和催化性能如表 5-8。

表5-8　SKI-320 型催化剂的工艺操作条件及催化性能

工艺条件	反应温度/℃	反应压力/MPa	重时空速/h^{-1}	氢烃摩尔比
参数值	360～400	0.50～1.20	8～12	0.8～4.5
催化性能	PXATE/%	EBC/%	XL/%	BS/%
指标值	100～103	65～75	1.0～1.5	95～99

（2）脱乙基型异构化催化剂的工业应用　至 2020 年底，统计全球已超过 70%的芳烃联合装置选择了脱乙基型技术路线，包括 ExxonMobil、UOP 等公司在内

的许多技术商均取得了良好的工业业绩。截至目前，ExxonMobil 公司的代表性脱乙基型异构化技术在全球范围的装置应用超过 36 套，其中采用 AMHAI™ 和 XyMax™ 及 XyMax™-2 技术的不少于 25 套；而 UOP 公司同系列催化剂及成套技术在全球装置中也获得超过 30 套的应用业绩。

中国石化近二十年来已在不同芳烃装置中成功实施了该类型催化剂的工业应用，无论在 OX 生产装置还是 PX 生产装置中，在支持装置扩能和装置新建应用中发挥了重要作用。SKI 脱乙基系列异构化催化剂体现出良好的活性、选择性和稳定性，也极好地满足了用户生产需求。截至目前，该系列四代催化剂共在国内外 7 套装置实现工业应用 15 次，应用性能取得持续进步，具体见图 5-19 和图 5-20，业绩详细情况如表 5-9。

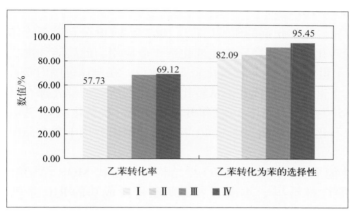

图5-19　SKI系列四代脱乙基型异构化催化剂的应用性能（一）

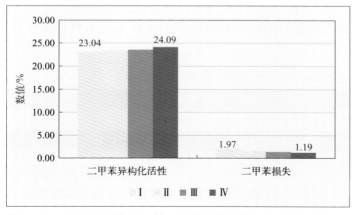

图5-20　SKI系列四代脱乙基型异构化催化剂的应用性能（二）

表5-9　SKI系列脱乙基型C$_8$芳烃异构化催化剂工业应用业绩

序号	用户	催化剂	开工时间	装置产能/（kt/a）
1	中国石油吉林石化	SKI-100/110/210/320	2002、2008、2015、2021	12 (OX)
2	中国石化洛阳分公司	SKI-100A/110/210	2005、2011、2019	215 (PX) 25 (OX)
3	中国石化齐鲁分公司	SKI-100A/210	2009、2018	80 (PX) 40 (OX)
4	中化泉州	SKI-210	2020	800 (PX)
5	中国石化上海石化公司	SKI-110/210/320	2009、2014、2021	600 (PX)
6	中国石化镇海炼化	SKI-210	2022	800 (PX)
7	鞑靼石油（俄）	SKI-320	2022	377 (PX)

2. 乙苯转化型异构化技术

（1）乙苯转化型异构化催化剂的研发历程　1967年UOP公司基于固体酸分子筛材料，首次实现转化型C$_8$芳烃异构化催化剂工业应用，此后陆续推出数代催化剂[50,51]，伴随二十世纪七八十年代石化企业的建设，在全球范围内获得广泛应用。中国石化于二十世纪70年代开始从转化型催化剂所需的丝光沸石材料起步，开展了相关研究开发[52,53]工作，1982年开发成功第一代转化型C$_8$芳烃异构化催化剂，并在上海石化实现应用。随后40年内陆续推出数代十余个品牌的催化剂。

近年来，依靠性能更佳的NES、EUO型结构材料替代MOR结构材料作为转化型催化剂的酸性材料[54]，本书著者团队新研发成功的RIC系列乙苯转化型异构化催化剂获得长足进步，催化剂在应用中表现出良好的活性、选择性和稳定性。于2010年酸性材料性能升级，RIC-200型催化剂研发应用成功后，又推出RIC-270、RIC-300型催化剂，新投入商用的催化剂体现出活性高、选择性好的技术特征，RIC系列催化剂的操作工艺条件和催化性能如表5-10。

表5-10　RIC系列转化型异构化催化剂工艺操作条件及催化性能

工艺条件	反应温度/℃	反应压力/MPa	重时空速/h^{-1}	氢/烃（摩尔比）
参数值	360～420	0.50～1.50	3.0～4.0	3～5
催化性能	PXATE/%	EBATE/%	C$_8$AL/%	
指标值	96～98	65～75	2.0～2.5	

（2）转化型异构化催化剂的工业应用　随着新型沸石材料合成技术的不断进步，本书著者团队对转化型异构化催化剂的沸石材料完成更新换代，在原来基础上，催化剂性能实现显著进步，RIC系列催化剂取得良好工业应用业绩见表5-11。

表5-11　RIC系列转化型C$_8$芳烃异构化催化剂工业应用业绩

序号	用户	催化剂	开工时间	装置产能/（kt/a）
1	天津分公司I	RIC-200/270	2010	100（PX）
2	上海石化	RIC-200	2013	230（PX）
3	天津分公司II	RIC-270	2020	350（PX）
4	海南炼化-I	RIC-200/270	2013、2021	600（PX）
5	海南炼化-II	RIC-270	2019	1000（PX）
6	金陵石化	RIC-270	2020	800（PX）
7	扬子石化	RIC-270	2020	350（PX）
8	九江分公司	RIC-300	2022	890（PX）

四、C$_8$芳烃异构化催化材料及催化剂技术发展

以分子筛为代表的固体酸性材料的合成生产技术将继续进步。

一是获取独特空间效应的催化材料，或有助于实现目标产物的反应过程择形导向。

二是催化材料酸性质分布的均一性控制将得到继续改善，使适于主反应的活性中心占比提高，催化剂对副反应的可控制性增强，促进提高反应过程效率。

三是发明高效改性方法，对催化剂中催化主、副反应的活性中心选择性地施以调变，从而改进催化剂的活性和选择性关系，研发出新型功能匹配关系的催化剂，使催化剂活性、选择性同时进步，进一步优化反应产物价值分布，支持应用装置获取更高的技术经济性成效。

四是创新开发绿色催化剂制备技术，降低催化剂制造成本，使生产工艺流程更加环保；引入3D打印等智能制造技术，提高催化剂生产流程效率和生产过程稳定性，为催化剂产品质量提供更佳保障。

第三节
甲苯歧化与烷基转移反应中的分子筛合成技术

分子筛属于无机微孔晶体材料，具有规则且丰富的孔道结构、较高的比表面积和孔体积以及优异的热稳定性和水热稳定性，在催化领域被广泛应用。纳米和多级孔分子筛具有更大的比表面积、更短的孔道长度和更多暴露的催化活性位点，可以显著减小积炭生成速率，提高分子筛催化效率。在甲苯歧化与烷基转移

相关的反应中，往往需要根据反应原料组成的差异对催化剂中的分子筛类型进行选择，下面将主要从应用于甲苯歧化和烷基转移反应的三类重要分子筛（丝光沸石、ZSM-5 和 β 沸石）入手，对该领域的催化新材料进行介绍。

随着多级孔材料的研究越来越多，人们开始对各种各样的合成策略进行评价。考察的因素主要包括生产成本，健康、安全、环境（health safety and environment，HSE）的影响，硅铝比适用与调变范围，介孔结构的设计与调控，等。尽管不能像直接合成法那样达到介孔结构的精确设计和控制，后处理方法由于具有操作简便、成本低、成效显著、易于规模化等优点，表现出更大的应用和生产潜力。

一、用于纯甲苯歧化反应的ZSM-5分子筛

随着分子筛合成技术的不断发展，很多类型的分子筛材料先后被用于纯甲苯歧化反应，如丝光沸石、β 沸石、ZSM-5、MCM-22/49 等 [55-57]。其中，ZSM-5 分子筛是一种 MFI 拓扑结构的中孔沸石分子筛，具有直通孔道和正弦孔道交叉的多维孔道结构，孔径分别为 0.53nm×0.56nm 以及 0.55nm×0.51nm。由于 ZSM-5 分子筛酸性合适、稳定性高且孔径与苯环的动力学直径相近，在产物选择性上具有明显优势，是目前应用最为广泛的纯甲苯歧化催化材料 [58,59]。

1. ZSM-5 分子筛的晶粒尺寸控制合成

分子筛的晶粒尺寸和形貌能引起分子筛表观孔结构以及酸性质的差异，进而直接影响其催化活性及选择性 [60]。关于用于纯甲苯歧化反应的 ZSM-5 分子筛材料的合成研究较多，多数集中在分子筛纳米化、多级孔构建以及形貌和酸性质调控等方面。纳米分子筛能有效缩短微孔孔道，暴露出更多的外表面积和外表面活性中心，能显著改善其催化活性。李凤艳等 [61] 以四丙基氢氧化铵（tetrapropylammonium hydroxide，TPAOH）为结构导向剂、异丙醇铝为铝源、水玻璃为硅源，采用表面润湿法合成纳米 ZSM-5 分子筛。研究表明，对于甲苯歧化反应而言，酸性强、晶粒小的纳米级 ZSM-5 分子筛对反应转化率更有利，但是同时会降低反应的选择性。Albahar 等 [62] 控制合成了一系列不同粒径的 ZSM-5 分子筛（图 5-21），并考察了分子筛纳米化对纯甲苯歧化反应行为的影响规律。研究表明，分子筛纳米化能显著提高甲苯转化率，但是随着分子筛粒径的增加，二甲苯选择性以及对位选择性会相应提高，这是由大晶体的扩散路径较长，C_9^+ 重芳烃以及对二甲苯异构体的扩散限制提高所致。Li 等 [63] 采用正丁胺为结构导向剂，以水玻璃、硫酸铝和氢氧化钠为原料，通过调控氯化钠等碱金属盐的用量对 ZSM-5 分子筛尺寸进行调控，合成了纳米 ZSM-5 分子筛聚集体（图 5-22），并研究了纳米分子筛酸性质与纯甲苯歧化反应性能之间的关系。研究表明，纳

米 ZSM-5 分子筛中酸强度 $H_0 \leqslant +2.27$ 的酸性中心与催化活性有关，其中酸强度 $H_0 \leqslant -3$ 的酸性中心极易发生钝化，导致催化活性下降。Jiang 等[64] 以酸处理的伊利石黏土为原料，然后与硫酸铝、晶种、氢氧化钠以及少量水固相研磨后，通过类固态转化法实现了晶种诱导快速合成亚微米 ZSM-5 分子筛，其合成过程如图 5-23 所示。在晶种诱导的类固态转化合成过程中，随着晶化时间的延长，非晶态混合物会快速转变为分散良好的亚微米 ZSM-5 分子筛，铝进入 ZSM-5 分子筛骨架并提供酸性位点，得到的 ZSM-5 分子筛表现出比晶种 ZSM-5 更高的纯甲苯歧化反应性能。

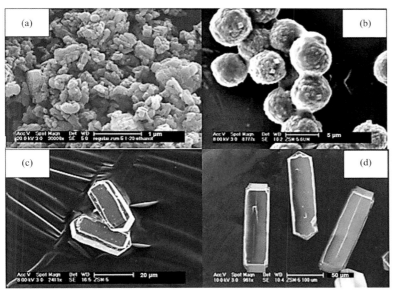

图5-21　纳米及微米ZSM-5分子筛[62]：（a）0.5μm；（b）5μm；（c）50μm；（d）100μm

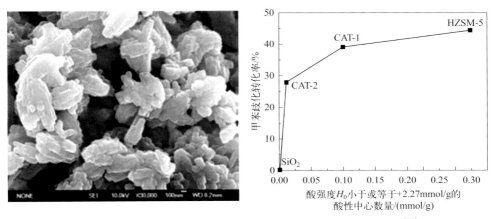

图5-22　纳米ZSM-5分子筛聚集体以及酸性质对甲苯歧化反应活性的影响[63]

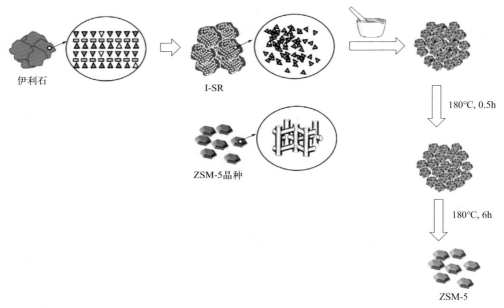

图5-23　类固态转化法快速合成亚微米ZSM-5分子筛[64]

2．ZSM-5分子筛的孔结构改性

在实际的反应过程中，具有单一微孔结构的沸石分子筛会导致严重的扩散限制，影响活性中心的利用效率以及积炭速率，介孔的引入能提高沸石分子筛的扩散效率，有效调节催化活性和选择性。Čejka等[65]用TPAOH作结构导向剂、炭黑粉作硬模板剂，通过控制硬模板剂的加入量，合成得到了三种具有相似酸性质、不同介孔体积的ZSM-5分子筛（图5-24），在纯甲苯歧化反应中，甲苯的转化率随着介孔体积的增加而增加。此外，由于分子在介孔ZSM-5分子筛中的接触时间较短，其二甲苯的选择性也随之提高。Jiang课题组[66]先用次氯酸钠溶液对炭黑粉体进行亲水化处理，然后将其用作硬模板剂，水热合成得到具有均匀晶内介孔的ZSM-5分子筛（图5-25），在纯甲苯歧化反应中，能显著提高甲苯转化率和二甲苯选择性。孔德金等[67]采用廉价的淀粉作硬模板剂，控制合成了具有丰富晶内介孔的ZSM-5分子筛，提高了分子筛扩散效率以及容炭能力，在纯甲苯歧化反应中表现出更高的稳定性。谢在库等[68]使用聚乙烯醇缩丁醛凝胶（polyvinyl butyral，PVB）作为中孔导向模板，分别通过水热处理SiO$_2$/PVB复合物以及在PVB辅助下再晶化ZSM-5的两种方法，制备得到有丰富晶内和晶间介孔的ZSM-5分子筛（图5-26），在纯甲苯歧化反应中，由于介孔的存在增加了反应物的扩散速率，表现出较好的催化活性。

图5-24 硬模板法合成不同介孔体积的ZSM-5分子筛[65]：（a）常规ZSM-5；（b）n_{carbon}/n_{Si+Al}=7 所得介孔ZSM-5；（c）n_{carbon}/n_{Si+Al}=10 所得介孔ZSM-5

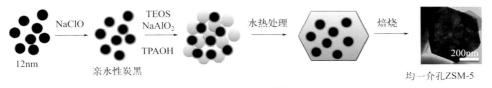

图5-25 硬模板法合成均匀介孔的ZSM-5分子筛[66]

图5-26 晶内及晶间介孔的ZSM-5分子筛[68]

3. ZSM-5分子筛的形貌控制

除孔结构以外，通过对沸石分子筛形貌的控制也可以有效地调节微孔完整性以及扩散效率之间的平衡关系，一些特殊形貌的沸石分子筛在催化反应中经常表现出差异化的反应行为。Lin 等[69]采用 TPAOH 为结构导向剂，水热晶化过程中引入十六烷基三甲基溴化铵（hexadecyl trimethyl ammonium bromide，CTAB）表面活性剂，合成得到硅铝比 [$n(SiO_2)/n(Al_2O_3)$] 为 38、厚度在 30nm 以内的 ZSM-5 纳米片状分子筛，其形貌生成机理如图 5-27 所示。在纯甲苯歧化反应中，相比于传统的块状分子筛，ZSM-5 纳米片状分子筛具有更高的扩散效率，甲苯转化率提高近 1.5 倍。孔德金等[70] 采用正己胺作结构导向剂，结合晶种辅助法合成得到长片状的 ZSM-5 分子筛（2μm×100nm×20nm，图 5-28）。该分子筛具有典型的短 b 轴结构，能有效提高 [010] 孔道方向的扩散性能，抑制二甲苯歧化反应生成重芳烃。上述长片状的 ZSM-5 分子筛在纯甲苯歧化反应中，与硅铝比相近的块状 ZSM-5 相比，长片状 ZSM-5 分子筛的甲苯转化率提高 10%，二甲苯选择性提高 7.5%。姜男哲等[71] 以乙醇作为修饰剂、硅溶胶为硅源，采用晶种辅助法水热合成出具有六角板状的 ZSM-5 分子筛（图 5-29）。研究表明，在合适的范围内，乙醇表现出一定的模板作用，提高 ZSM-5 分子筛的相对结晶度，可促进合成体系中的铝进入分子筛骨架，具有显著增强酸性的作用。此外，乙醇同时具有调控晶粒尺寸的作用，随着乙醇含量的增加，晶体尺寸先增大后减小。在纯甲苯歧化反应中，添加乙醇合成的六角板状 ZSM-5 分子筛表现出优异的催化性能，与未添加乙醇合成的 ZSM-5 分子筛相比，甲苯转化率提高了 5 ～ 8 个百分点、对二甲苯选择性提高了 1 ～ 2 个百分点。此外，考虑到分子筛在工业应用时的强度以及粉化流失问题，在实际使用过程中需要加入惰性黏结剂成型，保证催化剂整体的外形和机械强度。为了降低黏结剂使用带来的活性中心密度以及扩散性能下降问题，刘世奇等[72] 用壳聚糖、正硅酸四乙酯（tetraethoxysilane，TEOS）、TPAOH 以及 ZSM-5 分子筛混合成型，然后通过水热晶化制备得到球状整体式全结晶 ZSM-5 分子筛催化剂，如图 5-30，有效提高了催化剂整体扩散效率，对纯甲苯歧化反应具有良好的催化效果，能显著提高甲苯转化率和二甲苯选择性，具有较大的潜在工业应用价值。

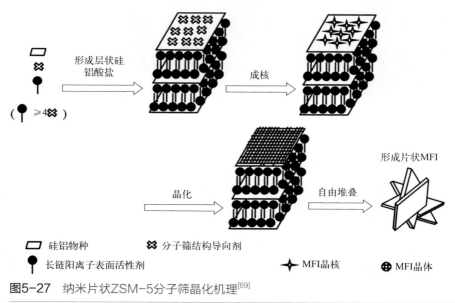

图5-27 纳米片状ZSM-5分子筛晶化机理[69]

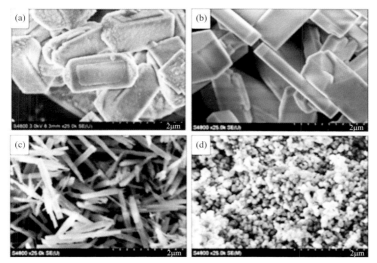

图5-28 不同形貌的ZSM-5分子筛[70]：（a）块状ZSM-5；（b）条状ZSM-5；（c）长片状ZSM-5；（d）纳米级粒子状ZSM-5

图5-29 不同乙醇含量合成的ZSM-5分子筛[71]：（a）$n(C_2H_5OH)/n(Al_2O_3)=0$；（b）$n(C_2H_5OH)/n(Al_2O_3)=1.0$；（c）$n(C_2H_5OH)/n(Al_2O_3)=1.5$；（d）$n(C_2H_5OH)/n(Al_2O_3)=2.0$

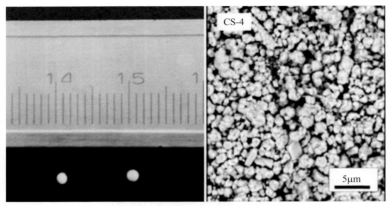

图5-30 全结晶ZSM-5分子筛催化剂[72]

4. ZSM-5 分子筛的后处理

除直接合成以外，分子筛后处理也是常用的分子筛酸性质、孔结构以及表面性质调整的重要手段。孔德金等[73]考察了用水蒸气处理 ZSM-5 分子筛对纯甲苯歧化反应性能的影响。研究表明，低温水蒸气处理时分子筛骨架脱铝较少，且能有效疏通 ZSM-5 分子筛孔道，有利于催化活性提高，但选择性随之下降；而高温水蒸气处理则会导致骨架脱铝严重，酸中心的减少引起转化率大幅度降低，并且，孔道内产生大量非骨架铝的堆积，使得扩散阻力变大，分子筛的对位选择性有较大提高。吴元欣等[74]采用碱处理的方式改性 ZSM-5 分子筛，如图 5-31，并将其用于甲苯歧化以及烷基转移反应。碱处理降低了 ZSM-5 分子筛的硅铝比，在分子筛中引入了介孔结构，硅铝比的降低导致反应物转化率有明显升高，介孔结构的引入可以有效地提高催化剂的稳定性[74]。

图5-31 碱处理ZSM-5分子筛[74]：（a）$n(SiO_2)/n(Al_2O_3)=38$的ZSM-5；（b）$n(SiO_2)/n(Al_2O_3)=120$的ZSM-5；（c）$n(SiO_2)/n(Al_2O_3)=120$的ZSM-5碱处理产物

二、用于甲苯与C₉⁺芳烃歧化和烷基转移反应的丝光沸石分子筛

将劣质化原料转化为苯、二甲苯等高附加值芳烃产品是一条重要的芳烃转化途径，与纯甲苯歧化反应不同，这类反应的反应物往往涉及多环芳烃，为了匹配这类反应物分子的大小，往往选用丝光沸石分子筛催化该类反应的进行。

1948年，实现了丝光沸石（mordenite）的首次人工合成，采用硅酸凝胶、铝酸钠水溶液和碳酸钠分别作为硅源、铝源和矿化剂，通过水热晶化法在265～295℃下水热晶化，其拓扑结构记为MOR[75]。丝光沸石具有大小均匀的孔径、良好的耐酸性和耐热性，已被广泛应用于加氢裂化、甲苯歧化与烷基转移、异构化、烷基化和重整工艺等，也用于分离气体或液体混合物[76]。图5-32为丝光沸石的空间结构图。其微孔结构由两种孔道组成，一种为平行于 c 轴方向椭圆形的十二元环通道，另一种是排列不规则且与 b 轴方向平行的八元环通道[77]。

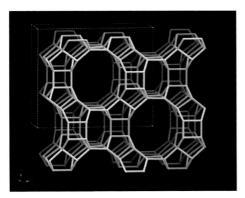

图5-32 丝光沸石的空间结构图

丝光沸石分子筛的合成方法众多[78]，水热合成法是制备丝光沸石最常用的方法。整个晶化过程主要分为硅、铝源生成硅铝凝胶的过程和硅铝凝胶晶化过程，可以细分为：沸石晶核的产生、沸石晶核的初期生长、沸石晶核的快速生长及新晶核的形成过程。通过减小硅酸粉末颗粒的尺寸、提高体系的硅铝比等途径可以调变分子筛的酸性等性能[77]。刘红艳等[79]利用双季铵碱为结构导向剂，在水热环境下快速合成了形状均一、硅铝比可调的纯相丝光沸石晶体。王震宇等[80]以超细颗粒硅酸（颗粒直径小于1μm）作为硅源，在合成过程中有效促进原料间的脱水缩合反应、成核、晶化过程，通过简单工艺，低成本合成出硅铝比较高且酸性强的丝光沸石，合成的丝光沸石比天然沸石表现出更高的结构调整性及更好的催化性能。

1．丝光沸石分子筛的晶粒尺寸控制

一般而言，晶粒尺寸较小的分子筛沸石外表面积较大、单位体积上具有更多的活性中心，对原料及产物分子的扩散阻力较小，当催化大分子反应物转化时，有利于反应物与活性反应中心接触或产物与活性中心脱离，可起到降低反应深度、大幅度减缓催化剂积炭反应的速度、延长催化剂的使用寿命等作用。调控晶粒的尺寸往往可以通过调变晶化条件实现。其中，改变晶化温度、晶化碱度、水硅比、晶种的加入以及晶化时间等可以作为晶粒尺寸控制的重要手段。Hincapie 等[81]在较高的铝含量凝胶系统中添加了晶种用于辅助合成，得到粒径仅为 30～80nm 的纳米丝光沸石。研究结果表明，铝含量越高、晶化温度越低以及晶种的介入均有助于降低丝光沸石的晶粒尺寸。邢淑建等[77,82]对合成条件、添加剂、晶化方式等对丝光沸石晶粒尺寸的影响进行了探索。研究结果表明，晶化温度越低，碱度越高，以及添加氯化钠、硫酸钠等碱金属盐作为成核助剂、动态晶化，更有利于纳米丝光沸石的形成。同时，反应介质的碱度、硅源等对丝光沸石晶粒尺寸和晶体形态有影响，以硅酸钠为硅源时，随着碱度的提高，丝光沸石的形态由球形变为纳米棒形，在不同的水热条件下，所得丝光沸石的晶粒尺寸在 5～50nm 之间。王剑等[83,84]通过对模板剂量、水硅比、晶化时间、晶化温度等合成条件的详细考察，优化条件合成出晶粒尺寸仅为 50nm 左右的丝光沸石。各合成因素对降低分子筛晶粒尺寸存在晶化时间＞老化时间＞搅拌速率＞晶化温度的影响次序[77]。

2．丝光沸石分子筛的孔结构改性（硬模板法与软模板法）

在合成时添加硬模板剂，可以使合成的沸石分子筛具有介孔[85]。所用的硬模板剂可以是介孔碳、炭黑、碳纳米管、碳气凝胶等[86-95]。将硬模板剂与硅铝凝胶结合成团聚复合物，最后通过高温去除硬模板剂，使原来硬模板剂存在的位置产生相应的介孔，且得到的介孔能保持原来模板剂的形状。

李乃霞等[96]以碳纳米管（carbon nano tube，CNTs）为模板剂，采用传统的水热合成法，合成出介孔丝光沸石，并通过 CNTs 的添加量来调节介孔的多少。采用多孔炭为硬模板剂，首次在水热条件下合成出具有中空结构的介孔丝光沸石，结果表明，制备的中空介孔丝光沸石具有规则六棱柱外貌，其内腔尺寸约为 8μm，壁厚约为 1μm，且晶体壁中存在大量尺寸约为 9.0nm 的介孔[97]。崔仙[98]以多壁碳纳米管为模板剂，用传统的水热晶化法一步合成出丝光沸石，并利用多壁碳纳米管的添加量调控了介孔的量。通过红外、孔结构等表征手段，证明了多壁碳纳米管作为硬模板剂合成多级孔丝光沸石的可行性。同时，其利用棒状 FeOOH 为硬模板剂，制备出颗粒尺寸为 4μm 左右，形貌为六棱柱形的纯相丝光沸石。

与硬模板法相似的是，在沸石合成过程中，加入具有长链特征的有机表面活性剂、有机硅烷或阳离子聚合物等结构导向剂，通过软模板和硅铝物种相结合，经高温焙烧除掉模板剂，从而在原来模板剂占据的位置产生介孔，称之为"软模板法"[99-104]。与硬模板法不同的是，软模板剂一般为有序聚合物以及大分子有机物等，该类物种与硅铝物种之间存在非共价键作用力，组装成复合结构[105-108]。目前常用的软模板剂主要是具有较长碳链的高分子聚合物和两性的有机硅氧烷表面活性剂[109-113]。崔仙[98]采用软模板法，分别以 CTAB、聚季铵盐 -6 和聚季铵盐 -7 为介孔模板，并通过控制模板剂加入量调节介孔含量，在晶种的参与下，合成的丝光沸石具有晶内介孔。当以 CTAB、聚季铵盐 -6 和聚季铵盐 -7 为介孔模板时，分别得到了比表面积为 472.5m²/g 的片状粒子、比表面积为 301.2m²/g 的不规则纳米丝光沸石团聚体以及比表面积为 447.4m²/g 的多级孔道丝光沸石。张萌[114]在丝光沸石合成中添加软模板剂 E 并引入铜离子改性后制备得到 MOR-E-Cu，其具有较高的介孔孔容，容炭能力增大，同时增强了 CO 的吸附，其二甲醚羰基化反应活性和稳定性得到显著提高。李玉平[115]等以双季铵型表面活性剂 $C_{18}H_{37}N^+(CH_3)_2C_6H_{12}N^+(CH_3)_2C_6H_{13}(Br^-)_2(C_{18-6-6}Br_2)$ 作为软模板，在水热条件下制备了有纳米棒定向排列形貌的多级孔丝光沸石分子筛。合成的多级孔丝光沸石比传统微孔丝光沸石具有更多的可接近活性位和更优异的传质性能，在苯与苯甲醇的苄基化反应中，多级孔样品表现出更好的苄基化反应催化性能和更高的反应速率。同时通过对合成体系中 $n(C_{18-6-6}Br_2)/n(SiO_2)$ 比值的改变，可对样品的晶粒尺寸、介孔表面积和介孔孔容进行系统调变。

3. 高硅丝光沸石的直接合成

高硅铝比丝光沸石具有高热稳定性，在多相催化中体现出较高的反应稳定性。近年来，高硅丝光沸石的合成屡见报道[116-121]。丝光沸石生长的温度及相区分布如图 5-33 所示[122]。Lv 等[123]采用四甲基氢氧化铵和六亚甲基亚胺为双模板剂水热合成了高硅丝光沸石，在添加硝酸铵的条件下，可以在 $n(SiO_2)/n(Al_2O_3)$ 比为 120 的合成溶胶中实现高硅丝光沸石的晶化，证明了两种结构导向剂在高硅丝光沸石分子筛的晶化过程中起到协同作用，使分子筛具有更高的催化性能。李晓峰等[124]采用干胶法，在碱性硅铝体系中，首次合成了丝光沸石，得到的产品具有较高的硅铝比以及适当的酸量及酸性分布，在较高空速下，C_8 芳烃异构化反应活性与对二甲苯选择性较高。Lu 等[125]在含氟离子的合成体系中利用四乙胺（tetraethylammonium）和丝光沸石晶种，制备了硅铝原子比高达近 15 的高硅丝光沸石，并实现了硅铝比的可调。Sasaki[126]通过改变水热合成条件，利用四乙基铵和氟离子成功制备了 $n(SiO_2)/n(Al_2O_3)$ 比约为 50 的高结晶丝光沸石，并通过考察热稳定性与硅铝比之间的关系，证明了高硅丝光沸石分子筛具有良好的热稳定性。在160℃的晶化温度下，Mohamed等[127]以邻苯二胺作为模板剂，制备了$n(SiO_2)/n(Al_2O_3)=76\sim120$的高硅铝比丝光沸石晶体。祁晓岚等[128]利用氟离子的辅助，在绿色环保的无有机模板剂的体系中，合成出高硅丝光沸石，确认了氟离子在丝光沸石结构形成中的导向作用。由于酸性位分布的差异，以及因此引起的催化性能的改善，高硅丝光的直接合成将是近年来重要的研究课题。

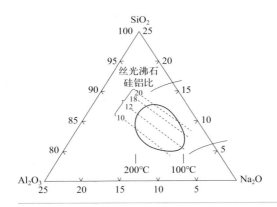

图5-33
丝光沸石的适宜温度及生成相区

4. 丝光沸石分子筛中的杂原子修饰

向沸石分子筛中引进杂原子可以调变沸石的结构，进而影响其酸性和物化性能，从而达到使反应性能提高的目的[129-138]。Kim等[133]制备的含钛丝光沸石，表现出对苯和正己烷氧化较高的催化活性。董梅[139]等采用在合成体系中添加络合剂的新方法，将不同价态的杂原子Zn、Fe、Sn引入了分子筛骨架和孔道，发现改性分子筛在醚化和醇脱水反应中，表现出较高的反应活性。张树国采用杂原子引入的方式制备了骨架掺杂丝光沸石分子筛，在催化反应中体现了优势。魏贤等[130]将Al、Ga、B、Fe等引入丝光沸石中改性丝光沸石考察了杂原子对酸性的影响，证明了含铝丝光沸石在众多杂原子掺杂丝光沸石中具有最强酸性。王琦等[140]在无胺条件下，采用水热合成法得到了钴原子同晶取代的丝光沸石，成功地在丝光沸石骨架结构中引入了钴原子。钴原子的引入，可以抑制积炭的形成以及副反应的发生，进而提高了目的产物的选择性和催化剂的稳定性，延长了催化剂的寿命。于龙等[141]采用水热法合成了含Fe的丝光沸石，以同晶取代的方式将Fe引入丝光沸石骨架并改变了丝光沸石的物化性能。

三、用于重质芳烃原料轻质化反应的β型分子筛

当芳烃原料中甲苯含量较低，大部分为重质芳烃原料时，具有三维十二元环孔道结构的β型分子筛能够作为重质芳烃原料轻质化的重要催化剂组成成分。1967年，

Mobil 公司首次采用水热合成方法得到一种新分子筛——β 型分子筛，所使用的模板剂为四乙基氢氧化铵[142]。一般认为，β 型分子筛骨架结构是一套无笼开放系统，并是唯一具有三维交错十二元环孔道结构的手性高硅沸石，a 轴和 b 轴方向为直线形孔道，其孔道直径为 0.66nm×0.67nm；c 轴方向为贯穿 a 轴和 b 轴的弯曲孔道，其孔道直径为 0.56nm×0.56nm。常规体系合成得到的 β 沸石由四方晶系和单斜晶系共生组成，为 A、B 两种多形体结构在 [001] 方向的堆垛层错共生得到的高度堆积缺陷混晶，在 c 轴方向的不同堆积方式、无序生长和堆叠，使得层错和缺陷位等不完美结构非常常见[143,144]。β 型分子筛具有较好的热稳定性、水热稳定性和可控的酸性，因此被广泛应用于石油化工（催化裂化、加氢裂化、异构化、烷基化、烷基转移、脱蜡、甲醇制备烯烃）、精细化工以及近些年发展迅速的生物质转化等领域，表现出容炭能力好、催化寿命长等优点，是一种工业上十分重要的催化材料。

在很长一段时间里，由于对 β 沸石结构的认识并不明确，未引起人们的关注。直到 1988 年，Newsam 等运用高分辨电子显微镜、电子衍射和计算机模拟等现代技术手段对 β 沸石进行了细致的表征和深入的探究，揭示了其特有的三维结构特征。Tomlinson 等通过计算机模拟和能量最小化的计算证明了 Newsam 等提出的 β 沸石结构是具有稳定性的，也得出了 A、B 两种多形体结构的晶格能非常接近的结论[145]。Higgins 预测除了 A 型和 B 型两种结构之外，很可能还有第三种晶体结构 C 型（单斜晶系）的存在，并指出 C 型是一种三维尺度上十二元环的直通道晶体结构，这一假设也被实验事实所验证，HRTEM 表征直接观察到了 A、B 和 C 三种多形体在一个晶体中共同堆垛层错生长的现象[146]。

通常条件下合成得到的 β 沸石在三维方向都是十二元环大孔，其中在 X、Y 方向的孔道是直线形的通道，孔径较大约 0.66nm×0.67nm，而 Z 轴方向为"之"字形的弯曲通道，其孔径略小约为 0.56nm×0.56nm。这一三维方向贯穿的孔道且无笼的结构对于很多有机分子（异丙基苯、二异丙基苯以及 2,6- 二甲氧基萘等）有非常好的择形作用。

1．β 型分子筛的硅铝比与粒径的调控

β 型分子筛的酸性和亲疏水性质通常与骨架或晶体表面的铝分布密切相关，即可以通过改变分子筛的骨架硅铝比来实现对上述性质的调控，因此，研究不同硅铝比 β 型分子筛的合成及其性能显得尤其重要。

由于纳米分子筛的优势被日益重视，纳米 β 型分子筛的合成也成为研究热点之一。1990 年，首次合成出粒径小于 100nm 的纳米 β 型分子筛，但是，粒径减小带来的新问题是固体产率低于 50%。同时，随着初始凝胶中硅铝比的增加，所得样品的结晶度随之逐渐降低，导致需要的晶化时间延长。

采用水热合成方法制备纳米 β 型分子筛的另外一个问题是产品的硅铝比通常

难以超过 100。通过在反应体系中引入氟离子，可以扩大合成相区，合成高硅甚至纯硅的 β 型分子筛。但是，氟离子的引入需要同时匹配相应的晶化条件才能得到纳米 β 型分子筛，否则往往会导致分子筛晶粒尺寸长大。出于环保目的，无模板剂合成 β 型分子筛技术的应用也受限于产物硅铝比较低，并且产品的晶粒尺寸随着硅铝比的降低而逐渐变大。因此，面临的关键技术难题是在高效合成纳米 β 型分子筛的同时，拓宽产品的硅铝比范围，实现工业稳定生产。

考虑到合成及后处理过程中沸石经历着高温高压的水热环境，与水蒸气处理类似。对水蒸气处理过程的微观机制理解为新铝位的形成提供思路。Swang 等通过 DFT 理论计算的方法计算了在水蒸气处理条件下，沸石骨架从完美无缺陷的硅氧四面体与铝氧四面体键连的状态，经过一系列键连、键断的步骤，最终完全离开骨架各反应步骤的活化能。他们发现，这一过程中脱铝和脱硅都有发生。而脱铝由于需要更低的反应能垒，具有更稳定的中间态物种，以及对水分子更强的吸附作用而更加容易发生[147]。早在 2005 年，脱铝过程中的 Macilly 机理就明确指出：铝原子从骨架中脱出，形成一个个硅羟基巢后，周围的无定形物种中的硅会发生迁移，重新填补部分空洞。而从骨架中脱除的 Al 原子并不需要完全离开沸石晶体，而是以一些其他的物种形式存在于微孔或者介孔孔道中，比如阳离子 (Al^{3+}、AlO^+)、中性或者带一定电荷的、聚合物形式的氢氧化物 [$Al(OH)_2^+$、$AlOOH$、$Al(OH)_3$ 等]。$Al(OH)_3$ 进一步反应产生 $Al(OH)_2^+$ 和 Al^{3+}。人们通过 DFT 等理论计算方法也可以得到这些铝物种的结构，为调控分子筛的酸量、酸强度以及酸中心分布提供了方法和思路上的借鉴。通过改变分子筛的骨架硅铝比可以控制分子筛的酸性质，常用的方法是改变初始凝胶中的硅铝配比。富铝分子筛 [$n(SiO_2)/n(Al_2O_3)<40$] 可以提供更多的 B 酸中心，加入络合物等添加剂对铝原子进入分子筛骨架具有极为重要的作用。

2. β 型分子筛的孔结构调控

由于 β 沸石的聚集生长特性，其骨架不如 ZSM-5 沸石稳定，对其进行碱处理晶内造介孔的报道并不多，文献中也提到，碱处理 β 沸石远不如 ZSM-5 沸石可控性强，结晶度和微孔量极其容易损失。然而晶体结构的保持对于较长的孔道完整性以及择形性至关重要，通常碱性合成体系下由于大量缺陷位的产生，即使调变到合适的配比和晶化条件，一般也只得到椭球形和有双金字塔形轮廓的 β 沸石小颗粒的混合物，其颗粒的尺寸也很难调变。含氟体系下，F^- 取代 OH^- 作为矿化剂，体系可以在接近中性的温和条件下反应，溶解速率变慢，促进晶体慢慢地生长和有序规整化，有利于沸石尺寸的增加以及缺陷位的减少。此方法得到的 β 沸石表现出其晶体良好的双金字塔形形貌，但此方法得到的 β 沸石尺寸在微米级。多级孔 β 沸石材料一般为晶间堆积介孔的沸石聚集体，对晶内介孔的 β 沸石研究很少，而通常采用的碱处理方法，对 β 沸石来说可控性差，易造成微孔的大量损失和骨架的坍塌。除此以外，碱液中 OH⁻ 对骨架脱硅的刻蚀作用从外而内进行，导致晶体内部的微孔结构和活性位不能充分暴露和利用。因此亟待开发具有高可控性和有效性的后处理方法。

3. β 型分子筛在催化反应中的应用

由于具有优异的热稳定性和水热稳定性以及良好的结构选择性，β 型分子筛在工业催化和生物质转化等催化反应中发挥着极为重要的作用，展现出良好的催化性能[148-152]。

（1）烷基化反应 在苯分别与乙烯和丙烯发生烷基化制备乙苯和异丙苯的工业中，β 沸石催化剂发挥重要作用。比如，在异丙苯的工业生产中，β 型分子筛催化剂不仅取代了存在高污染和后处理复杂等缺点的 $AlCl_3$ 催化剂，还表现出优异的烷基化反应性能，提高了异丙苯的纯度和收率[151]。

（2）异构化反应 在烷烃和葡萄糖分子的异构化反应中，β 型分子筛展现出优异的催化性能。β 型分子筛载体尺寸和晶界都对正戊烷异构化反应具有影响，单晶 β 纳米分子筛载体可以显著提高 Pt/β 催化剂的催化活性[152]。

（3）歧化反应 β 型分子筛具有三维交叉大孔结构，在催化异丙苯歧化合成二异丙苯、二异丙苯烷基转移等反应中具有重要应用价值。在应用于催化二异丙苯烷基转移反应时，多级孔 β 型分子筛由于具有较短的扩散路径和较大的比表面积，显著提高了二异丙苯烷基转移反应的催化效率。

（4）生物质转化反应 在催化生物质转化反应中，一般通过催化热解等技术将生物质高效转化为平台化合物和生物燃料。该过程包括了低聚、脱水、脱羰基和羧基等一系列化学反应。β 型分子筛特别是纳米 β 型分子筛具有的结构特点和酸性质，在催化生物质高效转化过程中发挥重要作用。纳米 β 型分子筛具有更短扩散路径和更多物质分子可及的催化活性位点，尤其适合生物质转化为呋喃、糠醛和乳酸等化合物的反应，在生物质大分子的高效催化转化中得到了重要应用。

第四节
C₈芳烃分离吸附新材料

芳烃联合装置中，采用对二甲苯或者间二甲苯吸附剂的吸附分离单元，将包含乙苯、对二甲苯、间二甲苯和邻二甲苯的混合 C₈ 芳烃原料进行处理后，可产出纯度超过 99.7% 的对二甲苯或者纯度超过 99.5% 的间二甲苯产品。吸附分离技术主要包括吸附剂和模拟移动床吸附分离工艺。目前，工业上用于二甲苯分离的吸附剂活性组分仍然为 FAU 分子筛，通过对 FAU 分子筛化学组成、形貌等调变优化，其吸附分离性能获得了持续的提升。此外，研究人员还对 MFI 分子筛、金属有机框架材料的二甲苯分离性能进行广泛研究。

一、用于二甲苯吸附分离的FAU分子筛

1．FAU 分子筛的结构与化学组成

FAU 分子筛的骨架结构中 TO$_4$（T 原子为 Si 或者 Al）四面体通过共享顶点形成特征构筑单元 SOD 笼（β 笼），β 笼再经双六元环相连，按照四面体结构在三维空间排列进一步形成超笼结构（α 笼）。α 笼窗口为十二元环，直径约 0.74nm，α 笼内部空间直径约 1.2nm。

一般地，FAU 分子筛的化学式为 Na$_m$Al$_m$Si$_{192-m}$O$_{384}$，其中 m 为单位晶胞中 Al 原子数量。分子筛骨架结构中 Al 原子的分布遵循 Lowenstein 规则[153]，避免形成 Al—O—Al 连接，且尽量减少 Al—O—Si—O—Al 连接[154]。

通常，将骨架 $n(SiO_2)/n(Al_2O_3)$ 摩尔比（硅铝比）为 2.0～3.0 的 FAU 分子筛称为 X 型分子筛，其中，硅铝比为 2.0～2.2 时称作低硅 X 分子筛（low silicon type X zeolite，LSX），硅铝比为 2.2～2.4 时称作中硅 X 分子筛（medium silicon type X zeolite，MSX），硅铝比为 2.4～3.0 时称作高硅 X 分子筛（high silicon type X zeolite，HSX）。硅铝比大于 3.0 的 FAU 分子筛称为 Y 型分子筛。

用于平衡骨架负电荷的阳离子，如 Na$^+$、K$^+$ 等，位于 FAU 分子筛的双六元环、β 笼、α 笼及其窗口等结构单元内，骨架外阳离子具体分布情况分别见表 5-12 和图 5-34。

表5-12　FAU分子筛单位晶胞中骨架外阳离子的位置和数量[155]

位置	数量上限	位置描述
I	16	双六元环内
I′	32	β笼内靠近连接双六元环的六元环窗口
II′	32	β笼内靠近连接α笼的六元环窗口
U	8	β笼中心
II	32	连接α笼与β笼的六元环窗口中心
II*	32	α笼内靠近连接β笼的六元环窗口
III	48	α笼内靠近两个四元环之间的四元环
III′	96	α笼内靠近六元环与四元环之间的四元环
IV	8	α笼中心
V	16	12元环窗口中心

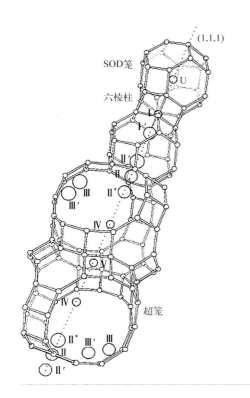

(1,1,1)

SOD笼

六棱柱

超笼

图5-34
FAU分子筛晶胞中骨架外
阳离子分布情况[155]

2. FAU分子筛的合成

通常，FAU分子筛在常压且接近100℃的水热条件下合成，HSX和Y型分子筛采用 $Na_2O\text{-}SiO_2\text{-}Al_2O_3\text{-}H_2O$ 体系合成，LSX和MSX采用 $Na_2O\text{-}K_2O\text{-}SiO_2\text{-}Al_2O_3\text{-}H_2O$ 合成体系，硅源为水玻璃，铝源为低碱度偏铝酸钠溶液、高碱度偏铝酸钠溶液、硫酸铝溶液，碱源为氢氧化钠、氢氧化钾。

为了缩短晶化时间、提高产物结晶度，在FAU分子筛合成体系中加入导向剂是必要的。导向剂合成体系配比为（15～17）Na_2O：Al_2O_3：（14～16）SiO_2：（300～330）H_2O，在剧烈搅拌条件下，将水玻璃、高碱度偏铝酸钠溶液、氢氧化钠等混合均匀，并于30～40℃下静态老化处理24h，所得导向剂呈半透明的黏稠状均匀混合物。此外，导向剂加入量对FAU分子筛粒径有显著影响，导向剂加入量越高，FAU分子筛粒径越小。

对于X型分子筛，HSX的合成体系配比为（2.5～5.0）Na_2O：Al_2O_3：（2.8～4.0）SiO_2：（150～200）H_2O。当合成体系硅铝比较低时，产物中容易形成A型分子筛杂晶。在合成体系中加入一定量的氢氧化钾可以有效抑制A型杂晶，LSX和MSX的合成体系配比为（4.5～10.0）M_2O：Al_2O_3：（2.0～3.0）

$SiO_2:(90 \sim 180)H_2O$，其中 M 为 Na 和 K，$n(K_2O)/n(Na_2O+K_2O)$ 为 0.1 ~ 0.4。具体合成过程为：在剧烈搅拌条件下，依次将去离子水、氢氧化钠、氢氧化钾、水玻璃、低碱度偏铝酸钠、导向剂加入成胶釜中得到均匀合成体系，将所得合成体系转移至晶化釜中快速升温至 100℃左右，静态晶化 4 ~ 20h，再经过滤、洗涤、干燥得到 X 型分子筛粉末。

合成粒径较大的 LSX 可采用两步升温法，且合成体系中不加导向剂，具体过程为：首先将晶化釜中合成体系快速升温至 50 ~ 80℃，静置 6 ~ 8h，然后快速升温至 100℃左右，静置 4 ~ 20h，经过滤、洗涤、干燥得到粒径达几微米到几十微米、呈球形形貌的 LSX 粉末。

Y 型分子筛的合成体系配比为（2.0 ~ 4.0）$Na_2O:Al_2O_3:$（7.0 ~ 9.0）$SiO_2:$（150 ~ 200）H_2O，铝源包括两种，分别是低碱度偏铝酸钠溶液和硫酸铝溶液。具体过程为：在剧烈搅拌条件下，依次将去离子水、水玻璃、硫酸铝溶液、低碱度偏铝酸钠溶液加入成胶釜中得到均匀合成体系，将所得合成体系转移至晶化釜中快速升温至 100℃左右，静态晶化 20 ~ 50h，再经过滤、洗涤、干燥得到 Y 型分子筛粉末。

3. FAU 分子筛选择性吸附机制

目前，FAU 分子筛对不同 C_8 芳烃异构体分子的选择性吸附机制尚不明确，由于 α 笼的十二元环窗口直径大于 C_8 芳烃异构体分子的动力学直径，并且不同 C_8 芳烃异构体分子的吸附容量、吸附热、扩散速率等无明显差别，因此，分子筛分效应、吸附质 - 吸附剂相互作用、传质阻力差异均不能给出合理解释。

事实上，FAU 分子筛对 C_8 芳烃异构体的选择性吸附能力与其骨架外阳离子种类密切相关，如阳离子为 K^+、Ba^{2+} 等的 FAU 分子筛表现出较高的对二甲苯选择性，而阳离子为 Na^+ 时对间二甲苯选择性较高。FAU 分子筛孔道结构中 C_8 芳烃吸附位点主要位于 α 笼内部的 Ⅱ 附近，每个 α 笼可容纳约 3 个 C_8 芳烃分子[156,157]。当 α 笼中 C_8 芳烃分子数量小于或等于 2 时，FAU 分子筛无吸附选择性；当 α 笼中 C_8 芳烃分子数量超过 2 时，某一异构体分子在包含阳离子的 α 笼内按照特定的方式堆叠，使体系能量降低，从而对该异构体分子表现出一定的选择性吸附能力[156,158]。

4. FAU 分子筛在 C_8 芳烃吸附分离中的应用

采用吸附分离技术生产的 C_8 芳烃产品主要包括对二甲苯和间二甲苯。通过调变 FAU 分子筛阳离子的种类可使其具备对某一 C_8 芳烃异构体分子的选择性吸附能力，从而用于吸附分离生产不同的芳烃产品。BaX 或 BaKX 分子筛常作为对二甲苯吸附剂的活性组分，用于生产高纯度对二甲苯产品[159]。为了持续提高 X 型分子筛的分离性能，需要对 X 型分子筛的阳离子数量、硅铝比、含水量、粒径等性质进行优化研究。采用离子交换制备的 BaX 或 BaKX 分子筛不可避免地残留少量 Na$^+$，这些 Na$^+$ 对吸附选择性有不利影响。对二甲苯吸附选择性随着 Na$^+$ 交换度的增加而升高，当 Na$^+$ 交换度超过 95% 时，才能获得较高的对二甲苯吸附选择性[160]。X 型分子筛的骨架硅铝比也会影响对二甲苯吸附选择性。随着硅铝比从 2.00 逐渐增加至 2.53，对二甲苯相对于乙苯选择性逐渐降低；而对二甲苯相对于间二甲苯、邻二甲苯选择性呈先升高后降低趋势，硅铝比为 2.20 ~ 2.40 时二者达到最高点[160]。也就是说，LSX 的对二甲苯选择性相对于乙苯较高，MSX 的对二甲苯选择性相对于间二甲苯、邻二甲苯较高，这就需要根据分离体系的组成来选择硅铝比合适的 X 型分子筛，以获得较优的对二甲苯吸附选择性。对二甲苯吸附选择性还与 X 型分子筛的含水量有关。随着 X 型分子筛含水质量分数从 2.0% 增加到 8.2%，对二甲苯相对于乙苯、间二甲苯、邻二甲苯选择性均先升高后降低，含水质量分数在 5% 附近时 X 型分子筛表现出较高的对二甲苯吸附选择性[160]。改善传质性能是提高分离性能的重要途径，减小 X 型分子筛粒径[161]或者制备多级孔道 X 型分子筛[162]均有利于提高传质速率。然而，值得注意的是，在 X 型分子筛中引入介孔孔道的同时可能导致其微孔孔容下降，进而对分离性能产生不利影响。所以，只有在保持较高微孔孔容的前提下引入介孔孔道才是多级孔道 X 型分子筛的发展方向。

用于生产高纯度间二甲苯产品的吸附剂活性组分一般为 NaY 分子筛[163]，其硅铝比、含水量等均是间二甲苯吸附选择性的重要影响因素。NaY 分子筛的硅铝比从 4.86 逐渐增加至 5.27，间二甲苯吸附选择性呈先小幅升高然后稍微降低的趋势，硅铝比在 5.0 ~ 5.1 之间可获得较高的间二甲苯吸附选择性[164]。相比而言，NaY 分子筛含水量对间二甲苯吸附选择性的影响更为显著，随着含水质量分数从 1.25% 升高至 4.00%，间二甲苯相对于乙苯、对二甲苯、邻二甲苯选择性均明显降低，所以较低的含水量有利于提高间二甲苯吸附选择性[164]。此外，当部分阳离子为 Sr^{2+}、Cu^{2+} 或 Ag$^+$ 时，即 NaSrY、NaCuY 或 NaAgY 分子筛，可进一步提高间二甲苯吸附选择性[165,166]。采用粒径约几百纳米的小晶粒 Y 型分子筛可以赋予吸附剂良好的传质性能。

5. C$_8$ 芳烃吸附剂

（1）C$_8$ 芳烃吸附剂制造　吸附剂的制造过程包括基质小球成型、基质小球二次晶化、离子交换改性以及成品剂脱水活化等主要步骤，制造流程示意图如图 5-35 所示。

吸附剂基质小球成型是指将 FAU 分子筛原粉与黏结剂、造孔剂等按一定比例混合均匀，通过适当的工艺形式将粉末物料聚结形成直径 0.3 ~ 0.8mm 的球形颗粒，以满足模拟移动床吸附分离工艺对吸附剂的机械强度、流体分布、传质性能、床层压降等宏观性质要求，成型工艺为各专利商的技术诀窍，文献中鲜有描述。

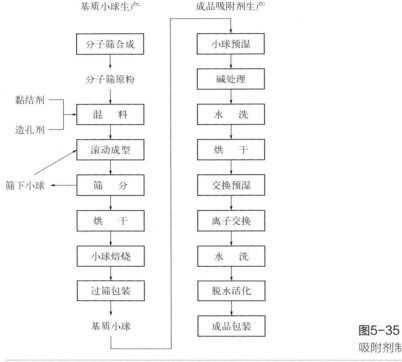

图5-35
吸附剂制造流程示意图

本书著者团队在充分调研比对工业催化剂成型技术的基础上，针对 FAU 分子筛粉末特性和吸附剂成型要求，通过系统研究黏结剂类型、添加比例、成型工艺条件等对成球质量的影响规律，开发了独特的滚球成型工艺，解决了高颗粒强度低黏结剂含量的芳烃吸附剂小球制造难题，形成了中国石化专有技术。该工艺以糖衣机为主要设备，利用"滚雪球"原理，使分子筛粉末在转动的锅体内逐渐聚结、层层包裹长大，制造出合适粒径、强度及堆密度的小球颗粒。经过多年经验积累和技术改进，本书著者团队开发的糖衣机滚球工艺已发展成熟，实现了工业规模批量生产，基质小球累计产量超过 6000t，产品质量稳定。

为了将滚球成型过程中引入的惰性黏结剂原位转化为具有吸附活性的分子筛，本书著者团队专门开发了基质小球二次晶化技术。实施二次晶化的前提是优选与分子筛化学组成相近的高岭石族天然黏土作为基质小球成型黏结剂。具体过程为：先对基质小球进行高温焙烧处理[167]，使黏土原有晶体结构破坏且转变为具有化学反应活性的无定形硅铝酸盐，于 100℃左右用复配的碱液处理焙烧小球[159,168]，源自黏土的无定形硅铝酸盐就会原位晶化为 FAU 分子筛。与基质小球相比，经过二次晶化处理的小球中 FAU 分子筛的质量分数可提高至 98% 以上，从而显著提高吸附剂的吸附容量，同时，大幅提高了小球的机械强度。

FAU 分子筛原粉的骨架外阳离子一般为 Na⁺ 或者 Na⁺ 和 K⁺，采用一定浓度的金属盐溶液对二次晶化小球进行离子交换处理，可以调变 FAU 分子筛骨架外阳离子的种类和数量，从而赋予吸附剂特定的分离性能，如 BaX 或 BaKX 型吸附剂用于吸附分离对二甲苯，NaY 或 LiNaY 型吸附剂用于吸附分离间二甲苯。柱式交换具有可连续操作、金属盐容易循环利用、交换时间短等优点，离子交换常采用柱式交换方式。离子交换过程受动力学控制，温度对交换效果有明显影响，因金属阳离子在水溶液中以水合离子形态存在，低温时水合程度高，离子半径大，传质阻力较大，升高温度则可以使金属阳离子的水合程度降低，离子半径减小，有利于减小传质阻力、提高交换效率。通过系统研究交换温度、溶液浓度、空速、交换液/固比等工艺条件对交换效果的影响规律，针对 BaX 和 BaKX 型吸附剂设计开发了连续逆流式离子交换工艺，所得吸附剂的 Na⁺ 交换度可达 98%，钡盐利用率大于 90%。

不同种类的吸附剂对含水量有不同的要求，脱水活化作为吸附剂的最后一道生产工序，其目的是将离子交换小球的含水量降低到目标范围，使吸附剂具备良好的分离性能，以满足工业装置吸附剂装填后无需再做干燥处理而直接应用的要求。由于 FAU 分子筛具有很强的吸水能力、较高的吸附容量，在较高的温度下长时间处理才能实现深度脱水；但是，硅铝比较低的 FAU 分子筛水热稳定性较差，在高温条件下长时间接触水蒸气容易导致骨架结构破坏。因而，芳烃吸附剂脱水活化也是生产过程中的一个难点。为此，本书著者团队对干燥温度、加热介质、气氛、设备形式、脱水速率等工艺条件进行了系统研究，针对性开发了专用脱水活化工艺，解决了吸附剂脱水活化生产难题。脱水活化后的成品吸附剂需密封包装，防止吸水。

（2）C₈ 芳烃吸附剂理化性质及分离性能评价 吸附剂的理化指标与吸附性能对分离产品的纯度、收率，单元装置的原料处理能力，以及长周期运行稳定性等诸多方面有影响，是吸附分离装置工程设计和操作运行的重要基础数据，在吸附剂生产过程中需严格控制。

吸附剂的理化指标主要包括机械强度、堆密度、粒径分布、含水率、元素组成等。机械强度主要与基质小球成型工艺和二次晶化处理有关，要求在吸附分离装置长周期运行过程中吸附剂小球颗粒不破碎、不粉化；堆密度决定了单位体积的吸附剂装填质量，一定程度上较高的堆密度有利于提高吸附分离装置的处理能力，而且堆密度还反映了机械强度和传质性能，一般堆密度越大机械强度越高，但传质性能差，反之则机械强度低传质性能好；粒径分布主要影响传质性能和床层压降，粒径越小传质性能越好但压降也越大，需要将吸附剂的粒径分布控制在适当的范围内，以同时获得良好的传质性能和合适的床层压降；含水率会影响吸附选择性和分子筛骨架结构稳定性，过低或过高的含水率均会导致吸附选择性下降，产品纯度降低，在吸附分离装置运行过程中，含水率过高时 FAU 分子筛长时间与高温水蒸气接触，可能导致分子筛骨架结构发生不可恢复的水热破坏；元素组成分析用于监控阳离子交换度，对二甲苯吸附剂要求 Na^+ 交换度达 98%。

吸附容量、吸附选择性和传质性能是评价吸附剂性能的三个常用指标。吸附容量决定单位吸附剂的原料处理能力，C_8 芳烃异构体分子的吸附活性位点位于 FAU 分子筛的 α 笼内，吸附容量与吸附剂中 FAU 分子筛质量分数、结晶度呈正比，可采用静态吸附法测定吸附剂对芳烃的饱和吸附量[160]；吸附选择性和传质性能影响产品分离提纯和装置产能，吸附剂选择性越好，获得高纯度产品越容易，传质性能较好的吸附剂能够适应更快的循环速度，从而提高吸附分离装置产能，一般采用脉冲试验法[162,169] 测定吸附剂的选择性和传质系数。

吸附剂的综合分离性能要通过小型模拟移动床试验[170] 进行评价，它可最大程度模拟工业装置实际运行状况，考察操作参数对分离效果的影响规律，取得一定进料负荷下分离所得产品的纯度和收率，以此作为工业装置的设计依据和操作指导。

模拟移动床及塔内液相组成分布示意图如图 5-36 所示。吸附剂床层保持不动，通过周期性地改变各工艺物流进、出吸附剂床层的位置，实现固液两相逆向相对移动。以工艺物流进、出床层的位置为界，吸附室可分为四个功能区：①吸

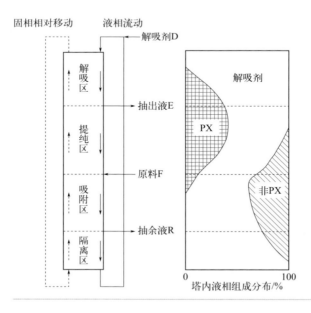

图5-36
模拟移动床及塔内液相组成分布示意图

附区，位于原料与抽余液之间，用于吸附原料和循环物料中的对二甲苯；②提纯区，位于抽出液与原料之间，用于洗脱吸附剂中的非对二甲苯组分，提高对二甲苯纯度；③解吸区，位于解吸剂与抽出液之间，利用解吸剂将吸附剂中的对二甲苯洗脱下来；④隔离区，位于抽余液与解吸剂之间，用于隔离解吸区和吸附区，避免污染对二甲苯产品。

（3）C_8 芳烃吸附剂工业应用　经过 20 余年的持续研究开发和工业应用，中国石化先后研制推出了两种类型 6 个牌号的 RAX 系列芳烃分离吸附剂，由本书著者团队负责吸附剂成套技术研发，中国石化催化剂有限公司承担各型吸附剂的生产任务，建设有 2000t/a 规模的吸附剂专业生产装置，建立了系统、严格的生产管理和产品质量监控评价体系，吸附剂生产工艺成熟，产品质量稳定。

RAX 系列芳烃分离吸附剂具有以下技术特点：①以结晶形貌规整的高结晶度亚微米级分子筛材料作为活性组分，吸附容量高，传质速率快；②特定硅铝比分子筛和与之匹配的阳离子交换改性技术，对目的产品吸附选择性高；③专有基质小球成型技术，吸附剂小球颗粒强度大、球形度高，长周期运行稳定，床层压降低；④基质小球二次晶化技术，将成型引入的惰性黏结剂原位转晶为分子筛，小球活性组分含量接近 100%，具有更大的原料处理能力。RAX 系列吸附剂可适用于不同形式的液相连续逆流模拟移动床吸附分离工艺。

达到同等产品纯度和收率的前提下，不断提高单位吸附剂的生产能力是本技术领域的总体发展趋势。通过不断改进吸附剂的配方和制造技术，本书著者团队已开发了 RAX-2000A、RAX-3000、RAX-4000 等对二甲苯吸附剂，吸附分离对二甲苯产品纯度 ≥99.8%，单程收率 ≥98%，产能逐代提高，对二甲苯吸附剂主要理化指标和工业应用情况分别见表 5-13 和表 5-14。各牌号吸附剂的操作条件大体相同，使用温度 140 ~ 190℃，使用压力 0.6 ~ 1.0MPa，对二乙苯作为解吸剂。其中，RAX-4000 为更高容积效率的新一代 PX 吸附剂，在原有技术基础上进一步提高了吸附选择性和传质速率，原料处理能力较上代吸附剂提高约 28%，综合性能处于同类产品先进水平。

表5-13　RAX系列对二甲苯吸附剂主要理化指标

项目	RAX-2000A	RAX-3000	RAX-4000
外观	淡黄色小球	淡黄色小球	淡黄色小球
规格/mm	0.30~0.85	0.30~0.85	0.30~0.85
活性组分	BaX分子筛	BaX分子筛	KBaX分子筛
强度（130N压碎率）/%	≤1.0	≤0.8	≤0.8
堆密度/（kg/m³）	820±20	840±20	900±20
600℃灼减/%	≤6.5	≤6.5	≤6.5
相对产能/%	100	110	141

表5-14 RAX系列对二甲苯吸附剂工业应用情况

序号	装置规模/（kt/a）	应用年份	吸附剂牌号	工艺类型
1	80	2004	RAX-2000A	Parex工艺
2	80	2010	RAX-2000A	Parex工艺
3	30	2011	RAX-3000	SorPX工艺
4	600	2013	RAX-3000	SorPX工艺
5	80	2017	RAX-3000	Parex工艺
6	250	2019	RAX-3000	Parex工艺
7	1000	2019	RAX-4000	SorPX工艺
8	600	2020	RAX-4000	Parex工艺
9	310	2020	RAX-3000	Parex工艺
10	600	2021	RAX-4000	Parex工艺

　　中国石化最早实现工业应用的间二甲苯生产技术是多柱串联气相吸附分离工艺[171]，配套应用的RAX-Ⅰ型吸附剂优先吸附对二甲苯，从抽余液获得间二甲苯产品。之后，根据工业生产需要又开发了适用于液相模拟移动床吸附分离工艺、优先吸附间二甲苯的RAX-Ⅱ、RAX-Ⅲ两代间二甲苯吸附剂，吸附分离间二甲苯产品纯度≥99.6%，单程收率≥95%，主要理化指标见表5-15。吸附剂使用温度130～160℃，使用压力0.6～1.0MPa，甲苯作为解吸剂。其中，RAX-Ⅱ型吸附剂自2010年2月工业应用以来已平稳运行10多年，间二甲苯产品纯度、收率稳定，吸附剂床层压降保持在较低水平；RAX-Ⅲ型吸附剂在吸附容量和选择性上均取得了显著提高，原料处理能力较上代吸附剂提高20%。

表5-15 RAX系列间二甲苯吸附剂主要理化指标

项目	RAX-Ⅰ	RAX-Ⅱ	RAX-Ⅲ
外观	灰白条状	淡黄色小球	淡黄色小球
规格/mm	1.6×（5～10）	0.30～0.85	0.30～0.85
活性组分	KY分子筛	NaY分子筛	NaY分子筛
强度（130N压碎率）/%	—	≤1.5	≤1.5
堆密度/（kg/m³）	520±20	660±20	680±20
相对产能/%	—	100	120

二、其他二甲苯吸附分离材料

1．MFI分子筛

　　MFI分子筛包含沿b轴方向的直孔道和沿a轴、c轴方向的正弦孔道，孔径分别为0.54nm×0.56nm和0.51nm×0.55nm[172]，也表现出一定的对二甲苯吸附选择性。Yan[173]发现随着 MFI 分子筛硅铝比从 70 逐渐增加至 1600，对二甲苯相对于乙苯、邻二甲苯选择性均呈先升高后降低趋势，硅铝比为 600 的 MFI 分子筛具有最高的吸附选择性。原因可能在于对二甲苯更适合在 MFI 分子筛微孔孔道中堆叠；硅铝比较低的 MFI 分子筛骨架电荷较多，对对二甲苯堆叠产生不利影响。

为了平衡骨架电荷，MFI 分子筛微孔孔道中存在骨架外阳离子。Rasouli 等[174]对骨架外阳离子为 H^+、Li^+、Na^+ 和 K^+ 的 MFI 分子筛的吸附分离性能进行了系统研究，发现骨架外阳离子为 H^+ 时 MFI 分子筛表现出最高的对二甲苯吸附选择性。此外，少量的吸附水不会导致 MFI 分子筛的对二甲苯吸附选择性明显降低[175]。

2. 金属有机框架材料（metal organic frameworks，MOFs）

由于具有丰富多变的配体、金属离子以及较高的吸附容量，合成具有特定吸附选择性的 MOFs 吸引了众多研究人员的注意。MIL-47 对对二甲苯表现出一定的选择性吸附能力，能够将对二甲苯与间二甲苯、乙苯分开，这种吸附选择性可能源于对二甲苯分子间堆叠效应，而非 C_8 芳烃异构体与其骨架结构相互作用差异[176]。然而，当邻二甲苯存在时，MIL-47 无法选择性吸附对二甲苯。同属 MIL 家族的 MIL-125(Ti) 和 MIL-125(Ti)-NH$_2$ 能够从包含对二甲苯、邻二甲苯和间二甲苯的二甲苯异构体混合物中选择性吸附对二甲苯，但是少量的乙苯会导致其对二甲苯吸附选择性的明显降低[177,178]。Torres-Knoop 等[179]采用计算机模拟了 C_8 芳烃异构体分子在不同种类 MOFs 孔道中的堆叠方式，发现 MAF-X8 的孔道结构适合对二甲苯分子进行"相称堆叠"，从而获得较高的对二甲苯吸附选择性。

沸石咪唑酯框架（zeolitic imidazolate frameworks，ZIFs）材料的骨架结构具有较高的灵活性。尽管 ZIF-8 的孔径只有约 0.34nm，但是其孔口形变仍然允许对二甲苯进入孔道；相比而言，动力学直径较大的间二甲苯和邻二甲苯难以进入 ZIF-8 孔道，从而赋予其较高的对二甲苯吸附选择性[180]。由于对二甲苯和乙苯动力学直径差别较小，ZIF-8 无法将二者分开。

此外，具有菱形孔道的 JUC-77 表现出分子筛筛分效应，与间二甲苯和邻二甲苯相比，对二甲苯更容易进入其孔道[181]。Huang 等[182]制备了包含六边形孔道的 Zn-MOF，不仅表现出良好的热稳定性，还具有一定的对二甲苯吸附选择性能。

还有一些 MOFs 材料能够选择性吸附邻二甲苯。在包含邻二甲苯、对二甲苯、间二甲苯和乙苯的液相混合 C_8 芳烃中，MIL-53（Al）表现出较高的邻二甲苯吸附选择性，原因可能在于邻二甲苯分子中的甲基与孔壁存在相互作用[183]。进一步研究发现，MIL-53（Al）的骨架结构较为灵活，在气相混合 C_8 芳烃吸附过程中会发生显著的"呼吸"行为：在较低压力下，C_8 芳烃异构体分子在孔道中单行排列，这时无明显吸附选择性；当压力较高时，孔道打开使吸附量和吸附选择性均增加[184]。Osta 等[185] 将无水 MIL-53（Fe）用于苯、甲苯、乙苯和二甲苯混合物的分离，获得了较高的邻二甲苯吸附选择性。CAU-13 在吸附二甲苯异构体的过程中也表现出明显的呼吸行为[186]。

UiO-66 因其良好的邻二甲苯吸附选择性能备受关注。Moreira 等[187] 研究了粉末和成型颗粒 UiO-66 对包含对二甲苯、邻二甲苯和间二甲苯的二甲苯混合物的分离性能，尽管成型压力导致吸附容量减小，但是成型颗粒仍然表现出与粉末类似的邻二甲苯吸附选择性；多次循环使用后未见吸附选择性明显降低，表明 UiO-66 的邻二甲苯吸附选择性是可逆的。

第五节
总结与展望

几十年来，对用于催化、吸附的分子筛材料研究广泛而深入，在此基础上形成的 C_8 芳烃异构化、甲苯歧化与烷基转移催化剂以及 C_8 芳烃分离吸附剂技术应用呈现出良好的发展势头。在"碳达峰、碳中和"目标背景下，持续地提高生产效率、降低过程能耗成为芳烃联合装置的必然趋势，其中，新型分子筛材料的研究开发将起到极其关键的作用。

在 C_8 芳烃异构化反应领域，对传统分子筛孔道结构、酸量和酸性位点的精细调控，以及其他拓扑结构分子筛的创新研究有利于在提高乙苯、二甲苯转化率的同时进一步降低 C_8 芳烃损失。然而，受二甲苯热力学平衡限制，二甲苯异构体混合物中对二甲苯占比通常在 24% 左右，导致大量贫对二甲苯物料在芳烃联合装置中循环，严重影响生产效率及能耗，因此，研发具有更高对二甲苯选择性的分子筛材料具有重要的现实意义。

分子筛材料作为甲苯歧化与烷基转移催化剂的主要活性中心，对催化剂反应性能及产品结构有直接的影响。总体来看，对传统分子筛材料进行结构、表面酸性调控，分子筛纳米化、形貌控制、构建丰富的扩散通道是实现分子筛升级的主要方向。同时，随着原料的多元化及劣质化发展，构建与目标反应相适应的分子筛匹配体系也是重要研究领域。近年来，科技工作者也开展了新型结构分子筛材料的合成及应用研究，尽管孔结构和酸性更契合甲苯歧化与烷基转移反应，但其高昂的合成成本仍是制约工业应用的主要因素，开发低成本的替代合成路线是推进此类新型分子筛工业化的关键。

得益于较大的吸附容量、较高的吸附选择性、丰富可调的活性位点以及较低的生产成本，FAU 分子筛在未来一段时间仍将是工业 C$_8$ 芳烃分离吸附剂的不二选择。不管是通过非骨架阳离子种类、数量的针对性调控匹配来提高吸附选择性，还是在保持较高吸附容量的前提下构建多级孔道结构，在推动 FAU 分子筛吸附分离性能迭代升级的道路上均具有较大的空间。随着 MFI、MOFs 等众多材料研究工作的不断进步以及不同 C$_8$ 芳烃异构体选择性吸附机制认知的持续深入，探寻性能更为优良的新型吸附分离材料这项挑战性工作未来可期。

此外，考虑到分子筛生产过程能耗较高且存在明显的"三废"排放，开发绿色、低能耗、低成本的分子筛合成技术成为可持续发展的必然选择。

综上所述，分子筛材料合成及调控技术的创新是实现芳烃联合装置更加高效、低碳的关键要素。随着原料的拓展及反应功能的延伸，未来对分子筛材料的要求也将相应发生变化。在深入研究分子筛材料合成过程，建立分子筛材料与反应、吸附分离性能间构效关系基础上，实现新型分子筛材料创制及绿色合成是未来重要的发展方向。

参考文献

[1] 刘中勋，顾昊辉，梁战桥. C$_8$ 芳烃异构化技术应用优化分析 [J]. 石油化工，2010, 30(19): 1366-1369.

[2] Beschmann K, Riekert L. Isomerization of xylene and methylation of toluene on zeolite H-ZSM-5, compound kinetics and selectivity[J]. J Catal, 1993, 141(2): 548-565.

[3] Lanewala M A, Boiton A P. Isomerization of the xylenes using zeolite catalysts[J]. J Org Chem, 1969, 34(10): 3107-3112.

[4] Corma A, Cortés A, Nebot I, et al. On the mechanism of catalytic isomerization of xylenes, molecular orbital studies[J]. J Catal, 1979, 57(3): 444-449.

[5] Roberts R M G. Studies in trifluoromethanesulfonic acid. 2. Kinetics and mechanism of isomerization of xylenes[J]. J Org Chem, 1982, 47(41): 4050-4053.

[6] 康承琳，龙军，周震寰，等. 二甲苯异构化的反应化学 [J]. 石油学报（石油加工），2012, 28(4): 533-537.

[7] Beck J B, Haag W O, Ertl G, et al. Handbook of heterogeneous catalysis[M]. Weinheim: Wiley-VCH, 1977: 2136.

[8] Corma A, Lopis F, Monton J B, et al. New frontiers in catalysis[M]. Budapest: Stud Surf Sci Catal, 1983: 1145.

[9] Bauer F, Bilz E, Freyer A. C-14 studies in xylene isomerization on modified HZSM-5[J]. Appl Catal A: Gen, 2005, 289(1): 2-9.

[10] Huang J. Effect of pore size and acidity on the coke formation during ethylbenzene conversion on zeolite catalysts[J]. J Catal, 2009, 255(1): 68-78.

[11] Gnep N S, Guisnet M. Ethylbenzene isomerization on platinum. fluorided alumina[J]. Bull Soc Chim Fr, 1977, 5-6: 429-435.

[12] Röbschläger K H, Christoffel E G. Kinetic investigation of the isomerization of C$_8$-aromatics[J]. Can J Chem

Eng, 1980, 58: 517-520.

[13] Röbschläger K H, Christoffel E G. Reaction mechanism of ethylbenzene isomerization[J]. Ind Eng Chem Prod Res Dev, 1979, 18(4): 347-352.

[14] Burwell R L, Shields A D. The action of some strong acids on secondary phenylpentanes[J]. J Am Chem Soc, 1955, 77(10): 2766-2771.

[15] McCaulay D A, Lien A P. Disproportionation of alkylbenzenes.Ⅱ. Mechanism of alkyl-group transfer[J]. J Am Chem Soc, 1953, 75(10): 2411-2413.

[16] 杨超，周涵，赵天波. 分子筛催化甲苯歧化 SE1 反应机理的分子模拟研究 [J]. 计算机与应用化学，2006, 23(8): 697-702.

[17] Guisnet M, Gnep N S, Morin S. Mechanisms of xylene isomerization over acidic solid catalysts[J]. Micropor Mesopor Mater, 2000, 35(36): 47-59.

[18] Nayak V S, Riekert L. Catalytic activity and product distribution in the disproportionation of toluene on different preparations of pentasil zeolite catalysts[J]. Appl Catal, 1986, 23(2): 403-411.

[19] Dooley K M, Brignac S D, Price G L. Kinetics of zeolite-catalyzed toluene disproportionation[J]. Ind Eng Chem Res, 1990, 29(5): 789-795.

[20] Thomas D, Pascal R, Sylivie L. Effects of zeolite pore sizes on the mechanism and selectivity of xylene disproportionation—a DFT study[J]. J Catal, 2004, 222(2): 323-337.

[21] Chirico, Knipmeyer, Nguyen, et al. Thermodynamic equilibria in xylene isomerization. 1. The thermodynamic properties of *p*-xylene[J]. J Chem Eng Data, 1997, 42(2): 248-261.

[22] Chirico, Knipmeyer, Nguyen, et al. Thermodynamic equilibria in xylene isomerization. 2. The thermodynamic properties of *m*-xylene[J]. J Chem Eng Data, 1997, 42(3): 475-487.

[23] Chirico, Knipmeyer, Nguyen, et al. Thermodynamic equilibria in xylene isomerization. 3. The thermodynamic properties of *o*-xylene[J]. J Chem Eng Data, 1997, 42(4): 758-771.

[24] Chirico, Knipmeyer, Nguyen, et al. Thermodynamic equilibria in xylene isomerization. 4. The thermodynamic properties of ethylbenzene[J]. J Chem Eng Data, 1997, 42(4): 772-783.

[25] Morrison R A. Xylene isomerization: US3856872[P].1973-09-13.

[26] 桂寿喜，周立芝，景振华，等. 一种具有 MOR 结构的沸石及其合成：CN95116456.2[P]. 1997-04-16.

[27] Rouleau L, Lacombe S, Alario F, et al. Process for preparing a zeolite with structure type EUO: US 19990432120[P]. 2002-01-29.

[28] McWilliams J P, Rubin M K. Synthesis of crystalline silicate ZSM-11: US19870075496[P]. 1990-01-16.

[29] 刘中勋，王殿中，盖月庭，等. 芳烃异构化催化剂及制备方法：CN201210160531.8[P]. 2013-12-04.

[30] Bambal A S, Kuzmanich G B, Whitchurch P C. Liquid phase xylene isomerization in the absence of hydrogen: US201715487354[P]. 2019-11-19.

[31] Beck L W, White J L, Haw J F. [1]H([27]Al) double resonance experiments in solids: An unexpected observat ion in the ^{1}H MAS spectrum of zeolite H-ZSM-5[J]. J Am Chem Soc, 1994, 116(21): 9657-9661.

[32] Yu H G, Fang H J, Deng F, et al. Acidity of sulfated tin oxide and sulfated zirconia: A view from solid state NMR spectroscopy[J]. Catal Commun, 2009, 10(6): 920-924.

[33] Huo H, Peng L M, Grey C P. Low temperature ^{1}H MAS NM R spectroscopy studies of protonmotion in zeolite H-ZSM-5[J]. J Phys Chem C, 2009, 113(19): 8211-8219.

[34] Hunger M, Horvath T. Adsorption of methanol on Brønsted acid sites in zeolite H-ZSM-5 in vestigated by multinuclear solid state NMR spectroscopy[J]. J Am Chem Soc, 1996, 118(49): 12302- 12308.

[35] Zhao Q, Chen W H, Huang S J, et al. Discernment and quantification of internal and external acid sites on zeolites[J]. J Phys Chem B, 2002, 106(17): 4462-4469.

[36] Min H-K, Cha S H, Hong S B. Mechanistic insights into the zeolite-catalyzed isomerization and disproportionation of *m*-xylene[J]. ACS Catal, 2012, 2(6): 971-981.

[37] 安德森. 金属催化剂的结构 [M]. 北京：化学工业出版社，1985: 199.

[38] 蔡光宇，辛勤，王祥珍，等. 经磷或镁改质的 ZSM-5 沸石的表面性质研究 [J]. 催化学报，1985, 6(1): 50-57.

[39] 李玉光，吴晓星，李晓光，等. HZSM-5 分子筛 SiCl₄ 脱铝及其对甲苯加甲醇甲基化的择形催化作用 [J]. 石油化工，1986, 15(10): 603-610.

[40] 曾昭槐，郑超文. 碱金属化合物改性 ZSM-5 沸石的择形催化作用 [J]. 高等学校化学学报，1987, 8(2): 97-102.

[41] 曾昭槐，曾永平. 碱土金属化合物改性的 ZSM-5 分子筛的择形催化作用 [J]. 石油学报（石油加工）1987, 3（增刊）: 32-40.

[42] Kaeding W W, Chu C, Young L B, et al. Selective alkylation of toluene with methanol to produce para-xylene [J]. J Catal, 1981, 67(1): 159-174.

[43] Rodewald P G. Silica-modified zeolite catalyst and conversion therewith: US19760672194[P]. 1977-11-29.

[44] 桂寿喜，杜晋轩，顾昊辉，等. 一种沸石催化剂的择形改性方法：CN99110819.1[P]. 2001-01-31.

[45] Argauer R J, Landolt G R. Crystalline zeolite ZSM-5 and method of preparing the same: USD3702886[P]. 1972-11-14.

[46] Morrison R A. Xylene isomerization: US19730397039[P]. 1974-12-24.

[47] Sachtler J W A, Lawson R J. Catalyst for the isomerization of aromatics: US4939110A[P]. 1990-07-03.

[48] 刘中勋，顾昊辉，梁战桥，等. 一种烷基芳烃异构化催化剂及使用方法：CN200510080209.4[P]. 2007-01-03.

[49] 刘中勋，康承琳，周震寰，等. 烷基芳烃异构化催化剂制备和应用：CN201610903003.5[P]. 2018-04-24.

[50] Hayward C R. Xylene isomerization: US19730397195[P]. 1974-12-24.

[51] Lawson R J, Sachtler J W A. Magnesium-exchanged zeolitic catalyst for isomerization of alkylaromatics: US 4861740A[P]. 1989-08-29.

[52] 桂寿喜，乔映宾，周立芝，等. 贵金属负载型烷基芳烃异构化催化剂：CN95116460.0[P]. 1997-05-07.

[53] 桂寿喜，郝玉芝，周立芝，等. 多金属负载型烷基芳烃异构化催化剂：CN95116461.9[P]. 1997-05-07.

[54] 梁战桥，顾昊辉，吴巍，等. 一种含改性 NU-85 沸石的复合沸石催化剂及其制备方法：CN201110064383.5[P]. 2012-09-19.

[55] Liu M, Jia W, Li J, et al. Catalytic properties of hierarchical mordenite nanosheets synthesized by self-assembly between subnanocrystals and organic templates[J]. Catal Lett, 2016, 146(1): 249-254.

[56] 孔德金，杨为民. 芳烃生产技术进展 [J]. 化工进展，2011，(1): 16-25.

[57] Wu P, Komatsu T, Yashima T. Selective formation of *p*-xylene with disproportionation of toluene over MCM-22 catalysts[J]. Micropor Mesopor Mater, 1998, 22(1/2/3): 343-356.

[58] Kokotailo G T, Lawton S L, Olson D H, et al. Structure of synthetic zeolite ZSM-5[J]. Nature, 1978, 272(5652): 437-438.

[59] Uguina M A, Sotelo J L, Serrano D P. Toluene disproportionation over ZSM-5 zeolite: Effects of crystal size, silicon-to-aluminum ratio, activation method and pillarization[J]. Appl Catal, 1991, 76(2): 183-198.

[60] Shi J, Wang Y, Yang W, et al. Recent advances of pore system construction in zeolite-catalyzed chemical industry

processes[J]. Chem Soc Rev, 2015, 44(24): 8877-8903.

[61] 王岳，李凤艳，赵天波，等. 纳米 ZSM-5 分子筛的合成、表征及甲苯歧化催化性能 [J]. 石油化工高等学校学报，2005, 18(4): 20-24.

[62] Albahar M, Li C, Zholobenko V L, et al. The effect of ZSM-5 zeolite crystal size on *p*-xylene selectivity in toluene disproportionation[J]. Micropor Mesopor Mater, 2020, 302: 1-8.

[63] Wang K, Wang X, Li G. A study on acid sites related to activity of nanoscale ZSM-5 in toluene disproportionation[J]. Catal Comm, 2007, 8(3): 324-328.

[64] Liu Y, Han S, Guan D, et al. Rapid green synthesis of ZSM-5 zeolite from leached illite clay[J]. Micropor Mesopor Mater, 2019, 280: 324-330.

[65] Musilová Z, Žilková N, Park S E, et al. Aromatic transformations over mesoporous ZSM-5: Advantages and disadvantages[J]. Top Catal, 2010, 53(19/20): 1457-1469.

[66] Han S, Wang Z, Meng L, et al. Synthesis of uniform mesoporous ZSM-5 using hydrophilic carbon as a hard template[J]. Mater Chem Phys, 2016, 177: 112-117.

[67] 刘志成，孔德金，王仰东，等. 淀粉模板法合成介孔 ZSM-5 分子筛 [J]. 石油学报（石油加工），2008, 124(3): 124-135.

[68] Zhu H, Liu Z, Kong D, et al. Synthesis of ZSM-5 with intracrystal or intercrystal mesopores by polyvinyl butyral templating method[J]. J Coll Interf Sci, 2009, 331(2): 432-438.

[69] Chao P Y, Hsu C H, Loganathan A, et al. One-pot synthesis of sheet-like MFI as high-performance catalyst for toluene disproportionation[J]. J Am Ceram Soc, 2018, 101(8): 3719-3728.

[70] 李华英，丁键，石张平，等. 正己胺导向合成长片状 ZSM-5 分子筛及其甲苯歧化反应性能 [J]. 石油化工，2020, 49(6): 529-537.

[71] 刘新辉，管冬冬，姜男哲. 乙醇对晶种法合成六角板状 ZSM-5 催化剂的影响 [J]. 石油学报（石油加工），2017, 33(4): 655-661.

[72] 刘世奇. 多级孔结构 ZSM-5 催化剂的制备及其甲苯歧化反应性能评价 [D]. 延吉：延边大学，2015.

[73] 王辉，张汉军，孔德金，等. ZSM-5 催化剂水蒸汽处理对甲苯选择性歧化性能的影响 [J]. 石油化工，2000, 29(6): 400-403.

[74] 张萌，王先桥，安亚雄，等. ZSM-5 分子筛催化甲苯和三甲苯的歧化与烷基转移反应 [J]. 化学与生物工程，2016, 33(11): 8-14.

[75] 汪靖，程晓维，杨晓蔚，等. 含有乙醚的无胺无氟反应物体系中高硅丝光沸石的合成 [J]. 化学学报，2008, 66(7): 769-774.

[76] 陈庆龄，孔德金，杨卫胜. 对二甲苯增产技术发展趋向 [J]. 石油化工，2004, 33(10): 909-915.

[77] 马文慧. 纳米梯级孔 MOR 分子筛的合成及其在重芳烃转化中的应用 [D]. 天津：河北工业大学，2015.

[78] 祁晓岚，刘希尧. 丝光沸石合成与表征的研究进展 [J]. 分子催化，2002, 16(4): 8.

[79] 刘红艳，晋春，韩生华，等. 一种合成丝光沸石的方法：CN201510282947.0[P]. 2015-09-09.

[80] 王震宇，王宝义，李晓文. 一种高硅铝比丝光沸石的合成方法：CN201911258564.4[P]. 2020-02-14.

[81] Hincapie B O, Garces L J, Zhang Q, et al. Synthesis of mordenite nanocrystals[J]. Micropor Mesopor Mater, 2004, 67(1): 19-26.

[82] 邢淑建，程志林，于海斌，等. 纳米丝光沸石分子筛的合成及表征 [J]. 分子催化，2008, 22(2): 111-116.

[83] 王剑，金杏妹. 合成条件对丝光沸石结晶度的影响 [J]. 石油化工，2004, 33(增刊): 27-29.

[84] 王剑，金杏妹，谢庆华，等. 小晶粒丝光沸石的制备 [J]. 工业催化，2006, 14(6): 50-54.

[85] Kustova M Y, Kustov A, Christensen C H. Aluminum-rich mesoporous MFI-type zeolite single crystals[J]. Stud

Surf Sci Catal, 2005, 158: 255-262.

[86] 李臻. 硬模板法介孔材料的制备及其 Cr ~ (6+) 吸附性能的研究 [D]. 北京：华北电力大学，2016.

[87] 刘振，马志鹏，孙常庚，等. 硬模板法制备微孔 - 介孔复合 SAPO-11 分子筛及其长链烷烃异构化反应 [J]. 中国石油大学学报：自然科学版，2014, 38(2): 153-158.

[88] 王漫云，段宏昌，郑云峰，等. 提高多产丙烯性能的 ZSM-5 分子筛改性研究进展 [J]. 工业催化，2020, 28(8): 15-20.

[89] 王世铭，张琼丹，王琼生，等. 一种 MeAPSO-44 分子筛及其制备方法：CN201910942128.2[P]. 2020-01-10.

[90] 张淼荣. 硬模板法合成微介复合 ZSM-5 分子筛 [D]. 青岛：中国石油大学（华东），2015.

[91] 张妮娜，裴婷，张媛，等. 多级孔 ZSM-5 分子筛的合成及其金属改性研究进展 [J]. 山东化工，2020, 49(14): 44-46.

[92] Tao Y, Kanoh H, Kaneko K. ZSM-5 monolith of uniform mesoporous channels[J]. J Am Chem Soc, 2003, 125(20): 6044-6045.

[93] Yang Z, Xia Y, Mokaya R. Zeolite ZSM-5 with unique supermicropores synthesized using mesoporous carbon as a template[J]. Adv Mater, 2004, 16(8): 727-732.

[94] Sakthivel A, Huang S-J, Chen W-H, et al. Replication of mesoporous aluminosilicate molecular sieves (RMMs) with zeolite framework from mesoporous carbons (CMKs)[J]. Chem Mater, 2004, 16(16): 3168-3175.

[95] Pavlačková Z, Košová G, Žilková N, et al. Formation of mesopores in ZSM-5 by carbon templating[J]. Stud Surf Sci Catal, 2006, 162: 905-912.

[96] 李乃霞. 多级孔道丝光沸石分子筛的合成与表征 [D]. 大连：大连理工大学，2009.

[97] 李乃霞，殷德宏，陈赞，等. 以多孔炭为模板合成中空介孔丝光沸石 [J]. 硅酸盐通报，2009, 28(4): 652-655,660.

[98] 崔仙. 多级孔道丝光沸石的合成及其催化性能的研究 [D]. 大连：大连理工大学，2014.

[99] 范春阳. 软模板剂辅助合成不同形貌的多级孔 ZSM-5 分子筛 [D]. 天津：天津大学，2018.

[100] 郭成玉，崔岩，王骞，等. 微介孔复合分子筛的合成进展 [J]. 化工科技，2016, 24(2): 67-72.

[101] 胡雨，杨雪，田辉平. 软模板法制备多级孔 ZSM-5 分子筛的研究进展 [J]. 工业催化，2020, 28(1): 1-10.

[102] 田野，李永丹. 软模板法合成多级孔沸石分子筛及其催化性能研究进展 [J]. 化工学报，2013, 64(2): 393-406.

[103] 许小芬. 系列双烷氧链季铵盐软模板剂的合成表征及其性能研究 [D]. 上海：东华大学，2018.

[104] 邹润，董霄，矫义来，等. 等级孔分子筛的可控合成、扩散研究及催化应用 [J]. 高等学校化学学报，2021, 42(1): 74-100.

[105] Hua Z L, Zhou J, Shi J L. Recent advances in hierarchically structured zeolites: Synthesis and material performances[J]. Chem Comm, 2011, 47(38): 10536-10547.

[106] Parlett C M A, Wilson K, Lee A F. Hierarchical porous materials: Catalytic applications[J]. Chem Soc Rev, 2013, 42(9): 3876-3893.

[107] Shetti V N, Kim J, Srivastava R, et al. Assessment of the mesopore wall catalytic activities of MFI zeolite with mesoporous/microporous hierarchical structures [J]. J Catal, 2010, 254(2): 296-303.

[108] Chen L-H, Li X-Y, Rooke J C, et al. Hierarchically structured zeolites: Synthesis, mass transport properties and applications[J]. J Mater Chem, 2012, 22(34): 17381-17403.

[109] Liu J-Y, Wang J-G, Li N, et al. Polyelectrolyte–surfactant complex as a template for the synthesis of zeolites with intracrystalline mesopores[J]. Langmuir, 2012, 28(23): 8600-8607.

[110] Pérez-Pariente J, Díaz I, Agúndez J. Organising disordered matter: Strategies for ordering the network of mesoporous materials[J]. Comp Rend Chim, 2005, 8(3): 569-578.

[111] Wang L, Zhang Z, Yin C, et al. Hierarchical mesoporous zeolites with controllable mesoporosity templated from cationic polymers[J]. Micropor Mesopor Mater, 2010, 131(1): 58-67.

[112] Serrano D, Aguado J, Rodriguez J, et al. Effect of the organic moiety nature on the synthesis of hierarchical ZSM-5 from silanized protozeolitic units[J]. J Mater Chem, 2008, 18(35): 4210-4218.

[113] Srivastava R, Choi M, Ryoo R. Mesoporous materials with zeolite framework: Remarkable effect of the hierarchical structure for retardation of catalyst deactivation[J]. Chem Comm, 2006 (43): 4489-4491.

[114] 张萌. 丝光沸石分子筛上羰基化反应研究 [D]. 北京：中国石油大学（北京），2018.

[115] 李玉平，孙翠娟，贾坤，等. 软模板导向合成多级孔丝光沸石及其苯的苄基化催化性能 [J]. 无机材料学报，2016, 31(12): 1355-1362.

[116] 凌凤香，杨卫亚，王少军，等. 一种高硅丝光沸石的制备方法：CN201110353564.X[P]. 2013-05-15.

[117] 祁晓岚，王战，李士杰，等. 无胺法合成高硅丝光沸石的表征 [J]. 物理化学学报，2006, 22(2): 198-202.

[118] 王劲松，施力. 高硅丝光沸石的合成及性能对比 [J]. 石油与天然气化工，2004, 33(2): 104-105,108.

[119] 徐肇锡. 高硅丝光沸石的合成 [J]. 无机盐工业，1988(2): 40.

[120] 许磊，魏迎旭，王公慰，等. 一种高硅丝光沸石的合成方法：CN98114197.8[P]. 2000-02-02.

[121] 周峰，李广战，韩皓. 高硅丝光沸石的合成方法 [C].2007 年全省有色金属学术交流会，2007: 40-46.

[122] Hurem Z, Vueli D, Markovi V. Synthesis of mordenite with different SiO₂/Al₂O₃ ratios[J]. 1993, 13(2): 145-148.

[123] Lv A, Xu H, Wu H, et al. Hydrothermal synthesis of high-silica mordenite by dual-templating method[J]. Micropor Mesopor Mater, 2011, 145(1/2/3): 80-86.

[124] 李晓峰，桂鹏，李玉平，等. 干粉法合成丝光沸石及性能表征 [J]. 石油学报（石油加工），2007, 23(3): 27-31.

[125] Lu B, Tsuda T, Oumi Y, et al. Direct synthesis of high-silica mordenite using seed crystals[J]. Micropor Mesopor Mater, 2004, 76(1/2/3): 1-7.

[126] Sasaki H, Oumi Y, Itabashi K, et al. Direct hydrothermal synthesis and stabilization of high-silica mordenite (Si：Al=25) using tetraethylammonium and fluoride ions[J]. J Mater Chem, 2003, 13(5): 1173-1179.

[127] Mohamed M M, Vansant E F. Redox behaviour of copper mordenite zeolite[J]. J Mater Sci, 1995, 30: 4834-4838.

[128] 祁晓岚，李士杰，王战，等. 氟离子对无胺法合成高硅丝光沸石的结构导向作用 [J]. 催化学报，2003, 24(7): 535-538.

[129] 张树国. 杂原子丝光沸石的合成结构表征和物化性能研究 [D]. 长春：吉林大学，1989.

[130] 魏贤. 杂原子丝光沸石中氮氧化物选择性催化还原的理论研究 [D]. 天津：河北工业大学，2009.

[131] 盛娜. 一种 Ti-ITQ-24 沸石分子筛及其原位合成方法和应用：CN202010709664.0[P]. 2020-10-30.

[132] Fan X, Hu W, Jin S, et al. Effect of P modification on the structure and catalytic performance of Ti-MWW zeolite[J]. Micropor Mesopor Mater, 2022, 336: 111887.

[133] Lee G, Ko M, Kim Y, et al. Selective epoxidation of di-cyclopentadiene using Ti containing zeolite catalyst[J]. Appl Chem Eng, 2012, 23(6): 614-617.

[134] Zhou S, Zhou L, Su Y, et al. Effect of silica source on the synthesis, property and catalytic performance of Sn-Beta zeolite[J]. Mater Chem Phys, 2021, 272:124995.

[135] Tong W, Yin J, Ding L, et al. Modified Ti-MWW zeolite as a highly efficient catalyst for the cyclopentene epoxidation reaction[J]. Front Chem, 2020, 8: 585347.

[136] Wolf P, Valla M, Rossini A J, et al. NMR signatures of the active sites in Sn-beta zeolite[J]. Angew Chem Int

Ed, 2015, 126(38): 10343-10347.

[137] Yue Y, Fu J, Wang C, et al. Propane dehydrogenation catalyzed by single Lewis acid site in Sn-Beta zeolite[J]. J Catal, 2021, 395: 155-167.

[138] Zhu X, Wang X, Su Y. Propane dehydrogenation over PtZn localized at Ti sites on TS-1 zeolite[J]. Catal Sci Tech, 2021, 11(13): 4485-4490.

[139] 董梅. 杂原子丝光沸石的合成、表征及反应性能的研究 [D]. 太原：中国科学院山西煤炭化学研究所，2000.

[140] 王琦，吴雅静，王军，等. 无有机模板剂水热合成 Co 同晶取代的丝光沸石分子筛 [J]. 物理化学学报，2012, 28(9): 2108-2114.

[141] 于龙，庞文琴. 含铁丝光沸石的合成，结构及性能研究 [J]. 石油学报（石油加工），1994, 10(1): 43-48.

[142] Wadlinger R L, Kerr G T, Rosinski E J. Catalytic composition of a crystalline zeolite: US1964364316[P]. 1967-03-07.

[143] 童伟益，沈震浩，王煜瑶，等. 低钠合成纳米 β 型分子筛及其液相烷基化性能 [J]. 石油学报（石油加工），2022, 38(2): 256-265.

[144] Newsam J M, Treacy M M J, Koetsier W T, et al. Structural characterization of zeolite beta[J]. Proceedings of the Royal Society of London A: Mathem Phys Sci, 1988, 420(1859): 375-405.

[145] Tomlinson S M, Jackson R A, Catlow C R A. A computational study of zeolite beta[J]. J Chem Soc, Chem Commun, 1990(11): 813-816.

[146] Higgins J B, LaPierre R B, Schlenker J L, et al. The framework topology of zeolite beta[J]. Zeolites, 1988, 8(6): 446-452.

[147] Malola S, Svelle S, Bleken F L, et al. Detailed reaction paths for zeolite dealumination and desilication from density functional calculations[J]. Angew Chem Int Ed, 2012, 51(3): 652-655.

[148] Dijkmans J, Dusselier M, Gabriëls D, et al. Cooperative catalysis for multistep biomass conversion with Sn/Al Beta zeolite[J]. ACS Catal, 2015, 5(2): 928-940.

[149] Tarach K, Góra-Marek K, Tekla J, et al. Catalytic cracking performance of alkaline-treated zeolite Beta in the terms of acid sites properties and their accessibility[J]. J Catal, 2014, 312: 46-57.

[150] Botella P, Corma A, López-Nieto J M, et al. Acylation of toluene with acetic anhydride over Beta zeolites: Influence of reaction conditions and physicochemical properties of the catalyst[J]. J Catal, 2000, 195(1): 161-168.

[151] Reddy K S N, Rao B S, Shiralkar V P. Alkylation of benzene with isopropanol over zeolite beta[J]. Appl Catal A, 1993, 95(1): 53-63.

[152] Lee J-K, Rhee H-K. Sulfur tolerance of zeolite Beta-supported Pd-Pt catalysts for the isomerization of *n*-hexane[J]. J Catal, 1998, 177(2): 208-216.

[153] Lowenstein W. The distribution of aluminum in the tetrahedra of silicates and aluminates[J]. American Mineralogist, 1954, 39(1): 92-96.

[154] Melchior M T, Vaughan D E W, Jacobson A J. Characterization of the silicon-aluminum distribution in synthetic Faujasites by high-resolution solid-state ^{29}Si NMR[J]. J Am Chem Soc, 1982, 104(18): 4859-4864.

[155] Kirschhock C E A, Hunger B, Martens J, et al. Localization of residual water in alkali-metal cation-exchanged X and Y type zeolites[J]. J Phys Chem B, 2000, 104(3): 439-448.

[156] Pichon C, Méthivier A, Simonot-Grange M-H, et al. Location of water and xylene molecules adsorbed on prehydrated zeolite BaX. A low-temperature neutron powder diffraction study[J]. J Phys Chem B, 1999, 103(46): 10197-10203.

[157] Bellat J-P, Pilverdier E, Simonot-Grange M-H, et al. Microporous volume and external surface of Y zeolites accessible to *p*-Xylene and *m*-Xylene[J]. Micropor Mater, 1997, 9(5/6): 213-220.

[158] Cottier V, Bellat J-P, Simonot-Grange M-H. Adsorption and *p*-Xylene/*m*-Xylene gas mixture on BaY and NaY zeolite. Coadsorption equilibria and selectivities[J]. J Phys Chem B, 1997, 101(24): 4798-4802.

[159] 王辉国, 马剑锋, 王德华, 等. 聚结型沸石吸附剂及其制备方法: CN200810057262.6[P]. 2009-08-05.

[160] 王辉国, 杨彦强, 王红超, 等. BaX 型分子筛上对二甲苯吸附选择性影响因素研究 [J]. 石油炼制与化工, 2016, 47(3): 1-4.

[161] 王辉国, 王德华, 马剑锋, 等. 小晶粒低硅 / 铝比的 X 沸石的制备方法: CN200710064099.1[P]. 2008-09-03.

[162] Inayat A, Knoke I, Spiecker E, et al. Assemblies of mesoporous FAU-type zeolite nanosheets[J]. Angew Chem Int Ed, 2012, 51(8): 1962-1965.

[163] 库尔普拉蒂帕尼加 S, 弗雷 S J, 维利斯 RR, 等. 用于从芳族烃中分离间二甲苯的吸附剂和方法: CN200980125280.6[P]. 2010-01-07.

[164] 王玉冰, 王辉国. Y 型分子筛上间二甲苯的吸附分离 [J]. 石油化工, 2019, 48(6): 570-574.

[165] 王辉国, 马剑锋, 王德华, 等. 吸附分离间二甲苯的吸附剂及其制备方法: CN201010114543.8[P]. 2011-08-31.

[166] 王辉国, 马剑锋, 王德华, 等. 吸附分离间二甲苯的吸附剂及其制备方法: CN200810240112.9[P]. 2010-06-23.

[167] 王辉国, 李凤生, 王红超, 等. 焙烧对球形吸附剂性能的影响 [J]. 石油炼制与化工, 2016, 47(2): 5-8.

[168] 王辉国, 郁灼, 赵毓璋, 等. 对二甲苯吸附剂及其制备方法: CN03147981.2[P]. 2005-01-19.

[169] 朱宁, 王辉国, 杨彦强, 等. C_8 芳烃异构体在 X 型分子筛上的吸附平衡参数和传质系数研究 [J]. 石油炼制与化工, 2012, 43(7): 37-42.

[170] 王辉国, 王德华, 马剑锋, 等. 国产 RAX-2000A 型对二甲苯吸附剂小型模拟移动床实验 [J]. 石油化工, 2005, 34(9): 850 ~ 854.

[171] 赵毓璋, 杨健. 二甲苯吸附分离 - 异构化组合工艺生产高纯度间二甲苯 [J]. 石油化工, 2000, 29(1): 32-36.

[172] Lai Z, Tsapatsis M, Nicolich J P. Siliceous ZSM-5 membranes by secondary growth of b-oriented seed layers[J]. Adv Funct Mater, 2004, 14(7): 716-729.

[173] Yan T Y. Separation of *p*-Xylene and ethylbenzene from C_8 aromatics using medium-pore zeolites[J]. Ind Eng Chem Res, 1989, 28(5): 572-576.

[174] Rasouli M, Yaghobi N, Chitsazan S, et al. Influence of monovalent cations ion-exchange on zeolite ZSM-5 in separation of para-xylene from xylene mixture[J]. Micropor Mesopor Mater, 2012, 150: 47-54.

[175] Guo G Q, Chen H, Long Y C. Separation of *p*-xylene from C_8 aromatics on binder-free hydrophobic adsorbent of MFI zeolite. I. Studies on static equilibium[J]. Micropor Mesopor Mater, 2000, 39（1/2）: 149-161.

[176] Alaerts L, Kirschhock C E A, Maes M, et al. Selective adsorption and separation of xylene isomers and ethylbenzene with the microporous vanadium(Ⅳ) terephthalate MIL-47[J]. Angew Chem Int Ed, 2007, 119(23): 4371-4375.

[177] Moreia M A, Santos J C, Ferreira A F O, et al. Toward understanding the influence of ethybenzene in *p*-xylene selectivity of the porous titanium amino terephthalate MIL-125(Ti): Adsorption equilibrium and separation of xylene isomers[J]. Langmuir, 2012, 28(7): 3494-3502.

[178] Moreia M A, Santos J C, Ferreira A F O, et al. Effect of of ethybenzene in *p*-xylene selectivity of the porous titanium amino terephthalate MIL-125(Ti)_NH2[J]. Micropor Mesopor Mater, 2012, 158: 229-234.

[179] Torres-Knoop A, Krishna R, Dubbeldam D, et al. Separating xylene isomers by commensurate stacking of

p-xylene within channels of MAF-X8[J]. Angew Chem Int Ed, 2014, 53(30): 7774-7778.

[180] Peralta D, Chaplais G, Paillaud J-L, et al. The separation of xylene isomers by ZIF-8: A demonstration of the extraordinary flexibility of the ZIF-8 framework[J]. Micropor Mesopor Mater, 2013, 173: 1-5.

[181] Jin Z, Zhao H Y, Zhao X J, et al. A novel microporous MOF with the capability of selective adsorption of xylenes[J]. Chem Commun, 2010, 46: 8612-8614.

[182] Huang W, Jiang J, Wu D, et al. A highly stable nanotubular MOF rotator for selective adsorption of benzene and separation of xylene isomers[J]. Inorg Chem, 2015, 54(22): 10524-10526.

[183] Alaerts L, Maes M, Giebeler L, et al. Selective sdsorption and separation of ottho-subtituted alkylaromatics with the microporous aluminum terephthalate MIL-53[J]. J Am Chem Soc, 2008, 130(43): 14710-14178.

[184] Finsy V, Kirschhock C, Vedts G, et al. Framework breathing in the vapour-phase adsorption and separation of xylene isomers with the metal-organic framework MIL-53[J]. Chem Eur J, 2009, 15(43): 7724-7731.

[185] Osta R E, Carlin-Sinclair A, Guillou N, et al. Liquid-phase adsorption and separation of xylene isomers by the flexible porous metal-organic framework MIL-53(Fe)[J]. Chem Mater, 2012, 24(14): 2781-2791.

[186] Niekiel F, Lannoeye J, Reinsch H, et al. Conformation-controlled sorption properties and breathing of the aliphatic Al-MOF [Al(OH)(CDC)][J]. Inorg Chem, 2014, 53(9): 4610-4620.

[187] Moreira M A, Santos J C, Ferreira A F O, et al. Reverse shape selectivity in the liquid-phase adsorption of xylene isomers in zirconium terephthalate MOF UiO-66[J]. Langmuir, 2012, 28(13): 5715-5723.

第六章
催化裂化新材料

第一节　概述 / 222

第二节　催化裂化催化剂 FAU 结构分子筛主活性组分材料 / 225

第三节　催化裂化催化剂 MFI 结构分子筛助活性组分材料 / 238

第四节　催化裂化催化剂基质材料 / 241

第五节　催化裂化催化剂的开发及应用 / 255

第六节　催化裂解催化剂的开发及应用 / 271

第七节　催化裂化环保助剂材料 / 278

第八节　总结与展望 / 288

流化催化裂化工艺是炼油技术的核心工艺，不仅是重油加工生产轻质油品的主要手段之一，而且在提供轻质烯烃和发挥石油化工一体化作用方面，具有不可取代的地位。目前，流化催化裂化（FCC）装置生产的汽油约占总供应量的70%，生产的低碳烯烃约占总供应量的30%，在应对原料油日益重质化和劣质化、产品需求日益轻质化和清洁化的挑战中，催化裂化催化剂发挥了重要作用。催化裂化催化剂主要是由以分子筛为主的活性材料和以黏土和黏结剂为主的基质材料组成，具有一定粒度分布、优异抗磨损性能和较高堆密度的微球催化剂。因此，新型分子筛材料和新型基质材料的发展能有力支撑催化裂化催化剂技术的更新升级，能更好地应对重油转化过程中的各种风险和挑战。

第一节
概述

一、催化裂化反应化学及理论基础

1. 催化裂化反应类型

　　催化裂化反应主要包括裂化反应、异构化反应、烷基转移反应、歧化反应、氢转移反应、环化反应、缩合反应、叠合反应、烷基化反应等九类反应，其中，除歧化反应和叠合反应之外，其余七类反应都是碳正离子反应。

2. 催化裂化理论基础

（1）碳正离子的性质及其形成机理[1]

烃类分子的 C—H 键断裂生成碳正离子：

$$-\overset{|}{\underset{|}{C}}-H \longrightarrow -\overset{|}{C}\overset{+}{-} + H^- - E_+$$

　　式中，E_+ 包括电离能、氢与烷基的电子亲和力以及 C—H 键的离解能。碳正离子的稳定性随 E_+ 的增加而下降：叔碳＞仲碳＞伯碳＞甲基。

（2）碳正离子的生成

① 酸和充当弱碱的不饱和烃反应生成仲碳正离子：

$$H_2C=CHCH_3 + HX \rightleftharpoons H_3C-\overset{+}{\underset{H}{C}}-CH_3 + X^-$$

芳烃也为质子的接受体：

$$\text{(structure)} + HX \rightleftharpoons [\text{(structure with H H)}]^{+} + X^{-}$$

② 烷烃失去一个负氢离子生成碳正离子：

$$RH + HX \rightleftharpoons R^{+} + X^{-} + H_2$$
$$RH + L \rightleftharpoons LH^{-} + R^{+}$$

③ 碳正离子和饱和烃发生反应，通过负氢离子转移生成一个新的碳正离子：

$$R_1^{+} + R_2H \rightleftharpoons R_1H + R_2^{+}$$

伯碳正离子或仲碳正离子更容易得到负氢离子，含有叔碳正离子的饱和烃更容易失去负氢离子形成稳定性相对较高的叔碳正离子。

④ 一个稳定分子的异极断裂生成两个带相反电荷的碎片，其中带正电荷的即为生成的碳正离子：

$$RR_1 \longrightarrow R^{+} + R_1^{-}$$

3. 催化裂化反应过程

催化裂化反应的实现需要经过以下七个连续的步骤[2]：
① 原料分子从主气流中扩散到催化剂表面；
② 原料分子沿催化剂孔道向催化剂内部扩散；
③ 原料分子被催化剂内表面吸附；
④ 被吸附的原料分子在催化剂内表面上发生化学反应；
⑤ 产品分子自催化剂内表面脱附；
⑥ 产品分子沿催化剂孔道向外扩散；
⑦ 产品分子扩散到主气流中。

上述每个步骤由于其独特规律性对整个催化裂化反应过程有不同程度的影响，其中反应速率最慢的步骤对整个催化裂化反应速率起着决定性作用而成为限制步骤。催化裂化催化剂的作用贯穿于上述七个步骤中，如图6-1所示。

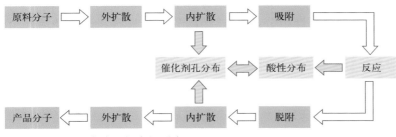

图6-1 混合烃类的平行串级反应

从图6-1可以看出，步骤①和步骤⑦是外扩散过程，与催化剂性质关联较小，步骤②和步骤⑥是内扩散过程，与催化剂的孔结构及其孔分布密切相关，步骤③和步骤⑤是内表面吸附和脱附过程，与催化剂的表面性质相关，步骤④是化学反应过程，与催化剂的活性中心（如酸中心）特征密切相关。

一般来说，在催化裂化操作条件下，原料分子由主气流中扩散到催化剂表面以及产品分子离开邻近催化剂表面区域扩散到主气流中的速度足够快，因此，步骤①和步骤⑦的作用可以忽略。这时，催化裂化反应的速率，或者说催化活性，将取决于内扩散步骤、吸附脱附步骤和表面反应步骤，即催化裂化过程的限制步骤与催化剂的孔结构、表面性质和酸性特征有关。由此可见，催化裂化催化剂在催化裂化反应中起着非常关键的作用。

因此，从催化裂化的化学基础可以清楚地认识到催化裂化催化剂的酸性、表面性质及孔结构等特征对催化裂化反应具有十分重要的作用，催化裂化催化剂作为催化裂化技术的核心，其性能及技术进步对整个催化裂化加工过程至关重要。

二、催化裂化材料分类

催化裂化催化剂经历了从无水三氯化铝、酸性白土，到合成无定形硅铝催化剂，再到分子筛催化剂的发展，其中酸性白土的稳定性差，导致汽油产率很低（20%～30%）；合成硅铝催化剂的活性和稳定性均高于酸性白土，汽油产率可达35%左右；20世纪50年代中后期，随着X型和Y型分子筛的工业化，分子筛裂化催化剂很快取代了无定形硅铝催化剂，被广泛应用到催化裂化装置，分子筛裂化催化剂也被誉为"20世纪60年代炼油工业的技术革命"。自20世纪70年代，为了充分发挥分子筛的高活性和高选择性，普遍采用半合成工艺制备分子筛裂化催化剂，即采用黏结剂将黏土和分子筛黏结在一起，经过喷雾干燥得到具有一定粒度分布、优异抗磨损性能和较高堆密度的微球催化剂。

发展至今，催化裂化催化剂的主要组分包括分子筛和基质两大部分，其中，分子筛主要包括作为主活性组分的FAU结构分子筛材料和作为助活性组分的MFI结构分子筛材料；基质主要包括以高岭土为主的黏土材料和以铝溶胶、硅溶胶、酸化拟薄水铝石为主的黏结剂材料，还有少量其他辅助材料。催化材料的不断问世和发展推动着催化裂化催化剂技术的持续进步。

第二节
催化裂化催化剂FAU结构分子筛主活性组分材料

一、FAU结构分子筛的结构与组成

FAU 结构分子筛包括 X 型和 Y 型分子筛。其中，骨架 $n(SiO_2)/n(Al_2O_3) \leqslant 3.0$ 的为 X 型分子筛，骨架 $n(SiO_2)/n(Al_2O_3) > 3.0$ 的为 Y 型分子筛。Y 型分子筛是催化裂化催化剂的重要活性组元，本节介绍的 FAU 结构分子筛均为 Y 型分子筛。Y 型分子筛由最基本结构单元硅氧四面体 ($[SiO_4]$) 及铝氧四面体 ($[AlO_4]$) 构成其特征笼形结构方钠石笼（β笼），它的表面由 6 个四元环和 8 个六元环组成[3]，方钠石笼间由双六元环连接便会形成 FAU 结构，即 Y 型分子筛的骨架结构[4]。Y 型分子筛的晶胞结构如图 6-2 所示，其由 8 个方钠石笼组成，方钠石笼按金刚石晶体式结构排列，相邻方钠石笼由六元环通过氧桥键连接，围成超笼。超笼之间通过十二元环沿三个晶轴方向相互贯通，形成一个晶胞。NaY 分子筛的单位晶胞由 8 个方钠石笼组成，也就是由 8×24 个硅氧四面体和铝氧四面体构成，即单位晶胞中有 192 个硅氧四面体和铝氧四面体。Y 型分子筛典型的晶胞组成为：$Na_{56}[Al_{56}Si_{136}O_{384}] \cdot 264H_2O$，晶胞常数 $a_0 = 2.460 \sim 2.485nm$。

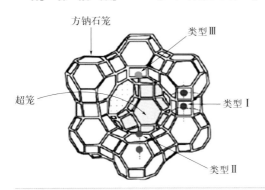

图6-2
Y型分子筛晶胞结构图

二、FAU结构分子筛的主要性能及表征方法

FAU 结构分子筛即 Y 型分子筛的主要性能包括化学组成、晶胞常数、相

对结晶度、硅铝比、比表面积、孔体积、热稳定性及酸性[5]。分析表征方法如下。

1．Y型分子筛的化学组成分析

合成的 FAU 结构分子筛称为 NaY 分子筛，其化学组成包括 Na_2O、Al_2O_3 及 SiO_2。合成的 NaY 分子筛在用作催化裂化催化剂的活性组分材料时通常需要用稀土盐或铵盐等交换改性。因此，改性后 Y 型分子筛的化学组成包括 Na_2O、Al_2O_3、SiO_2、RE_2O_3 及改性元素等。通常采用 X 射线荧光法分析 Y 型分子筛的化学组成，分析条件及方法：将粉末样品压片成型，采用铑靶，激发电压 50kV，激发电流 50mA，以闪烁计数器和正比计数器探测各元素谱线强度，用外标法对元素质量分数进行定量和半定量分析。

2．Y型分子筛的晶胞常数及相对结晶度分析

Y 型分子筛的晶胞常数及相对结晶度由 X 射线粉末衍射法（XRD）采用 RIPP145-90、RIPP146-90 标准方法［见《石油化工分析方法》（RIPP 试验方法）］测定。分析条件及方法：Cu 靶，$K\alpha$ 辐射，固体探测器，管电压 40kV，管电流 40mA，步进扫描，步幅 0.02°，预制时间 2s，扫描范围 5°～70°。

3．Y型分子筛的硅铝比分析

硅铝比是分子筛的一个重要性能，通常硅铝比越高分子筛的稳定性越高。分子筛的硅铝比可以有两种表示方式，一种是分子筛的总硅铝比，即分子筛中 Al_2O_3 与 SiO_2 的摩尔比，可通过 X 射线荧光法测定的 Si 与 Al 元素含量计算。另一种是分子筛的骨架硅铝比，即分子筛骨架中所含有的 Al_2O_3 与 SiO_2 的摩尔比，可通过 X 射线分析测得分子筛的晶胞常数 a_0，然后根据下式计算分子筛的骨架硅铝比：骨架 SiO_2 与 Al_2O_3 的摩尔比 $=2\times(25.858-a_0)/(a_0-24.191)$，其中，$a_0$ 为晶胞常数，单位为 Å。

4．Y型分子筛的比表面积和孔体积分析

利用静态氮吸附仪测定 Y 型分子筛的比表面积和孔体积，首先将样品在 1.33Pa、300℃条件下抽真空脱气 4h，然后在 77K 下与液氮接触，进行等温吸附和脱附，测定吸附脱附等温线，利用 BET 公式计算分子筛的比表面积和孔体积，利用 BJH 公式计算分子筛的平均孔径。

5．Y型分子筛的热稳定性分析

催化裂化反应都是在高温条件下进行的，因此，要求催化裂化催化剂及其活性组元分子筛具有高的热稳定性。利用热分析仪进行分子筛的差热分析，测定 Y 型分子筛的晶格崩塌温度，分子筛晶格崩塌温度的高低可以表征其热稳定性的高

低，晶格崩塌温度越高表明分子筛的热稳定性越好。分析方法及条件：空气为载气，流量 140mL/min，升温速率 10℃ /min。

6. Y 型分子筛的酸性分析

Y 型分子筛晶体结构中 [AlO₄] 的一级近邻是等同的四个 [SiO₄]，二级近邻在结构上是不等同的。它的二级近邻有九个，其中三个在四元环对角线的位置，它们与 Al 距离很近，只有 4.4Å。另外六个的距离较远为 5.5Å。当 [AlO₄] 的二级近邻 Al 处于 9 个不同位置上时，距离远近不同，产生大小不同的电荷屏蔽效应，导致具有不同强度的酸性中心。

Y 型分子筛的酸性表征方法主要有滴定法（titration）、程序升温脱附法（TPD）、红外光谱法（FT-IR）以及 ^{1}H 核磁共振（^{1}H NMR）法。滴定法或程序升温脱附法可准确分析出分子筛的总酸量和酸强度，但无法区分酸中心的类型；结合探针分子的红外光谱法（如吡啶吸附红外光谱法）可很好地区分酸中心的类型，得到 Brønsted 酸中心（简称 B 酸中心）及 Lewis 酸中心（简称 L 酸中心）的相对数量；^{1}H NMR 法能直接探测催化剂的酸性，但不能有效区分酸类型和酸强度。

与上述测量酸性的方法相比，结合探针分子的 ^{31}P 魔角旋转共振（^{31}P MAS NMR）技术能够准确分析固体酸催化剂的酸类型、酸强度、酸量和酸位分布，常用的探针分子有三甲基磷（TMP）、三甲基磷氧（TMPO）以及其他类型的三烷基磷氧化合物。石科院采用 TMPO 和 TBPO 为探针分子的 ^{31}P MAS NMR 技术配合 ICP 元素分析探测了稀土改性 Y 型分子筛的酸性[6]。

吡啶吸附红外光谱法是测定分子筛酸性最常用的方法。吡啶和分子筛的 B 酸中心形成吡啶离子，和分子筛的 L 酸中心以配位键络合，分别给出 1540cm^{-1} 和 1450cm^{-1} 特征谱带，由特征谱带强度可以计算出酸量，根据吡啶脱附温度的高低表征得到酸强度。一般来说 200℃ 脱附峰的相对强度表征样品的总酸量，350℃ 脱附峰的相对强度表征样品的强酸中心数量。具体分析方法及条件：将样品压片，置于红外光谱仪的原位池中密封。升温至 400℃，并抽真空至 1×10^{-3}Pa，恒温 2h，脱除样品吸附的气体分子。降至室温摄谱，扫描波数范围为 4000 ～ 400cm^{-1}，获得样品的羟基红外光谱。导入压力为 2.67Pa 吡啶保持吸附平衡 30min。然后升温至 200℃ ，抽真空至 1×10^{-3}Pa 下脱附 30min，降至室温摄谱（低温吡啶吸附红外谱），扫描波数范围为 1400 ～ 1700cm^{-1}，获得样品经 200℃ 脱附的吡啶吸附红外光谱图。再将样品升温至 350℃，经同样步骤获得 350℃ 脱附的吡啶吸附红外光谱图（高温吡啶吸附红外谱）。根据吡啶吸附红外光谱图中 1540cm^{-1} 和 1450cm^{-1} 处特征吸附峰的强度及脱附温度，得到 B 酸中心与 L 酸中心的相对量。

三、FAU结构分子筛的改性方法及工艺原理

1. NaY 分子筛的主要改性方法

为了制备适合催化裂化反应所需的催化剂，研究工作者以 Y 型分子筛为对象，研究了各种改性方法，其目的主要是对分子筛的催化裂化活性、选择性和稳定性进行改进和提高。文献上报道了很多成功的方法，并且在实际工业生产中已经采用了一些改性方法。综合起来，主要的方法如图 6-3 所示。

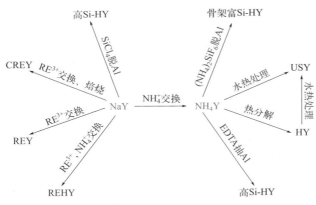

图6-3 NaY分子筛的改性方法

从图 6-3 可知，NaY 分子筛的改性方法主要是针对 Y 型分子筛的两大类改性，一类是对 Y 型分子筛的离子交换改性，另一类是对 Y 型分子筛的骨架结构改性。其中分子筛的离子交换改性，主要采用含 RE^{3+} 及 NH_4^+ 等的盐类与 NaY 分子筛中的阳离子 Na^+ 进行离子交换反应进而降低 NaY 分子筛中的钠含量；分子筛的骨架结构改性主要是对分子筛进行脱铝补硅的结构超稳改性，提高分子筛的骨架硅铝比，进而提高分子筛的热稳定性及水热稳定性。

2. HY 型分子筛

HY 型分子筛主要是用铵盐中的 NH_4^+ 去交换 NaY 分子筛中的阳离子 Na^+，之后再在一定温度下进行热分解反应去掉 NH_3，留下 H^+。该工艺过程先后经过 NH_4^+ 交换降低钠含量、洗涤过滤去杂质及焙烧脱除 NH_3 的步骤，需要多次重复此步骤，才能获得完好结构的 HY 型分子筛。HY 型分子筛的制备是通过对 NaY 分子筛的离子交换改性实现的，其流程如图 6-4 所示。

在实际的工业生产中，用于 NH_4^+ 交换的铵盐溶液一般为 NH_4Cl、$(NH_4)_2SO_4$ 和 NH_4NO_3 等铵盐的稀溶液，在交换罐中或带式滤机上进行铵盐交换。所制备的

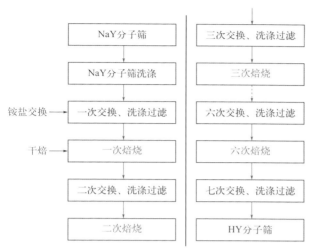

图6-4 HY分子筛实验室制备流程

NH$_4$Y 分子筛可进一步在真空下或在干燥的惰性气体保护下进行缓和条件的焙烧，在温度不高于 500℃条件下缓慢脱去 NH$_3$，留下 H$^+$与分子筛骨架上的 O 原子结合成羟基，如下式所示：

$$\text{NH}_4\text{Y} \xrightarrow[\substack{300\sim500℃ \\ 干燥气氛}]{-\text{NH}_3} \text{HY}$$

HY 型分子筛的质子酸中心（也称 B 酸中心）形成模型：

当焙烧温度高于 500℃时，分子筛脱水使得质子酸中心转化成非质子酸中心（也称 L 酸中心），如下式所示：

从上述式子可以看出，2 个质子酸中心转化成 1 个非质子酸中心。焙烧处理温度对 HY 型分子筛酸中心的形态影响很大，HY 型分子筛有很高的碳正离子反应活性。有关研究工作表明活性最高点往往超过最高 B 酸中心浓度的温度点，因此对某些反应非质子酸也起着作用。然而，HY 分子筛的高温稳定性较差，其很难在工业生产中直接使用。

3. REY 分子筛

稀土元素（如 RE）在分子筛催化剂中的应用最早始于 X 型分子筛，Plank 和 Rosinski 用金属离子和铵离子交换 X 型分子筛中的 Na^+ 得到 CaHX、MnHX、REHX 分子筛，发现其活性、选择性和稳定性均显著提高，其中 REHX 分子筛的活性比另外两种高 30 ～ 50 倍，且水热稳定性最好。由于 Y 型分子筛骨架硅铝比高，水热稳定性和耐酸性好，于 1968 年后 X 型分子筛逐渐被 Y 型分子筛取代，因此，多年来稀土改性 Y 型分子筛作为催化裂化催化剂的重要活性组分得到广泛应用。稀土改性 Y 型分子筛的发展经历了 REY、REHY、REUSY 等几次大的飞跃。

REY 分子筛的制备也是 NaY 分子筛的离子改性过程。将含 RE^{3+} 的盐溶液与 NaY 分子筛在低于 100℃ 温度下搅拌一定时间，然后过滤，重复上述步骤多次，以达到所需的交换度。在几次交换之中，进行焙烧，将 RE^{3+} 水合水剥离，使 RE^{3+} 由分子筛的超笼迁移至方钠石笼，同时 Na^+ 迁移出来，再逐渐被交换脱除，尽可能降低分子筛中钠含量，提高分子筛中稀土含量。

关于稀土离子对分子筛酸性和催化活性的作用机理，在催化裂化发展早期人们已经做出了很多重要的研究，其中 RE^{3+} 要与 3 个配位 Al 电子平衡，如下式所示：

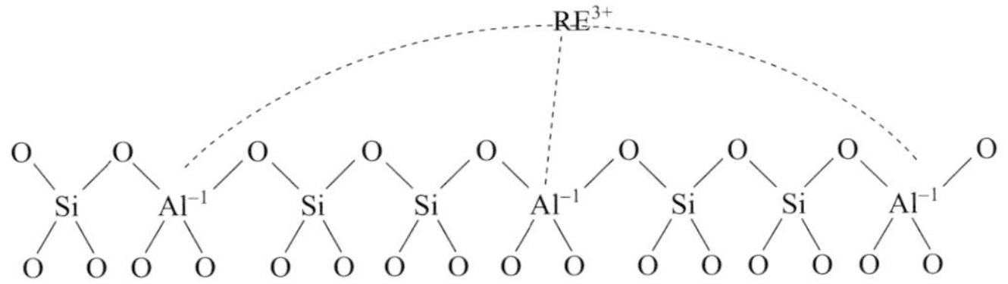

因此，围绕着 3 价 RE 的电子场要比 2 价的其他金属强；除电子场的作用外，羟基酸中心也是其催化活性高的原因。Venuto 等[7] 提出稀土分子筛酸中心形成的模型：

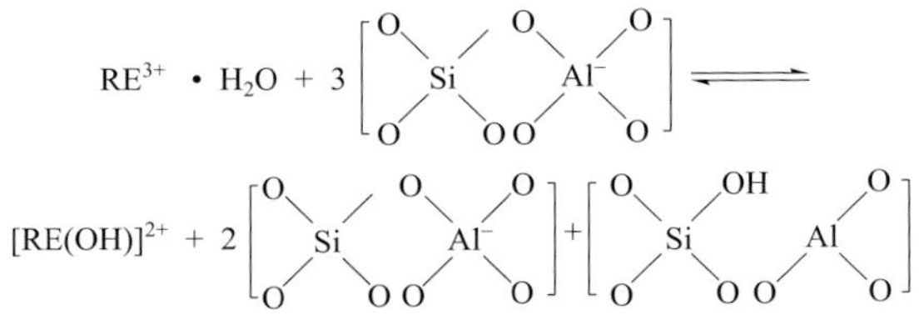

Ward[8] 提出金属离子将进一步水解成为

$$[RE(OH)]^{2+} \cdot H_2O + 2 \left[\begin{matrix} O & & O \\ Si & & Al^- \\ O & & O \end{matrix} \right] + \left[\begin{matrix} O & OH & O \\ Si & & Al \\ O & & O \end{matrix} \right] \rightleftharpoons$$

$$[RE(OH)_2]^+ + \left[\begin{matrix} O & & O \\ Si & & Al^- \\ O & & O \end{matrix} \right] + 2 \left[\begin{matrix} O & OH & O \\ Si & & Al \\ O & & O \end{matrix} \right]$$

由于涉及的因素很多，对于稀土改性 Y 型分子筛酸中心的认识难免存在不同。长期以来，人们一直将混合稀土（即含有 La、Ce 和 Pr 等的混合溶液）用于 Y 型分子筛的改性，缺乏对单一元素改性的考察。石科院研究了 La 和 Ce 增强 Y 型分子筛结构稳定性的差异[9,10]，认为 La 和 Ce 的引入均可稳定 Y 型分子筛的骨架结构，但镧离子比含量相当的铈离子更容易进入分子筛内部和抑制骨架铝的脱除，因而对分子筛结构稳定作用更优；并且结合量子力学密度泛函计算方法，从理论上阐述了这种增强机制。

4．REHY 分子筛

最初在工业催化剂的制备中，尽量实现充分交换，使分子筛中 Na 含量最低，得到的 REY 分子筛稳定性好，并得到广泛应用。20 世纪到 80 年代中期，随着原油的重质化，REY 型分子筛已不能适应催化裂化的要求，其活性和选择性差，尤其是焦炭产率高，质子酸比 HY 型分子筛少。为了引入更多的质子酸，增加催化活性，同时降低稀土含量改善其焦炭选择性，在稀土离子交换时引入适量的 NH_4^+，得到 REHY 型分子筛，REHY 型分子筛的性能介于 REY 型和 HY 型分子筛之间，具有较高的活性和较好的选择性。

在稀土离子交换时，引入 NH_4^+ 的方式可以是 RE^{3+} 盐溶液和 NH_4^+ 盐溶液按一定比例混合，然后和分子筛进行交换；也可以是分别交换，交换温度一般在 80℃左右。研究结果表明，RE^{3+}-NH_4^+ 交换的分子筛比 RE^{3+} 交换的分子筛有更好的活性，且当 La^+/NH_4^+ 比为 3.6 时达到最高点，然后，随着 La^+ 与 NH_4^+ 之比降低，其活性下降[11]。REHY 对邻二甲苯异构活性为 122，而 HY 仅为 49。Na 含量对 REHY 的影响也很大。一般工业催化剂，分子筛中 Na 含量最好在 1.0% 以下。

从 20 世纪 60 年代初开始，工业裂化催化剂就以 REY 型分子筛为主，但实际上纯 REY 是基本不存在的，确切地说都是 REHY，只是 RE/H 比值有所不同。REY 分子筛的稳定性较好，但焦炭选择性较差，因此在分子筛交换中调节和控制 RE/H 的合适值是改善产品选择性的重要手段。经过十多年的实践，至 20 世纪 70 年代，裂化催化剂的性能有了很大的改进，其表现特征是产品选择性的改进，以汽油产率的增加、焦炭产率的降低为标志。图 6-5 为从 20 世纪 60 年代初开始的十多年（至 70 年代后期）中裂化催化剂水平的变化情况[12]。图中黑点是焦炭产率（对原料）在 4% 时各年代催化剂的转化率和汽油产率。由此可见，催化剂的焦炭选择性不断改进，即达到同样的焦炭产率，转化深度可大大提高，从而汽油的产率大幅度提高。但轻循环油产率降低，同时轻循环油质量变差。

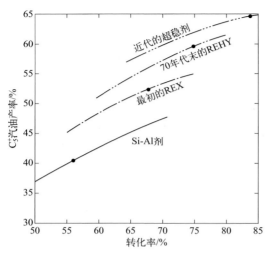

图6-5 分子筛裂化催化剂选择性的改进变化情况
● 生焦量4%的数据点

石科院采用实验和理论计算相结合的方法，建立了稀土离子调变 Y 型分子筛结构稳定性和酸性的机理模型[13]，见图 6-6。采用液相离子交换法和稀土盐水溶液制备稀土离子改性 Y 型分子筛时，RE^{3+} 对其周围 H_2O 产生极化和诱导作用，有效吸引 H_2O 中 OH^- 生成 $[RE(OH)]^{2+}$，在热处理条件下，$[RE(OH)]^{2+}$ 可以由分子筛超笼迁移进 β 笼 I′位；进入分子筛 β 笼 I′位 $[RE(OH)]^{2+}$ 与分子筛骨架 O2 和 O3 相互作用，增强了骨架 Al 和相邻 O 原子间的作用力，稳定了分子筛骨架结构。

HY 分子筛在热或水热处理条件下骨架 Al 易脱除生成非骨架 Al 物种，随着骨架 Al 的脱除，骨架 Al 数目减少，$[AlO_4]^-$ 间排斥力减弱，导致分子筛 B 酸强度增大；同时脱 Al 产生的非骨架 Al 物种可能与分子筛酸性基团中 Al 周围的 O 原子相互作用，使分子筛 B 酸强度增大，导致脱铝 HY 分子筛（即 USY 分子筛）的 B 酸强度最强。对于 REHY 分子筛，由于进入分子筛 β 笼 I′位 $[RE(OH)]^{2+}$ 稳定了分子筛骨架结构，抑制了骨架 Al 的脱除，减少了非骨架 Al 物种的生成，所以 REHY 分子筛的 B 酸强度低于 USY 分子筛的 B 酸强度；同时，稀土离子 $[RE(OH)]^{2+}$ 与分子筛骨架 O2 和 O3 相互作用，使骨架 O1 负电荷减弱，Al—O1 键长变短，O1—H 作用力减弱，导致 REHY 分子筛的 B 酸强度高于 HY 分子筛的 B 酸强度。综上可见，分子筛 B 酸强度顺序如下：USY＞REHY＞HY。

在酸中心数量方面，NaY 分子筛中 Na$^+$ 被 NH$_4^+$ 交换并脱除 NH$_3$ 后形成 HY 分子筛，使 B 酸中心数量显著增多；在热或水热处理条件下，HY 分子筛骨架 Al 易脱除生成 USY 分子筛，通常一个 [AlO$_4$]$^-$ 对应一个 H$^+$，所以骨架 Al 数目的减少导致 USY 分子筛 B 酸中心数量显著降低；对于稀土离子改性 Y 型分子筛，RE^{3+} 水解产生的 [RE(OH)]$^{2+}$ 可以进入 NaY 分子筛 β 笼交换 2 个 Na$^+$，同时水解产生的 H$^+$ 交换超笼中一个 Na$^+$，进一步经过 NH$_4^+$ 交换和脱除 NH$_3$ 后生成 REHY 分子筛，所以 REHY 分子筛的 B 酸中心数量比 HY 分子筛少，又由于 β 笼中 [RE(OH)]$^{2+}$ 对分子筛骨架结构的稳定作用，避免了骨架 Al 的脱除，所以 REHY 分子筛的 B 酸中心数量比 USY 分子筛多。综上可见，分子筛 B 酸中心数量顺序为：HY＞REHY＞USY。

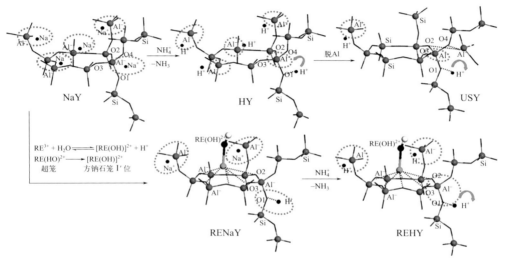

图6-6 稀土离子调变Y型分子筛结构稳定性和酸性的机理模型[13]

5. Y 型分子筛的超稳改性工艺及原理

（1）Y 型分子筛的超稳改性基本原理

Y 型分子筛的结构中，Al—O 键的键能为 511kJ/mol，Al—O 键的键长为 1.70～1.73Å，Si—O 键的键能为 800kJ/mol，Si—O 键的键长为 1.60～1.65Å，Al—O 键的键能小于 Si—O 键的键能，Al—O 键的键长大于 Si—O 键的键长。因此，Si—O 键比 Al—O 键的稳定性更高。

超稳改性是对分子筛的骨架改性，使分子筛骨架 Al 原子被 Si 原子取代进而提高分子筛结构中的骨架硅铝比，使稳定性更高的 Si—O—Si 替代骨架上的 Si—O—Al，进而提高分子筛的结构稳定性，与此同时，分子筛的晶胞常数减小，晶胞收缩。

（2）水热法超稳改性

① 水热法超稳改性工艺流程

1966年—1969年Maher和McDaniel先后申请了有关水热法超稳化制备超稳Y型分子筛的专利[14,15]。所制分子筛具有极高的热稳定性，因而称之为超稳分子筛。将NaY先与NH_4^+盐溶液交换，然后在水蒸气气氛下焙烧，分子筛晶胞可收缩约1%（0.02～0.03nm）。还可以进一步将剩余Na^+再用NH_4^+盐溶液交换，然后再一次在高温水蒸气下焙烧，晶胞进一步收缩，实现结构超稳化。水热法超稳Y型分子筛生产工艺流程如图6-7所示。

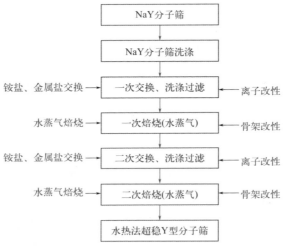

图6-7 水热法超稳Y型分子筛生产工艺流程

由图6-7可知，在水热法超稳Y型分子筛改性工艺中，两次铵盐及金属盐的交换过程都是对分子筛的离子改性，降低Na含量，两次水热焙烧都是对分子筛的骨架改性，提高分子筛的骨架硅铝比，使分子筛的结构得到超稳化，提高分子筛的稳定性。

② 水热法超稳机理

（a）首先是NH_4Y脱氨：

$$\underset{\substack{O\\|\\Si\\|\\O}}{O} \overset{O}{\underset{\substack{|\\Al^-\\|\\O}}{\overset{NH_4^+}{\cdots}}} O \longrightarrow NH_3 + \underset{\substack{O\\|\\Si\\|\\O}}{O} \overset{OH}{\underset{\substack{|\\Al\\|\\O}}{}} O$$

（b）所得HY水解脱Al：

$$\text{—Si—O—Al—O—Si—} + 3H_2O \longrightarrow \text{—Si—OH \quad HO—Si—} + Al(OH)_3$$

脱下的 $Al(OH)_3$ 可与另外的 HY 反应生成 $[Al(OH)_2]^+$、$[Al(OH)]^{2+}$、Al^{3+} 等。在水热处理过程中，几种价态的 Al 都可能存在。

（c）脱羟基，硅迁移：

$$\text{—Si—OH \quad HO—Si—} + SiO_2 \longrightarrow \text{—Si—O—Si—O—Si—} + 2H_2O$$

在这一过程中水解脱 Al 和 Si 迁移是很关键的步骤，如果脱 Al 速度过快，Si 迁移跟不上，将导致结构崩塌。

③ 水热法超稳 Y 型分子筛改性工艺分析

水热法超稳 Y 型分子筛的工业化生产比较容易，目前工业上普遍采用。采用水热法脱 Al 超稳化处理所得的超稳 Y 型分子筛，在较好地保留微孔结构的同时，能形成分布很宽的大量的二次孔。但是，水热法在脱铝过程中由于硅不能及时迁移，补入缺铝空位，易造成晶格塌陷，另外，脱铝生成的非骨架铝碎片堵塞孔道[16]。孔道的堵塞不仅影响了反应分子的可接近性，也阻碍了稀土离子的进入。石科院对水热超稳法工艺进行优化，针对水热法超稳改性分子筛孔道堵塞问题，开发了结构优化分子筛（SOY）及其制备新技术，采用化学法分子筛孔道清理改性技术与稀土改性技术协同作用的方法有效地解决了分子筛孔道堵塞难题，在使超稳分子筛孔道畅通的基础上顺利地将稀土离子引入分子筛的晶体结构中，大大地提高了超稳分子筛中的有效稀土含量，从而使分子筛的结构与性能最优化[16]。

（3）Y 型分子筛液相法超稳改性

$(NH_4)_2SiF_6$ 抽铝补硅法是 Y 型分子筛液相法超稳改性的典型方法。UnionCarbideCo 公司于 1983 年宣布其成功地发展了一种"骨架富硅"超稳 Y 型分子筛 LZ-210[17]，同时石科院也制备了超稳 Y 型分子筛 RSY 及其催化剂，在结构上具有结晶完整性好、羟基空穴少、基本上不含非骨架铝、硅铝比可调等特点，因而表现出很高的裂化活性和稳定性及很好的产品选择性[18,19]。这是一种用化学法对 Y 型分子筛进行抽铝同时补硅的过程，所用化学剂为氟硅酸铵。

首先将 NaY 分子筛用 NH_4^+ 交换，然后将 $NaNH_4Y$ 加到 $(NH_4)_2SiF_6$ 溶液中进行反应。其反应式为

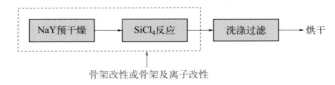

$$\underset{\text{固体}}{\overset{Na^+}{Al}} + \underset{\text{溶液}}{(SiF_6)^{2-}} \longrightarrow \underset{\text{固体}}{Si} + \underset{\text{溶液}}{(AlF_5)^{2-}} + NaF$$

该方法的优点是可以制备 Si/Al 比为 10～30 或更高的超稳分子筛，不存在非骨架 Al 或 Al_2O_3 碎片，结晶度大于 90%，热稳定性高。扩散原因导致脱 Al 不均匀而形成表面缺 Al，故称"骨架富硅"，同时造成 Y 型分子筛晶体骨架缺损，产生较多的二次孔。但是此方法脱铝过程中形成的难溶物 AlF_3 和残留的氟硅酸盐影响分子筛的水热稳定性，还会污染环境。

（4）Y 型分子筛气相法超稳改性

气相法超稳改性是用 $SiCl_4$ 在高温气相条件下对 NaY 进行脱 Al 和脱 Na 的方法。其反应式如下：

$$Na_x(AlO_2)_x(SiO_2)_y + SiCl_4 \longrightarrow Na_{x-1}(AlO_2)_{x-1}(SiO_2)_{y+1} + \underbrace{AlCl_3 + NaCl}_{Na(AlCl_4)} \quad \text{------(1)}$$

$$\overset{Na^+}{Al} + SiCl_4 \longrightarrow Si + NaAlCl_4 \quad \text{------(2)}$$

分子筛气相超稳改性的原理是在一定温度下气相 $SiCl_4$ 中的 Si 原子与分子筛骨架 Al 原子发生同晶取代反应，脱铝补硅与脱钠同时进行，在提高分子筛骨架硅铝比的同时降低分子筛中的钠含量。

气相超稳工艺流程：

NaY预干燥 → $SiCl_4$反应 → 洗涤过滤 → 烘干

骨架改性或骨架及离子改性

气相超稳改性特点：由于在高温气相条件下，$SiCl_4$ 可以很顺畅地进入分子筛的孔道中，和分子筛骨架上的 Al 发生同晶取代反应。因此，气相超稳改性脱铝均匀，补硅及时，脱铝补硅与脱钠同时进行，产品结晶保留度高、稳定性好、孔结构完整、孔道畅通，而且，生产过程中无氨氮污染，还可降低新鲜水用量及排污水量。但是，由于过量的 $SiCl_4$ 严重腐蚀设备、污染环境，工业化生产难度大，制约应用。自 20 世纪 80 年代 Beyer 提出气相超稳方法[20]以来，人们仅对

间歇性的气相超稳工艺进行了较多的基础研究工作，一直未见工业化应用的报道。石科院先后进行了间歇性气相超稳工艺的实验室基础研究及中型试验研究，其优点是可以制备出晶胞常数小、结晶保留度高、热稳定性高的超稳分子筛，对实验室研究来说是非常有利的，但是，由于间歇性的气相超稳工艺需要非常繁杂的间歇性人工操作，诸如人工加料、人工卸料及在反应完成后需要长时间吹扫管线等，这些不但使人工劳动强度大，而且过量的 $SiCl_4$ 还造成严重的环境污染，并且生产效率很低，因此，间歇性的气相超稳工艺很难进行工业化生产。针对间歇性气相超稳工艺存在的缺点，石科院首次成功研发了一种适用于工业化生产的连续化气相超稳工艺，与间歇性气相超稳工艺相比，连续化气相超稳工艺的反应操作可以全部自动化、连续化进行，人工劳动强度小，而且生产效率高，产品性能稳定。分子筛连续化气相超稳工艺适用于工业化生产，利用连续化气相超稳工艺所开发的高稳定性分子筛，具有热及水热稳定性高、酸性中心稳定性高及重油裂化能力强的特点[21]。

（5）水热、酸处理法改性

高温水热法虽然能够使骨架脱铝，但得到的分子筛硅铝比不高。随着 Y 型分子筛骨架硅铝比的增大，其表面酸中心密度减小，酸性中心强度增加，因而有效抑制了催化裂化的氢转移反应，并改善了反应焦炭选择性和提高了裂化产物汽油的辛烷值。因此提高骨架硅铝比是改善催化裂化反应的关键，必须真正意义上从分子筛上脱除铝碎片。除了以上各种高硅铝比改性 Y 型分子筛的制备方法外，还有一些方法为催化剂生产厂家所采用。其中之一是在水热处理的基础上用酸进行再处理，除去部分可溶的 AlO_2^+，以改善分子筛的反应选择性。AKZO 公司报道了其研制的 ADZ 分子筛[22]，据称其特点是表面铝分布均匀，介于水热法的富铝表面和"骨架富硅"法的缺铝表面之间。此外，Engelhard 公司也报道了一种叫 Pyrochem 的方法[23]。

研究[24]认为水热处理的超稳 Y 型分子筛，其非骨架 Al 物种有一部分要迁移到分子筛的外表面，以 $[Al(OH)]^{2+}$、$[Al(OH)_2]^+$、AlO^+、$(Al_2O_2OH)^+$、$(Al_2O)^{4+}$ 等形态存在[25]，这些铝物种用酸和络合剂处理可以除掉。Corma 等[26]用草酸处理，发现只有 35% 的非骨架铝被抽掉，据此他们认为非骨架铝有两种：一种可用弱酸抽掉，另一种不能。可抽掉的铝是有活性的，对重油转化有作用，但生焦较高，汽油产率也较高；两种非骨架铝的比例与分子筛处理方法和条件有关。

工业制备超稳 Y 型分子筛过程中形成的非骨架铝碎片堵塞了分子筛的孔道结构，影响了分子筛的活性及稳定性。宋武等[27]采用无机酸对工业上常用的水热超稳分子筛进行孔道改性，考察了酸种类、酸强度及酸浓度对分子筛性质的影响，结果表明采用一定强度的酸处理提高了超稳分子筛的活性和稳定性，同时酸浓度对分子筛性质影响也较大。

催化裂化催化剂MFI结构分子筛助活性组分材料

一、MFI结构分子筛的结构与组成

ZSM-5 是 MFI 结构分子筛，是美国 Moble Oil 公司在 20 世纪 70 年代合成的一种硅铝酸盐分子筛，也是催化裂化催化剂的助活性组分材料。ZSM-5 的结构模型如图 6-8 所示，SEM 照片如图 6-9 所示。从图 6-8 可以看出，ZSM-5

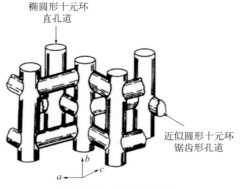

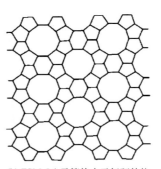

(a) ZSM-5分子筛的交叉孔道结构模型　　　　(b) ZSM-5分子筛的十元氧环结构

图6-8　ZSM-5分子筛的结构模型

图6-9　ZSM-5分子筛的SEM照片

是包含两种孔道互相交叉的三维结构，沿轴向的孔道是椭圆形的，其直径为 0.51mm×0.56nm；沿 a 轴向的孔道是"Z"字形的，近似圆形，其直径为 0.54mm×0.56nm。ZSM-5 的孔由十元氧环所构成，没有空腔，只在两种孔交叉点有 0.9nm 左右的空间。从图 6-9 可以看出，ZSM-5 分子筛的形貌较规整，为两端接近椭圆的六方棱柱形。

二、MFI结构分子筛的改性及其在催化裂化催化剂中的应用

由于具有特殊的 MFI 孔道结构、可调变的酸性质、良好的热和水热稳定性，ZSM-5 分子筛已经成为烃类催化裂解生产低碳烯烃催化剂的主要活性组元，得到了广泛的应用 [28]。为了适应原料的多样性，更好地提高催化裂解产物低碳烯烃的选择性和产率，近年来，研究者专注于开发一系列改性 ZSM-5 分子筛，通过调整酸性质和孔结构、提高稳定性等进一步提高分子筛的低碳烯烃选择性，减少副产物和积炭的生成。

元素改性是常用的改性方法，可以调控 ZSM-5 分子筛的孔结构和酸性质，从而影响其催化性能和产物选择性，还会一定程度上增强分子筛的水热稳定性。目前常用的元素改性方法有 [29-31]：碱金属及碱土金属离子改性、过渡金属离子或氧化物改性、稀土离子或氧化物改性和磷改性。碱金属离子不仅可以增加分子筛表面碱度，减少裂解产物（乙烯、丙烯、丁烯等）的再吸附，而且可以增加脱氢反应，促进低碳烯烃的形成。过渡金属离子可以调整分子筛的酸分布，比如调节 B 酸和 L 酸的比值、酸性位的数量等。稀土离子不仅可以调节分子筛的酸强度和酸中心分布，也可以增加分子筛的表面碱度，提高脱氢反应的同时抑制烯烃产物的再吸附。磷改性可以提高分子筛的水热稳定性，调整分子筛的化学特性。

多级孔分子筛具有比常规分子筛更加优异的扩散性能，在新一代择形高效工业催化剂的研制中发挥着重要作用。与传统分子筛相比，多级孔 ZSM-5 分子筛的孔道更为丰富、比表面积有所增加，因而具有更好的传质扩散性能和更多可接触的活性中心 [32]。

近年来，有关多级孔 ZSM-5 分子筛的研究迅速增加。Park 等 [33] 将合成的多级孔 ZSM-5 分子筛用于减压馏分油（VGO）的催化裂化反应，当剂油比为 1.0 时，VGO 转化率提高了 36 个百分点，汽油产率提高了 7 个百分点，丙烯和丁烯的选择性也有所提高，并且有效抑制了焦炭的生成。Siddiqui 等 [34] 将合成的多级孔 ZSM-5 分子筛用于石脑油催化裂解反应，产物中丙烯和乙烯的产率明显提高。Srivastava 等 [35] 将合成的多级孔 ZSM-5 分子筛用于异丙苯裂化反应，与传统 ZSM-5 分子筛相比催化剂活性提高，寿命延长。Zhao 等 [36] 采用异丙苯探针

分子研究了多级孔 ZSM-5 分子筛的吸附扩散性能，结果表明，多级孔分子筛的异丙苯扩散系数显著提高，异丙苯裂解反应转化率是未处理样品的两倍。Zhou 等[37] 合成了多级孔 ZSM-5 分子筛并考察了其 1,3,5- 三异丙基苯（TIPB）裂化反应性能。由于具有更大的外表面积和更短的扩散通道，多级孔分子筛显示出比传统分子筛更好的催化活性，并且显著提高了抗失活性能。催化剂经 30 次再生后，多级孔分子筛的 TIPB 转化率仍保持约 100%，而传统分子筛由最初的 71.4% 下降至 50% 左右。

三、中空富铝纳米ZSM-5分子筛用于环烷烃高选择性增产低碳烯烃

中空 ZSM-5 分子筛具有纳米级多级孔外壳和相对封闭的内部结构，具有酸性强、扩散性能优异和封装能力突出等优势，是工业催化及吸附分离等领域极富潜力的高价值材料。中空 ZSM-5 分子筛可由具有硅铝梯度分布的母体分子筛通过后处理获得，但该方法仅适用于硅铝比在 20 ～ 50 范围内的母体分子筛，常规方法制备的低硅铝比分子筛（Si/Al ＜15），由于其富铝特性难以直接通过后处理制备中空结构。针对上述难点，石科院韩蕾等[38] 开发了一种新型构建低硅铝比中空 ZSM-5 分子筛的方法，铝分布是构建分子筛有序介孔的关键，ZSM-5 骨架中铝原子主要有三种形态，即孤立铝、铝对、邻近铝，通过理性优化设计方案，增加骨架铝对数目，调整骨架铝分布，合成局部区域富铝的母体分子筛，间接引导—OH 亲核反应方向，使富铝分子筛在简单碱处理条件下形成空心介孔 ZSM-5 分子筛（图 6-10）。

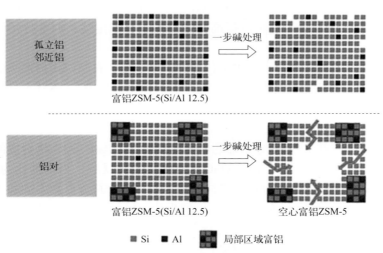

图6-10 低硅铝比中空分子筛的设计策略[38]

该方法结合了 ZSM-5 母体（Si/Al = 12.5）的定向设计和简便高效的后处理过程。采用新型方法合成的 ZSM-5 母体分子筛硅铝比为 12.5，相对结晶度为 85%。经一步简单的后处理，即可获得硅铝比为 9 左右的中空多级孔 ZSM-5 分子筛。结合分子筛晶化动力学与热力学规律对母体分子筛的合成步骤进行了精确设计，并通过紫外漫反射法对所合成母体分子筛的关键元素分布进行了定量表征。中空多级孔 ZSM-5 分子筛壳层以微孔结构为主，同时富含介孔结构，单位质量内总酸量相较于母体分子筛显著增加。以双环烷烃为模型化合物的催化裂解反应中，中空多级孔 ZSM-5 分子筛表现出优异的催化性能（图 6-11）。低硅铝比中空多级孔 ZSM-5 分子筛可提供多方位的扩散路径，扩展限域空间，提高活性中心可接近性，具有催化大分子烃类裂解的潜力，未来可应用在高效重油原料催化裂化或裂解催化剂的开发中。

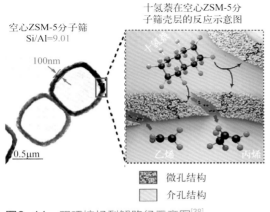

图6-11 双环烷烃裂解路径示意图[38]

第四节
催化裂化催化剂基质材料

一、催化裂化催化剂基质材料的发展

在分子筛作为催化裂化催化剂活性组分之前，活性白土和合成硅酸铝就是裂化催化剂。分子筛作为裂化催化剂组分之后，由于其活性很高，全部用它作催化剂时反应迅速积炭，而且由于分子筛颗粒很细，黏结性较差，难于制成符合粒度要求的微球催化剂。为了将高活性的分子筛制成可用的裂化催化剂，采用了将分子筛分散于其他载体的方法制成催化剂，载体又称基质。

随着实践和认识的进一步加深，客观形势的变化对催化裂化催化剂的性能提出了新的要求，例如高的重油和渣油裂化能力、低的焦炭产率、强的抗金属（如 Ni、V、Fe、Na、Ca）污染能力、良好的汽提性能和高的水热稳定性等，催化裂化催化剂除了分子筛之外，基质也随着进一步发展。在催化裂化催化剂 60 多年的发展历史中，基质经历了多次较大的变革[39]，第一次是以人工合成硅酸铝凝胶代替活性白土，使活性提高了 2 ～ 3 倍，选择性也明显改善；第二次是 70 年代中期以来改变基质路线，采用黏结剂和活性白土来代替合成硅酸铝凝胶，使轻质油产率提高了 3% 以上，磨损指数降低约 3 倍；第三次是近期对层状黏土基质的研究。

二、催化裂化催化剂基质材料的分类、性质及作用

1．催化裂化催化剂基质材料的分类

目前工业上常用的基质有高岭土、累托土、蒙脱石等天然黏土以及铝溶胶、硅溶胶、拟薄水铝石等黏结剂。按照催化剂制备技术区分可以分为人工合成无定形硅铝基质、半合成硅铝基质和新型基质。

（1）人工合成无定形硅铝基质

在分子筛催化剂问世初期，基质基本上采用无定形硅铝，也就是沿用原来生产合成硅铝催化剂的工艺，将 10% ～ 20% 的分子筛加入其中，混合均匀和喷雾干燥，制成微球，即分子筛催化剂。这种硅铝基质有如下一些作用[40,41]：有较大的比表面积和一定范围的孔径分布；有一定黏结性能，提供较好的抗磨损性能；与分子筛匹配可以增加催化剂的活性；有改善催化剂的热及水热稳定性的作用；有容纳从分子筛迁移出的钠离子的作用，进而提高分子筛的稳定性。

随着工业实践和研究工作的深入，发现存在以下问题：在工业催化裂化的反应 - 再生循环过程中，合成无定形硅铝的比表面积大大下降；合成无定形硅铝的活性和选择性与分子筛相比相差甚远；合成无定形硅铝的抗磨损性能较差，而且堆积密度较小。

（2）半合成硅铝基质

针对以上发现和认识，70 年代中期出现了以下变化：用天然白土代替合成无定形硅铝；以纯分子筛裂化代替分子筛和硅铝双重裂化；采用黏结剂将白土和分子筛黏结在一起，提高催化剂的抗磨损性能和增大堆积密度。

（3）新型基质

为了进一步提高对重油的催化裂化能力和轻质油收率，开发了新型基质。催化裂化原料油一般是减压馏分油，其沸程在 330 ~ 540℃，Y 型分子筛的自由孔道直径为 0.74nm，其窗口直径为 0.8 ~ 0.9nm，沸程在 400℃以上的馏分油由于分子尺寸较大难以进入分子筛孔道，只能在分子筛的外表面进行转化，但是分子筛的外表面积仅占其总表面积的 2% 以下，使得其转化程度受限。因此，为了提高 400℃以上馏分油的高效转化，需要基质能够提供合适的活性中心，将大分子切成中分子，然后迅速使其进入分子筛孔道内再裂化。为了避免焦炭生成，基质的酸中心不需要太强，采取了在"惰性"基质上添加活性基质的办法，即在已有的白土体系中添加活性氧化铝，如 γ-Al$_2$O$_3$ 等。

基质还需要具有合适的孔结构，使大分子能够通过基质的孔与分子筛接触。图 6-12 为催化剂孔分布模型[42]。其中有 A、B 和 C 三种大小的孔，还有分子筛的小孔。在三种孔中，A 孔太小，大分子进不去；C 孔太大，虽大分子可自由进出，但比表面积小。因此，最合适的孔大小是 B 孔，它既有足够大的孔，又能够有较大的比表面积。有研究者认为合适的孔直径应是大分子反应物直径的 2 ~ 6 倍[43]。

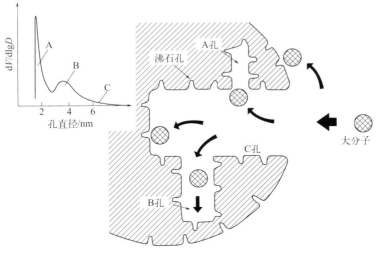

图6-12 催化剂上的几种孔分布模型

2. 催化裂化催化剂基质材料的性质与作用

一般认为，催化剂基质提供催化剂的孔结构、粒度、密度和耐磨性等，对催化剂的输送、流化和汽提性能起主要作用。事实上催化剂基质的作用远非如此，特别在当前原油重质化，市场对催化产品需求多样化，社会对环保的要求严格化的形势下，改进基质和赋予基质新的功能特别重要，它可能成为一个催化剂成败的关键。

（1）基质对重油裂化的作用。在馏分油催化裂化反应中，随着渣油掺炼量的增加，活性基质显得越来越重要，然而活性基质也使非选择性裂化（即干气、焦炭）增加[44]。因此，对于特定的工业装置，其催化剂性能的设计不但要考虑基质的活性，而且要选择适当的分子筛与基质的活性比，以达到最优的效果，既改善大分子裂化性能，又能同时改善或至少不影响催化剂的焦炭和干气选择性。

（2）基质对产品选择性的作用。基质酸性对产品选择性具有重要作用，如果基质酸性太强，裂化活性太高，大分子原料油迅速裂化生成焦炭，堵塞孔结构，使得大分子受阻于孔外，无法进入分子筛孔内反应，见图6-13。然而通过调整基质酸性，可以既提高重油裂化能力又不增加生焦量，例如 van de Gender P 等[45]发现基质 B 酸量 /L 酸量比值大时，重油裂化能力接近，生焦量较低，基质含有较多的 B 酸中心，尤其是较多的弱 B 酸中心对于提高重油裂化能力和改善产品选择性具有重要作用。

如果基质没有酸性，即使有足够大小的孔可以使大分子进入，但是由于再生后催化剂颗粒温度很高，成为热载体，进入基质孔内的大分子在高温下会发生热裂化和缩合反应，导致焦炭和干气产率增加，所生成的焦炭进一步堵塞分子筛的孔结构。因此，对于大分子原料油的裂化，需要精心设计基质的酸性、孔结构和比表面积这些重要参数，同时与分子筛的匹配比例要适当，而且这种比例要根据原料油性质和产品分布要求进行适当调整[46]。

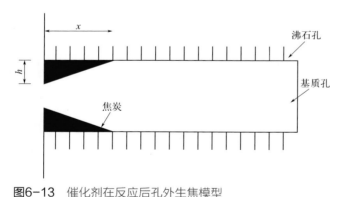

图6-13 催化剂在反应后孔外生焦模型

（3）基质的可汽提性。催化裂化工艺是"反应—汽提—再生"的循环过程，反应物通过催化剂的内外表面进行反应，吸附着油气的催化剂在进入再生器之前，需用蒸汽进行汽提，除去油气，避免油气被带入再生器烧掉。油气被汽提的干净程度与催化剂基质的孔结构关系很大，没有缩口的孔和较大的孔，一般汽提性较好。汽提性好的催化剂，油气被带入再生器与焦炭一起被烧掉的量就少，焦炭产率较低，汽提出的油气和裂化产物一起回收，增加油品产率，提高了经济效益。因此，汽提性也是基质的重要性能之一。

（4）基质的稳定性。催化剂需要经过反应—汽提—再生的长期循环，由于再生器内温度较高（一般 680～730℃），而且有水蒸气存在，在再生烧炭的过程中，催化剂基质颗粒的局部温度有时会更高，因此，较高的水热稳定性是基质必须具备的性能。

基质是催化剂的重要组成部分，其性能对催化剂有较大影响，因而要给予相当的重视，并不断改进，使基质具备以下优异的性能：合理的孔结构、适当的比表面积、较高的水热稳定性、良好的汽提性能、足够的机械强度和流化性能、优异的抗重金属污染能力。

三、催化裂化催化剂黏土矿物基质材料及其应用

黏土矿物是一种具有层状结构的硅酸盐矿物，在自然界分布广，种类多，不同种类之间的差别在于其组成或结构。黏土矿物具有两种基本结构单位：一种是由硅氧四面体构成的四面体层（表示为 T），氧为最紧密堆积，硅在四面体空隙中；另一种是由氧或氢氧基团作为紧密堆积构成的八面体层（表示为 O），八面体空隙的 2/3 被铝离子占据，或被镁离子等占据。黏土矿物可分为三类：① TO 型结构，如高岭土；② TOT 型结构，如蒙脱石；③ TOTO 型结构。

1．高岭土材料及其应用

高岭土是一种天然黏土，主要成分为高岭石（$Al_2O_3 \cdot 2SiO_2 \cdot 2H_2O$），其结构式是：$Al_4[Si_4O_{10}] \cdot (OH)_8$。高岭土主要由 2μm 左右的微小片状高岭石族矿物晶体组成，由一层硅氧四面体和一层铝氧八面体通过共同的氧原子互相连接形成一个晶层单元，硅氧四面体和铝氧八面体组成的单元层中，四面体的边缘是氧原子，八面体的边缘是氢氧基团，为 TO 型结构，单元层之间是通过氢键相互连接的，属于 1:1 型的二八面体层状硅酸盐矿物，结构示意图见图 6-14。高岭土的结构稳定，其阳离子不能被其他离子置换。差热分析结果表明，100℃时释放自由水，400～600℃释放结构水，转变为偏高岭土，其形貌为片状结构。多水高岭土的化学式为 $Al_4(Si_4O_{10})(OH)_8 \cdot 4H_2O$，为 TO 型结构，氧的排布略有不同，具有疏松多孔的结构特点，比高岭土密度小，差热分析结果与高岭土相似，其形貌为棒状结构。

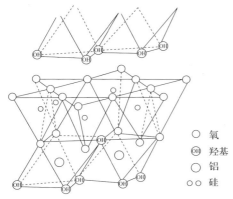

○ 氧
⊕ 羟基
○ 铝
○○ 硅

图6-14 高岭土结构示意图

典型高岭土的形貌有三种，分别为片状结构、球棒状结构、片状和球棒状混合结构，如图 6-15 所示。苏州土、湛江山岕土及湛江塘鸭土是在工业生产中常用的高岭土，其 SEM 照片如图 6-16 所示。不同的高岭土其元素组成不同，表6-1列出了几种常用高岭土的元素组成。

(a) 片状颗粒　　　　　　(b) 球棒状颗粒　　　　　(c) 片状和球棒状混合颗粒

图6-15 三种典型高岭土的SEM照片

(a) 苏州土　　　　　　　(b) 湛江山岕土　　　　　　(c) 湛江塘鸭土

图6-16 工业生产中几种常用高岭土的SEM照片

表6-1　不同高岭土的元素组成

质量分数/%	高岭土编号			
	S-1	ZK-1	ZZ-1	L-2
Al_2O_3	44.40	45.40	43.10	44.80
SiO_2	52.50	47.70	53.90	52.50
Na_2O	0.01	0.04	0.05	0.03
Fe_2O_3	0.96	0.94	1.40	1.50
MgO	0.05	0.12	0.05	0.02
K_2O	0.54	0.29	0.79	0.76
TiO_2	0.41	2.60	0.12	0.11
CaO	0.15	0.48	0.06	0.03
P_2O_5	0.16	1.48	0.14	0.03
SO_3	0.52	0.17	0.05	0.05

　　目前常用的催化裂化催化剂主要是以高岭土为主要基质组分的半合成催化剂。这种半合成催化剂与全合成催化剂相比，具有比表面积小、孔体积大、抗磨性能好、抗碱和抗重金属污染能力强等优点，更适宜加工掺炼重油或渣油的催化裂化原料。

2.改性累托土材料及其应用

　　累托土（rectorite）是自然界广泛存在的一种黏土，是一种硅铝酸盐矿物，由不可膨胀的类云母单元层和可膨胀的类蒙脱石单元层按照公用相邻的2∶1黏土层的方式交替相间、有序排列而形成，其底面间距＞1.70nm。其中2∶1黏土层的硅氧四面体上存在同晶取代现象，层间域内有可交换的阳离子，当使用交联剂对可交换的阳离子进行取代时，可膨胀层被撑开成为大孔结构的交联累托土。累托土结构示意图如图6-17所示。其化学结构式如下：

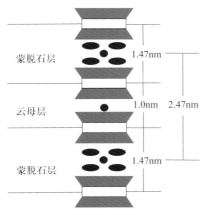

图6-17　累托土结构示意图

云母层：$(Na_{0.79}K_{0.39}Ca_{0.26})_{1.44}Al_4[Si_6Al_2]_8O_{22}$

蒙脱石层：$(Ca_{0.55}Na_{0.02}K_{0.01}Mg_{0.03})_{0.61}(Al_{4.1}Fe^{2+}_{0.09}Mg_{0.07})_{4.26}(Si_{6.46}Al_{1.54})_8O_{22}$

表 6-2 列出了累托土的元素组成，可知累托土的主要组成为 Al_2O_3 和 SiO_2，其次含有较多的 TiO_2 和 CaO。

表6-2　累托土的元素组成

样品	质量分数/%								
	Na_2O	MgO	Al_2O_3	SiO_2	P_2O_5	K_2O	TiO_2	CaO	Fe_2O_3
累托土（初粹）	1.46	0.53	39.1	40.7	0.26	1.57	4.03	5.76	3.1
累托土（精矿）	1.52	0.56	39.3	42.0	0.22	1.66	4.37	5.66	1.95

差热分析结果表明累托土的相变峰高达 1060℃，说明累托土具有较好的热稳定性。图 6-18 为累托土的 SEM 照片，可以明显看出累托土呈片状结构。

图6-18　累托土的SEM照片

累托土结构中的云母层是非膨胀层，而蒙脱石层是膨胀层，其中的补偿阳离子是可交换阳离子，可以被无机和有机阳离子交换，当使用交联剂对可交换的阳离子进行取代时，可膨胀层被撑开成为大孔结构的交联累托土，撑开后的底面间距可达 1.9 ～ 5.2nm。交联后累托土的孔径可调，具有优异的水热稳定性和热稳定性，以及强的重油转化能力，可用于催化裂化催化剂中替代部分分子筛或高岭土。累托土裂化催化剂具有好的催化裂化性能，与传统的以高岭土为基质的催化剂相比，具有更强的重油裂化能力和更高的汽油、柴油收率，并且可以显著改善催化剂的焦炭选择性。

3．中大孔基质材料及其应用

为应对催化裂化原料重质化的趋势、提高重油催化裂化催化剂的反应性能，需要提高催化裂化催化剂对重油大分子的扩散性能。常规基质的孔径为 3.8nm 左右，对重油大分子的扩散具有明显的限制作用。为促进原料大分子的高效转化，开发中大孔基质材料十分必要。氧化铝是一种形态多样的两性化合物，其晶体结构和表面化学性质变化复杂，可以根据不同催化剂对载体孔结构的要求，制备出具有一定孔径分布的大孔氧化铝基质材料。该大孔基质材料应用于催化裂化催化剂中可使催化剂具有丰富的中大孔结构。具体的特征为：除了在 3.8nm 处具有孔径分布外，在大于 5nm 处仍有丰富的孔径分布。

常规 FCC 催化剂所用的拟薄水铝石基本由 $NaAlO_2$-CO_2 法提供，但难以满足大孔催化裂化催化剂所需要的更大孔体积和更大孔径的高性能拟薄水铝石材料的要求。在中大孔拟薄水铝石材料开发方面，国内通过 $NaAlO_2$-$Al_2(SO_4)_3$ 法、$Al_2(SO_4)_3$-$NH_3 \cdot H_2O$ 法等制备了在 5～15nm 范围具有丰富中孔径分布的拟薄水铝石新材料，用于催化裂化催化剂制备过程中，所得催化剂具有丰富的中大孔结构，有效提升了重油大分子的扩散性能。

四、催化裂化催化剂黏结剂基质材料及其应用

1．拟薄水铝石材料及其应用

拟薄水铝石，又称假一水软铝石或假勃姆石，是含水量大于而结晶度小于薄水铝石的氧化铝水合物[47]，化学式为 $AlOOH \cdot nH_2O(0 < n < 1)$。它是合成氢氧化铝过程中易生成的一种晶相，结晶不完整，其典型晶型是很薄的皱折片晶。Reichertzs 等[48] 研究了薄水铝石的晶体结构，比较一致的看法是：它具有 D_{2h}^{17}—Amam 空间群，具有类似纤铁矿的层状结构，层与层之间以氢键连接。Calvet[49] 根据低温下合成薄水铝石时得到的产物具有衍射峰加宽、含过量水及更高的表面积等特点，最早提出拟薄水铝石（pseudoboehmite）的概念。Tettenhorst 等[50] 认为，薄水铝石与拟薄水铝石之间的差别主要是晶粒大小的变化。

胶溶拟薄水铝石是由拟薄水铝石加酸胶溶而成的，1977 年美国专利[51] 报道了可作为黏结剂的胶溶拟薄水铝石。拟薄水铝石的胶溶过程可分为四个步骤[52]：①拟薄水铝石的肢解。酸铝比（即 HCl 与氧化铝的摩尔比）在 0～0.03 之间时，拟薄水铝石表面的羟基吸附酸中的 H^+，形成带正电荷的胶核，颗粒尺寸急剧下降到 3nm 左右，酸铝比越高，形成的颗粒尺寸越小；②扩散双电层的形成。酸铝比在 0.03～0.04 之间时，胶核在外围吸附阴离子构成双电层结构，形成带负电的胶粒，随着阴离子的增加，双电层中致密层和扩散层压缩，降低了肢解颗粒的静电排斥力，粒子由于布朗运动彼此碰撞而聚集，粒径上升至 10nm 左右；③溶胶粒子的稳定化。酸铝比在 0.05～0.06 之间时，以酸中的 H^+ 为 "酸性桥"

将多个拟薄水铝石颗粒以网状形式连接在一起而形成溶胶；④溶胶开始失稳。酸的加入量继续增多，H^+不再被颗粒表面羟基吸附，直接进入溶剂中，使得溶胶体系的H^+浓度显著增大，溶胶体系开始变得不稳定，且易于生成铝盐。

胶溶拟薄水铝石的微观结构经 XRD 证实与拟薄水铝石的微晶结构相同，根据拟薄水铝石的微晶结构示意图[53,54]可以画出胶溶拟薄水铝石的结构示意图，如图 6-19 所示。HO—Al—O 形成链结构［图 6-19（a）］，多个 HO—Al—O 链平行排列形成层状结构［图 6-19（c）］，在这种排列方式中，相邻两链之间逆向平行排列，第二链的氧原子与第一链的铝原子在同一水平上，使铝原子成六配位结构。多链层状结构之间再以氢键结合形成胶溶拟薄水铝石微晶［图 6-19（d）］。

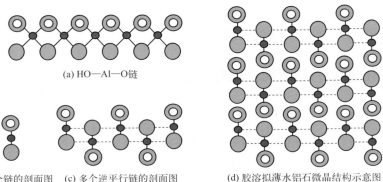

(a) HO—Al—O链

(b) 一个链的剖面图　　(c) 多个逆平行链的剖面图　　(d) 胶溶拟薄水铝石微晶结构示意图

图6-19　胶溶拟薄水铝石的结构示意图
◎ OH ; ○ O ; ● Al

胶溶拟薄水铝石作为黏结剂具有以下特点：①黏结性能优于硅铝凝胶；②具有一定的活性，可与分子筛发挥协同作用，提高催化剂的重油裂化能力；③改善催化剂的中孔结构，增加催化剂的比表面积；④提高催化剂的水热稳定性；⑤具有一定的抗金属污染性能，与 Ni 形成镍铝尖晶石而钝化 Ni，对 V 也有一定的固定作用。然而，胶溶拟薄水铝石作为黏结剂也有不足之处：焦炭选择性比硅溶胶和铝溶胶差，黏结性能比铝溶胶差；制备催化剂时浆液的固含量低，增加制备能耗。

2. 高活性铝溶胶材料及其应用

铝溶胶（alumina sol）又称聚合氯化铝（poly-aluminum choride）或碱式氯化铝（basic aluminum choride），化学式为 $[Al_2(OH)_nCl_{6-n} \cdot xH_2O]_m$（$n$=1～5，$m$>0）。铝溶胶中铝的含量一般为 10%～20%，粒径范围在 1～5nm，黏结性好。研究

发现铝在水中以铝八面体或铝四面体形式存在，铝溶胶由少量六配位的铝盐水解产物、Al_{13}聚合体及聚合度大于 13 的聚合物组成，其中 Al_{13} 聚合体空间结构如图 6-20 所示。Al_{13} 聚合体空间结构又称 Keggin 结构，以 AlO_4^- 四面体为中心，外围结合 12 个铝八面体。

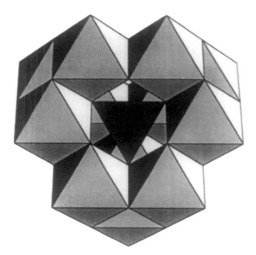

图6-20 Al_{13}聚合体的结构示意图

铝溶胶早在 1969 年 [55] 就被应用到催化剂制备中。由于铝溶胶中含有大量的氯，制备过程中以 HCl 形式释放出来腐蚀设备，而且制备铝溶胶的成本相对较高，因此铝溶胶的应用曾受到限制。铝溶胶不仅可以作为黏结剂，而且还是一种很好的减黏剂，美国专利 [56] 报道了在催化剂浆液中加入铝溶胶可以显著降低催化剂浆液的黏度，提高浆液固含量。随着催化裂化催化剂中分子筛加入量的明显增加，对黏结剂提出更高的要求，由于铝溶胶优异的黏结性能可以显著改善催化剂的抗磨损性能，因此铝溶胶得到了广泛应用。

铝溶胶作为黏结剂具有以下特点：①黏结性能强于硅溶胶和胶溶拟薄水铝石；②具有一定的活性，活性低于胶溶拟薄水铝石，但焦炭选择性好于胶溶拟薄水铝石；③能提高催化剂的水热稳定性；④具有一定的抗金属污染性能。铝溶胶作为催化剂黏结剂的不足之处是：铝溶胶由于胶粒尺寸较小会堵塞催化剂的部分孔结构；所制备催化剂的孔体积和比表面积较小，重油裂化能力有限；制备过程中释放出酸性气体腐蚀设备；价格相对昂贵。

为了克服常规铝溶胶对分子筛和基质的堵孔作用，开发了高活性铝溶胶。高活性铝溶胶是在不改变铝含量的前提下，提高铝溶胶中铝离子和氯离子的聚合度，从而增大胶粒及胶团粒度，减少铝溶胶对分子筛孔道的堵塞。其制备方法仍然为金属单质铝（铝锭或铝粒）和盐酸反应，反应过程中通过调节反应温度、循环量、进料量等因素对铝的聚合度进行调整，最终得到高活性铝溶胶。表6-3为高活性铝溶胶的质量指标。

表6-3　高活性铝溶胶的质量指标

控制项目	指标
铝（Al）质量分数/%	11.5～12.0
铝/氯（质量比）	≥1.50
氧化铁（Fe_2O_3）质量分数/%	≤0.20
pH值	≥3.0

高活性铝溶胶用于催化裂化催化剂制备，在相同磨损指数下，催化剂配方中铝溶胶加入量降低20%以上，催化剂稳定性提高10%以上，明显降低了催化剂制备成本并且提高了催化剂反应性能，给企业带来良好的经济效益。

3. 磷酸铝溶胶材料及其应用

磷酸铝溶胶由于无毒、无味、无公害及具有良好的黏结性能正引起广泛关注。一般来说，铝溶胶和胶溶拟薄水铝石的粒径大小分别为1～5nm及5～10nm，相比之下，磷酸铝溶胶粒径为20～50nm，能有效缓解黏结剂对分子筛孔道的堵塞并增大催化剂的内部传质速率[57]。磷酸铝溶胶可以在分子筛表面形成致密的无定形基质[58]，增加催化剂的机械强度。以磷酸铝溶胶为黏结剂制备的催化剂具有较好的干气和焦炭选择性[59]，并且具有一定的抗重金属污染能力[60]。

磷酸铝溶胶一般由磷酸与氢氧化铝或者氧化铝反应制得，磷酸与铝表面羟基生成无定形羟基磷酸铝，能改善催化剂的耐磨强度。将磷酸与拟薄水铝石浆液混合也可制备磷酸铝溶胶，通过控制合适的磷铝摩尔比可制备高品质磷酸铝溶胶，唐红艳等[61]认为不同磷铝摩尔比的磷酸铝溶胶体系中存在不同的磷酸铝化合物，其中，以$Al(H_2PO_4)_3$的性能最好。

石科院郭硕等[62]采用NMR、FTIR、Raman、TEM、DLS等表征手段对磷酸铝溶胶胶溶过程的结构、形貌及Zeta电位进行分析，探讨其胶溶过程机理，见图6-21。结果表明，在H^+的静电斥力作用下拟薄水铝石颗粒被破碎肢解后胶溶，其胶溶过程呈现三个阶段，即拟薄水铝石的破碎-聚合阶段、反应阶段和稳定阶段，稳定的溶胶体系中胶粒直径为30～50nm，不同直径大小的胶粒相互连

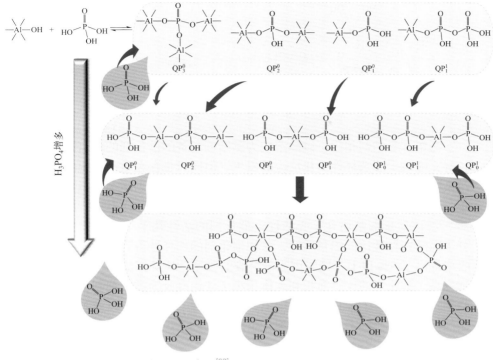

图6-21 磷酸铝溶胶的胶溶机理示意图[62]

接，组成"手拉手"环状体系。与此同时，磷酸与拟薄水铝石之间不断地进行着脱水缩合反应，当 $2.1 \leqslant n(P)/n(Al) < 3$ 时，体系中 QP_0^0、QP_1^0 及 QP_1^1 聚合物含量均增加至 25% ～ 27%，聚合程度加深，且出现部分环状及网状结构，结晶水含量较高，胶溶性能较好。

4. 硅溶胶材料及其应用

硅溶胶为二氧化硅纳米颗粒分散在水中形成的胶体，分为酸性、中性和碱性硅溶胶，化学式为 $\{[SiO_2]_m \cdot nSiO_3^{2-} \cdot 2(n-x)H^+\}^{2x-} \cdot 2xNa^+$（$m$ 和 n 均很大，且 $m \ll n$）。硅溶胶中含硅量一般为 20% ～ 40%，粒径范围 10 ～ 30nm，比表面积 50 ～ 400m²/g。硅溶胶粒子的表面状态如图 6-22 所示[63]。内部由硅氧键（—Si—O—Si—）构成三维网络结构，表面被羟基（—OH）所包覆，同胶体中的碱金属离子一同构成扩散双电层。根据制备工艺的不同，硅溶胶的制备方法主要有：离子交换法、单质硅一步溶解法、直接酸中和法、电解电渗析法、胶溶法。

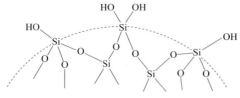

图6-22 硅溶胶粒子的表面状态

与铝基黏结剂相比，以硅溶胶为黏结剂制备的催化剂的稳定性和焦炭选择性较好，能减少非选择性裂化反应的发生，但同时也存在重油裂化能力和抗重金属污染能力有限的不足。硅溶胶黏结剂是针对硅铝凝胶黏结剂的不足开发的。1973年，Davison 公司开发出了以高岭土为分散介质、硅溶胶为黏结剂的分子筛催化剂[64]。该催化剂基质几乎无活性，催化剂的活性几乎全部由分子筛提供，由于分子筛的选择性比硅铝基质好，这样催化剂的选择性得到改善，使产品的轻质油收率提高了 3% 以上。同时因为硅溶胶的黏结性比硅铝凝胶好，催化剂的强度得到提高。催化剂的比表面积和孔体积小于硅铝凝胶为黏结剂制备的催化剂，结构稳定性好，减少了细孔的封闭现象，同时改善了汽提性。以硅溶胶为黏结剂的催化剂仍然存在一些不足，例如裂化重质油大分子烃的能力有限，基质抗金属污染的能力不足。

5. 催化裂化过程中黏结剂与 Y 型分子筛的相互作用

黏结剂作为催化裂化催化剂的重要组分之一，其与分子筛的相互作用会形成单独组分中不存在的位点和缺陷，从而在实际催化剂中产生不同的物化特性，发挥好二者的协同作用，可以产生"1+1＞2"的效果。石科院郭硕等[65]考察了三种常用的黏结剂（铝溶胶、硅溶胶和胶溶拟薄水铝石）对 REUSY 分子筛孔结构、酸性以及硅铝配位形态的影响，发现铝溶胶对分子筛孔道的堵塞和骨架结构的破坏作用最显著，其较强的酸性能够降低水进攻分子筛四配位骨架铝的能垒，使得大量四配位铝从分子筛骨架中脱除，同时五配位和六配位非骨架铝含量增多，分子筛晶胞常数减小，B 酸位点数量减少，微反活性降低。胶溶拟薄水铝石与分子筛的相互作用与铝溶胶类似，但其胶粒尺寸较铝溶胶大，所以其难以进入分子筛微孔结构，主要覆盖在分子筛孔口，且易与分子筛表面硅羟基发生反应形成 B 酸位点。硅溶胶与分子筛的相互作用不同于铝基黏结剂，它对分子筛骨架及孔道的影响程度较小，但对稳定分子筛骨架结构、增加催化剂中孔结构具有显著的作用，少量的硅溶胶可以进入分子筛水热脱铝后形成的硅羟基窝内继续反应形成新的 SiO_4 四面体，使得分子筛骨架硅铝比增大，结构稳定性增强，B 酸中心数量增多，从而具有较高的水热稳定性和微反活性。黏结剂与

Y 型分子筛相互作用机理示意图见图 6-23。

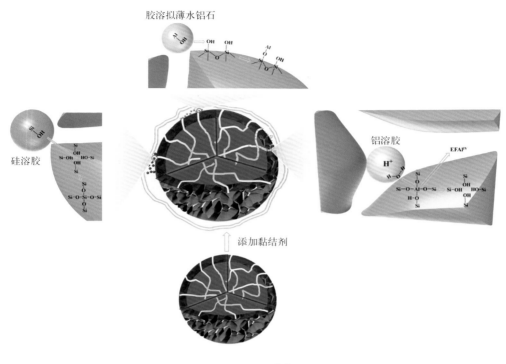

图6-23 黏结剂与Y型分子筛相互作用机理示意图[65]

第五节
催化裂化催化剂的开发及应用

一、催化裂化催化剂的研究进展概述

  石油是当代最重要的能源之一，而催化裂化在石油炼制中具有举足轻重的地位。世界首套固定床催化裂化工业化装置于 1936 年问世，之后出现了移动床催化裂化装置和更为先进的流化床催化裂化装置。催化剂也从早期的小球硅铝无定形催化剂，发展到性能优异的分子筛催化裂化催化剂。

二、催化裂化催化剂的工业生产流程

1. 催化裂化催化剂基本生产工艺流程 [66]

催化裂化催化剂的基本生产工艺流程如图 6-24 所示，除了"原位"晶化催化剂生产流程以外，国内外制造商生产催化裂化催化剂的基本工艺流程相似。通常先制备均匀的催化剂胶体，再经过喷雾干燥成型造粒，然后进行洗涤、交换、改性、干燥及焙烧等后处理步骤制成微球催化剂成品。

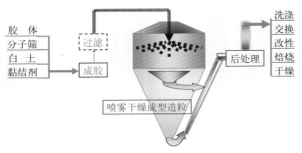

图6-24 催化裂化催化剂基本生产工艺流程

2. 单黏结剂和双铝黏结剂半合成分子筛催化剂

分子筛裂化催化剂的催化活性及选择性主要是由裂化活性大大超过基质的分子筛决定的，为了让催化剂具有更好的选择性，早期的分子筛裂化催化剂着眼于开发低活性甚至是无活性的基质。随着催化裂化掺炼重质油比例的提高，基质的裂化能力对催化剂活性及选择性的贡献越来越受重视。含有不同基质的催化裂化催化剂，需要匹配适应的制备工艺和生产流程；即使基质和分子筛含量相同，不同的生产工艺和流程所制备的裂化催化剂在物化性能方面也存在差异。

半合成催化剂最早广泛采用单罐次序加入的制备技术，该技术又按照黏结剂种类分为单黏结剂制备流程（如图 6-25）及双黏结剂制备流程（如图 6-26），后者是两次加入黏结剂。

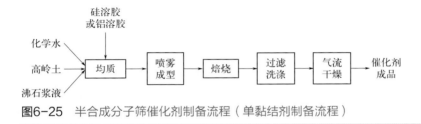

图6-25 半合成分子筛催化剂制备流程（单黏结剂制备流程）

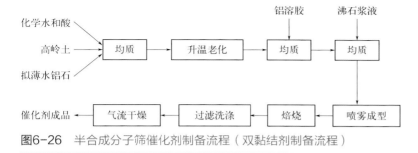

图6-26 半合成分子筛催化剂制备流程（双黏结剂制备流程）

3．高固含量催化剂制备流程

石科院开发的高固含量催化剂制备技术是根据胶体的相互作用原理，通过优化各组元的混合成胶次序，使得催化剂胶体在尽可能少的分散介质下进行酸化、交换、洗涤和干燥成型。应用这种工艺制备的催化剂球形度好，抗磨损性能优异，同时也显著降低了能耗，提高了生产效率。流程见图 6-27。

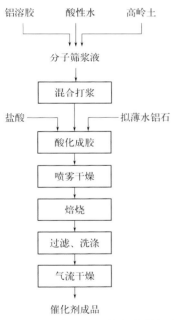

图6-27 高固含量催化剂制备流程

三、催化裂化新催化剂的开发及应用

催化裂化催化剂技术的发展和进步始终面向国家重大需求。经济社会的高速发展不仅需要更多和更清洁的轻质油品，而且随着全球催化裂化原料油的重质化和劣质化程度逐渐加重，需要强化重质原料油的高效转化。同时，随着电动汽车的普及，油品需求量逐渐达峰，增产化工原料成为催化裂化催化剂新时代的挑战。因此，依据所实现功能的不同，催化裂化催化剂技术主要分为三个发展方向：①生产清洁油品的催化裂化催化剂技术；②强化重油转化、增产轻质油品的催化裂化催化剂技术；③增产化工原料的催化裂化催化剂技术。

1. 生产清洁油品的催化裂化催化剂技术

随着国际社会环保意识的逐渐增强，国内各大城市执行的汽油标准也在逐渐向国外清洁汽油的指标靠拢。国内汽油池构成中流化催化裂化（FCC）汽油占70%～80%。1998—2001年间对国内FCC汽油的抽样检测结果表明，FCC汽油中烯烃含量平均值（体积分数）为33.8%［范围（体积分数）15%～60%］，硫含量平均值320μg/g。根据计算，国内催化裂化汽油对汽油池硫含量的贡献率为80%～90%。因此，降低国内汽油的硫含量和烯烃含量，提高汽油辛烷值，首先要改善FCC汽油质量。这一形势有力地推动了降低汽油烯烃含量和硫含量、提高汽油辛烷值的催化裂化催化剂技术的发展。

（1）降低汽油烯烃含量的催化裂化催化剂

1992—2007年石科院开发了GOR系列（GOR-C、GOR-Q、GOR-DQ，GOR-Ⅱ、GOR-Ⅲ）降低催化裂化汽油烯烃含量的催化剂[67,68]，该系列催化剂具有良好的重油裂化能力和焦炭选择性，汽油烯烃含量降低10～15个百分点。GOR系列催化剂适合各种催化裂化原料，广泛应用于中国石化数十家炼油企业。其中，在中国石化位于山东省青岛市炼油厂的工业试验结果列于表6-4。工业试验结果表明，使用GOR催化剂后，催化裂化汽油烯烃含量降低10多个百分点，结合工艺操作，催化裂化汽油烯烃含量能够稳定地控制在体积分数为35%以下，异构烷烃和芳烃含量增加，汽油收率保持在较高水平。

表6-4　GOR系列催化剂的工业试验结果

项目	基础剂	GOR催化剂
新鲜原料量/(t/h)	115	128
掺渣率/%	38.2	38.5
原料油性质		
密度/(g/cm³)	0.9085	0.9223
残炭（质量分数）/%	5.42	5.81
Fe/ Ni/ V/(μg/g)	12.84/13.69/1.1	19.09/11.0/8.6
产率（质量分数）/%		
干气	3.26	3.45
液态烃	13.48	14.86

项目	基础剂	GOR催化剂
汽油	45.89	45.68
轻柴油	22.5	21.42
油浆	5.87	5.43
焦炭	8.5	8.66
损失	0.5	0.5
总液体收率/%	81.87	81.96
质量转化率/%	71.13	72.65
汽油烯烃体积含量/%	45.90	34.60
汽油RON	91.6	90.8

（2）降低汽油硫含量的催化裂化催化剂和助剂

MS011 和 MS012 是石科院为降低催化裂化汽油硫含量专门开发的助剂[69]，其物化性质和催化裂化催化剂相似，具有良好的流化性能和适宜的裂化活性，可与裂化催化剂直接掺混使用，不影响催化裂化装置的正常运行，对裂化产物分布及选择性无不良影响。MS012 助剂先后在中国石化位于湖北省荆门市及河北省石家庄市的炼油厂进行了工业试验，在荆门市炼油厂的工业应用结果表明，当助剂占系统催化剂藏量的 10% 时，稳定汽油的硫含量降低 29%，对催化装置操作和产物分布无不良影响。当 MS012 助剂在石家庄市炼油厂工业应用时，其与重金属含量高的平衡剂（钒含量为 7382μg/g、镍含量为 4091μg/g）一起加入装置，在 MS012 助剂占系统催化剂藏量的 10% 时，稳定汽油的硫含量降低 16% 以上，焦炭产率略有下降，汽油收率增加，对产品分布无不良影响。

DOS 系列（DOS、CDOS、ZDOS、CDOS-P）催化剂是石科院开发的降低汽油硫含量的重油催化裂化催化剂[70]。表 6-5 列出了 DOS 催化剂在中国石化位于江西省九江市炼油厂的工业应用结果。工业结果表明，DOS 催化剂具有重油转化能力提高、汽油烯烃含量降低、汽油硫含量降低的优点。CDOS 和 ZDOS 催化剂也在中国石化及中国石油的多家炼油厂应用，该系列催化剂还成功应用于美国、新加坡、马来西亚以及中国台湾等的市场。

表6-5　DOS催化剂的工业应用结果

项目	基础剂	DOS催化剂
原料油性质		
密度(20℃)/(g/cm³)	0.9456	0.9565
残炭（质量分数）/%	5.91	5.33
Fe/ Ni/ V/(μg/g)	12/13/5	10/16/5
饱和烃/芳香烃（质量分数）/%	39.62/47.00	37.9/42.59
胶质+沥青质（质量分数）/%	13.38	19.51

项目	基础剂	DOS催化剂
C/H/S/N（质量分数）/%	87.51/11.61/0.75/0.13	87.43/11.58/0.66/0.33
进料量/(t/h)	116	110
产率（质量分数）/%		
干气	4.57	4.49
液化气	17.27	17.89
汽油	36.07	36.46
柴油	26.35	26.27
油浆	6.42	5.74
焦炭	8.87	8.67
损失	0.45	0.48
总液体收率/%	79.69	80.62
汽油烯烃体积分数/%	43.4	35.6
汽油硫含量/%	0.087	0.061
汽油硫/进料硫比值	0.1160	0.0924

（3）MIP-CGP 工艺专用催化裂化催化剂

MIP、MIP-CGP 工艺是针对 2000 年 1 月 1 日起实施的国家标准《车用无铅汽油》（GB 17930—1999）开发的一种催化裂化工艺，在常规催化裂化提升管反应器基础上，将传统的提升管反应器分成两个串联的反应区，第一反应区以裂化反应为主，采用较高的反应温度、较大的剂油比和较短的停留时间，实现烃类催化转化；第二反应区采用较低的反应温度和较长的反应时间，强化了氢转移和异构化反应，以达到降低汽油烯烃含量的目的。

CGP 系列催化剂（CGP-1、CGP-2、CGP-S）是石科院为 MIP-CGP 工艺开发的专用催化剂[71]，广泛应用于中国石化及中国石油的 20 余家炼油厂，生产的汽油组分可以满足欧Ⅲ标准并多产丙烯，成为汽油降烯烃的主要技术手段之一。CGP-1 催化剂在中国石化位于江西省九江市的炼油厂进行了工业应用试验，结果列于表 6-6。工业应用结果表明，CGP-1 催化剂具有高的丙烯收率、良好的汽油性质、高的重油转化率和良好的焦炭选择性。

表6-6 CGP-1催化剂的工业应用结果

催化剂	基础剂	CGP-1催化剂
原料油性质		
密度(20℃)/(g/cm³)	0.8951	0.9097
残炭（质量分数）/%	3.86	4.59
饱和烃/芳烃（质量分数）/%	60.61/22.22	57.26/30.02
胶质+沥青（质量分数）/%	17.17	12.72

催化剂	基础剂	CGP-1催化剂
产率（质量分数）/%		
干气	3.72	3.45
液化气	19.11	27.37
汽油	40.66	38.19
轻循环油	21.89	16.30
油浆	5.22	5.12
焦炭	8.90	9.09
损失	0.50	0.48
质量转化率/%	72.89	78.58
丙烯收率/%	6.29	8.96
总液体收率/%	81.66	81.86
汽油RON	91.6	93.5
汽油烯烃体积分数/%	41.1	15.0

随着车用汽油质量的提高和需求量增长，特别是推行国Ⅵ车用汽油标准后，炼油企业要求催化裂化装置生产更高辛烷值汽油，以缓解汽油加氢脱硫后辛烷值损失的问题。并且，随着加工中渣油原料的增加，常规 MIP-CGP 装置多产汽油的催化剂已经不能满足高辛烷值高汽油产率的需求。为此，2014—2017 年石科院开发了加工渣油原料的 MIP 装置多产高辛烷值汽油的 RCGP 系列催化裂化催化剂（包括 RCGP、RMIP、HCGP、HMIP 等）[72]。该技术的核心是采用了一种非稀土改性的高稳定性 Y 型分子筛和一种高活性多孔催化材料，在强化重油裂化能力的同时促进异构化反应，兼顾焦炭选择性的改善。

自 2014 年至今，RCGP 系列催化剂成功应用于中国石化及中国石油的 10 余家炼油厂，已经成为炼油企业生产低烯烃含量、高辛烷值汽油的重要技术。RCGP 系列催化剂在中国石化位于北京市的炼油厂进行了工业应用试验，结果列于表 6-7。工业应用结果表明，与基础剂相比，汽油产率由 46.0% 增加到 48.0%，增加 2.0 个百分点，汽油 RON 和 MON 分别提高 1.3 和 0.4 个单位；轻循环油产率降低 3.41 个百分点，干气产率降低，总液体收率增加 0.83 个百分点。

表6-7　RCGP-1催化剂的工业应用结果

催化剂	基础剂	RCGP-1催化剂
原料油性质		
密度(20℃)/(g/cm³)	0.9041	0.9012
残炭（质量分数）/%	3.27	3.90

催化剂	基础剂	RCGP-1催化剂
饱和烃/芳烃（质量分数）/%	47.19/ 45.01	57.60/25.85
胶质+沥青（质量分数）/%	7.80	16.55
产率（质量分数）/%		
干气	4.17	3.22
液化气	17.93	20.15
汽油	46.00	48.01
轻循环油	18.72	15.31
油浆	4.46	3.86
焦炭	8.63	9.15
总液体收率/%	82.64	83.47
汽油RON	87.8	89.1
汽油MON	80.1	80.5

2．强化重油转化、增产轻质油品的催化裂化催化剂技术

（1）高轻油收率系列催化裂化催化剂

2006—2008 年石科院开发的三大基础技术构成了中国石化新的重油催化剂研制平台：①结构优化分子筛，其具有良好的热和水热稳定性、可接近性高的活性中心、良好的汽油选择性；②层柱累托土基质材料，其具有丰富的大孔结构，有助于重油的深度转化；③控制催化剂微化学环境的制备技术，实现了各种催化材料的灵活匹配及分布，优化了催化剂中分子筛和基质的催化裂化能力比例，从而改善了产品分布及产品质量。基于新的重油催化剂研制平台，开发了满足不同炼油厂需求的具有高轻油收率的系列催化裂化催化剂：MLC-500、GOR、COKC、ABC/CABC、ARC/CARC、HSC、HGY、VSG 及 SGC 等。该系列催化剂不仅在国内炼油厂广泛应用，而且部分催化剂已出口到美国、日本及泰国等海外市场。

为了满足市场多产柴油的需要，石科院开发了多产柴油兼重油裂化的 MLC-500 和 CC-20D 催化剂以及多产柴油和液化气兼重油裂化的 RGD 等系列催化剂[73,74]，先后在中国石化及中国石油的数十家炼油厂的催化裂化装置上进行工业应用。表 6-8 列出了 MLC-500 催化剂在中国石化位于河北省沧州市的炼油厂的工业应用结果，结果表明，在原料油性质相近和重金属污染水平相当的情况下，使用 MLC-500 催化剂后，产品分布明显改善，轻质油收率增加了 3.25 个百分点，柴油产率增加了 8.62 个百分点，柴汽比提高了 0.44，总液体收率增加了 4.63 个百分点，油浆产率减少了 3.83 个百分点，重油转化能力得到加强。

表6-8　MLC-500催化剂的工业试验结果

项目	基础剂	MLC-500催化剂
占装置藏量/%	约80	约75
处理量/(t/d)	1093.8	1076.5
掺渣比/%	100	100
原料油性质		
密度(20℃)/(g/cm³)	0.8994	0.9005
残炭（质量分数）/%	6.3	6.9
产率（质量分数）/%		
干气	6.02	5.01
液化气	10.31	11.69
汽油	35.15	29.78
柴油	29.09	37.71
油浆	6.90	3.07
焦炭	11.63	11.87
损失	0.90	0.87
轻质油收率/%	64.24	67.49
总液体收率/%	74.55	79.18
柴汽比	0.83	1.27
质量转化率/%	64.01	59.22

　　RICC 系列（RICC-1、RICC-2、RICC-3、RICC-5）催化剂 [75] 是石科院开发的重油裂化能力强、水热稳定性好、抗金属污染能力强的催化裂化催化剂，已在国内 10 余套催化裂化装置上应用。其中 RICC-1 催化剂首次在中国石化位于山东省东营市的炼油厂进行了工业试验，工业试验结果列于表 6-9。工业应用结果表明，在相似的原料油性质和更高的重金属污染的情况下，与基础剂相比，RICC-1 催化剂的轻质油收率增加了 2.6 个百分点，汽油产率增加了 3.52 个百分点，总液体收率增加了 3.46 个百分点，回炼油的产率降低了 3.77 个百分点，重油裂化能力提高，焦炭选择性改善，汽油烯烃含量降低。

表6-9　RICC-1催化剂的工业应用结果

项目	基础剂	RICC-1催化剂
生产能力/(t/d)	2798	2904
掺渣比/%	45.41	55.6
产率（质量分数）/%		
干气	3.36	3.51
液化气	12.19	13.05
汽油	32.88	36.40
柴油	29.95	29.03
回炼油	10.79	7.02

项目	基础剂	RICC-1催化剂
油浆	2.79	3.24
焦炭	7.69	7.33
损失	0.35	0.42
质量转化率/%	56.22	60.30
轻质油收率/%	62.83	65.43
总液体收率/%	75.02	78.48
汽油烯烃含量/%	44.2	41.6

（2）加工高含酸原油的专用重油催化剂

石科院开发的 ARC、CARC 系列重油催化剂是为高含酸原油直接催化裂化脱酸成套工艺设计的专用催化剂，具有活性稳定性高、重油转化能力强、焦炭选择性好和抗重金属污染能力优异的特点，适用于掺炼渣油的各类重油裂化装置，特别适用于加工高金属含量原料的重油裂化装置[76]。该系列催化剂先后在中国石化位于江苏省淮安市及上海市的炼油厂进行了工业应用，结果列于表6-10。工业应用结果表明，当平衡剂金属镍含量高达 25000μg/g、金属总含量超过 40000μg/g 时，CARC-1 催化剂仍表现出良好的催化活性、稳定性和高价值产品选择性。

表6-10　CARC-1催化剂的工业应用结果

催化剂	基础剂	CARC-1催化剂
处理量/(t/h)	90.9	92.9
原料油性质		
密度(20℃)/(g/cm³)	0.8994	0.8968
残炭（质量分数）/%	5.16	5.33
酸值/(mgKOH/g)	2.87	2.24
盐/(mgNaCl/L)	3.06	4.93
硫质量分数/%	0.30	0.27
Fe/ Ni/ V/ Na/ Ca（质量分数）/ %	1.9/27.8/2.8/1.0/1.0	3.1/43.0/3.4/1.9/1.8
产率（质量分数）/%		
干气	3.03	2.38
液化气	12.80	10.95
汽油	47.45	46.95
柴油	23.62	27.30
油浆	3.51	2.69
焦炭	9.08	9.25
损失	0.51	0.48
质量转化率/%	72.87	70.01
轻油收率/%	71.07	74.25
总液体收率/%	83.87	85.20
汽油硫（质量分数）/%	0.0328	0.0242

（3）多产汽油系列重油裂化催化剂

石科院开发了 HSC 多产汽油系列重油裂化催化剂[77]，该催化剂采用了高稳定性 HSY 分子筛、大孔基质材料及抗金属组分，具有更高的水热稳定性和重油裂化能力、优异的汽油选择性以及良好的抗金属污染能力。HSC-1 催化剂于 2009 年 7 月在中国石化位于山东省济南市的炼油厂进行了工业应用试验，结果列于表 6-11。工业应用结果表明：与基础剂相比，HSC-1 催化剂的总液体收率增加了 0.74 个百分点，油浆产率降低了 1.02 个百分点，汽油产率增加了 3.66 个百分点，液化气产率增加了 1.1 个百分点。

表6-11　HSC-1催化剂的工业应用结果

项目	基础剂	HSC-1催化剂
进料量/(t/h)	165	158
回炼油量/(t/h)	12	15
原料油性质		
密度(20℃)/(g/cm³)	0.9286	0.9287
残炭（质量分数）/%	4.95	4.27
产率（质量分数）/%		
干气	3.20	3.26
液化气	12.72	13.82
汽油	41.49	45.15
柴油	29.43	25.41
油浆	4.80	3.78
焦炭	8.25	8.32
损失	0.11	0.26
质量转化率/%	65.66	70.55
总液体收率/%	83.64	84.38

SGC-1 催化剂[78]是石科院最新研制的增产汽油催化裂化催化剂，该技术的主要特征包括：采用多种具有不同稀土含量的分子筛，使催化剂具有适度的阶梯分布裂化活性；应用新型结构稳定分子筛，调整稀土含量和超稳化程度，提高分子筛开环裂化能力；对天然矿物质进行改性，强化对原料重油大分子预裂化的同时发挥其抗重金属污染的能力。SGC-1 催化剂在中国石化位于北京市的炼油厂进行了工业应用试验，结果列于表 6-12。工业应用结果表明：在操作工况和装置加工量相近、掺渣率增加、混合原料性质在一定程度上变差的条件下，与基础剂相比，使用 SGC-1 催化剂后，汽油产率增加 4.09 个百分点，轻质油收率增加 1.33 个百分点，干气产率降低 0.31 个百分点。

表6-12　SGC-1催化剂的工业应用结果

项目	基础剂	SGC-1催化剂
产率（质量分数）/%		
干气	4.48	4.17
液化气	17.29	15.82
汽油	43.01	47.10
柴油	21.43	18.67
油浆	4.71	5.27
焦炭	8.97	8.82
质量转化率/%	73.86	76.06
轻质油收率/%	64.44	65.77
总液体收率/%	81.73	81.59

（4）抗金属污染催化剂

根据对催化剂对镍、钒、铁等金属中毒机理的探索研究，石科院开发了抗金属污染重油裂化催化剂 CMT，该催化剂含有石科院开发的高活性稳定性分子筛，还加有非稀土型金属捕集组元，兼顾重油转化的同时增强捕钒、钝镍、固铁效果，大大提升了催化剂的综合抗金属污染能力[79,80]。CMT 催化剂的工业应用结果列于表 6-13。工业应用结果表明：在使用 CMT 催化剂后汽油收率及总液体收率分别提高了 1.35 个百分点和 0.39 个百分点，柴油和油浆产率分别降低了 1.07 个百分点和 0.26 个百分点，干气产率及氢气 / 甲烷体积比分别降低了 0.2 个百分点及 0.11，产品分布改善较为明显，高附加值产品收率增加。

表6-13　CMT 催化剂的工业应用结果

项目	基础剂	CMT催化剂
原料金属含量/(μg/g)		
Ni	8.93	10.79
V	5.63	5.14
Fe	9.42	22.19
产率（质量分数）/ %		
干气	3.17	2.97
液化气	21.46	21.57
丙烯	7.11	6.84
汽油	43.28	44.63
柴油	18.83	17.76
油浆	4.90	4.64
焦炭	8.36	8.43
轻油收率（质量分数）/%	64.74	66.20
总液体收率（质量分数）/ %	83.57	83.96
H_2/CH_4体积比	1.21	1.10

随着原油重质化程度的增加以及馏分油沸程的升高，催化裂化原料中多环环烷烃和环烷芳烃所占的比例明显增加。但是，常规催化裂化催化剂对原料中环烷烃和环烷芳烃的开环能力相对较弱，而对氢转移反应活性相对较强，导致催化裂化装置的汽油产率较低、汽油辛烷值较低而焦炭产率偏高。基于对环烷烃和环烷芳烃开环反应机理的研究，石科院通过改性 Y 型分子筛与改性基质的协同匹配，开发出具有适宜酸性梯度分布和孔结构的催化剂 ROC-1[81]。ROC-1 催化剂的工业应用结果列于表 6-14。工业应用结果表明：在保持操作条件和生产方案基本不变的情况下，与基础剂相比，使用 ROC-1 催化剂后，汽油产率增加 0.44 个百分点，重循环油、油浆和焦炭的产率均不同程度降低，总液体收率增加 1.27 个百分点。

表6-14　ROC-1催化剂的工业应用结果

项目	基础剂	ROC-1催化剂
产率（质量分数）/%		
干气	2.73	2.75
液化气	15.89	16.13
汽油	44.87	45.31
柴油	20.21	20.80
重循环油	5.42	5.05
油浆	3.70	3.49
焦炭	7.48	6.80
损失	−0.30	−0.33
总液体收率/%	80.97	82.24
质量转化率/%	70.67	70.65
汽油选择性/%	0.635	0.641
焦炭选择性/%	0.106	0.096

（5）塔底油转化助剂

塔底油转化助剂是渣油催化裂化工艺普遍采用的助剂，以灵活地应对原料油性质的变化。石科院开发了一种提高 FCC 过程液体产品收率的助剂 SLE[82]。基于 FCC 过程烃类反应化学，高液体收率助剂 SLE 的设计思路为：具有丰富的大中孔和弱酸性材料初步裂化渣油大分子；强化碳正离子反应的催化材料促进环烷基芳烃开环，降低催化裂化焦炭产率，改善产品选择性；针对重金属有机物，添加捕集阱，减少污染焦产量。工业应用结果如表 6-15 所示，添加 SLE 助剂后液化气和汽油产率增加，而干气、柴油、油浆和焦炭产率则出现不同程度的下降，表明 SLE 助剂不仅能够促进重油转化，还能够选择性地提高汽柴比，大大提高了装置的经济效益。

表6-15　SLE助剂的工业应用结果

项目	基础剂	SLE助剂
产率（质量分数）/%		
酸性气	0.59	0.50
干气	2.27	1.54
液化气	13.81	15.63
汽油	43.22	48.78
柴油	23.76	19.16
油浆	7.18	5.87
焦炭	8.95	8.16
损失	0.22	0.36
轻质油收率/%	66.98	67.94
总液体收率/%	80.79	83.58
n(异丁烷)/ n(异丁烯)	2.35	2.26

3. 增产化工原料的催化裂化催化剂技术

（1）LTAG技术专用催化裂化催化剂

催化裂化柴油（简称LCO）产量占柴油总产量的30%左右，由于其十六烷值低，硫、氮和胶质的质量分数高，油品颜色深、安定性差，因此无法直接作为柴油使用，需经过深度加氢精制或加氢改质后，与直馏柴油等调和才能满足产品质量要求。为了进一步改善LCO性质，石科院开发了LTAG技术（LCO to aromatics and gasoline），即将劣质LCO转化为高辛烷值汽油或轻质芳烃（BTX）的技术，主要是将LCO馏分中的芳烃进行选择性加氢饱和，使双环芳烃加氢饱和为四氢萘型单环芳烃，再进行选择性催化裂化，实现最大化生产高辛烷值汽油或轻质芳烃。SLG-1催化剂[83]是石科院研制开发的LTAG工艺专用催化裂化催化剂，既能匹配LTAG工艺高效地转化加氢LCO，又能提高对新鲜催化裂化原料油的重油裂化能力，提高汽油收率。该技术基于加氢LCO的催化转化化学，采用更高水热稳定性和更小晶胞尺寸的超稳Y型分子筛，降低加氢LCO中四氢萘型单环芳烃和十氢萘型环烷烃的氢转移活性，促进环烷环的开环裂化；匹配具有丰富大孔结构和酸中心密度大的硅铝基质，进一步增强催化剂的容炭能力以及对重油大分子的预裂化能力。SLG-1催化剂的工业应用结果如表6-16所示，与基础剂相比，使用SLG-1催化剂后干气产率降低0.09个百分点，液化气产率降低1.58个百分点，汽油产率提高4.00个百分点，柴油产率减少0.25个百分点，油浆产率降低 1.30 个百分点，总液体收率增加 2.17 个百分点。

表6-16　SLG-1催化剂的工业应用结果

项目	基础剂	SLG-1催化剂
产率（质量分数）/%		
干气	2.84	2.75
液化气	16.42	14.84
汽油	46.79	50.79
柴油	19.23	18.98
油浆	6.11	4.81
焦炭+损失	8.61	7.83
总液体收率/%	82.44	84.61

（2）选择性增产碳四烯烃的催化裂化催化剂

催化裂化装置增产碳四烯烃可以缓解下游烷基化装置原料短缺问题。一般通过增加液化气产率可以增加碳四烯烃产率，但是液化气中碳四烯烃浓度变化不大，这对于一些气分装置能力受限的炼油厂来说，操作上存在很大局限性。美国 Engelhard 公司于 1993 年首次在美国专利 USP5243121 中公开了增产异丁烯和异戊烯的裂化催化剂，通过水热处理降低催化剂中 Y 型分子筛的晶胞尺寸，提高裂化产品中烯烃的选择性。Grace 公司开发了一种增产异丁烯的催化剂 RFG™，其含有一种非 Y 型分子筛。BASF 公司开发了一种 Evolve 助剂，其可以有效地产生高烯烃度的液化气。

石科院于 2020 年左右开发了一种选择性增产碳四烯烃的催化裂化催化剂 HBC（high butylene selectivity catalyst），能显著提高液化气中碳四烯烃浓度，兼顾较强的重油裂化能力和较高的汽油收率[84]。该技术基于催化裂化过程碳四烯烃生成和转化的反应化学，提出增强碳正离子异构化和抑制氢转移反应是选择性生产碳四烯烃的优化路径；通过探讨催化材料对重油裂化能力和碳四烯烃选择性的影响机制，构建了催化材料目标导向平台，即采用高活性大孔基质强化渣油大分子的"可接近性"和预裂化能力，开发的金属改性 Y 型分子筛通过高裂化能力和低氢转移活性提供更多的碳四烯烃前驱物，开发的高稳定性 β 型分子筛通过强异构化能力促进碳四烯烃前驱物向碳四烯烃转化。HBC 催化剂首次在中国石化位于河北省石家庄市的炼油厂进行了工业应用试验，结果列于表 6-17。工业应用结果表明，在原料油性质相当情况下，液化气中碳四烯烃浓度增幅 12.4%，重油裂化能力显著提高，汽油产率增加，焦炭选择性改善。

表6-17　HBC催化剂的工业应用结果

项目	基础剂	HBC催化剂
产率（质量分数）/%		
干气	3.20	2.91
液化气	21.96	23.26
丙烷	2.93	2.71
丙烯	6.97	6.72
异丁烷	6.32	7.02
正丁烷	1.44	1.69
碳四烯烃	4.30	5.12
汽油	43.16	43.95
柴油	16.23	16.56
油浆	6.40	4.30
焦炭	8.83	8.96
质量转化率/%	77.37	79.14
总液体收率/%	81.35	83.76
焦炭选择性/%	11.41	11.33
液化气中碳四烯烃体积分数/%	19.58	22.01

（3）多产 BTX 轻质芳烃催化剂

LTA（LCO to light aromatics）技术是石科院开发的 LCO 选择性加氢 - 催化裂化生产轻质芳烃技术 [85]。该项技术针对 LCO 富含芳烃的特点，通过加氢将 LCO 中多环芳烃选择性饱和为单环芳烃，提高其可裂化性，再通过催化裂化使其高选择性开环裂化为轻质芳烃，并进一步对催化裂化生成的富含芳烃汽油馏分进行加氢精制和高效芳烃抽提，最终实现最大量生成轻质芳烃的目标要求。LTA 技术可以实现大幅度增产高附加值轻质芳烃或将其作为高辛烷值汽油调和组分，同时大幅度降低柴汽比，顺应了我国汽柴油质量升级及市场发展需求，为炼油企业转化劣质 LCO 提供了一条经济、高效的技术路线，具有良好的经济效益和社会效益。

针对加氢 LCO 馏分轻、烷基侧链较短、裂化难以及四氢萘型化合物容易发生氢转移反应等特性，开发了与深度超稳小晶胞分子筛、大孔活性氧化铝基质及高活性铝溶胶相匹配的催化剂制备新工艺。主要包括：①开发了具有高结晶度、高硅铝比的深度超稳小晶胞分子筛，并对其表面进行适当的磷及硼改性，调节分子筛的表面酸性结构，提高催化剂的裂化活性和降低氢转移活性；②研制了与新型活性组元协同匹配的大孔活性氧化铝基质，通过增加酸强度和降低酸密度，提高基质活性和选择性；③开发了高活性铝溶胶催化剂成胶新工艺，进一步提高了催化剂的活性和稳定性。SLA-1 催化剂的工业应用结果表明，该催化剂多产

BTX 芳烃性能效果良好，产物稳定汽油中 BTX 轻质芳烃含量达到 37.06%，其研究法辛烷值高达 98.4。

（4）增产低碳烯烃助剂

石科院开发的 FLOS 是一种选择性提高催化裂化丙烯和异丁烯收率的助剂[86]，可根据炼油厂实际情况为其量身定制配方，为多产低碳烯烃提供了一种灵活的解决方案；FLOS-1 主要用于提高丙烯收率，而 FLOS-2 主要用于提高异丁烯收率，FLOS-3 可同时提高丙烯和异丁烯收率。FLOS-3 催化剂的工业试验结果表明，液化气收率增加了 2.68 个百分点，其中丙烯收率增加了 1.01 个百分点、异丁烯收率增加了 0.54 个百分点，同时汽油烯烃含量减少，柴油收率下降。

石科院开发的 MP 系列（MP031、MP051、P-MAX）丙烯助剂适用于各种催化裂化装置[87]。MP051 可以选择性增加液化气、丙烯收率，是新一代提高催化裂化丙烯收率的助剂。工业试验数据表明，在添加 4% MP051 助剂情况下，与添加 10% 辛烷值助剂相比，液化气收率增加 1.42 ～ 1.50 个百分点，丙烯收率增加 0.8 个百分点以上；与不添加助剂相比，丙烯收率增加 1.35 个百分点以上。MP051 在中国石化的多家炼油厂及地方炼油厂得到应用。

第六节
催化裂解催化剂的开发及应用

一、催化裂解催化剂的研究进展

催化裂解技术是在专用催化剂的作用下，石油烃类在高温下进行裂解生产乙烯、丙烯、丁烯等低碳烯烃，并同时兼产苯、甲苯、二甲苯等轻质芳烃过程。

近年来，随着催化裂解原料油中重质和劣质原料油比例增加，强化重劣质原料中环烷烃的高效裂解是进一步提高低碳烯烃产率并降低生焦的关键。首先，由于环烷烃临界分子动力学直径远大于催化剂主要活性组分（ZSM-5 分子筛）的微孔孔口直径，无法直接接触其位于微孔孔道内的绝大多数酸性位点，从而难以得到较高的低碳烯烃收率，而多级孔择形分子筛提高了分子筛的介孔比例，使原料烃分子可接近性增强，提高了转化率，同时有利于反应产物丙烯快速扩散，避免其二次转化。其次，深度催化裂解工艺（DCC）具有反应温度高、注汽量大的特点，也要求催化剂具有很好的水热稳定性，因此提高催化剂的活性稳定性也是催化裂解催化剂的关键技术之一。再次，优越的基质也有助于提高催化剂的原料预裂化能力、焦炭选择性和机械强度等，其中新型双铝基质既能发挥黏结性能，又具有一定的预裂化烃分子的能力。

原料的变化和目标产品的调整是催化裂解催化剂不断优化的外在动力。二者不同的组合也构建了不同系列催化剂，如以加工蜡油为主最大化生成丙烯的 DMMC 系列催化剂、以加工渣油为主最大化生成丙烯的 RMMC 系列催化剂、兼顾重油转化和多产丙烯的 OMT 系列催化剂、以最大化生产乙烯和丙烯的 Epylene 系列催化剂等。下面以 DMMC 系列最新产品 DMMC-3 催化剂的工业应用为例，介绍典型催化裂解催化剂的特点和效果。

二、催化裂解新催化剂的开发及应用

中海油宁波大榭石化有限公司（以下简称大榭石化）2.2Mt/a 催化裂解装置采用石科院研发的 DCC-plus 专利技术，以常压渣油和加氢裂化尾油为原料，以乙烯、丙烯等低碳烯烃为主要目标产品，副产富含芳烃的裂解石脑油。该装置自 2016 年 6 月首次开工以来运行平稳，随着系统中专用催化剂 DMMC-2 比例的增加，乙烯和丙烯的质量收率稳步提高，标志着以重油为原料生产低碳烯烃的工艺路线再次取得新进展。该装置于 2018 年 11 月按计划进行了停工大检修，并于 2019 年 1 月一次开车成功，本次开工后乙烯和丙烯产率均保持在较高水平。为了进一步深入了解该装置的运行情况，为以后改进 DCC-plus 工艺技术提供支撑，于 2019 年 4 月对其进行了工业标定，并以此作为新催化剂使用前的空白标定数据。2021 年 5 月进行了第二次停工检修，开工后装置运行平稳，适宜开展催化剂的优化工作。为了更好适应大榭石化的原料油和产品需求，对其催化剂进行了升级换代，2021 年 6 月中旬该装置使用最新一代 DCC 专用催化剂 DMMC-3，并于 2021 年 8 月底进行了催化剂的标定。DMMC-3 催化剂采用了最新研发的多级孔择形分子筛、超稳化 Y 型分子筛和高活性低生焦基质技术，以实现高丙烯、低生焦的设计目的。

1. 标定期间催化裂解混合原料的性质

催化剂空白标定期间使用的原料油为常压渣油、加氢裂化尾油和加氢柴油（质量比为 49∶49∶2）的混合原料，新催化剂 DMMC-3 阶段标定期间使用的原料油为常压渣油和加氢裂化尾油的混合原料（质量比为 50∶50），原料油的性质比较见表 6-18。由表 6-18 可见，原料油的密度和黏度性质基本相当，但是阶段标定时残炭的质量分数较空白标定偏高 0.64 个百分点，氢质量分数偏低 0.05 个百分点，金属镍质量分数偏低 1.33μg/g。从馏程上看，阶段标定时原料的馏程偏重，不同切割点温度均偏高。总之，阶段标定时原料中残炭的质量分数较高，生焦倾向增加；氢含量略低，多产丙烯的能力下降，不利于提高丙烯产率及降低生焦。

表6-18　标定期间催化裂解原料油的性质

项目	空白标定（基础剂）	阶段标定（DMMC-3催化剂）
密度(20℃)/(kg/m³)	890.0	890.4
运动黏度(100℃)/(mm²/s)	8.36	8.58
残炭的质量分数/%	3.34	3.98
碳的质量分数/%	86.56	86.66
氢的质量分数/%	13.13	13.08
硫的质量分数/(μg/g)	1197	1010
氮的质量分数/(μg/g)	1307	1400
金属含量/(μg/g)		
Fe	1.23	2.17
Ni	6.13	4.80
V	0.31	0.31
Na	0.29	0.32
Ca	0.62	0.86
馏程/℃		
2%	226	284
10%	295	358
50%	439	452
550℃馏出体积分数/%	86	84

2. 标定期间平衡剂的性质

为了保证反应 - 再生系统内的催化剂平稳地流化和保持一定的催化活性，需要不断地补充新鲜剂以及卸出再生剂，使系统内的催化剂达到一种稳定的状态，卸出的再生剂即为该装置的平衡剂。两次标定的平衡剂性质如表 6-19 所示。与空白标定相比，阶段标定时平衡剂中细粉含量偏高，可能原因是装置经过检修，再生器旋风分离器分离效果好，正常运转产生的细粉大部分被回收，从而细粉比例增加。两者的活性均在一个正常范围，催化裂解平衡剂的活性不宜过高，否则会导致氢转移反应增多，影响烯烃选择性；而活性过低，会导致汽油中烯烃的收率过低，进而影响低碳烯烃的收率。平衡剂上的不同重金属对平衡剂的影响不同：镍元素主要作为脱氢活性中心，含量过高导致干气中氢气含量增加，影响产物总的氢平衡[88]；而原料中外来铁元素除了具有与镍类似的脱氢活性外，还会影响催化剂的堆密度并影响流化效果；钒元素与分子筛骨架上的铝原子反应形成低熔点共融物能破坏分子筛的骨架结构，降低平衡剂的比表面积和活性[89]；此外，钠元素还会加剧钒元素的破坏作用。阶段标定的平衡剂中镍和钒的含量均略低，其影响较弱，铁的含量偏高 0.08 个百分点。总体而言，二者的催化剂上重金属含量相当：该装置平衡剂中镍含量相对较高，质量分数均在 0.5% 左右，具有较强的脱氢活性；其他金属含量较低，影响较小。平衡剂的比表面积和孔体积在合理范围且基本相当，表明两种催化剂均具有较好的水热稳定性和抗金属污染能力。

表6-19　标定期间平衡剂的性质

项目	空白标定（基础剂）	阶段标定（DMMC-3催化剂）
筛分组成（质量分数）/%		
0～20μm	0	1.15
20～40μm	10.0	16.25
40～80μm	52.8	50.6
＞110μm	13.9	
活性（520℃）/%	60.9	59.0
元素质量分数/%		
Ni	0.56	0.48
Fe	0.45	0.53
V_2O_5	0.21	0.09
BET比表面积/(m²/g)	106	113
孔体积/(cm³/g)	0.108	0.112

3．标定期间主要操作条件

标定期间，该装置的主要操作条件如表 6-20 所示。由表 6-20 可见，催化裂解装置反应温度明显高于常规催化裂化装置。采用较高回炼比，提高低碳烯烃前身物的二次转化，也是该装置的主要工艺特点。较高的第二反应器（二反）温度也是为了保证前身物充分的二次转化[90]。与空白标定相比，阶段标定的第一反应器（一反）温度降低、二反温度与之相当，而 C_4 和轻汽油回炼量略有增加，新鲜进料量减少 3.6%。总体而言，两次标定的主要操作条件基本相当。

表6-20　标定期间主要操作条件

项目	空白标定（基础剂）	阶段标定（DMMC-3催化剂）
一反出口温度/℃	558.4	553.5
新鲜进料量/(t/h)	243.4	234.7
二反出口温度/℃	620	620
C_4回炼量/(t/h)	25	26
轻汽油回炼量/(t/h)	9	11
床层温度/℃	561	562
再生器密相底部温度/℃	702	702

4. 标定期间主要产物分布

标定期间的主要产物分布如表 6-21 所示。由表 6-21 可见，该装置两次标定时乙烯和丙烯收率均大于设计收率（乙烯设计收率 4.5%，丙烯设计收率 19.5%），以阶段标定为例，乙烯收率超过设计值 0.67 个百分点，丙烯收率超过设计值 2.11 个百分点。按照 2.20Mt/a 的加工量计算，每年增产乙烯约 14.74kt，增产丙烯约 46.42kt，具有良好的经济效益。与空白标定相比，阶段标定时乙烯收率降低 0.16 个百分点，丙烯收率增加 0.56 个百分点；低价值的裂解轻油收率降低 0.8 个百分点，油浆收率降低 0.31 个百分点；焦炭收率下降 0.1 个百分点，实现了提高"双烯"、降低生焦的设计目的。

表6-21　标定期间主要产物分布

项目	收率（质量分数）/%	
	空白标定	阶段标定
干气	11.04	11.58
乙烯	5.33	5.17
液化气	37.24	39.35
丙烯	21.05	21.61
裂解碳五	5.40	4.89
裂解石脑油	20.99	20.27
裂解轻油	12.77	11.97
油浆	3.31	3.0
焦炭	8.99	8.89
损失	0.26	0.05
合计	100.00	100.00

5. 标定期间干气组成

两次标定时干气组成见表 6-22。由表 6-22 可见，与空白标定比较，阶段标定时干气组成中，氢气体积分数下降 4.53 个百分点，甲烷体积分数升高 2.32 个百分点，氢气/甲烷体积比由 1.06 下降到 0.83。表明非选择性脱氢反应受到抑制，可能原因是平衡剂上的镍含量下降，催化剂容镍能力增强。

表6-22　标定期间干气组成

项目	体积分数/%	
	空白标定	阶段标定
氢气	29.65	25.12
甲烷	27.99	30.31
乙烷	9.27	9.04
乙烯	25.90	25.90

项目	体积分数/%	
	空白标定	阶段标定
丙烷	0.03	0.04
丙烯	0.47	0.45
异丁烷	0.01	0.01
正丁烷	0.03	0.01
反丁烯	0.06	0.02
正丁烯	0.02	0.01
异丁烯	0.02	0.01
顺丁烯	0.06	0.02
氧气	0.16	0.56
氮气	5.07	7.15
二氧化碳	0.57	0.60
一氧化碳	0.52	0.50
硫化氢	0.17	0.25
总计	100.00	100.00

6. 标定期间液化气组成

两次标定时液化气组成如表 6-23 所示，与空白标定比较，阶段标定的丙烯体积分数由 50.90% 增加到 52.64%，新催化剂 DMMC-3 表现出更高的丙烯选择性。此外过度脱氢的 1,3-丁二烯的体积分数也明显减小，由 0.36% 减小到 0.23%，有利于气体分离装置的长周期运行。

表6-23 标定期间液化气组成

项目	体积分数/%	
	空白标定	阶段标定
C_2^-	1.29	0
丙烷	6.75	6.97
丙烯	50.90	52.64
异丁烷	7.49	9.06
正丁烷	3.05	2.83
反丁烯	7.25	6.50
正丁烯	5.88	5.58
异丁烯	11.81	11.44
顺丁烯	5.22	4.75
1,3-丁二烯	0.36	0.23
总计	100.00	100.00

7．标定期间裂解石脑油性质

作为炼油厂由炼油型向化工型转型的核心工艺之一的 DCC 工艺，除了能够多产乙烯、丙烯等低碳烯烃外，还能够生产富含苯、甲苯和二甲苯（BTX）的裂解石脑油[91]。其经过选择性加氢降低烯烃的含量，就可进行芳烃抽提，生产BTX。通过对两次标定期间裂解石脑油的组成分析可知（见表6-24），二烯值分别为 6.17gI$_2$/（100g）、5.13gI$_2$/（100g），表明以新催化剂 DMMC-3 生产的裂解石脑油更易于选择性加氢。另外，两种催化剂生产的裂解石脑油中 BTX 的质量分数均在 40% 左右，可作为一种优质的芳烃抽提原料。

表6-24　标定期间裂解石脑油性质

项目	空白标定	阶段标定
密度(20℃)/(kg/m³)	807.20	790.04
溴价/[gBr/(100mL)]	59.67	67.00
二烯值/[gI$_2$/(100g)]	6.17	5.13
元素含量/(μg/g)		
硫	267	284
氮	52	63
馏程/℃		
初馏点	56.67	45.33
10%	83.67	69.33
50%	124.00	114.33
90%	168.00	161.33
族组成（质量分数）/%		
饱和烃	17.73	19.32
烯烃	27.13	26.32
芳烃	55.14	54.36
轻芳烃的质量分数/%		
苯	3.95	3.73
甲苯	14.96	13.95
二甲苯	21.09	21.87
合计	40.00	39.55

工业装置应用结果表明，在 DCC 原料性质和操作工况基本相当的情况下，与上一代 DMMC-2 催化剂相比，丙烯收率增加 0.56 个百分点，液化气中的丙烯体积分数增加 1.74 个百分点，焦炭收率下降了 0.1 个百分点。表明该催化剂性能优异，可有效提高丙烯收率，提升装置的经济效益。

第七节
催化裂化环保助剂材料

一、CO助燃材料

一氧化碳（CO）助燃剂是应用最广泛的流化催化裂化助剂之一。在催化裂化装置中添加 CO 助燃剂，可以促使 CO 在再生器中燃烧生成 CO_2，从而回收大量的热量，提高再生器的温度，改善催化剂的再生质量，并且可以降低催化剂循环量、减少催化剂消耗和提高轻质油收率；另外，能够防止再生烟气中 CO 直接排放到大气中污染环境。

CO 助燃剂作为最早的催化裂化固体助剂产品，其开发应用已有几十年的历史。按金属活性组分种类可分为贵金属和非贵金属两种类型。贵金属型助燃剂的活性组分有 Pt、Pd，非贵金属型助燃剂的活性组分有稀土钙钛矿型氧化物（如 La_xSr_{1-x}-MnO_3）、负载型复合氧化物（如 I B、IV B、VI B 和 VIII B 族氧化物或添加少量稀土氧化物）、尖晶石相氧化物（如 $CuCr_2O_3$ 尖晶石）等。其中贵金属（Pt、Pd）型助燃剂的应用相对较为普遍。贵金属活性组分的含量通常为 $100 \sim 500\mu g/g$。我国生产的一氧化碳助燃剂为微量 Pt 负载于微球 Al_2O_3 或微球硅铝上，也有负载微量 Pd 的，其特点是减少了再生烟气中 CO 排放量。许多研究发现，助燃剂的有效性不仅取决于 Pt 的负载量，而且取决于 Pt 的分散度、所用载体材料的类型以及耐磨性和密度等特性[92]。

对于 CO 在 Pt 型助燃剂上的氧化反应机理存在两种不同观点：一是 Pt 先吸附氧再与气态的 CO 发生反应生成 CO_2（Rideal 机理）；二是氧和 CO 同时吸附在固体表面，然后再彼此发生反应生成 CO_2（L-H 机理）。目前来看，第一种机理得到更为普遍的认可，且其决速步骤在于 CO 与 PtO 的化学反应。

Pt 型贵金属助燃剂的使用通常会造成再生烟气中 NO_x 排放量大幅增加，这在实验室和工业实践中都已得到验证[93,94]。而使用非 Pt 型贵金属如 Pd、Ir 等替代 Pt 可显著降低 NO_x 排放量，因而随着环保法规对 NO_x 排放量限制的日益严格，非 Pt 型助燃剂（也称低 NO_x 型助燃剂）得到了快速的推广和应用，例如美国很多炼油厂与国家环保局（EPA）签署的协议（consent decree）要求使用低 NO_x 型助燃剂[95]。

国外主要催化剂和助剂公司大多同时提供 Pt 型和非 Pt 型 CO 助燃剂。Grace Davison 公司的 CP 3、CP 5 为 Pt 型助燃剂，其中 CP 3 助燃剂中 Pt 含量更高，因而初始活性最高且抗中毒失活性能强；CP 5 助燃剂中 Pt 含量较低，适用于希望 Pt 分散度更高的装置。CP P 和 XNO$_x$ 为非 Pt 型助燃剂，具有与 Pt 型助燃剂相当的 CO 氧化活性，但较少促进 NO$_x$ 生成。BASF 公司的 Pt 型 ProCat 助燃剂具有堆比高的特点，可更好地在密相床层发挥作用，减少稀相尾燃，而且耐磨损性能好，可以最大限度地保留系统中 Pt 含量。BASF 提供的低 NO$_x$ 型助燃剂为 CONQUERNO$_x$，结合了降低 NO$_x$ 排放技术和碱金属氧化物技术，同样具有更高的堆比（1.2g/cm^3）和较长的助燃活性半衰期。CONQUERNO$_x$ 配方中采用了碱金属氧化物，Cu 含量显著降低。Albemarle 公司的 Pt 型助燃剂牌号为 KOC-15，其特点是单位 Pt 含量下对应的 CO 氧化活性最高，同时采用了独特的制备技术使 Pt 的分散度更高，从而有效抑制表面团聚失活，载体的高耐磨损性能可减少 Pt 损失。非 Pt 型助燃剂 ELIMINO$_x$ 可在有效助燃 CO 的同时减少 NO$_x$ 生成，相对 Pt 型助燃剂可减少 NO$_x$ 排放 40%～70%。Intercat 公司的 Pt 型助燃剂主要为 COP 系列，Pt 含量和助燃活性可以灵活调整。非 Pt 型助燃剂 COP-NP 是 EPA 认可的助剂技术，相对 Pt 型助燃剂可减少 NO$_x$ 排放 70%。总的来看，随着技术逐步成熟，国外助燃剂生产商逐步集中，牌号不断缩减，在国内市场的竞争力较弱。

石科院在原有助燃剂技术的基础上，通过采用高稳定性氧化铝载体和专有制备技术，开发出新型 CO-CP 系列 Pt 型和 Pd 型助燃剂，其贵金属含量可在 100～500ppm（1ppm=10^{-6}）之间调整。由于载体的水热稳定性大幅改善、贵金属分散度显著提高，CO-CP 助燃剂与贵金属含量相当的其他助燃剂样品相比，表现出更高的 CO 助燃活性和活性稳定性，具有较高的抗 SO$_2$ 失活能力。CO-CP 助燃剂的工业应用数据见图 6-28，可以看出，相对原助燃剂可将再生器稀相温度降低 5～10℃，长时间持续有效控制"尾燃"。

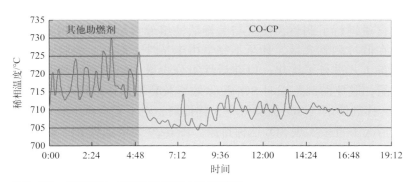

图6-28 新型CO-CP助燃剂工业应用效果

二、烟气脱SO$_x$材料

催化裂化再生烟气中的 SO$_x$ 排放到大气中后，不仅形成酸雨污染环境，而且有些加工装置的再生器因产生露点应力腐蚀而造成裂纹，严重损害装置的运转，因此，需要降低催化裂化再生烟气中 SO_x 的排放。方法之一就是使用硫转移剂，它将再生烟气中的 SO_x 吸附，然后转化成 H_2S，进入干气，再由硫回收装置以硫黄的形式回收。

硫转移剂的开发应用也已有几十年的历史，其催化作用原理有较多文献报道[96]，在再生器内助剂中含有的氧化活性组分将烟气中的 SO_2 等低价态含硫化合物氧化为 SO_3，SO_3 与 MgO 等金属氧化物反应生成高温稳定的硫酸盐，实现 SO_x 的捕集；金属硫酸盐随再生催化剂循环到提升管反应器中，在 H_2、烃类和水蒸气等还原气体的作用下将硫酸盐还原为 H_2S 去硫黄回收装置，同时助剂 MgO 活性中心得以恢复，循环回再生器中可再次发挥捕集 SO_x 的作用。

硫转移剂不仅要有较高的 SO_x 初始脱除效率，还需要具备优异的水热稳定性、还原再生能力和耐磨损性能。早期的一些硫转移剂产品由于上述几方面性能不够理想，实现 SO_2 达到新环保标准限制的难度较大。2011 年以来，湿法洗涤装置 WGS（wet gas scrubber）成为控制烟气 SO_2 排放的关键技术得到大范围推广应用。但经过几年的运行逐步发现，湿法洗涤装置不仅投资和运行成本高，而且存在蓝烟拖尾和高盐废水排放等二次污染问题，设备腐蚀也较为严重。石科院对蓝烟拖尾成因进行了分析探讨，并结合试验进行了采样检测，提出 SO_3 气溶胶产生的硫酸雾和循环浆液中溶解性固体物质浓度（TDS）高是其主要原因。采用硫转移剂可高效脱除湿法脱硫较难处理的 SO_3，同时有效减少 SO_2，降低碱液消耗和外排水 TDS，从而在源头上解决蓝烟拖尾和外排废水盐含量过高问题[97]。

自 2015 年以来，石科院对硫转移剂技术进行持续改进和升级，开发出增强型 RFS 系列烟气硫转移剂（RFS09、CRFS09 和 RFS-PRO）[98-100]，其主要技术进步包括：针对 SO_x 捕集提高了关键活性组分的含量，同时对储氧组分和还原添加剂组分的含量进行了调整，使其与关键活性组分含量的变化相适应，以进一步提高助剂在低过剩氧含量，甚至不完全再生条件下对 SO_x 的脱除效率；此外，对助剂制备工艺进行了优化，以在活性组分含量大幅提高的情况下保持较好的耐磨损性能，避免助剂跑损对 SO_x 脱除效率及装置操作造成不利影响。

增强型硫转移剂使烟气 SO_x 脱除效率大幅提高，对于完全再生装置，可在无烟气脱硫设施情况下直接实现 SO_2 达标排放。图 6-29 为增强型 RFS 硫转移剂在一套完全再生装置的应用情况，该装置原料硫含量约 0.2%，空白烟气 SO_2 浓度 $400 \sim 500mg/m^3$，2017 年初使用其他硫转移剂，SO_2 浓度降低到 $200 \sim 250mg/m^3$；2017 年 4 月起试用增强型 RFS 硫转移剂，7 月份时 SO_2 均值降低到 $42.4mg/m^3$，相对空白阶段脱除率约 90%，达到环保限值要求。

增强型硫转移剂在不完全再生装置上也取得了显著的应用效果。中国石化海南炼油化工有限公司（海南炼化）催化裂化装置的设计加工能力为 2.8Mt/a，加工量为 330t/h，催化剂系统藏量为 600t，新鲜催化剂补充量为 $10 \sim 15t/d$。原料以加氢渣油为主要进料，S 含量为 $0.30\% \sim 0.50\%$。再生器采用重叠式两段再生

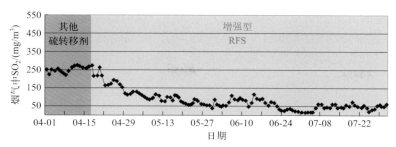

图6-29 增强型RFS硫转移剂在完全再生装置上的工业应用

工艺,第一再生器(一再)为不完全再生,第二再生器(二再)为完全再生。采用湿法脱硫与选择性催化还原(SCR)组合工艺进行烟气脱硫脱硝处理时,脱硫塔入口烟气中 NO_x 的质量浓度为 170 ~ 190mg/m³,SO_x 质量浓度(以 SO_2 计,下同)约为 3000mg/m³,出口烟气存在明显的蓝烟拖尾现象,严重时对生产和生活环境造成影响。2019 年 4 月,第一列渣油加氢装置(RDS)开始停工换催化剂(RDS 换剂),催化裂化装置原料油的硫含量升高,虽然装置已降负荷运行,但脱硫塔入口 SO_2 质量浓度仍在短时间内快速增加到 3500mg/m³ 以上,超标排放风险增大;此外,大量亚硫酸盐在综合塔底富集,超出废水处理系统氧化罐的处理能力[101],存在外排废水 COD 超标风险。

为避免第二列 RDS 换剂时再次出现上述问题,海南炼化于 2019 年 6 月 27 日开始进行了增强型 RFS 硫转移剂的工业应用试验。硫转移剂工业应用效果分析如下。

(1)锅炉出口烟气组成 总结标定时 CO 锅炉 A 和锅炉 B 出口的烟气组成见表 6-25。由表 6-25 可见,稳定加注后 CO 锅炉 A 的 SO_2 脱除率为 70.9%,SO_x 脱除率为 73.8%;CO 锅炉 B 的 SO_2 脱除率为 61.3%,SO_x 脱除率为 57.3%。因锅炉 B 加注后 CO 体积分数明显降低,锅炉燃烧更加充分,对 SO_3 数据有所扰动。按两台锅炉风量相同计算,脱硫塔入口烟气 SO_2 平均脱除率为 66.1%,SO_x 平均脱除率为 65.6%。

表6-25 总结标定时CO锅炉A和锅炉B出口的烟气组成

项目	CO锅炉A出口			CO锅炉B出口		
	空白标定	总结标定	脱除率/%	空白标定	总结标定	脱除率/%
$\varphi(CO)/\times10^{-6}$	40~70	300	无此项	630~950	2~10	无此项
$\rho(SO_2)/(mg/m^3)$	2342	682	70.9	2250	870	61.3
$\rho(SO_3)/(mg/m^3)$	1108	221	80.1	490	301	38.6
$\rho(SO_x)/(mg/m^3)$	3450	903	73.8	2740	1 171	57.3

注:SO_x 质量浓度以 SO_2 计。

(2)脱硫塔碱液消耗量 脱硫塔洗涤剂采用的是质量分数为 50% 的 NaOH溶液。加注硫转移剂前后,在控制循环洗涤液 pH 值稳定的情况下,脱硫塔碱液消耗量的变化见图6-30。可见，随着硫转移剂加注，碱液消耗量逐步下降，由约65t/d降低到稳定加注时的约30t/d，降低约53.4%，表明硫转移剂可以显著降低碱液消耗量，降低脱硫塔操作负荷和运行成本，缓解设备腐蚀。

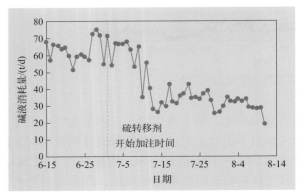

图6-30 硫转移剂加注前后脱硫塔碱液消耗量的变化

（3）脱硫塔外排废水的 TDS 和 COD　湿法脱硫工艺中不可避免会产生大量的废水，而第一列 RDS 换剂期间催化原料油的硫含量明显升高，烟气中高浓度的 SO_2 与碱液反应生成大量亚硫酸盐，使废水盐含量［溶解性固体物质浓度（TDS）］升高，在氧化罐中无法完全氧化，导致废水 COD 超标。第二列 RDS 换剂时催化裂化装置加注了硫转移剂，外排水 TDS 由 18g/L 降低到 9g/L。硫转移剂加注前后脱硫塔外排废水 COD 的变化见图 6-31。由图 6-31 可见，硫转移剂加注后脱硫塔外排废水的 COD 略有降低，表明硫转移剂可通过降低烟气中的 SO_2 质量浓度来降低外排水 TDS，保持废水 COD 稳定，避免了 RDS 换剂期间出现废水 COD 超标现象。

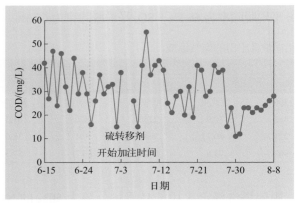

图6-31 硫转移剂加注前后脱硫塔外排水COD的变化

（4）烟气形态　硫转移剂加注前后的烟羽照片见图6-32。通过对比图6-32（a）和图（b）可以发现，加注硫转移剂后，烟羽拖尾长度明显缩短，蓝烟现象明显改善。

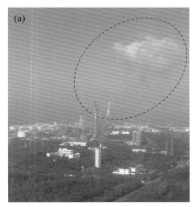

图6-32　硫转移剂加注前（a）后（b）的烟羽照片

不完全再生装置工业应用试验结果表明，当硫转移剂加注量占催化剂系统藏量的4%时，脱硫塔入口烟气 SO_x 脱除率达65.6%，碱液消耗量减少53.4%，外排废水 COD 基本保持稳定且略有降低，未出现超标现象，烟羽蓝烟拖尾现象明显改善，硫转移剂的应用对裂化产物质量和装置运行无负面影响，并具有可观的经济效益。

三、烟气脱NO$_x$材料

催化裂化反应过程中，原料中的氮有40%～50%进入焦炭（其中碱性氮100%进入焦炭）沉积到待生催化剂上。再生过程中，焦炭中的氮化物大部分转化为 N_2，只有2%～5%被氧化形成 NO_x，其中大部分（95%以上）是 NO。焦炭中的氮化物主要通过还原态中间物质（HCN、NH_3 等）进一步被氧化生成 NO_x（主要是NO），生成的 NO_x 可以被再生器中的 CO 和焦炭等物质还原为 N_2。

虽然目前很多催化装置配备了 SCR、LoTO$_x$ 等脱硝后处理设施，但 SCR 注氨量易过剩造成硫酸铵在余热锅炉结盐使系统压降增加，且温度过高时会促进少量 SO_2 生成 SO_3；LoTO$_x$ 则存在能耗高、废水总氮含量增加等问题。因而降低 NO_x 排放助剂（脱硝助剂）仍有普遍的应用。

对于完全再生装置，增加再生器的还原气氛可以减少 NO_x 排放；降低 NO_x

排放助剂的作用是减少 NO_x 的生成或催化 NO_x 的还原反应。不完全再生装置烟气中 NO_x 的形成过程与完全再生不同，再生器出口含氮化合物主要以 NH_3、HCN 形式存在，基本不含 NO_x；在烟气进入下游 CO 锅炉后，NH_3、HCN 等含氮化合物被氧化生成 NO_x（在模拟 CO 锅炉工况下，20% ～ 40% NH_3 转化为 NO_x [102]）。通过控制 CO 锅炉温度、调节出口 CO 浓度等措施可以在一定程度上降低 NO_x 排放，但影响装置操作弹性。采用助剂将 NH_3 等还原态氮化物在再生器中转化，可从根源上减少进入 CO 锅炉的 NO_x 前驱物量，从而降低烟气 NO_x 排放。

降低 NO_x 排放助剂通常包括前文所述的低 NO_x 型助燃剂和 NO_x 还原助剂两种类型。Grace Davison 公司的 $DeNO_x$ 助剂占系统藏量≤2.5% 时，烟气 NO_x 脱除率通常为 40% ～ 50%，2018 年 $DeNO_x$ 助剂工业应用数据表明，在与 CP P 低 NO_x 型助燃剂组合应用时，烟气 NO_x 脱除率可到 65%。BASF 公司 2018 年介绍了其 $CLEANO_x$ 助剂在按新鲜剂补充量 1.4% 稳定加注时，烟气 NO_x 排放降低幅度达到 72%，不增加干气中 H_2 体积分数。INTERCAT 公司的 NO_xGETTER 助剂，可在占催化剂藏量 2% 的情况下，降低 NO_x 排放 50% 以上，其优势是可以快速发挥作用；另一种助剂为 $NONO_x$，其机理是选择性转化 NO_x 前驱物，因而也适用于不完全再生装置。总的来看，国外助剂技术趋于成熟，近年来技术更新趋缓，在国内的技术竞争优势不明显。

石科院经过多年的探索研究，建立了助剂降 NO_x 性能及其对 FCC 产品分布影响的评价方法，开发出 $RDNO_x$ 系列助剂（Ⅰ、Ⅱ 两种型号）[94]。Ⅰ型为非贵金属助剂，主要通过催化 CO 对 NO_x 的还原反应降低 NO_x 排放；Ⅱ型为贵金属助剂，用于替代传统的 Pt 型助燃剂，在等效助燃 CO 的同时减少 NO_x 的生成。两类助剂可以单独使用，也可以结合使用。工业应用数据表明，在系统藏量 1.5% ～ 2% 的情况下，可降低烟气 NO_x 排放 45% ～ 70%。

2017 年以来，环保标准对 NO_x 排放限定进一步严格，有些地区甚至要求 NO_x 浓度瞬时值≤100mg/m³，这对助剂降 NO_x 性能提出了新的更高要求。通过大量基础研究和探索优化实验，石科院研制出基于多金属中心催化新材料，具有极高的 NH_3 等还原态氮化物催化转化活性和 NO 吸附能力，从而开发出全新 $RDNO_x$-PC 系列助剂，对烟气 NO_x 脱除率可达到 80% 以上，在无脱硝设施的情况下实现 NO_x 排放稳定达到≤100mg/m³ 最新环保限值。此外，根据再生器流化床层中烟气组成变化规律，首次提出了降低助剂堆密度，使助剂易达到密相床层中上部，从而更有效发挥 NO_x 催化作用的设计思路。

2017 年 $RDNO_x$- PC2 助剂在巴陵石化不完全再生催化裂化装置进行了工业应用，对再生烟气 NO_x 质量浓度变化趋势及影响因素进行分析，助剂加注前后再生烟气 NO_x 质量浓度变化趋势如图 6-33 ～图 6-34 所示。图 6-33 为脱硫塔

入口原烟气 NO_x 质量浓度，可以看出，空白标定阶段原烟气 NO_x 质量浓度在 $180 \sim 250mg/m^3$，总结标定时在 $150 \sim 180mg/m^3$。若以 3 月 28 日至 4 月 5 日空白标定均值 $203.9mg/m^3$ 与 7 月 6 日至 11 日总结标定均值 $165.8mg/m^3$ 相比，烟气 NO_x 脱除率约 19%。图 6-34 所示脱硫塔出口净烟气 NO_x 质量浓度也有相似变化趋势，总结标定时 NO_x 质量浓度在 $100 \sim 135mg/m^3$。空白标定时的均值在 $161.7mg/m^3$，总结标定时的平均值为 $121.9mg/m^3$，脱除率接近 25%。

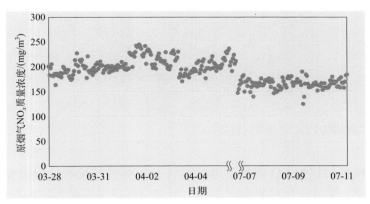

图6-33 脱硫塔入口原烟气 NO_x 质量浓度变化趋势

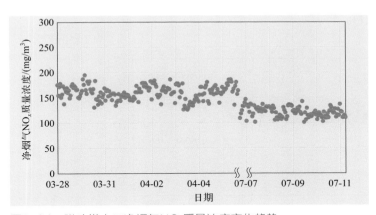

图6-34 脱硫塔出口净烟气 NO_x 质量浓度变化趋势

图 6-35 为锅炉出口 CO 含量变化趋势，可以看出，加注 $RDNO_x$-PC2 助剂前，锅炉出口 CO 含量保持在高位（实际已超出仪表测量上限），而降低 CO 含量，会造成 NO_x 含量显著提高；加注 $RDNO_x$-PC2 助剂后，烟气 NO_x 含量降低，锅炉出口 CO 含量允许大幅降低，可以看出装置多在低 CO 排放工况下运行。虽有利

于回收热量，提高运行安全性，但也造成图 6-33、图 6-34 所示烟气 NO_x 质量浓度降低幅度有限。

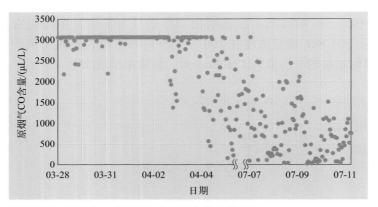

图6-35　锅炉出口（原烟气）CO含量变化趋势

图 6-36 为在相当的锅炉 CO 含量下进行烟气 NO_x 排放的比较，以避免 CO 含量不同对烟气 NO_x 排放变化趋势造成影响。对空白标定及总结标定的脱硫塔入口原烟气 NO_x 质量浓度随原烟气 CO 含量变化情况进行拟合，可以看出，在 CO 外排含量相当的情况下，加注 RDNO$_x$-PC2 助剂时，烟气 NO_x 质量浓度相对空白标定降低约 21%。

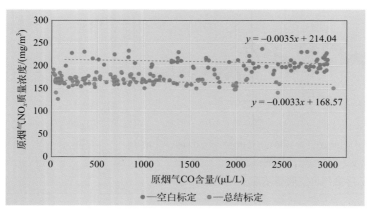

图6-36　脱硫塔入口原烟气NO_x质量浓度变化趋势对比

RDNO$_x$-PC2 助剂在巴陵石化不完全再生催化裂化装置的工业应用试验结果表明：RDNO$_x$-PC2 助剂可在锅炉出口 CO 含量较低的情况下降低烟气 NO_x 排放，

有利于充分回收 CO 燃烧热量、减少 CO 排放；若在相同 CO 含量下比较，则烟气 NO_x 排放量降低约 21%。

四、多效组合降低烟气中SO$_x$、NO和CO的材料

多数炼油厂希望同时降低烟气中 SO_x、NO 和 CO 排放，因而对三效或多效助剂提出了一定的市场需求。多效助剂的优点是助剂加注过程更简单、加剂量相对少，但其缺点是组成配比固定后，当原料中硫、氮含量相对变化造成烟气中 SO_x、NO_x 浓度不同比例变动时，响应滞后，控制效果不及单功能助剂灵活有效。

国外公司除了低 NO_x 型助燃剂（可认为兼顾降低 CO 和 NO_x 排放量）外，基本不提供多效助剂。国内较早从事多效助剂研发和生产的主要有中石化炼化工程（集团）股份有限公司洛阳技术研发中心（原洛阳石化工程公司炼制所）、石油院校、北京三聚环保新材料有限公司、天津市拓得石油技术发展有限公司等。从报道的工业应用数据来看，在 FP-DSN 三效助剂加入量占系统藏量 2% 情况下，SO_2 排放量可降低 75.5%、NO_x 排放量可降低 65.5%，对产品分布无明显负面影响[103]。TUD-DNS 三效助剂与硫转移剂协同使用时[104]，在助剂占系统藏量 3% 情况下，烟气中 SO_2 降低 68% 以上，NO_x 降低近 44%，该助剂含有 Cu 元素，但标定数据显示对产品分布未产生负面影响。总的来看，多效助剂应用并不广泛，只在少数装置有应用报道，对装置生产运行的影响和实际减排效果还需要通过长期生产实践进行检验。

2018 年以来，根据部分炼油厂的实际需求，石科院开展了控制烟气污染物排放组合助剂 CCA-1 的研制开发，以烟气硫转移剂和降低 NO_x 排放助剂为基础技术，在脱除 SO_x 方面，针对性地提高了常规硫转移剂中关键活性组分 MgO 的含量，同时对储氧组分含量进行了调整，以进一步提高助剂对 SO_x 的脱除效率；在脱除 NO_x 方面，进一步发展完善了完全再生与不完全再生通用型助剂，采用独特的复合金属元素活性中心，辅以高稳定性载体，具有极高的还原态氮化物催化转化活性，可在根源上大幅降低 NO_x 的生成量，同时可高效利用烟气中的 CO，促进 NO_x 的还原反应，从而显著降低烟气 NO_x 排放；通过新型基础剂的复配（包括多种活性组元在助剂颗粒上的组装技术），转变了以往氧化气氛对脱除 SO_x 有利、还原气氛对脱除 NO_x 有利的常规认识，实现 SO_x 氧化与 NO_x 还原的组合催化。

2018 年 CCA-1 型多效组合助剂在国内某同轴式完全再生操作的催化裂化装置上进行了工业试验[105]。助剂自 2 月上旬开始加注，经过初始快速累积到系统藏量的约 4%，于 3 月上旬稳定加注期进行了总结标定。数据表明，CCA-1 型多效组合助剂的应用对裂化产物分布、产品性质和装置运行无负面影响，再生器稀密相温度、外取热产汽量基本稳定；三旋压降、烟气粉尘质量浓度、油浆固含量

等未明显增加。脱前烟气 NO_x 浓度由原平均 $56mg/m^3$ 下降至 $25mg/m^3$，脱除率达到约 55%；SO_2 质量浓度由 $383mg/m^3$ 降低至 $30mg/m^3$，脱除率达 92% 以上；脱前烟气 SO_3 由约 $396mg/m^3$ 降低到 $19mg/m^3$，脱除率达到 95% 以上。脱硫塔蓝烟现象完全消除，烟气外观更为清净，拖尾情况显著改善。

多效助剂的应用需要根据装置烟气实际排放情况，循序渐进地优化完善组成配比，以实现污染物脱除效率最优化。需要继续深入研究污染物组合脱除机理，以进一步提高脱除效率，降低助剂用量。

第八节
总结与展望

催化裂化是石油炼制中重要的加工过程，催化剂是催化裂化的核心。几十年来，我国催化裂化催化剂技术已经有了长足进步，目前已经可以满足各种 FCC 装置的生产需要。催化裂化催化剂在今后的发展中需要更加注重优化制备工艺技术开发、稀土资源的优质高效利用及节能减排等。要开发适应原料多样性的 FCC 催化剂、焦炭选择性好及抗重金属污染能力强等多功能的催化剂技术及烟气低排放的催化剂技术，并且，FCC 催化剂要向大型化和集成化方向发展。

重点做好以下几个方面：

（1）进一步优化催化剂制备技术，在制备过程中最大程度保护分子筛的结晶度不被破坏、孔结构不被堵塞，高效发挥分子筛特有的活性中心及孔结构优势，提高分子筛的有效利用率，进而降低分子筛的用量及催化剂的成本；

（2）提高硅铝等改性基质性能及制备技术，形成酸量可调的高耐磨损性能中大孔基质技术平台，结合分子筛结构优化改性技术，提升重油裂化能力和产品选择性，提高国际技术竞争力；

（3）深入认识低碳烯烃生成机理和反应动力学，通过空心介孔 ZSM-5 分子筛、核壳等分子筛新材料结合基质改性，开发灵活高效增产低碳烯烃的炼油向化工转型支撑技术；

（4）开发同时具备强裂化能力及较弱氢转移性能的高稳定性分子筛新材料，进而开发适合加氢 LCO 催化转化的多产 BTX 轻质芳烃催化剂，最大程度地生产富含 BTX 轻质芳烃的催化汽油；

（5）通过固废煤矸石绿色高效直接法制备催化新材料，开发低生焦重油催化裂化催化剂，为实现"双碳"目标作出贡献；

（6）开发具有高水热稳定性的小晶粒催化裂解新材料进而开发新石脑油催化裂解催化剂；

（7）持续推动催化剂厂绿色生产技术开发，进一步降低生产成本和污染物排放。

参考文献

[1] 陈俊武. 催化裂化工艺与工程 [M]. 2 版. 北京：中国石化出版社，2005:199-214.

[2] 唐明. 催化裂化反应过程分析 [J]. 价值工程，2010, 29(01):24.

[3] 徐如人，庞文琴. 分子筛与多孔材料化学 [M]. 北京：科学出版社，2004:39-48.

[4] Newsam J M. The zeolite cage structure[J]. Science, 1986, 231: 1093-1099.

[5] 张蔚琳，周灵萍，张杰潇，等. 新气相超稳法工业生产的高稳定性分子筛结构与性能研究 [J]. 石油炼制与化工，2020, 51(6):34-41.

[6] 于善青，田辉平. Acidity characterization of rare-earth-exchanged Y zeolites using ^{31}P MAS NMR [J]. 催化学报，2014, 35(8):1318-1324.

[7] Venuto P B, Hamilton L A, Landis P S. Organic reactions catalyzed by crystalline aluminosilicates: Ⅱ. Alkylation reactions: Mechanistic and aging considerations[J]. J Catal, 1966, 5(3): 484-493.

[8] Ward J W. The nature of active sites on zeolites: Ⅷ. Rare earth Y zeolite [J]. J Catal, 1969, 13(3):321-327.

[9] Yu S Q, Tian H P, Dai Z Y, et al. Different influences of lanthanum and cerium on stability of Y zeolite and their theoretical calculations of DFT [J]. China Petroleum Processing and Petrochemical Technology, 2011, 13(1):16-23.

[10] Yu S Q, Yan J S, Lin W, et al. Effects of lanthanum incorporation on stability, acidity and catalytic performance of Y zeolites [J]. Catalysis Letters, 2021, 151(3):698-712.

[11] Hansford R C, Ward J W. Catalytic activity of alkaline earth hydrogen Y zeolites[M]//Molecular Sieve Zeolites-Ⅱ. Washington: American Chemical Society, 1971, 102:354-361.

[12] Plank C J. The invention of zeolite cracking catalysis: A personal viewpoint[M]//Heterogencous Catalysis. Washington: Am Chem Soc, 1983:253-271.

[13] 于善青，田辉平，代振宇，等. 稀土离子调变 Y 型分子筛结构稳定性和酸性的机制 [J]. 物理化学学报，2011, 27 (11)，2528-2534.

[14] Maher P K, McDaniel C V. Ion exchange of crystalline zeolites: US3402996[P]. 1968-09-24.

[15] McDaniel C V, Maher P K. Stabilized zeolites: US3449070[P]. 1969-06-10.

[16] 周灵萍，李峥，杜军，等. 一种提高超稳 Y 型分子筛稀土含量的方法：CN200510114495.1[P]. 2009-06-10.

[17] Donald W, Breck D D, Gary W,et al. Silicon substituted zeolite compositions and process for preparing same: US4503023[P]. 1985-03-05.

[18] 罗一斌，萨学理. 液相氟硅酸铵法制备高硅 Y 型分子筛中杂晶形成的研究 [J]. 石油学报（石油加工），1995, 11(3):21-28.

[19] 胡颖，何奕工，侯军，等. 骨架富硅 Y 型分子筛放大产品的特性 [J]. 石油炼制，1992(7):32-35.

[20] Beyer H K, Belenykaja I M. A new method for the dealumination of faujasite-type zeolites[M]//Catalysis by Zeolite. Amsterdam: Elsevier, 1980, 203-210.

[21] 张蔚琳，周灵萍，杨雪，等. 高稳定性分子筛的催化裂化性能研究 [J]. 石油炼制与化工，2020, 51(7):33-38.

[22] De Kroes B, Groenanboom C J, Connor P O. A review of catalyst deactivation in fluid catalytic cracking[M]. Rijnten H Th, Lovink H J, trans. Amsterdam: Akzo Catalysts Symp. 1986.

[23] Leuenberger E L, Bradway R A, Leskowicz M A, et al. AM-89-50 catalytic means to maximize FCC octane barrels[C]// National Petrochemical & Refiners Association, 1989 NPRA annual meeting technical paper, San Francisco, California, 1989: 776-809.

[24] Dwyer J, Fitch F R, Nkang E E. Dependence of zeolite properties on composition. Unifying concepts[J]. J Phys Chem, 1983, 87(26):5402-5404.

[25] Shannon R D, Gardner K H, Stanley R H. The nature of the nonframework aluminum species formed during the dehydroxylation of H-Y[J]. J Phys Chem, 1985, 89(22):4778-4788.

[26]Corma A, Fornes V, Monton J B, et al. Catalyticcracking of alkanes on large pore, high SiO_2/Al_2O_3 zeolites in the presence of basic nitrogen compounds. Influenceof catalyst structure and composition in the activity and selectivity[J]. Ind Eng Chem Res, 1987, 26(5): 882-886.

[27] 宋武，周岩，杨凌，等. 水热超稳分子筛 DASY2.0 的改性研究 [J]. 分子催化，2007, 21（增刊）: 115-116.

[28] 韩蕾，欧阳颖，邢恩会，等. 不同硅 / 铝比 ZSM-5 分子筛对烷烃和环烷烃催化裂解性能的影响 [J]. 石油学报（石油加工），2018, 34(5):872-881.

[29] Jung J S, Park J W, Seo G. Catalytic cracking of *n*-octane over alkali-treated MFI zeolites [J]. Applied Catalysis A:General, 2005, 288(1):149-157.

[30] Li Y, Liu D, Liu S, et al. Thermal and hydrothermal stabilities of the alkali-treated HZSM-5zeolites [J]. Journal of Natural Gas Chemistry, 2008, 17(1): 69-74.

[31] Wakui K, Satoh K, Sawada G, et al. Dehydrogenative cracking of *n*-butane over modified HZSM-5 catalysts [J]. Catalysis Letters, 2002, 81(1/2):83-88.

[32] 郑步梅，方向晨，郭蓉，等. 多级孔 ZSM-5 分子筛的制备及其在炼油领域中的应用 [J]. 分子催化，2017, 37(5):486-500.

[33] Park D H, Kim S S, Wang H, et al. Selective petroleum refining over a zeolite catalyst with small intracrystal mesopores [J]. Angew Chem Int Ed, 2009, 48(41) :7645-7648.

[34] Siddiqui M A B, Aitani A M, Saeed M R, et al. Enhancing the production of light olefins by catalytic cracking of FCC naphtha over mesoporous ZSM-5 catalyst [J]. Top Catal, 2010, 53 (19): 1387-1393.

[35] Srivastava R, Choi M, Ryoo R. Mesoporous materials with zeolite framework: Remarkable effect of the hierarchical structure for retardation of catalyst deactivation [J]. Chem Commun, 2006, 43(43) : 4489-4491.

[36] Zhao L, Shen B, Gao J S, et al. Investigation on the mechanism of diffusion in mesopore structured ZSM-5 and improved heavy oil conversion [J]. J Catal, 2008, 258 (1) : 228-234.

[37] Zhou J, Hua Z L, Liu Z C, et al. Direct synthetic strategy of mesoporous ZSM-5 zeolites by using conventional block copolymer templates and the improved catalytic properties [J]. Acs Catal, 2011, 1(4) : 287-291.

[38] Han L, Wang R Y, Wang P, et al. Hierarchical hollow Al-rich nano ZSM-5 crystals for highly selective production of light olefins from naphthenes [J]. Catal Sci Technol, 2021, 11: 6089-6095.

[39] 闵恩泽. 工业催化剂的研制与开发 [M]. 北京：中国石化出版社，1997: 295.

[40] Eastwood S C, Plank C J, Weisz P B. New developments in catalytic cracking[C]// Proc 8th World Petrol Cong, 1971, 4:245-254.

[41] 陈祖庇，闵恩泽. 裂化催化剂的发展沿革 [J]. 石油炼制，1990, 21(1):6-16.

[42] Ruchkenstein E, Tsai H C. Optimum pore size for the catalytic conversion of large molecules[J]. AIChE J, 1981,

27(4):697-699.

[43] Humphries A, Wilcox J. AM-88-71 zeolite/matrixsynergism in FCC catalysis[C]// 1988 NPRA annual meeting technical paper, Washington, National petrochemical & Refiners Association,1988: 785-811.

[44] 朱华元，何鸣元，宋家庆，等. 催化剂的大分子裂化性能与渣油裂化 [J]. 炼油设计，2000, 30(008):47-51.

[45] van de Gender P, Benslay R M, Chuang K C, et al. Advanced fluid catalytic cracking technology[J]. AIChE Symposium Serier, 1996, 88:291.

[46] 侯祥麟. 中国炼油技术新进展 [M]. 北京：中国石化出版社，1998:33-40.

[47] Milligan W O, Mcatee J L. Crystal structure of γ-AlOOH and γ-ScOOH [J]. Journal of Physical Chemistry, 1956, 60:273-277.

[48] Reichertzs P P, Yost W J. The crystal structure of synthetic boehmite [J]. Journal of Chemical Physics, 1946, 14(8):495-501.

[49] Calvet E, Boivinet P, Noel M, et al. Contribution a l'etude des gels d'alumine [J]. Bulletin de la societe chimique de france, 1953, 20: 99-108.

[50] Tettenhorst R, Hofmann D A. Crystal chemistry of boehmite [J]. Clays and Clay Minerals, 1980, 28(5): 373-80.

[51] Secor R B, van Nordstrand R A, Pegg David R. Fluid cracking catalysts: US4010116[P]. 1977-03-01.

[52] 郭硕，于善青，田辉平. 基于催化裂化催化剂黏结剂的研究进展 [J]. 石油化工，2020, 49(7): 702-706.

[53] Stiles A B. 催化剂载体与负载型催化剂 [M]. 李大东，钟孝湘，译. 北京：中国石化出版社 ,1992: 14-20.

[54] 朱洪法. 催化剂载体制备及应用技术 [M]. 北京：石油工业出版社，2002: 62-64, 311-343.

[55] Mitsche R T. Hydrocarbon conversion catalyst comprising a halogen component combined with a crystalline aluminosilicate particles: US3464929[P]. 1969-09-02.

[56] Chiang R L, Scherzer J. Production of fluid catalytic cracking catalysts: US4476239[P]. 1984-10-09.

[57] Chen X D, Li X G , Li H , et al. Interaction between binder and high silica HZSM-5 zeolite for methanol to olefins reactions[J]. Chemical Engineering Science, 2018, 192: 1081-1090.

[58] Freiding J, Kraushaar-czarnetzki B. Novel extruded fixed-bed MTO catalysts with high olefin selectivity and high resistance against coke deactivation [J]. Applied Catalysis A General, 2011, 391(1/2): 254-260.

[59] Shen Z H, Fu Y M, Jiang M, et al. Effects of chemical modification on hydrogen transfer activity of cracking catalyst [J]. Chinese Journal of Catalysis, 2004, 25(3): 227-230.

[60] 沈志虹，付玉梅，蒋明，等. 化学改性对催化裂化催化剂氢转移性能的影响 [J]. 催化学报，2004, 25(3): 227-230.

[61] 唐红艳，王继辉，高国强，等. 低温固化磷酸铝基体的制备及过早硬化研究 [J]. 固体火箭技术，2007, 30(5): 433-436.

[62] Guo S, Yu S Q, Yuan H, et al. Peptization mechanism of aluminum phosphate sol[J]. Colloids and Surfaces A, 2022, 651: 129637-129645.

[63] 殷馨，戴媛静. 硅溶胶的性质、制法及应用 [J]. 化学推进剂与高分子材料，2005, 3(6):27-32.

[64] Elliott C H J. Process for preparing a petroleum cracking catalyst: US3867308[P]. 1975-02-18.

[65] Guo S, Yu S Q, Tian H P, et al. Mechanistic insights into the interaction between binders and Y-type zeolites in fluid catalytic cracking[J]. Fuel, 2022, 354: 124640-124649.

[66] 许友好，陈俊武. 催化裂化工艺与工程 [M]. 3 版. 北京：中国石化出版社，2015: 1-2.

[67] 杨凌，王涛，殷喜平. 第二代降烯烃催化裂化催化剂 GOR-Ⅱ 的工业应用 [J]. 齐鲁石油化工，2004, 32(4):266-267.

[68] 许明德，田辉平，毛安国. 第三代催化裂化汽油降烯烃催化剂 GOR-Ⅲ 的研究 [J]. 石油炼制与化工，

2006, 37(8):1-6.

[69] 晏晓勇. 降低催化汽油硫含量助剂 MS012 荆门工业应用 [J]. 广州化工，2010, 38(6): 234-235.

[70] 侯典国，朱玉霞，黄磊，等. 降低催化裂化汽油硫含量的重油裂化催化剂 DOS 的工业应用试验 [J]. 石油炼制与化工，2007, 38(10): 33-36.

[71] 邱中红，龙军，陆友保，等. MIP-CGP 工艺专用催化剂 CGP-1 的开发与应用 [J]. 石油炼制与化工，2006, 37(5):1-5.

[72] 于善青，倪前银，刘守军，等. 渣油 MIP 装置多产汽油催化剂 RCGP-1 的工业应用 [J]. 石油炼制与化工，2017, 48(10):7-10.

[73] 刘环昌，吴绍金. 多产柴油催化剂 MLC-500 的开发和应用 [J]. 齐鲁石油化工，1999, 27(2): 79-84.

[74] 汪卫华，韦国有. CC-20D 重油催化裂化催化剂的工业应用 [J]. 广东化工，2010, 37(6): 246-247.

[75] 侯铁军，孙立军，闫霖，等. RICC-1 型催化裂化催化剂在胜炼 II 催化装置工业应用 [J]. 齐鲁石油化工，2010, 38(3): 187-193.

[76] 龙军，陈振宇，张蔚琳，等. 一种含酸劣质原油转化催化剂及其制备方法: CN200810055793.1[P]. 2010-10-20.

[77] 张志民，周灵萍，杨凌，等. 新型重油催化裂化催化剂 HSC-1 的研究开发 [J]. 石油学报（石油加工），2012, 48(S1):1-6.

[78] 杨轶男，毛安国，田辉平，等. 催化裂化增产汽油 SGC-1 催化剂的工业应用 [J]. 石油炼制与化工，2015, 46(8):28-33.

[79] 李宁，任飞，朱玉霞，等. CMT-1HN 催化剂在高含量铁污染条件下的工业应用 [J]. 石油炼制与化工，2019, 50(2):63-67.

[80] 徐志成，陈振宇，刘倩倩，等. CMT 催化剂在加工高铁原料下的工业应用 [J]. 炼油技术与工程，2022, 52(1):54-58.

[81] 陈学峰，朱金泉，韩蕾，等. 促进环烷烃开环裂化增产高辛烷值汽油的催化剂工业应用 [J]. 石油炼制与化工，2021, 52(6):1-5.

[82] 陈蓓艳，朱根权，沈宁元，等. FCC 过程高液体收率助剂 SLE 的工业应用 [J]. 石油炼制与化工，2017,48(5):31-36.

[83] 于善青，严加松，龚剑洪，等. LTAG 技术专用催化剂 SLG-1 的工业应用 [J]. 石油炼制与化工，2018, 49(8): 6-10.

[84] 于善青，郜艳龙，唐立文，等. 增产碳四烯烃催化裂化催化剂的工业应用 [J]. 石油炼制与化工，2020, 51(4):7-12.

[85] 袁起民，毛安国，龚剑洪，等. LCO 选择性加氢 - 催化裂化组合生产轻质芳烃（LTA）技术工业实践 [J]. 石油炼制与化工，2020, 51(12): 1-5.

[86] 曾光乐，陈蓓艳，王中军，等. 多产丙烯和异丁烯催化裂化助剂 FLOS-III 的工业应用 [J]. 石油炼制与化工 [J]. 2015, 46(3):24-28.

[87] 许明德，田辉平，罗一斌. 提高液化气中丙烯含量助剂 MP031 的开发和应用 [J]. 石油炼制与化工，2006, 37(9):23-27.

[88] 高永灿，叶天旭，李丽，等. 镍对催化裂化催化剂的污染特性 [J]. 中国石油大学学报（自然科学版），2000(3):41-45.

[89] 谭丽，汪燮卿，朱玉霞，等. 钒污染 FCC 催化剂上钒的价态变化及其对催化剂结构的影响 [J]. 石油学报（石油加工），2014, 30(3): 391-397.

[90] 王达林，张峰，冯景民，等. DCC-plus 工艺的工业应用及适应性分析 [J]. 石油炼制与化工，2015,

46(2): 71-75.

[91] 马文明、李小斐、朱根权，等. 重油催化裂解多产轻质芳烃工艺的研究 [J]. 石油炼制与化工，2015，46(8):4-9.

[92] 杜伟、黄星亮、郑彦斌. 国内外催化裂化 CO 助燃剂的现状与进展 [J]. 石油化工，2002, 31(12): 1022-1027.

[93] Barth J, Jentys A, Lercher J A. Development of novel catalytic additives for the in situ reducetion of NO_x from fluid catalytic cracking units[J]. Stud Surf Sci Catal, 2004, 154: 2441-2448.

[94] 宋海涛、郑学国、田辉平，等. 降低 FCC 再生烟气 NO_x 排放助剂的实验室评价 [J]. 环境工程学报，2009, 3(8): 1469-1472.

[95] Sexton J A. FCC emission reduction technologies through consent decree implementation: FCC NO_x emissions and controls[M]//Occelli M L. Advances in Fluid Catalytic Cracking. Boca Raton: CRC Press, 2010, 315-350.

[96] 蒋文斌、冯维成、谭映临，等. RFS-C 硫转移剂的试生产与工业应用 [J]. 石油炼制与化工，2003, 12: 21-25.

[97] 杨磊、王寿璋、宋海涛，等. 控制蓝烟和拖尾的增强型 RFS 硫转移剂的工业应用 [J]. 石油炼制与化工，2018, 12: 10-15.

[98] 周梓杨、潘涛、关永恒. 硫转移剂 RFS09 在 RFCC 烟气脱硫中的工业应用 [J]. 石油炼制与化工，2020, 51(5): 90-94.

[99] 贺安新、谢海峰、刘学川，等. 增强型 RFS09 硫转移剂工业应用 [J]. 炼油技术与工程，2019, 49(7): 57-60.

[100] 侯利国、王学春、龚朝兵，等. 硫转移剂 RFS09 在催化裂化装置中的应用 [J]. 石化技术与应用，2019, 37(4): 260-262.

[101] 李绍启、陈良军. 催化裂化烟气脱硫废水 COD 处理探讨 [J]. 石油和化工设备，2017, 20(7): 114-116.

[102] 陈妍、姜秋桥、宋海涛，等. 模拟不完全再生 FCC 装置 CO 锅炉中 NH_3 的转化规律 [J]. 石油炼制与化工，2017, 7: 6-9.

[103] 隋亭先、谢晨亮、林春阳，等. FP-DSN 三效助剂在催化裂化装置上的工业应用 [J]. 工业催化，2017, 7: 76-80.

[104] 白云波、孙学锋、张伟，等. 硫转移剂协同脱硫脱硝助燃三效助剂在催化裂化装置上的应用 [J]. 精细石油化工，2016, 1:50-55.

[105] 闫成波、宋海涛、蔡锦华，等. CCA-1 脱硫脱硝助燃助剂在高桥石化 2# 催化的应用 [C]// 中国石化催化裂化技术交流会论文集. 北京：中国石化出版社，2018: 652-658.

第七章
催化加氢新材料

第一节　催化加氢材料基本概念和分类 / 296

第二节　催化加氢材料设计原理 / 297

第三节　催化加氢材料结构特点与分析表征 / 311

第四节　催化加氢材料的生产与制备 / 320

第五节　催化加氢材料应用 / 327

第六节　多产化工原料型催化加氢材料的特点与应用 / 340

第七节　润滑油异构脱蜡催化加氢材料的特点与应用 / 356

第八节　催化加氢材料的回收与利用 / 362

第九节　总结与展望 / 368

催化加氢是高效绿色化生产清洁油品和化工原料的重要技术。目前国内炼油厂可获得的原油继续呈现劣质化和高硫化的趋势，但伴随着环保法规的日益严格，油品升级不断加快，炼油行业逐渐由以生产油品为主转向油化一体化、多产化工原料和特种产品，市场竞争愈发激烈。为了更好地应对瞬息万变的发展新形势，研究者一直致力于使石油资源高效利用的催化加氢新材料（新型加氢催化剂）的研发，以帮助炼油企业进一步提高轻质油收率，并实现低成本、绿色生产清洁油品，以及多产汽油、油化结合等关键技术的提升，从而创造更大的经济效益和社会效益[1-7]。

在现代炼油工业中，催化加氢技术主要分为加氢处理和加氢裂化两大类。加氢处理的特点是在催化加氢过程中原料油分子的大小分布和结构基本不变或只有不大于 10% 的原料油分子发生变化，包括传统意义上的加氢精制技术和加氢处理技术。加氢裂化的特点是在催化加氢过程中有大于 10% 的原料油分子会变小，包括传统意义上的缓和加氢裂化技术、中压加氢裂化技术和高压加氢裂化技术[8]。根据催化加氢原料油中目标反应分子的化学反应差异，就可以量体裁衣，设计制备专用的加氢处理催化剂、加氢裂化催化剂以及适宜的催化剂级配技术和配套的加氢工艺，最终达到预期的催化加氢效果。

第一节
催化加氢材料基本概念和分类

加氢催化剂（催化加氢材料）一般由多种原材料组成，例如，载体材料、金属前驱体材料、改性助剂和有机添加物等。载体材料包括：氧化铝、二氧化硅、二氧化钛、无定形硅铝、分子筛、活性炭以及复合氧化物等。金属前驱体材料包括：金属及其化合物等，如金属镍、硝酸镍、硫酸镍、碱式碳酸镍、氧化镍、氢氧化镍、金属钴、硝酸钴、硫酸钴、碱式碳酸钴、氧化钴、氢氧化钴、三氧化钼、七钼酸铵、磷钼酸、三氧化钨、偏钨酸铵、磷钨酸、磷钼钨酸、金属铂、氯铂酸、二亚硝基二氨铂、金属钯、氯化钯和二氯四氨合钯等。常见的改性助剂包括：氟、磷、硼、硅、钛和镁等改性元素。添加改性元素时，一般使用其可溶性化合物，例如，氟化铵、氟硅酸铵、磷酸、磷酸铵、磷酸氢铵、磷酸二氢铵、硼酸、硼酸铵、正硅酸乙酯、钛酸四丁酯、硫酸钛和硝酸镁等。常见的有机添加物包括：有机酸、有机醇、糖类化合物和表面活性剂等。例如，有机酸可选反式1,2- 环己二胺四乙酸、乙二胺四乙酸、氨基三乙酸、柠檬酸、草酸和乙酸等；有机醇可选乙醇、乙二醇和聚乙二醇等；糖类化合物可选葡萄糖和蔗糖等；表面活性剂可选十二烷基三甲基溴化铵、十四烷基三甲基溴化铵、十六烷基三甲基溴化铵和十二烷基苯磺酸钠等。

如上所述，可供选择的载体材料、金属前驱体材料、改性助剂和有机添加物等的种类很多，在实际制备催化剂时需要统筹考虑催化功能的具体要求、原材料的特点、配制溶液的稳定性、活性金属组分的分散状态、整个制备流程的优化以及安全环保等多方面因素，从而"量体裁衣"，采用适宜的新材料和制备技术以实现新型加氢催化剂的高效研发。

加氢催化剂按有无载体可分为非负载型催化剂和负载型催化剂。非负载型催化剂没有载体（有些含有少量黏结剂），由金属组成，例如，骨架镍（雷尼镍）、二硫化钼、二硫化钨等。负载型催化剂主要由载体和负载其上的金属物种组成，一般采用具有较大比表面积和适宜孔道结构的载体以实现金属物种的有效分散。进行这样的催化剂制备，一方面可以显著降低活性金属的用量使催化剂成本降低；另一方面，针对不同反应的具体需求，可以通过调控催化剂组成（载体、活性金属、助剂等）以及制备参数，实现催化剂的灵活设计和特定催化功能的强化。因此，负载型催化剂的应用相对更广泛，如无特殊标注，本章所述均指负载型催化剂。

按实际加氢反应过程中活性金属存在的状态，主要分为硫化态催化剂和还原态催化剂两大类。硫化态催化剂常用的金属是 Co、Mo、Ni、W，经硫化后形成的活性相 Co(Ni)-Mo(W)-S 具有较高的催化活性。还原态催化剂常用的金属是 Ni、Pt、Pd 等，经还原后生成的还原态金属具有较高的催化活性。

根据加氢反应的具体要求，研究者会专门研发强化特定催化功能的加氢催化剂。例如，为了有效脱除油品中的杂原子（硫、氮、氧等）、金属（镍、钒、铁等）以及促进特定组分（烯烃、炔烃、芳烃、环烷烃、烷烃等）的定向转化，可以依据其加氢反应化学分别命名为加氢脱硫催化剂、加氢脱氮催化剂、加氢脱氧催化剂、加氢脱金属催化剂、烯烃加氢催化剂、炔烃加氢催化剂、芳烃加氢催化剂、环烷烃加氢异构/开环/裂化催化剂和烷烃加氢异构/裂化催化剂等。按照催化加氢过程处理原料的不同，可分为轻烃馏分、汽油馏分、煤油馏分、柴油馏分、重馏分油、润滑油基础油、白油和蜡以及渣油等加氢催化剂。

第二节
催化加氢材料设计原理

加氢催化剂的设计原理一般是根据实际加氢工况条件、原料油中目标反应分子的反应化学特点，选择适宜的载体材料和金属前驱体材料，调控制备参数以达到合适的金属 – 载体相互作用，然后调变硫化 / 还原条件促使其形成更多的、分散更好的活性中心。

对于硫化态负载型催化剂来说，硫化态金属活性相形貌结构主要与催化剂的制备参数（例如，载体的表面结构性质、浸渍液中金属前驱体的分子结构特点等）以及硫化过程参数（例如，硫化温度、硫化压力、硫化气体的组成等）紧密相关。

一、载体表面结构性质的影响

载体的表面结构性质对金属物种的分散状态发挥着至关重要的作用。以氧化铝为例，红外表征发现氧化铝表面具有丰富的羟基，包括碱性羟基（$3770 \sim 3790 cm^{-1}$ 处）、中性羟基（$3730 cm^{-1}$ 附近）和酸性羟基（$3680 cm^{-1}$ 附近）。不同金属物种与氧化铝表面作用的位点不同会导致其在氧化铝表面的分散特性存在一定的差异。对比一系列不同钼和钨负载量的 Mo/Al_2O_3 催化剂和 W/Al_2O_3 催化剂的红外羟基表征结果发现，钼倾向与氧化铝的碱性羟基和中性羟基作用，而钨优先与氧化铝的中性羟基作用。既然钼和钨均与中性羟基相互作用，那么，当采用共浸渍法制备 MoW/Al_2O_3 催化剂时，就会促使钼物种和钨物种在氧化铝表面进行竞争吸附，从而改变其分散状态。H_2-TPR 表征结果表明，与 W/Al_2O_3 相比，由于钼的引入，可以显著促进 MoW/Al_2O_3 上钨物种的还原 [9]。

为了调变金属物种的分散状态，可通过改变氧化铝的制备条件，例如，提高焙烧温度、水热处理等来调控氧化铝表面的羟基种类和分布。当氧化铝焙烧温度从 600℃提高到 900℃时，由于高温焙烧会加剧氧化铝羟基缩合脱水反应，羟基数量显著减少，从而减弱了金属与载体的相互作用，并提高了所负载金属物种的可还原性 [9]。另外，通过水热处理拟薄水铝石（标记为 PB-HT）或水热处理 γ-Al_2O_3（标记为 γ-HT）可以调控最终所得氧化铝的晶粒大小。表征结果表明，未经水热处理制备的氧化铝 Al_2O_3-(PB) 晶粒大小为 3.2nm，采用水热处理拟薄水铝石制备的氧化铝 Al_2O_3-(PB-HT) 晶粒大小为 4.0nm，采用水热处理 γ-Al_2O_3 制备的氧化铝 Al_2O_3-(γ-HT) 晶粒大小为 6.6nm。与未经水热处理制备的氧化铝相比，水热改性制备的氧化铝的晶粒尺寸变大，晶粒形貌结构和堆积方式等均发生改变（见图 7-1），其比表面积和孔体积有所减小。值得注意的是，与未经水热处理制备的氧化铝相比，通过水热改性制备的氧化铝具有较多的碱性羟基（$3775 cm^{-1}$ 附近）。

为了进一步对比水热改性前后氧化铝表面性质的差异，采用钼平衡吸附法测定不同氧化铝的钼平衡吸附量。测定方法如下：将氧化铝载体粉末加入一定浓度的七钼酸铵水溶液中，在室温下连续搅拌至吸附平衡后，将所得悬浮液过滤，滤饼经洗涤、干燥、焙烧后得到相应样品。采用 X 射线荧光分析样品中 MoO_3 的质量分数。钼平衡吸附量是一个可以基本反映氧化铝表面羟基多少以及金属和氧化铝载体相互作用的参数。研究发现，通过水热改性制备的氧化铝的钼平衡吸附量与未经水热处理制备的氧化铝相比有所降低（见图 7-2），表明其表面羟基数量一定程度减少，有利于减弱金属与载体的相互作用。以水热改性制备的氧化铝为载体，采用孔饱和浸渍法制备的催化剂 $NiMo/Al_2O_3$-(PB-HT) 比参比催化剂 $NiMo/Al_2O_3$-(PB) 表现出更高的 4,6- 二甲基二苯并噻吩（4,6-DMDBT）加氢脱硫活性[10]。

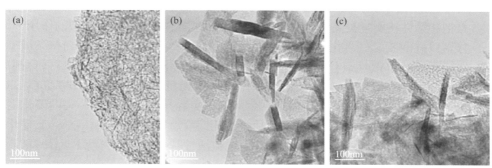

图7-1 改性前后氧化铝的TEM图：（a）Al_2O_3-(PB)；（b）Al_2O_3-(PB-HT)；（c）Al_2O_3-(γ-HT)

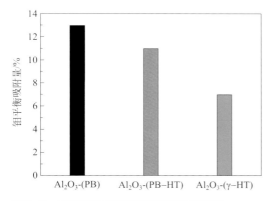

图7-2 改性前后氧化铝的钼平衡吸附量

此外，引入改性元素，例如，氟[11-16]、磷[17]、硅[18]、镁[19]、硼[20]、碳[21]等也可实现对氧化铝表面结构的修饰。改性元素的引入通常采用初始润湿法（孔饱和浸渍法），用含相应改性元素化合物［例如，$Mg(NO_3)_2$、H_3BO_3、NH_4F、

H₃PO₄ 或其铵盐〕的水溶液浸渍氧化铝，然后经干燥和焙烧后得到相应的改性氧化铝。引入的改性元素一般倾向于和氧化铝表面的配位不饱和铝和羟基发生作用，从而在一定程度上调变了钼（钨）物种与载体的相互作用。例如，将氟负载于氧化铝表面时，一方面氟可以取代氧化铝表面的羟基或与表面的 Al 配位以表面基的形式存在；另一方面，氟还可以扩散进入氧化铝晶格形成 $AlF_i(OH)_{3-i}$ (i=1 ～ 3) 等物种。氟改性氧化铝可产生 B 酸中心，同时也使 L 酸中心的数量减少，有利于减少催化剂表面积炭，延长催化剂的使用周期。氟改性氧化铝的 XRD 衍射峰并未发生明显的变化，但与未改性氧化铝相比，氟改性氧化铝的孔体积和比表面积有所减小，羟基数量则显著减少，孔径略有增大。采用氟改性氧化铝制备的镍钨催化剂与不含氟的 NiW/γ-Al₂O₃ 催化剂相比，加氢脱硫、加氢脱氮和芳烃加氢饱和活性均明显提高 [11-16]。在催化剂制备过程中引入硅也有类似的作用，例如，分别以硅溶胶、二氧化硅粉、正硅酸乙酯为硅源，与拟薄水铝石粉挤条成型，经焙烧后制成硅改性氧化铝载体，然后通过孔饱和浸渍法制备负载型催化剂 NiW/Al₂O₃-SiO₂。与 NiW/Al₂O₃ 催化剂相比，采用无机硅源制备的 NiW/Al₂O₃-SiO₂ 催化剂的金属 - 载体相互作用减弱，金属物种更容易被硫化还原，钨的硫化度明显提高，对 4,6-DMDBT 的加氢脱硫活性也相应有所提高；NiW/Al₂O₃-SiO₂ 催化剂中钨的硫化度与其对 4,6-DMDBT 的加氢脱硫活性基本呈线性关系（见图 7-3）[18]。

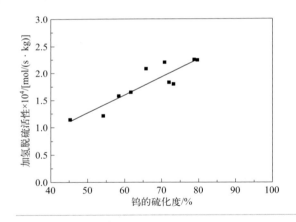

图7-3
NiW/Al₂O₃-SiO₂催化剂钨的硫化度与加氢脱硫活性的关系

选用适宜的有机物作为碳源，在惰性气氛中处理，进行碳改性也可调变氧化铝的羟基分布。例如，以柠檬酸为碳源，对氧化铝进行碳改性 [21]，先配制柠檬酸的水溶液，然后按孔饱和浸渍法浸渍氧化铝载体，120℃下干燥 3h 后，在氮气气氛中于 550℃下处理 4h。与未改性氧化铝相比，碳改性氧化铝的碱性羟基和中性羟基的数量明显减少，金属 - 载体相互作用一定程度减弱，更有利于金属物种的硫化还原，进而形成片晶尺寸较大、堆叠层数较高的 (Ni)WS₂ 活性相。引入其他改性元素，例如，镁、硼和磷，也有类似的效果。研究者还发现改性元素除了改变活性相的形貌以外，还在一定程度上调变了毗邻活性相的电子结构特性。CO-IR 吸附实验结果表明镁的加入增加了 MoS_2 片晶的电子密度[19]；但是，引入硼却增强了 MoS_2 和 CoMoS 片晶的缺电子性[20]。用镁或硼等改性后催化剂的加氢脱硫和加氢脱氮活性均有提高，可归因于活性相形貌结构和电子结构特性改变的共同影响。

二、金属前驱体分子结构的影响

选择一种适合的载体后，加氢催化剂性能取决于另一个关键制备参数——浸渍液中金属前驱体的分子结构。根据金属前驱体分子结构是否含硫可以分为氧化态金属前驱体（例如，七钼酸铵、偏钨酸铵等）和硫化态金属前驱体（四硫代钼酸铵、三硫化钼等）。

（1）氧化态金属前驱体的影响

虽然制备加氢催化剂通常所用的活性金属元素为钴、镍、钼和钨，但是浸渍液中金属前驱体的存在形式以及分子结构特点会随着制备方法的改变而变化[22-31]。例如，在制备 $Ni/W/Al_2O_3$ 催化剂时[22]，分别将采用氨水或硝酸调配的具有不同 pH 值的柠檬酸 - 硝酸镍水溶液浸渍 W/Al_2O_3。研究发现，以柠檬酸（Cit）的水溶液和硝酸镍的水溶液为参比，pH 值为 0.3 的 Ni-Cit 水溶液的红外光谱未见不同，因为柠檬酸中的羧酸未解离，也就不会络合；pH 值为 3.4 和 5.1 时，在 $1703 \sim 1713cm^{-1}$ 附近存在弱肩峰，表明一部分未解离的羧酸基团仍然存在，溶液中除了 $[Ni(Cit)_2(H_2O)_4]^{4-}$ 以外，还有 $[Ni(HCit)(Cit)(H_2O)_4]^{3-}$；但是在 pH 值为 8.7 时，仅存在 $[Ni(Cit)_2(H_2O)_4]^{4-}$ 物种。与不含柠檬酸的镍钨催化剂相比，引入柠檬酸的镍钨催化剂均表现出更高的 4,6-DMDBT 加氢脱硫活性；而且，通过调节溶液的 pH 值控制镍前驱体的存在形式，可有效地促进 Ni-W-S 活性相的形成；其中 pH 值约为 5 时，制备的镍钨催化剂加氢脱硫活性最高。

此外，制备具有特定分子结构的新型杂多化合物也受到越来越多的关注[26-29]。研究发现，使用含钴钼酸盐杂多阴离子的络合剂，可以改善 Co 的助剂效果[26]。Klimov 等[29]制备了一种以 $[Mo_4(C_6H_5O_7)_2O_{11}]^{4-}$ 为核心结构的钴钼柠檬酸络合物，分析表征证明两个钴离子分别以与含钼阴离子的末端氧、柠檬酸根配体中心碳原子上的氧以及两个羧基上的氧配位的形式存在；采用该柠檬酸络合物制备的钴钼催化剂在直馏柴油加氢脱硫过程中表现出较高的活性，可满足硫含量低于 $10\mu g/g$ 清洁柴油的生产。采用设计的 Strandberg P-Mo-Ni 多金属氧酸盐前驱体能显著促进高度分散 Ni-Mo 物种的形成，然后在较低的硫化温度下转化为丰富且易接近的 Ni-Mo-S 活性中心[27]。与 $H_4(SiMo_{12}O_{40})$ 和 $H_4(SiW_{12}O_{40})$ 杂多酸的机械混合物相比，使用混合的 $SiMo_nW_{12-n}$ 杂多酸作为前驱体，即在 SiW Keggin 型杂多酸结构中掺入钼，能提高金属的硫化度，减小活性相片晶尺寸，增加活性中心数量[24]。总的来说，与采用常规金属前驱体相比，采用经精细控制溶液反应、过滤、蒸发和阳离子交换等合成的具有特定分子结构的新型金属前驱体制备的催化剂表现出更高的活性，指明了可以从分子角度来设计新型加氢催化剂。

含有柠檬酸的镍钼磷浸渍溶液中金属前驱体分子结构种类较多且比较复杂，为了能有效鉴别和区分其中不同分子结构的金属前驱体对催化剂性能的影响，需要设计制备不同的金属浸渍液，以制备相应的催化剂。本书著者团队[30,31]以柠檬酸、三氧化钼和碱式碳酸镍制备的 P-0 溶液为基准，在 P-0 溶液基础上通过依次不断增加磷钼摩尔比（0.1、0.3、0.5）分别制备了三种柠檬酸-镍-钼-磷溶液 P-1、P-2、P-3。以磷酸、三氧化钼和碱式碳酸镍制备了 P-4 溶液（磷钼摩尔比为 0.5）。然后，以氧化铝为载体，用不同金属浸渍液浸渍制备获得 $NiMo/Al_2O_3$ 催化剂（CP-0，CP-1，CP2，CP-3 和 CP-4），以考察金属前驱体存在形式对催化剂加氢脱硫性能的影响。UV-Vis（紫外-可见光谱法）和 LRS（激光拉曼光谱）等表征结果表明，P-0 和 P-4 浸渍液中分别有 $[Mo_4(Cit)_2O_{11}]^{4-}$ 和 $[P_2Mo_5O_{23}]^{6-}$，而在 P-1、P-2 和 P-3 浸渍液中检测到的含钼前驱体主要有类 $[Mo_4(Cit)_2O_{11}]^{4-}$、$[P_2Mo_5O_{23}]^{6-}$ 和 $[P_2Mo_{18}O_{62}]^{6-}$ 等。当浸渍液中同时添加柠檬酸和磷酸时，可改变镍物种的存在状态（见图 7-4）。催化剂硫化后采用碳含量分析、N_2 物理吸附、TEM 和 XPS 进行表征，结果表明不同金属前驱体均会产生 (Ni)MoS_2 片晶形貌结构，但镍助催化效果有差异，引入的柠檬酸在硫化过程中会部分转化为碳物种保留在催化剂上。与采用 $[Mo_4(Cit)_2O_{11}]^{4-}$ 前驱体制备的催化剂 CP-0 和采用 $[P_2Mo_5O_{23}]^{6-}$ 前驱体制备的催化剂 CP-4 相比，采用浸渍液中同时存在类 $[Mo_4(Cit)_2O_{11}]^{4-}$、$[P_2Mo_{18}O_{62}]^{6-}$ 和 $[P_2Mo_5O_{23}]^{6-}$ 等含钼前驱体制备的催化剂 CP-2 由于其能形成更多分散较好的 Ni-Mo-S 活性相而表现出更高的 4,6-DMDBT 加氢脱硫活性（见图 7-5）。

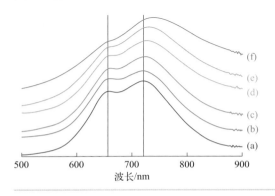

图7-4

不同金属前驱体溶液的紫外-可见光谱

（a）硝酸镍水溶液；（b）P-0；（c）P-4；（d）P-1；（e）P-2；（f）P-3

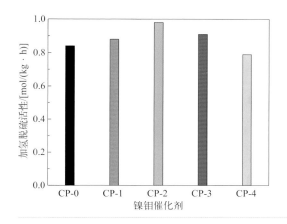

图7-5

不同金属前驱体制备的镍
钼催化剂的加氢脱硫活性

在研究钴钼磷溶液的合成条件时发现[3]，通过精确控制温度等合成条件，可以有效地避免钴和钼物种分别以各自前驱体形式存在。图 7-6 为钴钼磷溶液的紫外 - 可见光谱图随着合成温度改变的变化情况。由图 7-6 可见，钴钼磷溶液中的水合钴离子的数量随着合成温度的升高而逐渐减少；在 110℃时，水合钴离子已基本消失，与钼物种反应生成钴钼杂多化合物，即钴进入了钼杂多化合物的骨架。用电喷雾离子化高分辨质谱对热处理前后的两个金属前驱体溶液进行表征分析（见图 7-7），发现处理后的金属前驱体溶液中出现了 $[H_2CoMo_4PO_{16}]^-$ 和 $[HCoMo_6O_{20}]^{2-}$ 等钴钼杂多阴离子，说明热处理可以促进钴钼杂多化合物的定向生成，这与上述紫外 - 可见光谱的表征结果一致。经热处理制备的催化剂金属前驱体溶液的密度和黏度均有所降低，其中黏度降低有利于金属前驱体在载体孔道中扩散并分布均匀。通过精确控制金属前驱体溶液的合成条件及对活性相金属前驱体离子形态和溶液性质的进一步优化，本书著者团队构建了高性能活性相，所制备的钴钼催化剂形成的 Co-Mo-S 活性相数量更多，加氢脱硫活性更高，有利于拓宽装置的操作温度范围，并延长装置的运转周期。

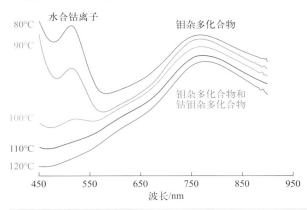

图7-6

不同温度下合成的金属前驱
体溶液的紫外-可见光谱

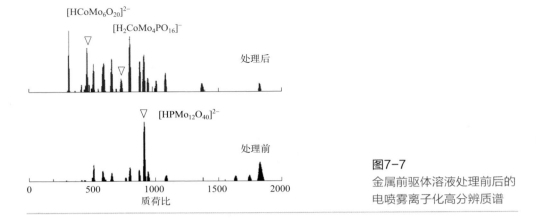

图7-7
金属前驱体溶液处理前后的
电喷雾离子化高分辨质谱

（2）硫化态金属前驱体的影响

采用氧化态金属前驱体制备加氢催化剂有利于活性组分在载体表面上分散，但金属物种与氧化铝载体之间易形成较强的相互作用，硫化较为困难或硫化不充分，导致金属利用率不高，因此，研究者提出采用硫化态金属前驱体制备加氢催化剂以解决这个问题。柴永明等[32]改进了四硫代钼酸铵的合成过程，将仲钼酸铵（或三氧化钼）在温热的浓氨水中溶解，再加入硫化铵溶液，使其在 60～70℃反应 30min；最后将反应后的体系冷却至 0℃进行结晶，60min 后通过布氏漏斗抽滤，用去离子水和无水乙醇分别洗涤 3 遍，经晾干后得到晶形好、纯度高的四硫代钼酸铵棕红色针状结晶。采用硫化态金属前驱体四硫代钼酸铵，通过浸渍法制备了硫化态 $NiMoS/\gamma\text{-}Al_2O_3$ 催化剂。研究发现金属组分与 $\gamma\text{-}Al_2O_3$ 载体的相互作用较弱，形成的 MoS_2 片晶分散较好、平均尺寸较大且堆叠层数较高；以 FCC 柴油为原料，硫化态 $NiMoS/\gamma\text{-}Al_2O_3$ 催化剂的加氢脱硫、脱氮和脱芳烃性能均优于参比工业催化剂 CK-2[33]。刘大鹏等[34]通过将四硫代钼酸铵加入十六烷基三甲基溴化铵水溶液中，搅拌反应 1h，在室温中静置 24h，过滤、洗涤得到了橙红色晶体十六烷基三甲基四硫代钼酸铵，产物较纯、结晶较好。由于烷基的引入，Mo—S 键的红外振动峰移向较低的波数，MoS_4^{2-} 的吸收发生蓝移。十六烷基三甲基四硫代钼酸铵在 N_2 气流中热分解的液体产物为 $C_{16}H_{33}N(CH_3)_2$，分解所得的 MoS_2 固体产物的比表面积为 255m^2/g，孔体积为 0.14cm^3/g，平均孔径为 2.15nm，而由四硫代钼酸铵直接分解得到的 MoS_2 的比表面积为 60m^2/g，孔体积为 0.092cm^3/g。表明十六烷基三甲基溴化铵的引入有利于促进具有较大孔道和比表面积的 MoS_2 形成，对较大含硫化合物分子的扩散和反应均有利。另外，通过改变引入烷基链的大小或长度，可以一定程度上调控所制备 MoS_2 的孔径分布。

在浆态床加氢工艺的开工和补充置换催化剂阶段需要直接使用硫化态的催化剂，不能像常规固定床加氢工艺中器内硫化后再进行反应。柴永明等[35]提出了一种优化的催化剂制备方法：用四硫代钼酸铵的络合剂水溶液浸渍一定粒度的 γ-Al_2O_3 微球，经 120℃下干燥后，再浸渍磷酸二氢铵和硝酸镍的水溶液；然后在 120℃下干燥，在氮气气氛中 500℃下焙烧 3h，制成硫化态镍钼催化剂，使用前无需再进行预硫化。在浸渍液中引入络合剂有利于提高 MoS_2 在氧化铝载体表面的分散度。以 FCC 柴油为原料，加入质量分数为 6%（以原料油质量为基准）的催化剂，在反应温度为 350℃、压力为 6MPa、反应时间为 2h 的条件下，加氢脱硫率为 85.1%，加氢脱氮率为 82.0%。

考虑到 MoS_3 常温不易被氧化，经热处理即可转化为 MoS_2，因此，MoS_3 也可作为加氢催化剂的一种硫化态金属前驱体。本书著者团队[36]按 S/Mo 物质的量之比为 5，称取一定量的硫代乙酰胺和钼酸钠，加入去离子水在常温下搅拌溶解；再加入无水乙醇或十六烷基三甲基溴化铵溶剂作为分散剂，通过加入稀硝酸溶液调节 pH 值；最后，将混合溶液转移至盛有 γ-Al_2O_3 载体的带聚四氟乙烯内衬的不锈钢反应釜中，密闭后在 70～120℃下进行处理，使其发生化学反应。反应结束后，进行过滤、洗涤，生成的 MoS_3 纳米颗粒会沉积在 γ-Al_2O_3 载体表面，在 N_2 氛围中干燥后，即得到 MoS_3/γ-Al_2O_3 复合材料。再采用孔饱和浸渍法，按照 Mo/Co 物质的量之比为 0.5，用硝酸钴溶液浸渍上述 MoS_3/γ-Al_2O_3 复合材料，在 N_2 氛围中干燥后，即得到负载型硫化态钴钼加氢催化剂 Co/MoS_3/γ-Al_2O_3。研究发现，以乙醇为分散剂，当反应温度为 85～120℃、钼酸钠物质的量浓度为 0.1mol/L、反应体系 pH 值为 1～2、反应时间为 8h～24h 时，合成的 MoS_3/γ-Al_2O_3 复合材料中 MoS_3 沉积量为 6.28%～8.68%（以 MoO_3 质量分数计）；与常规氧化态催化剂 Co/MoO_3/γ-Al_2O_3 相比，所制备的 Co/MoS_3/γ-Al_2O_3 硫化态催化剂具有更高的 4,6-DMDBT 加氢脱硫活性。

三、载体表面结构性质和金属前驱体分子结构的共同影响

设计制备负载型加氢催化剂的核心参数主要包括载体表面结构性质和浸渍液中金属前驱体分子结构。在研发加氢催化剂时，需要统筹考虑载体表面结构性质与浸渍液中金属前驱体分子结构的合理匹配，以保证硫化后能够形成更多且满足特定目标分子反应要求的活性相结构。本书著者团队[16]采用两种不同结构的含钨前驱体（偏钨酸铵和磷钨酸）、氧化铝和氟改性氧化铝，通过平衡吸附实验测定了不同钨前驱体在 Al_2O_3 和 F-Al_2O_3 载体上的吸附行为差异。Al_2O_3 和 F-Al_2O_3 在钨物质的量浓度相同的偏钨酸铵水溶液和磷钨酸水溶液中的吸附量见表 7-1。

表7-1　平衡吸附实验结果

样品	在偏钨酸铵水溶液中吸附后WO₃的质量分数/%	在磷钨酸水溶液中吸附后WO₃的质量分数/%
Al₂O₃	16.0	24.0
F-Al₂O₃	6.9	12.9

从表 7-1 可以看出，在偏钨酸铵水溶液和磷钨酸水溶液中，F-Al₂O₃ 的吸附量均比 Al₂O₃ 显著下降。这是由于氟改性后的 F-Al₂O₃ 表面各类羟基数量均较少，从而钨物种在其上可吸附的位点相应减少；另外，Al₂O₃ 和 F-Al₂O₃ 在偏钨酸铵水溶液中的吸附量均显著低于在磷钨酸水溶液中的吸附量。为了对比不同钨前驱体在 Al₂O₃ 和 F-Al₂O₃ 载体上的分散差异对钨物种硫化行为的影响，借助 XPS（X射线光电子能谱法）对新鲜硫化态样品进行了分析表征。结果显示，W/Al₂O₃、W/F-Al₂O₃、PW/Al₂O₃ 和 PW/F-Al₂O₃ 中钨的硫化度分别为 67%、78%、67% 和 77%。说明当载体相同时，无论采用偏钨酸铵还是磷钨酸，在实验硫化条件下其钨的硫化度并未发生明显变化；但是，与以氧化铝为载体制备的 W/Al₂O₃ 和 PW/Al₂O₃ 相比，采用氟改性氧化铝为载体制备的 W/F-Al₂O₃ 和 PW/F-Al₂O₃ 中钨的硫化度却显著提高。这是由于氟改性显著减少了氧化铝表面羟基的数量，减弱了钨物种与载体的相互作用，并促进了钨物种的硫化。用 TEM 分析表征新鲜硫化态样品的活性相形貌结构，发现 W/F-Al₂O₃ 比 W/Al₂O₃ 的 WS₂ 片晶平均长度变长，平均层数增加；而 PW/F-Al₂O₃ 比 PW/Al₂O₃ 的 WS₂ 片晶平均长度略有增长，平均层数有所增加。4,6-DMDBT 加氢脱硫评价结果表明，以 F-Al₂O₃ 为载体制备的催化剂比以 Al₂O₃ 为载体制备的催化剂的加氢脱硫活性均明显提高；当载体相同时，采用磷钨酸制备的催化剂加氢脱硫活性均更高。其中，采用磷钨酸和氟改性氧化铝制备的催化剂，由于钨物种能够较充分地被硫化，形成更多的、堆叠层数适中的 WS₂ 片晶，因此展示出最高的 4,6-DMDBT 加氢脱硫活性。

郑世富等[37] 以自制的具有高比表面积的纳米氧化镁为载体，分别以七钼酸铵和四硫代钼酸铵为钼源，采用浸渍法制备了相应的催化剂 CoMo/MgO-O 和 CoMo/MgO-S；并以 γ-Al₂O₃ 为载体，以七钼酸铵为钼源，制备了参比催化剂 CoMo/γ-Al₂O₃-O。上述催化剂均采用体积分数为 15% 的 H₂S/H₂ 混合气在 400℃下硫化 3h。研究发现，CoMo/MgO-S 比 CoMo/MgO-O 具有更大的比表面积、更高的钼硫化度和活性相片晶堆叠层数；CoMo/MgO-S 催化剂对 4,6-DMDBT 的转化率为 70.8%，而 CoMo/γ-Al₂O₃-O 和 CoMo/MgO-O 催化剂对 4,6-DMDBT 的转化率分别为 59.8% 和 52.3%。这主要是由于氧化镁载体表面碱中心的数量和强度均高于 γ-Al₂O₃ 载体；当以七钼酸铵为前驱体制备催化剂时，酸性的 Mo 氧化物与碱性的氧化镁载体之间存在较强的相互作用，这就导致 CoMo/MgO-O 比 CoMo/γ-Al₂O₃-O 更容易形成单层 MoS₂ 活性相，其加氢活性较低，不利于 4,6-DMDBT 的加氢脱硫；当以 $(NH_4)_2MoS_4$ 为前驱体时，MoS_4^{2-} 与氧化镁载体的相互作用较弱，经硫化后易形成多层 MoS_2 活性相，从而表现出较高的 4,6-DMDBT 加氢脱硫活性。

张景成等[38]以甲烷为碳源、Ni/MgO 为催化剂，经化学催化气相沉积法制备了碳纳米管（CNTs）；并以碳纳米管为载体、四硫代钼酸铵为钼源，采用孔饱和浸渍法制备了硫化型 NiMoS/CNTs 催化剂。研究发现碳纳米管负载的 NiMoS/CNTs 催化剂的起始还原温度较低，钼的硫化度高，具有适宜的二硫化钼片晶长度和较高的堆叠层数，活性位密度更大，因此，NiMoS/CNTs 催化剂的二苯并噻吩加氢脱硫活性以及选择性（产物中环己基苯与联苯的质量之比）均明显高于 NiMoS/γ-Al$_2$O$_3$ 催化剂。

综合以上研究结果可以看出，在加氢催化剂制备过程中，通过对载体表面结构性质以及浸渍液中金属前驱体分子结构的优化匹配设计，可以实现对硫化态金属活性相片晶形貌的调控，为开发新型加氢催化剂提供了有力的理论支撑和技术支持。

四、硫化过程参数的影响

硫化是将氧化态催化剂转化为硫化态催化剂并同时形成活性相结构的关键过程[39]。硫化过程的参数包括反应介质的状态（气体或液体）、硫化剂[40]、硫化压力[41-44]、硫化温度[45-47]和气体成分[48,49]，其均对活性相结构的形成有较大的影响。

改变反应介质的状态（液相硫化或气相硫化）和硫化剂可以调整活性相结构。采用添加 5.3% 二甲基二硫的正十六烷模型柴油进料进行液相硫化，发现二甲基二硫在 250℃ 左右开始分解释放出 H_2S，标志着液相硫化开始。经液相硫化后，形成的活性相主要是单层 MoS_2 片晶。然而，采用体积分数为 10%H_2S/H_2 进行气相硫化，得到的却是多层堆叠的 MoS_2 片晶[40]。

通过改变硫化压力也可调控活性相结构，其结果会因催化剂的金属种类（如 CoMo、NiW）、制备方法和制备条件（如干燥、焙烧、添加柠檬酸）等的不同而产生一定的差异。例如，含有质量分数为 7%Mo 和 2.25%Co 的焙烧型 CoMo/Al$_2$O$_3$ 催化剂在 400℃ 下采用体积分数为 10%H_2S/H_2 进行气相硫化，当硫化压力从 0.1MPa 增加到 4MPa 时[41]，发现（Co）MoS_2 的平均片晶长度和堆叠层数略有变化。对制备过程中引入柠檬酸仅经干燥得到的 Mo/Al$_2$O$_3$ 催化剂（柠檬酸与 Mo 物质的量之比为 2）进行硫化，当硫化压力从 0.1MPa 升高到 4MPa 时，MoS_2 平均片晶长度从 2.4nm 增加到 2.8nm[42]。采用 ^{182}W Mössbauer 光谱法研究了 NiW/Al$_2$O$_3$ 催化剂的硫化行为[43]，结果表明，在 0.1MPa 和 400℃ 条件下，采用体积分数为 10%H₂S/H₂ 进行硫化，会形成结晶不好的 WS₂，而随后在 4.0MPa 条件下进行硫化可以促进形成结晶更好的 WS₂。

本书著者团队[39] 研究了引入柠檬酸对催化剂硫化的影响。采用镍钨水溶液饱和浸渍氧化铝载体，120℃下干燥，然后经 450℃焙烧后制得 NiW 参比催化剂；以镍钨柠檬酸水溶液浸渍氧化铝载体，120℃下干燥后制得含柠檬酸络合剂的 NiWCA 催化剂。对不同硫化温度下所制备的样品进行 XPS 表征，结果见图 7-8。从图中可以看出，两个催化剂中钨的硫化度均随硫化温度的升高而提高，但含有柠檬酸的 NiWCA 催化剂钨的硫化度均明显高于不含柠檬酸的 NiW 参比催化剂。TEM 表征结果也发现，NiWCA 催化剂中的 WS₂ 片晶数量明显多于参比 NiW 催化剂，并且 NiWCA 催化剂中的 WS₂ 片晶平均长度相对更短。总体来看，引入柠檬酸可以促进钨物种的硫化，并形成数量更多尺寸较小的 WS₂ 片晶。

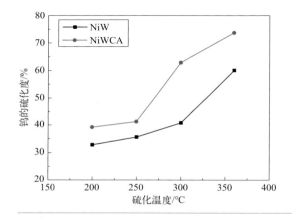

图7-8
不同硫化温度下NiW和NiWCA
催化剂钨的硫化度

本书著者团队还研究了硫化压力对不添加柠檬酸和添加柠檬酸制备的镍钨催化剂活性相结构的改变[44]，发现在硫化温度 350℃下，硫化压力在 2～8MPa 范围内改变时，随着压力的升高，两种催化剂中钨的硫化度均显著提高，(Ni)WS₂ 片晶的平均长度逐渐减小，而 (Ni)WS₂ 片晶的平均堆叠层数则呈现先增加后降低的趋势。另外，保持硫化压力不变，提高硫化温度也可以一定程度上改变活性相的结构。当硫化压力为 4MPa，硫化温度从 250℃升高到 450℃时，无论添加柠檬酸与否，所制备的 NiW/Al₂O₃ 催化剂中钨的硫化度、(Ni)WS₂ 片晶长度和平均堆叠层数均明显增加[47]。

硫化气体的组成对活性相结构的改变也起着重要作用。当以七钼酸铵为钼源制备的焙烧型 MoO₃/SiO₂ 催化剂分别采用体积分数为 10%H₂S/H₂ 和 10%H₂S/He 硫化气体在常压、400℃下硫化 2h，发现钼氧化物采用 H₂S/He 比 H₂S/H₂ 硫化更充分，采用 H₂S/He 硫化形成的 MoS₂ 片晶的平均长度减小，但是 MoS₂ 片晶的平均堆叠层数增加[48]。此外，当 $CoMo/\gamma$-Al_2O_3 催化剂分别采用体积分数为 $10\%H_2S/N_2$ 和 $10\%H_2S/H_2$ 进行硫化时，结果发现前者在钼的硫化度、（Co）MoS_2 平均片晶长度和平均堆叠层数方面均比后者有显著的提高[49]。研究表明，与 H_2S/H_2 相比，不含 H_2 的硫化气体（如 H_2S/N_2 或 H_2S/He）可明显促进负载金属物种的硫化，并削弱活性相与载体的相互作用，但活性相的形貌结构则可能因载体类型和制备方法而异。

因此，采用适当的催化剂制备方法，并结合硫化过程参数（例如，反应介质状态、硫化剂、硫化压力、硫化温度和气体成分等）的优化设计，可实现对活性相形貌结构的有效调控。

五、引入有机物的作用

在加氢催化剂制备过程中引入有机物有利于提高其催化性能。本书著者团队[4]通过剖析柠檬酸在金属浸渍溶液的配制过程以及催化剂的浸渍过程、干燥（焙烧）过程和硫化过程等各技术单元中所发挥的作用，提出了柠檬酸改善加氢催化剂催化性能的作用机制。第一，在配制金属浸渍液时加入柠檬酸，在适宜的 pH 值区间其可与金属物种形成络合物，柠檬酸的羟基和羧基还可形成"氢键网络"，实现对金属物种的包裹和隔离。第二，采用孔饱和浸渍法将金属组分负载在氧化铝上时，柠檬酸可与氧化铝表面的羟基和配位不饱和铝离子发生作用，从而"锚定"在载体表面。第三，进行催化剂干燥时，随着水的挥发金属浸渍液变得黏稠并成为干胶状，柠檬酸对金属物种的包裹和隔离作用使金属组分在干燥（焙烧）过程中仍保持较好的分散状态。第四，在硫化过程中，一方面，柠檬酸与金属物种形成的络合物可调节镍（钴）与钨（钼）物种的硫化速率；另一方面，加入的柠檬酸大部分会分解成为气体产物，但仍有部分以碳物种形式保留下来。采用 TPO-MASS 进一步表征了碳物种的分布情况，结果如图 7-9 所示，其中，以柠檬酸为碳源制备的碳改性氧化铝标记为 C-Al_2O_3；分别以 Al_2O_3 和 C-Al_2O_3 为载体，采用不含柠檬酸的浸渍液制备的镍钨催化剂依次标记为 NiW/Al_2O_3 和 $NiW/$ C-Al_2O_3，而采用含柠檬酸的浸渍液制备的镍钨催化剂依次标记为 C-NiW/Al_2O_3 和 C-NiW/C-Al_2O_3。从图 7-9 可见，新鲜硫化态催化剂（尤其是 NiW/C-Al_2O_3 和 C-NiW/C-Al_2O_3）在较低温度和较高温度分别出现了两个较弱的、宽化的 CO_2 峰。其中，较高温度出现的 CO_2 峰伴随着非常弱的 SO_2 峰，归属于"锚定"在氧化铝载体表面的柠檬酸在硫化过程中逐渐转化成碳物种沉积在载体表面。而在较低温度出现的 CO_2 峰伴随着非常强的 SO_2 峰，归属于浸渍干燥过程中紧密"包裹"金属物种的柠檬酸在硫化过程中逐渐转化成"毗邻"硫化态活性相的碳物种。

由此认为柠檬酸对催化剂活性相形貌结构的调变主要有两个功能（见图 7-10）：

第一，通过"修饰载体表面"以减弱金属与载体的相互作用，促进形成较高堆叠层数的活性相片晶；第二，通过"隔离活性相"以抑制活性相聚集长大，促进形成尺寸较短的活性相片晶。这就是加入柠檬酸可形成数量更多、尺寸较小的活性相片晶的原因。

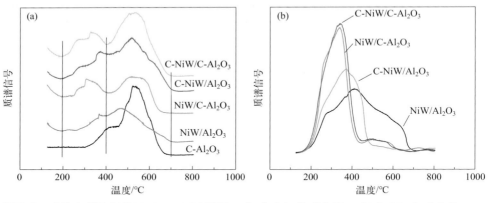

图7-9 硫化态催化剂的TPO-MASS谱图：（a）CO_2生成曲线；（b）SO_2生成曲线

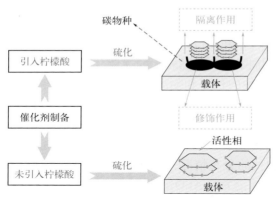

图7-10 催化剂制备过程中引入柠檬酸所发挥作用的示意图

柠檬酸在硫化态金属活性相形貌结构调控方面具有独特的效果，并且作为一种经济环保的有机络合剂，已在工业加氢催化剂制备过程中获得了较广泛的应用。考虑到柠檬酸是一种羟基酸，那么含有其他官能团的有机物是否也可以对负载型催化剂的活性相形貌结构进行有效调控？本书著者团队[31]针对 Mo/Al_2O_3 负载型催化剂，在金属浸渍液中分别引入不同的有机物，例如：蔗糖、十六烷基三甲基溴化铵、油酸、2- 膦酸基 -1,2,4- 三羧酸丁烷和聚乙二醇，研究其对负载型 MoS_2 形貌结构调变的作用机制，以及形成的原生积炭对加氢脱硫性能的影响。与未引入有机物的样品相比，引入有机物在一定程度上可减弱钼物种与氧化铝表面的相互作用，促进钼物种的硫化；而且，引入具有不同官能团的有机物对 MoS_2 片晶生长可起到类似"模板导向"和"空间限制"的作用，从而实现对 MoS_2 形貌结构的调变。但引入含有不同官能团的有机物，所制备的负载型 MoS_2 的平均长度和堆叠层数存在一定的差异。引入蔗糖可使 MoS_2 片晶尺寸变短，层数减少。这主要归因于蔗糖分子中含有的羟基将钼物种"包裹"形成受限空间，一定程度上限制了 MoS_2 的聚集长大。引入十六烷基三甲基溴化铵可使 MoS_2 片晶尺寸明显变长，层数显著增加。这主要归因于十六烷基三甲基溴化铵作为阳离子表面活性剂与含钼阴离子物种之间有一定的静电吸引作用，而其憎水的烷基长链则可弱化钼物种在载体上的吸附，从而可能使 MoS_2 一定程度上沿着十六烷基三甲基溴化铵分子形成的胶束排列方式（模板导向）进行生长。值得注意的是，引入十六烷基三甲基溴化铵后，催化剂钼的硫化度明显提高，形成的 MoS_2 片晶尺寸和堆叠层数较适宜，而且"毗邻"活性相的碳物种最少，这样更有利于4,6-DMDBT 接近活性中心，并显著提高催化剂的加氢脱硫活性。文献中常用的有机物还有环己二胺四乙酸、乙二胺四乙酸、次氨基三乙酸、乙二胺等，由于不同有机物的分子结构和络合能力存在一定的差异，所以，引入不同有机物所制备的加氢催化剂的催化性能也会有差别。

因此在设计新型加氢催化剂时，首先，要掌握不同有机物对活性相形貌结构调控的作用机制；然后，针对原料油中目标反应分子的结构和加氢反应化学特点，选择具有适宜官能团的有机物，并统筹考虑有机物的引入量、引入顺序和引入方式等，以形成更多片晶尺寸大小和堆叠层数合适的活性相。

第三节
催化加氢材料结构特点与分析表征

加氢催化剂经硫化后，分散在载体上的 Co(Ni) 和 Mo(W) 金属物种可转化为相应的金属硫化物，例如，Co_9S_8、Ni_3S_2、MoS_2、WS_2 和 Co(Ni)-Mo(W)-S 活性相等，其中 Co(Ni)-Mo(W)-S 活性相加氢性能显著高于其他单一的金属硫化物。Co(Ni)-Mo(W)-S 活性相是目前影响最为广泛的一种模型。Topsøe 等通过穆斯堡尔谱、EXAFS 和红外光谱等手段表征硫化态 CoMo 催化剂，证明了 Co-Mo-S 活性相的存在，以 Co-Mo-S 活性相模型解释了 Co 对 MoS_2 的助剂效应。Co-Mo-S 活性相中 Co∶Mo∶S 的化学计量比是不固定的，其范围包括从纯 MoS_2 到 MoS_2

的边角位完全被 Co 占据所对应的一系列结构的总称[50]。

一、催化加氢材料结构特点

近年来，随着仪器分析手段和理论计算水平的迅速发展，人们对活性相结构有了更深入的认识[51-71]。MoS_2 为二维薄片结构，由 3 层原子以六方晶系堆积而成，上下 2 层为硫原子，中间层为钼原子；钼原子与硫原子以共价键相连，而 MoS_2 层与层之间依靠较弱的范德瓦耳斯力结合。MoS_2 团簇结构模型[70]如图 7-11 所示。

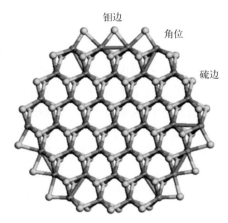

钼边
角位
硫边

图7-11 MoS_2团簇结构模型

研究者[51,52]认为多孔金属氧化物，如 γ- 氧化铝，虽然是工业加氢脱硫催化剂的首选载体，但由于它们是电绝缘的，因此不适合用作扫描隧道显微镜测量的基底。为了更好地理解 MoS_2 纳米簇的内在性质，以 Au（111）表面作为载体，设计制备了结晶的、单层 MoS_2 纳米簇。通过 STM 研究发现，与催化作用密切相关的边缘位以及纳米颗粒的整体形貌，均对硫化和反应条件很敏感；其中，在 H_2S/H_2=500 气氛中硫化形成的 MoS_2 纳米簇形貌呈三角形，并且三条边均为 100% 硫覆盖的钼边，其钼边的硫原子之间会相互靠拢形成二聚硫。而在 H_2S/H_2=0.07 气氛中硫化，则形成硫边和钼边交替分布的、形貌为截角六边形的 MoS_2 纳米簇，而且，50% 硫覆盖的钼边上的单排硫原子会发生结构重排至桥位。如图 7-12 所示。

再以 Au（111）表面为载体设计制备了 Co-Mo-S 和 Ni-Mo-S 纳米簇，STM 表征结果发现，引入钴之后 MoS_2 形貌结构发生了变化，从三角形变成了截角六边形的 Co-Mo-S 结构；其钼边仍为 100% 硫覆盖，但硫边所有的钼原子倾向于被钴所取代，钴原子以四面体配位结构分布在硫边，硫边为 50% 硫覆盖。说明引入钴会使 MoS_2 形貌结构和电子结构等发生一系列的变化，体现了其作为助剂所发挥的作用。另外，Ni 的添加也会出现类似截短的形貌，但截短的程度和 Ni 的位点取决于纳米簇的大小，而纳米簇的大小与其硫化温度（400～500℃）有关，硫化温度越高，越容易生成较大尺寸的 A 类 Ni-Mo-S 纳米簇；反之，则生成较小尺寸的 B 类 Ni-Mo-S 纳米簇。其中，较大尺寸的 A 类 Ni-Mo-S 纳米簇形貌结构为截角六边形，与 Co-Mo-S 纳米簇的类似，其硫边所有的钼原子被镍所取代，硫边为 50% 硫覆盖，钼边为 100% 硫覆盖。而较小尺寸的 B 类 Ni-Mo-S 纳米簇形貌结构近似十二边形，由三种不同的边交替组成，并且所有这些边缘都含有完全或部分取代 Mo 原子的 Ni 助剂原子[53-55]。上述这些 Co-Mo-S 和 Ni-Mo-S 纳米簇在形貌结构特点上的差异为揭示工业钴钼催化剂和镍钼催化剂加氢性能的差别提供了一定的科学信息。

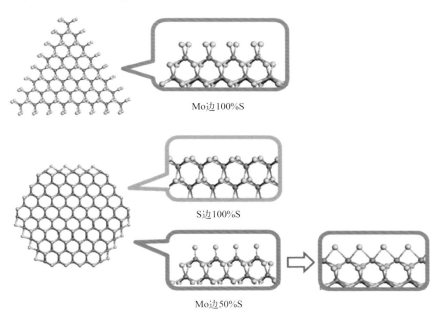

图7-12 MoS$_2$的形貌和边缘状态变化示意图

另外，研究者还借助热的钨灯丝使 H$_2$ 解离产生原子氢，然后将 MoS$_2$ 纳米簇暴露于原子氢中形成硫空位，从而获得加氢脱硫反应所需的活性位[52]。通过对比暴露于原子氢中前后垂直于单层 MoS$_2$ 纳米簇的完全硫化 Mo 边缘绘制的代表性 STM 线扫描，指出最外边缘突起的强度降低 0.2Å，这与吸附在边缘上的氢原子有关[61,62]。并设计实验研究了氢气、噻吩、噻吩的加氢产物、二苯并噻吩、4,6- 二甲基二苯并噻吩、吡啶和喹啉等在（Co）MoS$_2$ 上的吸附状态[56-64]。

借助分子模拟方法，本书著者团队[70]首先建立了 MoS$_2$ 簇结构模型，并在此基础上对 MoS$_2$ 及 CoMoS 活性相上几种主要活性位（硫边、钼边和角位等）的性质进行了比较系统的量子化学计算，以明晰加氢脱硫过程中的关键环节，包括：活性中心的结构、反应分子（噻吩和 1-己烯）的吸附（分别见图 7-13 和图 7-14）、H$_2$ 的吸附和解离、噻吩的加氢脱硫反应和 1-己烯的加氢反应等。

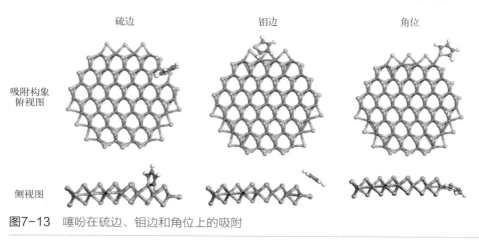

图7-13　噻吩在硫边、钼边和角位上的吸附

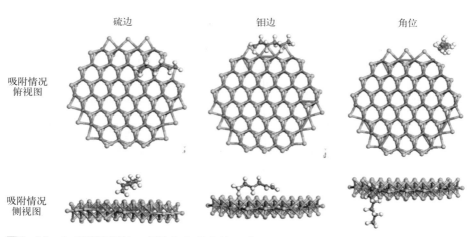

图7-14　1-己烯在硫边、钼边和角位上的吸附

　　研究发现，H$_2$ 作为反应分子之一，其在不同活性位上的吸附和解离（均裂和异裂）是加氢反应的重要步骤。对于未引入助剂的 MoS$_2$，H$_2$ 解离后形成的 S—H 键的键能由大到小顺序为：硫边空位＞角位＞钼边。这就意味着解离后 H 原子的活泼性顺序为：硫边空位＜角位＜钼边。在噻吩的加氢脱硫反应过程中，钼边和角位主要起加氢作用，可使噻吩加氢生成二氢噻吩（2,5-二氢噻吩为主）；

生成的二氢噻吩可转移到硫边空位，进行 C—S 键断裂，最终完成脱硫。而且，噻吩部分加氢后噻吩环上的 π_5^6 共轭结构被破坏，硫原子上电子云密度大幅增加（见图 7-15），从而使其与活性相上硫空位处的缺电子中心发生强烈作用。此外，噻吩也可以在硫边空位按直接脱硫途径完成脱硫。1- 己烯在三种活性中心上都可以发生加氢饱和反应。因此，适当减小 MoS_2 钼边和角位的比例，并增大硫边的比例有助于提高加氢脱硫的活性和选择性。在此基础上，引入助剂 Co 后可以调变活性中心的电子特性，进而改变催化剂的加氢能力和 C—S 断键能力，从而显著提高催化剂的加氢脱硫的活性和选择性。

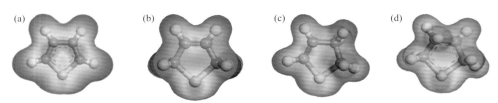

图7-15 噻吩及其加氢中间产物的电子云密度图：（a）噻吩；（b）2,5-二氢噻吩；（c）2,3-二氢噻吩；（d）2,3,4,5-四氢噻吩
（红色代表电子云密度高的区域）

迄今为止，研究者已对加氢处理反应过程中含硫化合物、含氮化合物、含氧化合物、芳烃和烯烃等的反应化学以及加氢裂化反应过程中的反应化学进行了系统深入的研究和总结 [72]。深化了对活性相结构特点和催化剂构效关系的认知，为持续不断提升工业加氢催化剂的催化性能提供了重要的理论依据和科学指导。

二、催化加氢材料结构的分析表征

加氢催化剂的活性相形貌结构特点通常采用 TEM、XPS、H_2-TPR 和低温原位 CO-IR 等来分析表征。本书著者团队 [73] 通过孔饱和浸渍法制备了一系列具有相同 W 含量和不同 Ni 含量的 NiW/Al_2O_3 催化剂，然后借助 XPS 和 TEM 表征了相应的硫化态催化剂。发现助剂 Ni 的引入使得催化剂钨的硫化度提高了近 20%，且表面 WS_2 片晶的堆叠程度略有增加，片晶长度略有减小。助剂 Ni 在噻吩加氢脱硫反应中表现出显著的促进效应，当催化剂 Ni 含量从 0 增加到 0.41[Ni/(Ni+W) 物质的量比] 时，其催化噻吩加氢脱硫活性几乎呈线性增加（见图 7-16），此时 NiW 催化剂的加氢脱硫活性比不含助剂的催化剂的活性提高了约 30 倍。但当 Ni 含量进一步增大时，其活性略有下降。在硫化态 NiW/Al_2O_3 催化剂中助剂 Ni 主要以 Ni-W-S 活性相和 NiS_x 的形式存在，催化剂中还存在一部分不含助剂的 WS_2。与高活性的 Ni-W-S 活性相相比，NiS_x 和 WS_2 的加氢脱硫活性相对较低，可不予考虑。

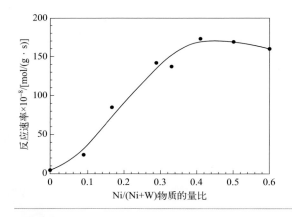

图7-16

Ni含量对硫化态NiW/Al₂O₃催化剂催化噻吩加氢脱硫活性的影响

对于硫化态加氢催化剂，通过检测其 H₂-TPR 过程中生成的 H₂S 或消耗的 H₂，在一定程度上可以获悉还原条件下活性相结构的变化及其稳定性。本书著者团队[74]对一系列具有相同 W 含量和不同 Ni 含量的硫化态 NiW/Al₂O₃ 催化剂进行了 H₂-TPR 表征，结果见图 7-17。从图中可以看出，含有助剂 Ni 的催化剂的谱图中在 400～600℃出现了一个还原峰，归属为催化剂的 Ni-W-S 活性相被分解生成的硫化镍物种的还原。随着助剂 Ni 含量的增加，与该还原峰相应的 H₂S 生成量增大，这表明形成了更多的 Ni-W-S 活性相。另外，在不同温度下对 Ni/（Ni+W）物质的量之比为 0.41 的催化剂样品进行氢气还原预处理，发现在 300℃ 下还原的催化剂与未经还原的催化剂具有相同的噻吩加氢脱硫活性，但是随着还

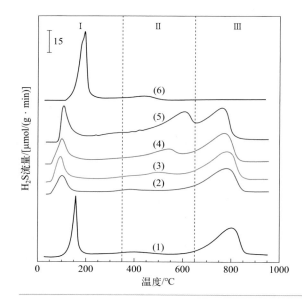

图7-17

不同Ni含量的NiW/Al₂O₃催化剂经400℃硫化后的TPR谱

（1）—Ni/(Ni+W)=0；（2）—Ni/(Ni+W)=0.17；（3）—Ni/(Ni+W)=0.29；（4）—Ni/(Ni+W)=0.41；（5）—Ni/(Ni+W)=0.60；（6）—Ni/(Ni+W)=1

原温度的继续升高，催化剂的噻吩加氢脱硫活性则明显下降；在550℃下还原后，加氢脱硫活性降低了约30%；而在700℃下还原后，加氢脱硫活性只有未处理的9%，与 W/Al$_2$O$_3$ 催化剂的加氢脱硫活性相当。这表明硫化态加氢催化剂在 H$_2$-TPR 过程中，随着还原温度的不断升高，活性相结构会逐渐被分解，从而导致其催化性能降低。

以期更好地了解 Ni 的助剂效应以及 Ni-W-S 活性相的形成过程，本书著者团队[75]采用原位-红外光谱法在低温（−173℃）条件下分别考察了 CO 在硫化态 W/Al$_2$O$_3$、Ni/Al$_2$O$_3$ 和 NiW/Al$_2$O$_3$ 催化剂上的吸附。结果表明，CO 在硫化态 W/Al$_2$O$_3$ 上吸附可观察到 4 个主要的谱峰，分别位于 2191cm^{-1}、2154cm^{-1}、2117cm^{-1} 和 2066cm^{-1} 处。其中，2191cm^{-1} 处的谱峰归属于 CO 与氧化铝载体上 Al^{3+} 的作用；2154cm^{-1} 处的谱峰归属于 CO 与载体上羟基的作用；2117cm^{-1} 和 2066cm^{-1} 处的谱峰则归属于 CO 与 WS$_2$ 片晶边角位置的作用。CO 在硫化态 Ni/Al$_2$O$_3$ 催化剂上吸附可观察到 3 个主要的谱峰：除了载体上 CO 的两个吸收峰以外，还在 2098cm^{-1} 处出现了一个在 Ni^{2+} 位上的吸收峰。CO 在硫化态 NiW/Al$_2$O$_3$ 催化剂上吸附可观察到在 2128cm^{-1}、2096cm^{-1} 和 2078cm^{-1} 的位置出现了 3 个新的吸收峰，根据谱峰变化情况，三个新峰出现意味有 Ni-W-S 活性相等新物相的形成。同时发现样品的光透过率随着催化剂中 Ni 含量的增加而急剧下降。在硫化态 NiW/Al$_2$O$_3$ 催化剂中 NiS$_x$、WS$_2$ 和 Ni-W-S 等物相同时共存，使得 CO 吸收峰的归属相对更加困难。

将较高 Ni 含量 [Ni/(Ni+W)=0.41] 的硫化态 NiW/Al$_2$O$_3$ 催化剂经过不同温度还原处理后再吸附 CO，从红外光谱（见图 7-18）结果看[75]，300℃下还原处理使得 CO 的特征吸附峰强度明显增大，其中 2098cm^{-1} 处的峰增强得更为明显。经 400℃下还原后，2098cm^{-1} 处峰强度进一步增大，归属为 CO 在 Ni-W-S 活性相上吸附的谱峰 2128cm^{-1} 则急剧减弱。2098cm^{-1} 处峰的增强表明 Ni-W-S 相分解生成了高分散的 NiS$_x$ 中间相，且该中间相负载于 WS$_2$ 片晶上。当还原温度为 500℃时，NiS$_x$ 相开始被还原，使得 2098cm^{-1} 处吸收峰向低波数方向移动。当样品在 600℃下还原时，所有吸收峰的强度急剧减弱，此时红外谱图与硫化态 W/Al$_2$O$_3$ 催化剂的谱图类似。上述硫化态 NiW/Al$_2$O$_3$ 催化剂经不同温度下还原后吸附 CO 的红外光谱表征结果很好地验证了 XPS、TEM 和 TPR 等表征的结果[73-74]：引入的助剂 Ni 逐步占据 WS$_2$ 相片晶的边角位置并形成 Ni-W-S 活性相，该活性相在程序升温还原过程中会被逐步分解，并导致其加氢脱硫活性也相应地降低。

本书著者团队[76]对比研究了不同负载量的硫化态钴钼催化剂 CoMo4、CoMo8 和 CoMo12（MoO$_3$ 的质量分数分别为 4%、8% 和 12%），通过原位 CO 吸附红外光谱图发现，所有样品均可观察到 4 个主要谱峰（见图 7-19），分别位于 2191cm^{-1}、2153cm^{-1}、2108cm^{-1} 和 2069cm^{-1} 处，说明不同负载量的催化剂上活性中心类型基本相同。其中，2191cm⁻¹处的谱峰归属于 CO 与氧化铝载体上 Al³⁺ 作用的吸收峰；位于 2153cm⁻¹ 处的谱峰是 CO 与载体羟基结合的吸收峰；2108cm⁻¹ 处的谱峰归属于 CO 与六配位无助剂作用的 Mo 中心结合的吸收峰；2069cm⁻¹ 和 2051cm⁻¹ 谱峰归属于 CO 分别与五配位和四配位且与 Co 相邻的 Mo 中心（即 Co-Mo-S）作用的吸收峰。

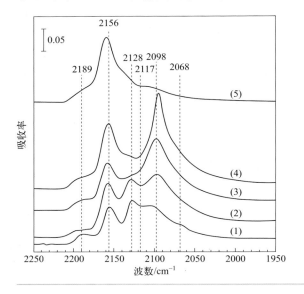

图7-18

硫化态NiW/Al₂O₃催化剂[Ni/(Ni+W)=0.41]经不同温度氢气还原后CO吸附的红外光谱

（1）—未还原；（2）—300℃还原；（3）—400℃还原；（4）—500℃还原；（5）—600℃还原

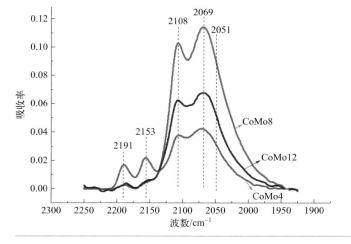

图7-19

不同负载量硫化态钴钼催化剂的原位CO吸附红外光谱图

　　为了对比硫化态钴钼催化剂表面各种吸附中心的电子性质差异，通过原位红外光谱观察了 CO 低温吸附后在抽真空条件下升温脱附的变化情况，如图 7-20 所示。由图可以看出，2200～2135cm⁻¹处与氧化铝载体作用的 CO 较容易脱附，而位于 2050 ～ 2070cm⁻¹ 处在 Co-Mo-S 活性相上对 CO 的吸附较强[76]。将 CO 探针吸附表征结果与催化性能评价结果进行关联发现，Co-Mo-S 活性相数量的增加以及 $A_{(CO-Co-Mo-S)}/A_{(CO-MoS_2)}$ 比值的增大，有利于提高汽油加氢催化剂的加氢脱硫活性和加氢脱硫选择性。通过调变载体表面性质设计制备了一系列 CoMo/Al₂O₃ 催化剂，结合 XPS 和 TEM 等表征，发现采用与钼相互作用较弱的氧化铝载体制备的钴钼催化剂有利于促进金属物种的硫化，可形成更多、片晶尺寸较大的 Co-Mo-S 活性相，从而表现出更高的加氢脱硫选择性[77]。

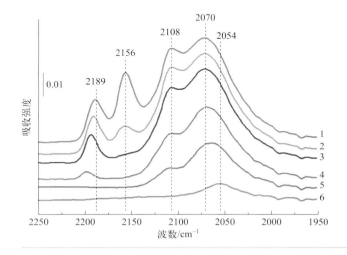

图7-20　温度和时间变化对CO在催化剂活性相上吸附行为的影响

1—-140℃，1min；2—-140℃，3min；3—-140℃，6min；4—-133℃，11min；5—-106℃，22min；6—-18℃，80min

低温原位 CO-IR 技术还可以用来研究柠檬酸对硫化态活性相微观结构的影响。Chen 等[78] 研究发现，与不含柠檬酸的氧化铝负载型单钼催化剂相比，引入柠檬酸可以促进 MoS₂ 硫边的形成，并降低 MoS₂ 钼边的比例。Castillo-Villalón 等[79] 发现引入柠檬酸的钴钼催化剂经硫化后钴以"正方形平面结构"分布于 MoS₂ 的钼边，而未引入柠檬酸时，钴则以"四面体结构"分布于 MoS₂ 的硫边。

刘宾等[80] 以四硫代钼酸铵为前驱体直接构建 MoS₂ 催化剂，通过调变 Co/Mo 物质的量之比研究了 Co 对 MoS₂ 催化剂作用的本质以及对 FCC 汽油加氢脱硫选择性的影响。从 XRD、HRTEM、XPS、H₂-TPR 和 Py-FTIR 表征发现，改变 Co/Mo 物质的量之比能够改变硫化态催化剂活性相的微观结构组成，从而影响催化剂的加氢脱硫活性和选择性。当 Co/Mo（物质的量之比）＜0.2 时，助剂 Co 原子倾向于占据 MoS₂ 相的边角位而形成 Co-Mo-S 活性相，可明显提高催化剂的加氢脱硫活性；当 0.2＜Co/Mo（物质的量之比）＜0.6 时，助剂 Co 在催化剂表面形成适量的 Co₉S₈ 相，其产生的溢流氢能提高含硫化合物的脱除活性且对烯烃饱和活性的影响较小；当 Co/Mo＞0.6 时，过量的 Co 则会形成大颗粒的 Co₉S₈ 相，阻碍含硫化合物和烯烃与活性中心的接触，从而导致催化剂的加氢脱硫活性和选择性降低。

随着球差矫正扫描透射电子显微技术（Cs-STEM）的发展，可以对负载型加氢催化剂微观精细结构进一步观测。本书著者团队利用 Cs-STEM 获得了负载型硫化态加氢催化剂样品的原子级分辨尺度的高角环形暗场像（HAADF）典型结构图（见图 7-21）。在图 7-21 中，除了清晰可见的原子分辨率活性相片晶结构外，氧化铝载体表面还存在原子级"碎片"金属组分。其中，圆圈标记的为"金属单原子"；四边形标记的直径小于 2.0nm 且尚未形成比较规整几何形状的金属聚集物为"金属簇"；六边形标记的直径大于 2.0nm 且具有比较规整几何形状的为"活性相片晶"。金属单原子和金属簇等形貌结构则在常规 TEM 表征中不能被清晰可辨地观察到[81]。为了进一步明确上述不同形貌结构的金属物种与催化性能之间的构效关系，首先设计制备出分别以金属簇结构为主和片晶为主的模型催化剂，然后再以具有不同分子结构的模型化合物为探针分子进行加氢性能对比评价。这将为设计开发具有特定活性相形貌结构以及精准催化功能的新型加氢催化剂提供有力的理论支撑和技术支持。

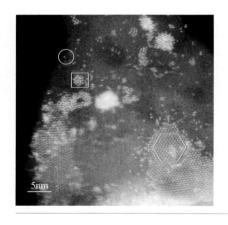

图7-21

硫化态催化剂样品的原子尺度结构图

○—金属单原子；□—金属簇；⬡—活性相片晶

第四节
催化加氢材料的生产与制备

一般用于石油炼制与化工领域的加氢催化剂都是负载型催化剂。根据金属组分引入的方式可分为浸渍法、共沉淀法和混捏法，常用的是浸渍法。浸渍法就是将配制好的含金属组分的水溶液与载体充分接触（润湿），从而使金属组分负载到载体上。当浸渍平衡后，经干燥将水分蒸发逸出，使金属组分的盐类保留在载体上。例如，氧化铝载体表面羟基丰富、孔道通畅、比表面积大、孔体积大，容易被含金属组分的水溶液润湿，并且借助毛细管作用力使其吸入整个多孔结构中；再经干燥（60～180℃）和焙烧（300～600℃）后，这些金属组分就可以均匀地分散在氧化铝载体上。

所需金属浸渍溶液的体积一般取决于载体的吸水率。载体吸水率的测定可采用如下方法：称取 100g 载体，放入 500mL 玻璃烧杯中，往其中加入 400mL 蒸馏水（保证水淹没载体），盖上表面皿，静置 20min，用滤网过滤 10min，待载体表面吸附的水不再滴出，并使滤网底部的少量水完全控出；称量过滤后的湿载体的质量，则可按公式（7-1）计算出载体的吸水率：

$$吸水率=（湿载体质量-100）/100 \qquad\qquad （7-1）$$

根据浸渍溶液的体积与载体吸水率的大小关系，浸渍法可分为过饱和浸渍法、饱和（等体积）浸渍法和不饱和浸渍法。过饱和浸渍法是浸渍溶液的体积大于载体的吸水率；饱和浸渍法是浸渍溶液的体积等于载体的吸水率；不饱和浸渍法是浸渍溶液的体积小于载体的吸水率。采用过饱和浸渍法生产加氢催化剂时，因浸渍完成后剩余的金属溶液回收再利用困难，并且与饱和浸渍相比，其生产能力相对降低、能耗高、成品颜色也不均匀，因此，目前加氢催化剂生产一般采用饱和浸渍法，可保证产品质量和外观均满足市场的要求。不饱和浸渍法一般用于制备金属组分呈非均匀分布的催化剂，例如，"蛋壳型"催化剂。按浸渍的次数可分为一次浸渍法和多次浸渍法，其中多次浸渍法即浸渍、干燥、焙烧等单元操作重复进行数次。此外，根据实际需要也可以将载体在抽真空条件下进行浸渍。

一、浸渍条件对加氢催化剂生产与制备的影响

负载型催化剂中金属组分的分布会影响催化剂颗粒的内表面利用率，而金属组分的分布取决于浸渍、干燥等多种制备因素。刘希尧等[82]采用圆柱形 γ-Al$_2$O$_3$ 载体，在 20℃下分别考察了以 0.4mol/L 镍溶液、0.4mol/L 钨溶液和 4mol/L 钨溶液进行单浸和 Ni-W 共浸实验。当 γ-Al$_2$O$_3$ 经不同时间浸渍后，迅速干燥，然后用 EDX 分析 Ni 或 W 沿 γ-Al$_2$O$_3$ 径向分布，获得浸透深度随时间的变化（浸深速率）。研究发现单组分浸渍时，0.4mol/L 镍溶液中的 Ni 和 4mol/L 钨溶液中的 W 在 γ-Al$_2$O$_3$ 上的浸深速率近似相等，约为 0.3mm/min；随着钨溶液浓度减小，浸深速率减慢；延长浸渍时间有利于溶质的充分扩散和吸留，直至浸透 γ-Al$_2$O$_3$ 载体中心而均匀分布；但 Ni-W 共浸的结果与单组分浸渍不同，Ni 和 W 存在着竞争吸附，导致 Ni-W 共浸时 Ni 和 W 的浸深速率都下降，由于聚钨酸根阴离子较大，其在 γ-Al$_2$O$_3$ 载体上的扩散和吸附较慢，W 的浸深速率下降更明显；W 达到浸透载体中心的时间需延长 1～2 倍以上；在此之前，Ni 和 W 基本上同步呈蛋

壳 - 蛋白过渡型不均匀分布。这就表明当 Ni 和 W 共浸时，浸渍时间是决定金属组分浸渍均匀程度的首要因素。另外，还采用 4 种不同的浸渍方式制备负载不同金属的催化剂来考察金属的分布状态。方式 1：将干燥载体抽空 0.5h 后，在过量的浸渍液中保持 1h 后滤出。方式 2：按照载体吸水率计算浸渍液的体积，将干燥载体浸入其中，滚匀、放置过夜。方式 3：先用蒸馏水预湿载体，后浸入计算量的浸渍液中 4h，滤出、放置过夜。方式 4：采用方式 1，但先浸 W 后浸 Ni。从表征的结果看，4 种浸渍方式制备的催化剂上 Ni 都分布均匀，但 W 分布则有所不同。其中浸渍液充分过量但浸渍时间较短的方式 1 所得催化剂上 W 分布不均匀；浸渍液不过量但浸渍时间充分长的方式 2 和浸渍液不过量而浸渍时间长并存在扩散有利条件的方式 3 所得催化剂上 W 分布都较均匀。将方式 1 的 Ni-W 共浸改为先 W 后 Ni 分浸的方式 4，也可使 W 均匀分布。因此，若采取有效措施减缓 Ni 和 W 之间的竞争吸附，便可缩短使 Ni 和 W 均匀分布的浸渍时间。

通过加入无机酸竞争吸附的方式可制备出活性组分镍和钼沿氧化铝载体径向分布均为中心多、外表面少的 NiMo/Al$_2$O$_3$ 渣油加氢催化剂（见图 7-22 和图 7-23）[83]。这是由于引入竞争吸附剂后，活性组分镍和钼在氧化铝载体外表面的吸附受到抑制，从而使更多的金属组分在载体中心区域进行吸附，形成蛋黄型分布的催化剂；而采用常规方法制备的 NiMo/Al$_2$O$_3$ 催化剂中镍和钼则沿催化剂径向呈均匀分布。渣油加氢结果表明，蛋黄型分布催化剂具有较高的反应活性，能够改善沉积金属的分布，提高催化剂容纳金属的能力。

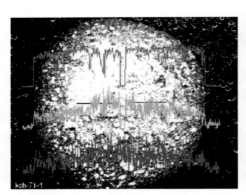

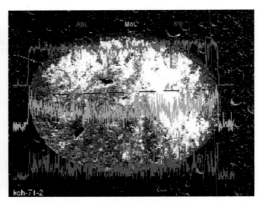

图7-22　Ni和Mo在非均匀分布NiMo/Al$_2$O$_3$催化剂上的分布

－－－Al ；－－－Mo ；－－－Ni

图7-23　Ni和Mo在常规制备的NiMo/Al$_2$O$_3$催化剂上的分布

－－－Al ；－－－Mo ；－－－Ni

本书著者团队[84]考察了浸渍液温度对 CoMoP 催化剂孔结构参数的影响，并依据参数 NSA［催化剂的比表面积 /（催化剂中所用载体的比表面积 × 催化中载体的质量分数）]的变化来评估金属组分在载体中的分散状态，当 NSA 大于 1 时，意味着金属组分颗粒小于载体孔道尺寸或者与载体孔道尺寸相当；当 NSA 远小于 1 时，则金属组分颗粒大于载体孔道尺寸，导致载体孔道堵塞；当 NSA 约为 1 时，金属组分则呈单层分散。N_2 吸附 / 脱附表征结果表明，改变浸渍液温度（20℃、40℃、60℃和80℃）对催化剂的 NSA 参数影响不大，NSA 在 0.98 ～ 1.0 之间。

二、干燥条件对加氢催化剂生产与制备的影响

干燥就是将已浸入 $\gamma\text{-Al}_2\text{O}_3$ 颗粒孔隙中的金属浸渍液的溶剂蒸发，该过程中溶质会在 $\gamma\text{-Al}_2\text{O}_3$ 载体上解吸并向颗粒外沿扩散等，干燥条件决定着活性组分的最终分散状态。将浸渍均匀的 $NiW/\gamma\text{-Al}_2\text{O}_3$ 催化剂在不同条件下干燥[82]，发现干燥速度越快，W 分布越不均匀，呈蛋壳 - 蛋白型，但对 Ni 的分布没有影响。这是由于 $\gamma\text{-Al}_2\text{O}_3$ 上存在着相当量未被吸附的聚钨酸根离子，在干燥过程中会随溶剂游移于载体颗粒的外沿；当溶剂蒸发后，这些钨物种便在这些部位沉积下来，并且这一过程随着干燥速度的提高而加快；若能减慢溶剂的蒸发速度，就能一定程度抑制聚钨酸根的反向扩散，从而提高 W 分布的均匀性。因此，当金属溶液浸渍后，通过控制最初阶段的干燥速度可对活性组分在载体上的分布状态进行调控。

在金属浸渍液中引入有机物（例如柠檬酸等）也可以很好地改善干燥后金属组分在载体上的分散状态，因为柠檬酸除了可以在合适的 pH 值区间与金属离子形成金属络合物以外，还可以充分利用其"氢键网络"将金属物种进行分隔，并借助其与载体表面的作用进行"锚定"，从而有效避免了干燥过程中金属物种的过度聚集。

三、焙烧条件对加氢催化剂生产与制备的影响

将干燥后的催化剂进行后续更高温度的热处理（焙烧），会进一步强化金属 - 载体相互作用，并促进金属组分在载体上的再分散。本书著者团队[85] 研究了不同热处理温度（120 ～ 650℃）对 NiW/Al_2O_3 催化剂的金属 - 载体相互作用以及加氢脱硫性能的影响，发现焙烧温度达到 550℃时，紫外可见漫反射光谱中在 580nm 和 630nm 处出现归属于镍铝尖晶石物相的谱峰；650℃下焙烧时则有大量的镍铝尖晶石物相生成。表明高温焙烧导致镍与载体发生强相互作用，生成惰性的尖晶石类物种，使金属物种不易被硫化，从而降低了金属利用率以及催化剂的加氢脱硫活性。XPS 表征结果表明，随着 NiW/Al_2O_3 催化剂热处理温度的提高，

硫化后的催化剂钨的硫化度总体呈先增加后降低的变化趋势，在350℃左右钨的硫化度达到最高；NiW/Al₂O₃催化剂的加氢脱硫活性随着热处理温度的变化规律也类似。因此，选择适宜的催化剂热处理温度可有效调控金属 - 载体相互作用，提高活性金属物种在载体上的分散状态以促进其硫化，最终形成更多的活性相。

热处理温度对CoMoP催化剂的金属存在状态和可还原性能也有影响[84]。图7-24是不同热处理温度下制备催化剂的UV-DRS谱图，其中四面体配位和八面体配位钼物种的特征峰分别在200～250nm和250～300nm；钴铝尖晶石的特征峰为500～700nm的三重吸收峰。可以看出，当催化剂的热处理温度从300℃提高到600℃时，四面体配位钼物种和八面体配位钼物种的比例发生了改变；尤其经600℃焙烧后，催化剂上四面体配位钼物种和钴铝尖晶石的数量有所增加，导致催化剂上金属物种的还原性能降低。

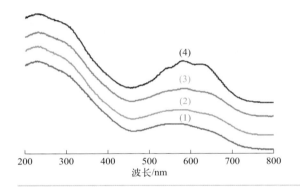

图7-24　不同热处理温度下制备催化剂的UV-DRS图谱

（1）—300℃；（2）—400℃；（3）—500℃；（4）—600℃

在金属浸渍液中引入柠檬酸，也可以有效地提高焙烧型催化剂上金属组分的分散状态。Bergwerff等[23]研究发现，采用七钼酸铵和柠檬酸配制的溶液浸渍氧化铝载体时，由于钼物种以[Mo₄(Cit)₂O₁₁]⁴⁻物种形式存在，经干燥后仍在氧化铝载体上分散较好，即使经后续焙烧后也未检测到体相MoO₃。而未引入柠檬酸制备的催化剂在焙烧后容易出现体相MoO₃。

同样，热处理温度对引入柠檬酸制备的催化剂上的金属物种分散状态以及催化性能也有影响。Valencia等[86]以含七钼酸铵、硝酸镍、柠檬酸的氨水溶液（pH=9）为共浸液，通过改变柠檬酸的用量制备了一系列SBA-15负载型镍钼催化剂。XRD表征结果表明，经100℃下干燥制备的催化剂均只有载体的特征衍射峰，表明镍和钼物种均匀地分散在载体表面上。Peña等[87]采用含七钼酸铵、硝酸钴、柠檬酸的氨水溶液（pH=9）为共浸液，制备了一系列MoO₃含量不同的SBA-15负载型钴钼催化剂。在500℃下焙烧后所得样品XRD谱图上，引入柠檬酸的样品中未出现β-CoMoO₄特征衍射峰，而未引入的则出现特征峰。这说明引入柠檬酸有助于金属物种在载体表面良好分散。Pashigreva 等[88] 采用 $Co_2[Mo_4(C_6H_5O_7)_2O_{11}]$ 金属前驱体制备了氧化铝负载型钴钼催化剂，同时还制备了分别在 110℃、220℃、300℃和400℃下热处理的催化剂样品。直馏柴油加氢评价结果表明，较低温度（110℃和220℃）热处理得到的催化剂加氢脱硫活性更高，这是由于较高温度（300℃和400℃）热处理会导致金属前驱体分解，并形成 β-$CoMoO_4$ 和其他与载体直接作用的金属物种，不利于高活性 Co-Mo-S 活性相的形成。

四、柠檬酸的引入方式对加氢催化剂生产与制备的影响

柠檬酸能有效调控催化剂上活性相结构。在催化剂制备过程中，柠檬酸的引入方式对加氢催化剂的性能有较大的影响。本书著者团队[89,90]采用孔饱和浸渍法，固定 MoO_3 负载量为 16.0%，先用七钼酸铵溶液浸渍氧化铝载体，经120℃干燥、400℃焙烧后得到 Mo/Al_2O_3；然后再用柠檬酸与硝酸钴（或硝酸镍）的混合溶液（两者物质的量之比为1）浸渍，经120℃干燥后，制备一系列 Co/（Co+Mo）或 Ni/(Ni+Mo) 物质的量之比 r 在 0～0.5 范围的 $CoMo/Al_2O_3$ 或 $NiMo/Al_2O_3$，研究柠檬酸对 $CoMo/Al_2O_3$ 和 $NiMo/Al_2O_3$ 加氢脱硫活性的影响。与未引入柠檬酸的 $NiMo/Al_2O_3$ 相比，当 $r < 0.3$ 时，柠檬酸的引入提高了钼的硫化度和 Ni-Mo-S 活性相的比例，并促进形成片晶尺寸较小、堆叠层数较高的活性相，从而提高了催化剂对 4,6-DMDBT 的加氢脱硫活性；而当 $r \geqslant 0.3$ 时，引入柠檬酸则对 $NiMo/Al_2O_3$ 的加氢脱硫活性基本没有促进作用。但是，与未引入柠檬酸的 $CoMo/Al_2O_3$ 相比，引入柠檬酸则可以增强钴的助剂效果，并且这种促进作用在较高金属物质的量之比时更加明显，催化剂的加氢脱硫活性也明显提高。这间接反映了钴和镍作为助剂的差异。

除了在金属浸渍液中引入柠檬酸以外，在催化剂制备过程中，还可以采用后浸渍柠檬酸的方式来制备加氢催化剂。Rinaldi 等[91] 先制备以硼改性氧化铝为载体的焙烧型（500℃）钴钼催化剂，然后再通过柠檬酸水溶液后浸渍，并于110℃下干燥。研究发现采用后浸渍柠檬酸可消除 $CoMoO_4$ 物种，促进金属物种分散，所得催化剂的噻吩加氢脱硫活性明显高于共浸法制备的催化剂。此外，为了促进生成更多的 Co-Mo-S 活性相，研究者通过改进催化剂的制备流程，探索了引入助剂钴的新方式。Rinaldi 等[92] 先制备硫化态的氧化铝负载型单钼催化剂，然后引入 $Co(CO)_3NO$ 得到钴钼催化剂。当钼负载量超过 20% 时，采用后浸渍法引入柠檬酸得到的钴钼催化剂具有更高的噻吩加氢脱硫活性。

综上所述，在生产与制备加氢催化剂时，需要统筹考虑载体表面结构性质、金属负载量、浸渍条件、干燥条件和焙烧条件以及引入柠檬酸方式等多种因素之

间相互制约、相互促进的辩证关系，进而设计适宜的催化剂生产与制备方案。

五、加氢催化剂开发的基本流程和技术平台

为了适应和满足全氢型炼化模式需求，本书著者团队经过多年的研究创建了加氢催化剂开发技术平台[93]，该技术平台是由催化材料制备、活性相构建和催化剂生产技术组成的一个有机整体。加氢催化剂开发的基本流程如图 7-25 所示，其中，催化材料方面主要是新型催化材料（氧化铝、无定形硅铝和分子筛等）的设计和制备。针对不同尺寸和结构的石油烃类分子对催化剂孔结构差异化需求的难题，研发了孔结构精确控制的系列化拟薄水铝石材料和连续化生产新工艺，有力支撑了加氢催化剂的不断升级换代。酸性材料的设计和制备主要在新型分子筛等方面，这对提高双功能催化剂酸性中心和金属中心的协同作用以及加氢裂化、加氢改质和加氢异构目标产物选择性和收率至关重要。活性相构建方面主要致力于设计和构建稳定的活性相结构，以保证催化剂长周期运转。研究发现，活性相的形貌结构与金属 - 载体相互作用密切相关。为了满足不同加氢反应对催化剂活性相结构的特定要求，基于对加氢反应化学的认知，聚焦"催化剂制备技术、硫化/还原技术以及活性位后修饰技术"的一体化系统设计研发，实现了"量体裁衣"构建活性相结构。催化剂生产技术方面包括催化剂大规模生产技术、配套的过程快速分析和检测技术以及优化生产方案和工艺流程使催化剂生产成本最低技

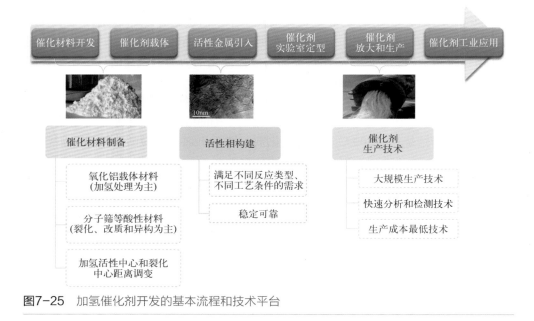

图7-25 加氢催化剂开发的基本流程和技术平台

术。立足于催化剂生产技术平台，实现了加氢催化剂性价比和运行稳定性的可持续改善，并确保了具有市场竞争力的高效加氢催化剂的稳定生产和及时供应。

第五节
催化加氢材料应用

高效绿色化生产清洁油品一直是炼油领域可持续发展的研发重点，随着油品升级步伐的不断加快以及市场结构的不断调整，对加氢催化剂的催化性能提出了越来越高的要求。借助先进的仪器表征、分子模拟理论计算以及催化剂制备技术，不断深化认知加氢催化剂的催化性能（活性、选择性和稳定性等）与活性相形貌结构之间的构效关系，研究者们持续开发出满足炼油厂特定需求的工业加氢催化剂和加氢工艺。

以汽油、柴油和渣油加氢为例，设计制备催化剂时，首先要立足于不同原料中分子的反应化学特点以及加氢反应的具体要求。对于汽油加氢，其反应分子较小，烯烃含量高，在加氢脱硫的同时应尽可能减少烯烃的加氢饱和，以减少汽油辛烷值的损失；汽油加氢的反应条件相对缓和。对于柴油加氢，其反应分子较大，柴油中多环芳烃和含氮化合物的竞争吸附，会抑制 4,6-DMDBT 类含硫化合物的脱除，催化剂需要较高的加氢性能以实现超深度脱硫；与汽油加氢相比，柴油加氢的反应条件相对苛刻。对于渣油加氢，其反应分子的结构更复杂，且 Ni、V 等杂原子含量高，加氢反应类型更多，催化剂初期失活快；与柴油加氢相比，渣油加氢的反应条件更加苛刻。由于三种原料中的反应物分子大小、结构以及反应特性的差异，三类加氢催化剂对活性相结构稳定性的要求也就不同，从汽油加氢催化剂、柴油加氢催化剂到渣油加氢催化剂，对活性相结构稳定性要求不断提高。构建稳定的活性相结构的技术核心是调变适宜的金属 - 载体相互作用，从汽油加氢、柴油加氢到渣油加氢，催化剂需要的金属 - 载体相互作用逐渐增强。实现金属 - 载体相互作用调变的关键因素包括载体表面结构性质的修饰和金属物种分子结构的优化，在设计制备催化剂时需统筹考虑使其相辅相成，以构建所需的活性相结构，从而显著提升催化剂的催化性能。

一、在清洁汽油生产中的应用

伴随着家用汽车保有量的持续增长以及人们环保意识的不断提高，清洁汽油已成为关系国计民生的重要商品。在中国，流化催化裂化（FCC）汽油占汽油总量的 70%～80%，其特点是硫和烯烃含量高。因此，生产清洁汽油的重点是降低 FCC 汽油的硫含量，难点主要在于 FCC 汽油中的烯烃在加氢脱硫反应条件下很容易饱和，造成辛烷值损失。催化裂化汽油选择性加氢脱硫技术指在深度加氢脱硫过程中尽可能减少烯烃加氢饱和而导致的辛烷值损失，是一种生产清洁汽油调和组分的关键技术。本书著者团队系统研究了调变载体材料初级晶粒尺寸、载体表面结构性质、浸渍溶液中有机添加物种类以及硫化工艺参数等对活性相片晶尺寸的影响规律，以及不同活性相形貌结构特点对催化剂加氢脱硫选择性的影响规律，发现较大片晶尺寸的 Co-Mo-S 活性相的加氢脱硫选择性更高（见图 7-26）[94]。以"活性相结构设计"为目标导向，通过耦合载体表面结构设计以及金属前驱体分子结构优化，调控适宜的金属 - 载体相互作用，创新开发了高脱硫活性催化剂 RSDS-21、高选择性催化剂 RSDS-22 和兼具高脱硫活性和高选择性的催化剂 RSDS-31。根据原料特性及流程特点，可灵活选用催化剂组合级配装填。与常规加氢脱硫催化剂相比，在相同脱硫率下，烯烃饱和率降低 12%～18%[95]。

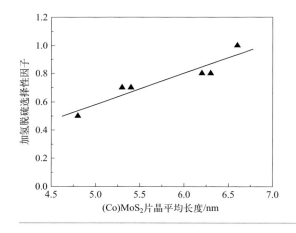

图7-26
(Co)MoS$_2$片晶尺寸对加氢脱硫选择性的影响
[加氢脱硫选择性因子=ln(1-X_T)/ln(1-X_H)，其中，X_T 和 X_H 分别是噻吩和1-己烯的转化率]

Co-Mo-S 活性相结构具有棱边（硫边和钼边）、角位等多种活性中心，其对加氢脱硫和烯烃加氢饱和反应的催化效果存在一定差异。为了进一步提高催化剂的加氢脱硫选择性，研发了催化剂选择性调控（RSAT）技术。该技术充分利用了 CO 在硫化态加氢催化剂表面的吸附特点以及其对催化剂的加氢脱硫活性和烯烃加氢饱和活性影响的差异，如图 7-27 所示，当反应体系中引入 CO 时，催化剂的加氢脱硫活性显著降低，但烯烃加氢饱和活性变化不大。当停止引入 CO 时，催化剂的加氢脱硫活性还可以恢复。利用 CO 对两个反应抑制作用的差异，对催化剂进行选择性积炭抑制烯烃加氢饱和活性，通过 RSAT 技术明显提高了催化剂的加氢脱硫选择性；当脱硫率相同时，烯烃饱和率可降低 13%～17%[95]。

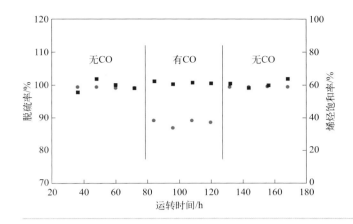

图7-27 介质CO对脱硫率和烯烃饱和率的影响

●—脱硫率；■—烯烃饱和率

为了进一步提高汽油加氢脱硫选择性，在 RSDS-Ⅲ 技术工艺流程基础上集成了溶剂抽提脱硫单元，形成新组合脱硫工艺（RCDS 技术）[95]。采 RCDS 工艺，轻汽油切割比例可大幅提高，由质量分数 20% 提高至 50%，进入选择性加氢单元的烯烃量大幅降低（仅有 27.1%）。工业应用结果显示，生产硫含量小于 10μg/g 的汽油时，RON 损失减少 1.0～1.5。

除了上述介绍的技术以外，国内外汽油选择性加氢脱硫技术还有 FRIPP 开发的 OCT-M 技术、Axens 开发的 Prime-G+ 技术、ExxonMobil 开发的 SCANFining 技术、CDTECH 开发的 CDHydro/CDHDS 技术等[96]，这些技术都会根据其工艺特点设计与之配套的专用系列催化剂，以提高汽油加氢脱硫的选择性，并成功工业应用。

二、在清洁柴油生产中的应用

柴油是重要的交通燃料，其组分中含硫化合物和多环芳烃的燃烧产物不仅会直接污染大气，而且也是 PM2.5 形成的重要因素之一。由于我国炼制的原油总体呈劣质化和重质化趋势，并且二次加工柴油（尤其是硫、氮和多环芳烃含量较高的）占柴油原料的比例较高，采用传统加氢技术生产满足国Ⅵ标准柴油调和组分时，工业装置运转周期缩短的问题更凸显，显著影响炼油企业的经济效益和社会效益。因此，需要开发高性能柴油超深度加氢脱硫催化剂。本书著者团队[3]通过精确控制金属前驱体溶液的合成条件，优化了活性相金属前驱体的离子形态与溶液性质，形成钴钼杂多化合物，开发了高性能活性相构建技术。与采用常规金属前驱体制备的催化剂相比，采用新型金属前驱体制备的催化剂中 Co-Mo-S 活性相的物质的量分数增加了 11%。催化性能评价结果表明，采用新型金属前驱体制备的催化剂的加氢脱硫活性提高了 10%～12%，可将柴油加氢装置操作温度降低 3～4℃，这有利于拓宽装置操作温度范围，延长装置运转周期。为了进一步提高催化剂活性相的活性和稳定性，发明了高分散活性相稳定技术：首先，通过对负载了金属前驱体的载体进行焙烧，强化金属 - 载体相互作用，实现载体对活性金属的锚定；其次，在金属前驱体负载至载体表面的过程中添加分散剂，利用其焙烧形成的碳物种阻隔活性金属的聚集。采用发明的新技术构建了更多的小尺寸活性相，使活性相片晶平均长度减小了 21%，活性相密度增大了 74%，改善了活性相的分散状态。对比柴油加氢反应前后活性相片晶尺寸的变化趋势发现，采用常规技术构建的活性相经过反应后其平均片晶长度由 4.2nm 增至 4.6nm，增长了 9.5%；而发明技术构建的活性相则由 3.3nm 增加至 3.4nm，仅增加 3.0%，表明其更稳定。基于上述高性能活性相构建技术和高分散活性相稳定技术，成功发明了适应不同装置和原料特点的高活性、高稳定性的柴油加氢催化剂 RS-2100 和 RS-2200。催化性能评价结果表明，与上一代催化剂相比，RS-2100 的加氢脱硫活性提高 21%，稳定性提高 36%；RS-2200 的稳定性提高 31%。当加工高氮、高芳烃的劣质原料时，优选脱硫、脱氮和芳烃饱和性能更佳的 NiMo 型催化剂 RS-2100；当加工以直馏柴油为主的原料时，则选择直接脱硫活性更好、氢耗较低的 CoMo 型催化剂 RS-2200。

本书著者团队[97] 对比研究了直馏柴油分别掺混质量分数为 15% 和 50% 的催化裂化柴油的混合原料油对 $NiMoW/Al_2O_3$ 催化剂活性稳定性的影响，结果发现加工更劣质原料油后，催化剂上积炭量和积炭缩合程度增加，一定程度限制了反应物的扩散，导致活性中心可接近性降低。同时，活性相聚集长大导致活性中心数目减少；助剂 Ni 脱落导致本征活性下降。因此，减少催化剂表面积炭的形成，同时抑制活性相长大是控制催化剂失活速率的关键。

考虑到加氢催化剂活性相的形貌结构设计以及在加氢反应过程中活性相的结构变化与其金属 - 载体相互作用密切相关，因此，在制备催化剂时，先通过钼平衡吸附法选择适宜金属 - 载体相互作用的载体，再借助稳定活性相的金属负载技术，以促进金属组分最大程度地转化为硫化态活性相，并有效抑制加氢反应过程中活性相的聚集长大和结构破坏。在实际的研究中，通过构建通畅扩散孔道的载体，增加了催化剂的孔体积，提高了反应过程中孔结构的稳定性以及反应物分子与活性中心的可接近性；采用稳定活性相的金属负载技术，适当强化了金属 - 载体相互作用，有效抑制了活性相在反应过程中的聚集长大和结构破坏，提高了其稳定性；通过削减活性位积炭的催化剂制备技术，构建高效活性相结构，减少了活性相上积炭的形成。由 3 个关键制备技术开发了高稳定性、超深度脱硫和多环芳烃深度饱和柴油加氢催化剂 RS-3100（镍钼型）。

RS-3100 催化剂具有良好的原料适应性，无论是处理掺混不同来源二次加工柴油的混合原料，还是不同催化裂化柴油掺混比例的混合原料，均可在适宜的工艺条件下生产出满足国Ⅵ柴油的调和组分。以直馏柴油中掺入质量分数为 20% 的催化裂化柴油得到的混合柴油为原料，进行加氢性能评价，结果表明 RS-3100

的加氢脱硫活性和多环芳烃饱和活性与参比柴油加氢催化剂相当，可在氢分压6.4MPa、体积空速1.5h⁻¹的条件下使产品硫含量小于10μg/g、多环芳烃质量分数小于7%，具有优异的超深度脱硫性能和深度芳烃饱和能力。

另外，对比分析稳定性试验前后RS-3100和参比柴油加氢催化剂的积炭、孔结构、活性相结构等表征数据（见表7-2）可以看出，反应前后RS-3100的积炭量较参比柴油加氢催化剂降低了26%，表明采用削减活性位积炭的催化剂制备技术后，确实减少了RS-3100在反应过程中的积炭量，有利于减少因积炭堵塞孔道导致的催化剂孔体积损失（RS-3100比参比柴油加氢催化剂降低了63%），可使催化剂保持较为通畅的反应孔道以及一定的反应分子与活性中心的可接近性。其次，尽管反应前后RS-3100和参比柴油加氢催化剂的活性相片晶平均长度均有所增长，但由于RS-3100具有比参比柴油加氢催化剂更强的金属-载体相互作用，RS-3100的活性相片晶平均长度增长幅度比参比柴油加氢催化剂降低了52%，表明RS-3100具有更稳定的活性相结构。RS-3100堆密度约为0.62g/cm³，比参比柴油加氢催化剂降低20.5%，这表明在相同的反应器体积内RS-3100的装填质量会明显减小，可降低企业的催化剂采购成本。

表7-2　稳定性试验前后RS-3100与参比柴油加氢催化剂的性质比较

对比项目	参比柴油加氢催化剂	RS-3100
反应前后积炭质量分数增加量/%	基准	基准×74%
反应前后孔体积减小量/%	基准	基准×37%
反应前后片晶平均长度增大量/%	基准	基准×48%

RS-3100于2020年4月在中国石化九江分公司1.2Mt/a柴油加氢装置进行了工业应用，2020年8月对装置进行了标定，结果表明采用RS-3100催化剂加工含50%左右二次加工柴油的混合原料（31%焦化汽柴油+18%催化裂化柴油+51%直馏柴油），能够在反应器入口氢分压为6.2MPa、氢油体积比为454、体积空速为1.2h⁻¹、平均反应温度为350℃的条件下生产出硫含量为6.2μg/g、多环芳烃质量分数为4.2%的国Ⅵ柴油调和组分，加氢产品十六烷值较原料提高5.4。进入稳定运行阶段后，催化剂活性损失仅约0.33℃/月，表明RS-3100具有良好的活性稳定性。

工业装置采用的是绝热反应器，从反应器入口到反应器出口温升为30～50℃，较高的反应温度有利于含硫化合物的脱除，但是多环芳烃饱和受热力学平衡限制，高温对其反应不利。尤其当柴油加氢装置运转到中后期，为补偿催化剂活性损失，需提高反应温度，致使超深度脱硫和多环芳烃深度饱和无法兼顾的矛盾加剧，而且过高的反应温度会加快催化剂的失活，导致装置的提温操作空间进一步受限，工业装置的运转周期因此受到严重影响。对于国Ⅵ柴油的生产，多环芳烃含量限制更加严格，从而问题更加凸显。因此，破解硫化物脱除和多环芳烃饱和矛盾的关键是在较低反应温度实现超深度脱硫。本书著者团队[3]针对柴油加氢过程进行深入研究，认识到在柴油加氢的复杂反应体系中，含氮化合物与4,6-二甲基二苯并噻吩存在强烈的竞争吸附，致使柴油超深度脱硫需要在较高的温度下进行。此外，柴油加氢脱氮（HDN）和加氢脱硫（HDS）反应动力学研究表明，加氢脱氮反应的表观活化能为154.7kJ/mol，显著高于加氢脱硫反应的表观活化能99.4kJ/mol（见图7-28），说明通过提高反应温度可以实现含氮化合物的优先脱除，从而实现较低反应温度下进行超深度脱硫。

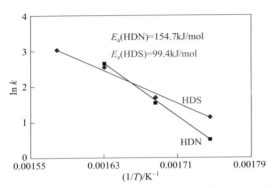

图7-28 加氢脱硫和加氢脱氮反应的阿伦尼乌斯曲线及相应的表观活化能

基于对柴油加氢反应化学的认知以及高活性、高稳定性催化剂制备技术的支撑，发明了定向强化目标反应的RTS（remove trace sulfur）工艺。RTS工艺和常规柴油加氢工艺及其反应温度沿反应器的轴向分布如图7-29所示。

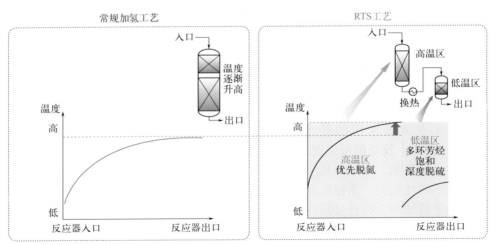

图7-29 RTS工艺和常规柴油加氢工艺示意图

与常规柴油加氢工艺反应温度由低到高的调控模式不同，RTS 工艺采用高低温调控策略：通过创建高温反应区，优先脱除含氮化合物，消除含氮化合物影响；通过创建低温反应区，强化多环芳烃深度饱和及残余硫化物的脱除。RTS 工艺高低温分区控制模式可使柴油复杂体系中的不同反应在各自适宜的反应环境下得到强化，不仅可拓展加工原料的范围，而且使加氢后柴油产品中硫和多环芳烃含量更低、装置运转周期更长。上述开发的高稳定加氢催化剂为 RTS 工艺高温反应区的稳定运转提供了保障。

以破解复杂反应体系矛盾和延长运转周期为切入点，发明了活性相构建技术、活性相稳定技术和温度分级调控工艺，并将研发的具有更高活性和稳定性的高性能柴油加氢催化剂以及复杂反应分级强化工艺有机耦合，形成了柴油高效清洁化关键技术（见图 7-30）[3]，为柴油质量升级提供整体解决方案。该关键技术涉及的催化剂和工艺已在国内外 36 套柴油加氢装置上实现了工业应用，总加工能力超过 50Mt/a，为炼油企业带来了良好的经济效益。

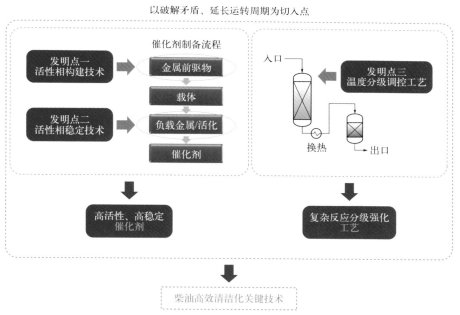

图7-30 柴油高效清洁化关键技术示意图

未来柴油质量标准将进一步降低其中多环芳烃含量，柴油高效清洁化关键技术必然要经受更严峻的考验，持续深化对加氢催化剂活性相结构特点及其催化加氢反应过程化学的认识，将是实现柴油加氢技术可持续创新和发展的必然选择。

除了上述介绍的柴油加氢脱硫催化剂和技术以外，国内外各大公司也开发出了高活性的柴油加氢脱硫催化剂[96]，例如，FRIPP 的 FH-UDS 系列催化剂，ART 公司的 SmART 系列催化剂，Albemarble 公司的 Stars 系列催化剂和 Nebula 系列催化剂，IFP 的 HR 系列催化剂，Criterion 公司的 Centinel、Centinel Gold、Ascent 及 Centera 系列催化剂，Haldor Topsoe 公司的 BRIM™ 系列催化剂等都已成功工业应用。

三、在重油高效转化中的应用

　　高效利用石油资源，减少对进口原油的依赖，关键在于将占原油 40% 左右的重油转化成汽柴油等轻质油品，其中重油加氢 - 催化裂化组合工艺就是实现这一目标的重要技术手段之一。目前固定床渣油加氢催化剂的运转周期一般为 1 年左右，低于催化裂化装置的运转周期（约 3 年），二者运转周期不匹配导致的停工检修和换剂重新开工等严重影响了其技术经济性。因此，亟须提高渣油加氢催化剂的活性和稳定性以延长渣油加氢装置的运转周期，减少停工换剂给装置带来的加工能力损失和费用增加。

　　渣油分子结构组成比汽油、柴油的更复杂，尤其是渣油中的沥青质和胶质等都是结焦前驱体，由于其分子大、极性强，并含有高度缩合的芳香核结构以及富集金属（镍、钒）和硫、氮等杂原子，因此扩散阻力大，易在催化剂表面强吸附，发生缩合反应引起催化剂表面积炭和孔道堵塞。其中，沥青质是由一个较大的稠环芳环结构作为核心结构，核心结构周围连接几个相对较小的多环芳烃，如图 7-31 所示。考虑到沥青质稠环芳环结构单元间 S—S 键、C—S 键等化学键键

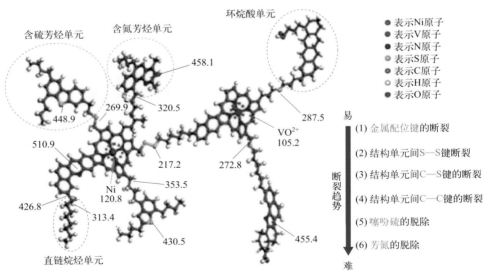

图7-31　沥青质分子结构示意及其相应化学键的键能（kJ/mol）

能相对较低，可设计催化剂使沥青质等大分子在重油反应初期通过加氢变成相对较小的分子（伴随着金属和单元结构间硫的脱除），然后通过下游具有更强加氢功能的催化剂进一步完成小分子的加氢脱硫、脱氮和残炭转化。因此，实现重油的高效利用需要开发系列高性能的催化剂并协同级配使用[5]。

沥青质的有效转化关键在于催化剂孔结构的设计，增大催化剂的反应通道尺寸可以提高沥青质与催化剂活性中心的可接近性。本书著者团队通过在拟薄水铝石制备阶段引入少量表面活性剂以调变粒子的生长机理、聚集状态和聚集强度，在同一催化剂上构建了适宜沥青质扩散的通道和反应通道，这两种通道互通并相互交织，使沥青质能够进入催化剂内部进行反应（如图 7-32 所示）。单剂评价数据表明，所开发的沥青质加氢转化和脱金属催化剂 RDMA-1，对沥青质的转化率达到 92.6%，比开发的脱金属催化剂 RDM-2 高出 14.6 个百分点，同时脱金属活性提高了 6.9 个百分点[5]。

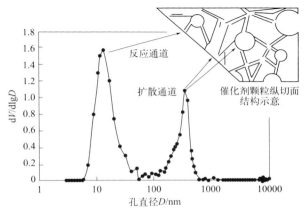

图7-32 具有扩散通道的催化剂压汞孔分布曲线和催化剂颗粒纵切面结构示意
V—孔体积；D—孔直径

渣油加氢催化剂的失活主要来源于两方面因素：积炭和金属沉积。在反应初期稠环类芳烃物种包括胶质、沥青质等极性物种易吸附于催化剂表面，较高的反应温度导致与催化剂表面强相互作用的稠环类芳烃缩合形成积炭，从而使催化剂活性迅速下降；此外，渣油中所含镍、钒等金属杂质在脱除过程中不断沉积于催化剂内部及表面，导致催化剂活性不断下降并且床层压降逐步上升。因此，固定床渣油加氢技术保证长周期有效的核心在于高性能渣油加氢脱金属催化剂的开发。脱金属催化剂既要有良好的含金属有机大分子化合物在其孔道中的扩散性能，同时还要具有优良的脱金属活性和高的容金属能力，以保护下游的脱硫、脱残炭催化剂[98]。

针对高金属含量劣质渣油加氢脱金属反应，本书著者团队[99]设计开发了新型氧化铝载体前躯体，该新材料中含有少量碱式碳酸铝铵，当碱式碳酸铝铵和拟薄水铝石一起受热分解时，可产生明显的扩孔效应，形成较多孔径分布集中的大孔（孔径介于10～100nm的孔），得到了孔体积更高、孔径更大的新催化剂载体。与参比载体相比，最可几孔径由13nm增至25nm，可提升反应物和产物在载体中的扩散性能；孔体积从0.74cm³/g增加到0.94cm³/g，有利于催化剂容金属能力的提升。

考虑到含金属大分子反应物扩散性能差、反应活性较高，而普通方法制备的脱金属催化剂的镍钼活性组分从催化剂外表面到催化剂中心位置一般呈均匀分布，脱除的金属大量沉积在催化剂表面易导致堵孔，孔内的活性中心无法充分利用，存在容金属能力受限的问题。通过调节浸渍溶液的pH值，并加入少量竞争吸附剂，可以获得镍钼活性组分呈明显的蛋黄形分布的催化剂。图7-33和图7-34分别为普通方法制备的催化剂与新方法制备的催化剂的活性组分分布。由图7-33和图7-34可见，普通方法制备的催化剂的镍钼活性组分呈均匀分布，而新方法制备的催化剂的镍钼活性组分在内部中心上的量明显高于表面。这样有利于降低催化剂外表面反应活性而提高催化剂内部脱金属反应速率，从而改善脱除金属的沉积分布，提升催化剂的容金属能力。

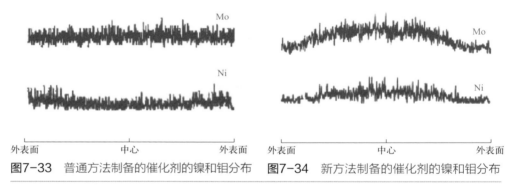

图7-33 普通方法制备的催化剂的镍和钼分布　　**图7-34**　新方法制备的催化剂的镍和钼分布

为了进一步降低催化剂表面与稠环类芳烃极性物种之间的相互作用，提高催化剂活性稳定性，本书著者团队在催化剂制备过程中引入了特定助剂对催化剂表面进行修饰。结果发现，经助剂修饰的催化剂反应后热重失重率为20.5%，而未添加助剂的催化剂反应后热重失重率为28.3%，催化剂改性后表面沉积物数量明显减少。基于上述设计思路和研究方案，成功开发了针对高金属含量劣质渣油的加氢脱金属催化剂RDM-36。

以金属（Ni+V）含量超过200μg/g的伊轻常渣为原料，将RDM-36催化剂与部分第三代RHT渣油加氢催化剂级配装填后在中试装置进行长周期寿命实验，对于金属含量很高的劣质原料，采用 RDM-36 时，全系列催化剂可以稳定运转达到 8000h，运转过程中，产品的金属含量保持低于 15μg/g、硫的质量分数低于 0.65%、残炭值低于 6%，可以作为催化裂化进料直接进行二次加工。长周期寿命试验后 RDM-36 催化剂上最大容金属能力达到 53.5g/（100mL），比现有催化剂提高近 20%。全系列催化剂的容金属能力也由现有技术的 19.6g/（100mL）增至 27.8g/（100mL），提高了全系列催化剂对高金属含量劣质渣油的加工适应性。

　　针对渣油加氢反应条件苛刻、催化剂易积炭和活性相结构破坏等特点，适度强化渣油加氢催化剂的金属 - 载体相互作用可以提高金属物种的分散状态以及硫化态金属活性相结构的稳定性。这是因为当金属 - 载体相互作用过强时，不利于活性相的形成，使得催化剂表现出较低的初始活性；而当金属 - 载体相互作用过弱时，可以促进形成更多的活性相，催化剂表现出较高的初始活性，但初始活性过高会导致局部反应放热过多从而使沥青质和胶质等缩合加剧，引发催化剂表面的积炭增多，而且催化剂长时间处在渣油加氢高温高压工况条件下还容易发生活性相聚集长大或助剂脱落等活性相结构破坏的现象。因此，本书著者团队通过调控金属浸渍液的配制方法以及活性金属物种的负载、分散和活化方式等制备参数，以调变金属 - 载体相互作用和金属物种的分散状态，制备了一系列镍钼催化剂 CAT-1、CAT-2 和 CAT-3。以茂名常压渣油为原料，在反应温度为 380℃、氢分压 14MPa、进料质量空速 0.5h^{-1} 下，考察了其活性和稳定性的差异（见图 7-35）。由图 7-35 可见，上一代催化剂 RDM-33C 的初始脱硫活性相对较高，脱硫率约为 82.5%，但随着反应进行，由于表面积炭及金属沉积的影响，催化剂的活性下降较快，运转 1000h 后脱硫率稳定在 72% 左右。与 RDM-33C 相比，通过强化金属 - 载体相互作用制备的催化剂 CAT-1 虽然反应稳定性有所改善，但初始活性较低；进一步强化金属 - 载体相互作用制备的催化剂 CAT-2 活性稳定性明显提升，但初始活性下降太多，导致 CAT-2 催化剂在稳定运转期的活性比 RDM-33C 明显降低。而适度地增强金属 - 载体相互作用的催化剂 CAT-3 虽然初始脱硫活性相对较低，但随着反应进行，CAT-3 催化剂的活性不但没有降低反而略有提升，运转约 1600h 催化剂脱硫率稳定在 77% 以上。基于 CAT-3，优化制备工艺开发了新型具有活性缓释功能的催化剂 RDM-203。与催化剂 RDM-33C 相比，催化剂 RDM-203 中金属与载体的相互作用适当增强，其 840cm^{-1} 处的四面体钼物种的比例明显增加（见图 7-36），而且催化剂 RDM-203 中易还原及难还原金属物种都大幅度减少（见图 7-37），金属物种的分散状态明显改善；硫化后的催化剂 RDM-203，在渣油加氢反应初期，其钼的硫化度以及 Ni-Mo-S 活性相数量会随着反应进行呈现不断增加的趋势（见表 7-3），从而使催化剂 RDM-203 表现出活性缓释的技术特征。而且，催化剂 RDM-203 的活性稳定性明显提升，其稳定运转的脱硫率比催化剂 RDM-33C 提高了 5 个百分点[100]。

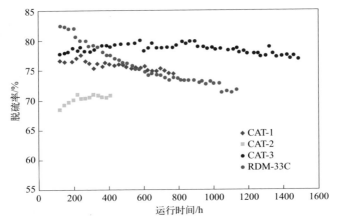

图7-35 单剂性能评价结果

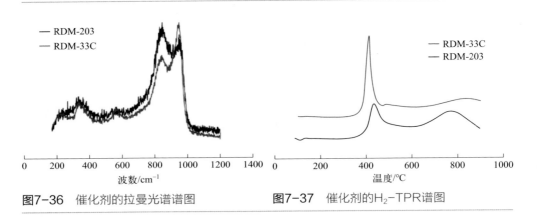

图7-36 催化剂的拉曼光谱谱图

图7-37 催化剂的H_2-TPR谱图

表7-3 催化剂RDM-203和RDM-33C的XPS表征结果

样品	$n(Mo^{4+})/n(Mo)/\%$	$n(NiMoS)/n(Ni)/\%$
RDM-203-S	67.30	6.17
RDM-203-120	73.16	10.08
RDM-203-240	73.96	12.10
RDM-33C-S	77.53	38.54
RDM-33C-120	72.37	13.42
RDM-33C-240	72.62	11.45

注："S"代表新鲜硫化态催化剂；"120"代表反应120h后的催化剂；"240"代表反应240h后的催化剂。

渣油加氢降残炭脱硫催化剂作为渣油加氢复合催化剂体系中的主要催化剂之一，其一般处于级配体系的最后一级，通常占整桩催化剂总装填质量的50%以上，其活性的好坏直接影响到下游催化裂化或加氢裂化的原料质量。本书著者团队经过多年的研发，已成功开发了 RSN-1、RCS-3、RCS-31（31B）和 RCS-41 等系列高活性的降残炭脱硫催化剂，均取得较好的工业应用效果。但随着低油价下催化剂采购成本占炼油厂成本比例的上升，迫切需要开发出性能更优、生产成本更低的高性价比渣油加氢降残炭脱硫催化剂。由于载体质量在催化剂中占 80% 以上，当降低载体堆密度时，必然导致单位体积反应器内活性金属装填量的降低。因此在降低载体堆密度的同时，必须有效提高活性金属的利用率，才能在降低催化剂使用成本的同时保持甚至提升催化剂的活性。本书著者团队经过系统研究，提出了新型高性价比渣油加氢催化剂 NATURE 制备技术平台，其关键技术创新包括 [101]：通过催化材料初级粒子的"针状化"，实现了载体堆密度的降低以及活性金属分散度的提高；对载体表面性质进行调节，构建目标活性相结构，提高了活性金属的利用率和催化剂的加氢活性；增加可与活性金属发生相互作用的载体表面位点数量，抑制活性相聚集长大和助剂剥离的趋势，进一步提高活性相结构的稳定性；减少反应物的扩散限制和减弱残炭前驱物的吸附作用，避免金属 Ni 和 V 的孔口沉积，降低催化剂上的积炭量。由此平台开发了渣油加氢降残炭催化剂 RCS-202，堆密度比催化剂 RCS-31 降低 20%。以沙特阿拉伯轻质原油的常压渣油为原料，在反应温度 380℃、氢分压 14.0MPa、进料体积空速 0.5h⁻¹ 条件下，在 3000h 活性稳定性试验中，保持产物残炭相同时，催化剂 RCS-202 的归一化反应温度比上一代催化剂 RCS-31 低 5 ～ 10℃；催化剂 RCS-202 和催化剂 RCS-31 的脱硫反应温度基本相当。残炭含量分析结果表明，中型装置卸剂 RCS-202 上的积炭量明显低于 RCS-31 卸剂。说明采用催化剂 RCS-202 既降低了催化剂的使用成本，又保证了催化剂的活性有所提升和运转周期有所延长，较好地解决了低载体堆密度、高活性金属利用率和高活性稳定性三者之间的矛盾。

为了充分利用重油加氢反应器的空间并提高每种催化剂的使用效率，在满足 FCC 进料高质量要求的同时，需要建立加氢脱金属、容金属能力与加氢脱硫、脱残炭活性之间较好的平衡，尽可能使所有装填的加氢催化剂的活性周期相当并长周期稳定运转，从而实现重油加氢装置运行的最大经济性。基于对各类催化剂催化性能特点的认识以及构建的反应动力学和催化剂失活模型，本书著者团队建立了重油加氢催化剂级配专有技术，在充分发挥各类催化剂催化性能特点的同时，显著提高了重油加氢技术的整体水平。例如，RHT 系列催化剂在中国石化齐鲁分公司应用，装置运行时间比参比系列催化剂多 3 个月，寿命延长 22%；台湾中油公司使用 RHT 系列催化剂，重油加氢装置运行时间比国外同类型催化剂多 3 个月，运行周期延长 40% 以上，经济效益明显提高 [5]。

除了上述介绍的渣油加氢催化剂和技术以外，国内外各大公司也开发出了相应的渣油加氢技术 [96]，包括固定床加氢技术、沸腾床加氢技术和浆态床加氢技术，其中固定床加氢技术在炼油企业占主导地位。例如，FRIPP 的 S-RHT 技术，

Chevron 公司的 RDS/VRDS 技术，UOP 公司的 RCD Uinonfining，IFP 的 Hyvahl 等都已成功工业应用。

第六节
多产化工原料型催化加氢材料的特点与应用

　　传统炼油企业主要生产汽油、煤油和柴油等燃料油，副产少量芳烃、沥青和焦炭等，随着对燃料油需求的下降以及低碳烯烃和 BTX 等化工原料市场的迅速发展，炼油企业根据具体情况需要向化工型炼油厂转型发展（见图 7-38），其关键是加氢技术与催化裂化、催化裂解技术的集成优化[2]。"双碳"背景下，燃料型炼油厂转型高质量发展的关键是根据其市场定位、原油结构和现有工艺流程，进行产品目标、能耗、碳排放等约束条件下的转型总流程研究；可依靠新增加氢裂化、催化重整装置与蒸汽裂解和芳烃装置组合向炼化一体化转型。依据"宜烯则烯、宜芳则芳、宜油则油、宜化则化"的原则，炼化一体化炼油厂的利润率比纯燃料型炼油厂可提高 10 个百分点左右[102]。

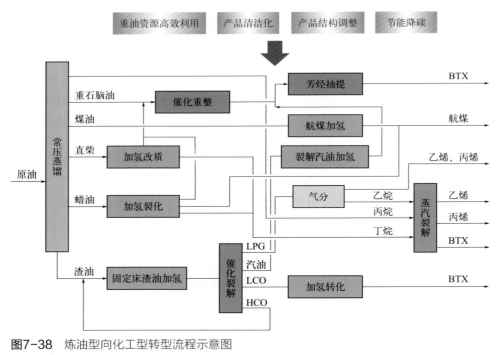

图7-38 炼油型向化工型转型流程示意图

采用加氢裂化技术可以实现将重质馏分油转化为轻质的高价值产品，例如，所产轻石脑油（小于 80℃ 的馏分）的辛烷值（RON）为 75 ～ 85，可作车用汽油调和组分或蒸汽裂解制乙烯原料；重石脑油的芳烃潜含量高，可作为催化重整原料，生产芳烃（BTX）；加氢裂化产物中 340 ～ 370℃ 尾油馏分（或未转化油）的硫、氮含量低，烷烃含量高，芳烃指数（BMCI）值低，可作为乙烯装置的原料或 FCC 装置的原料，也可作为生产润滑油基础油的原料[2,7]。另外，结合催化裂化柴油（LCO）在柴油池中占比超过 30% 且富含双环芳烃、三环芳烃等低十六烷值组分的特点，同时考虑到中国市场对苯、甲苯、二甲苯等重要化工原料的需求量逐年增加，因此，利用 LCO 富含芳烃的特点，采用加氢裂化技术将其高效转化为高辛烷值汽油组分或 BTX 等高价值产品备受研究者关注。

作为"油转化"的重要技术，加氢裂化过程中会发生多种复杂的化学反应，主要归纳为两类：加氢处理反应和加氢裂化反应。重质馏分油中含有较多的多环芳烃和含氮化合物，很容易导致加氢裂化催化剂酸性中心中毒或积炭失活，需要使用加氢处理催化剂尽可能地饱和原料中的多环芳烃、脱除含氮化合物和含硫化合物，从而为加氢裂化催化剂提供低氮（小于 30μg/g，甚至低于 10μg/g）易裂解的原料。然后，具有一定抗氮中毒能力的加氢裂化催化剂充分发挥其酸性功能将大分子烃类选择性裂化为所期望的高附加值轻质产品。为避免过度二次裂化导致生成小分子烃，加氢裂化催化剂需要金属的加氢活性与酸性组分（分子筛或无定形硅铝）的裂化活性及异构化活性在较高水平上达到协调平衡。

一、多产化工原料型加氢催化剂的特点

多产化工原料型加氢催化剂属于双功能催化剂，既包括具有加氢/脱氢功能的金属活性组分（还原态金属或硫化态金属），又包括具有裂化功能的酸性材料（分子筛、无定形硅铝等），二者协同作用，相辅相成。关于发挥加氢功能金属中心的设计理念可以参照本章第二节。而分子筛、无定形硅铝等酸性材料的结构特点则对催化剂裂化功能的有效发挥至关重要。针对原料油中反应物和目标产物的分子结构、扩散行为以及反应化学等特性，首先选择合适的酸性材料类型（例如，Y 型分子筛、β 型分子筛、ZSM-5 分子筛、无定形硅铝等），然后根据具体需要进一步优化酸性材料的孔道结构（微孔、介孔和大孔）、修饰酸性中心特征（酸类型、酸数量、酸强度、酸分布、B 酸量/L 酸量比例等）、调变加氢活性中心和酸性中心的距离，有效促进多产化工原料型加氢催化剂的金属中心和酸性中心的协同作用。研究者为了探究金属中心 - 酸性中心双功能协同的作用机制，以油品中典型的化合物为模型反应分子进行了大量的实验和理论研究，为加氢裂化催化剂的开发提供依据。例如，对 LCO 加氢裂化生产高辛烷值汽油或轻质芳烃，理想的反应路径是先将多环芳烃进行选择性加氢饱和生成四氢萘类单环芳烃，然后，再将四氢萘类单环芳烃进行选择性开环/断侧链，从而显著提高BTX等目标产物的选择性和收率。因此，催化剂需要具备适宜的孔道结构以及良好的金属中心与酸性中心协同作用，而四氢萘作为代表性的模型化合物在很多研究中常被用来考察催化剂的开环和链断裂性能。

二、酸性材料对催化剂性能的影响

分子筛等酸性材料作为加氢裂化催化剂的重要组成部分，其结构特点以及在催化剂中的含量对催化剂的裂化功能具有重要的影响[103-110]。

（1）含Y型分子筛加氢裂化催化剂的反应性能

本书著者团队[103]研究了镍钼催化剂中HY分子筛及金属负载量对1-甲基萘精制油样品（见表7-4）加氢裂化的影响。结果表明，1-甲基萘精制油加氢裂化产物相对较复杂（见表7-5），包括开环产物类（丁基苯等）、开环断侧链产物类（BTX等）和异构未开环产物类（甲基茚满等）等。增加催化剂中HY分子筛含量，可提高催化剂上中强B酸中心的数量，从而提高四氢萘类转化成BTX的选择性；而增加催化剂的金属负载量则有利于四氢萘类生成多环烷烃及单环烷烃。因此，适当增加催化剂中的HY分子筛含量，并降低金属负载量对多产BTX更有利。另外，基于反应原料与产物的对比分析，并借鉴前人研究结果给出了四氢萘类化合物在双功能催化剂上转化的反应网络示意图，如图7-39所示。反应物分子的六元环首先在催化剂的酸性活性中心上进行活化生成碳正离子，再异构化生成五元环，然后再进行开环反应以及断侧链反应。催化剂中的金属中心一方面可以将四氢萘类化合物继续加氢饱和为十氢萘类化合物，另一方面还可向酸性中心提供溢流氢，使过渡态碳正离子、裂化产生的不饱和产物被加氢饱和，并抑制催化剂的积炭失活。

表7-4　原料1-甲基萘的环己烷溶液加氢精制后的主要烃类组成

化合物	质量分数/%
环己烷	52.86
烷基苯	2.85
十氢萘	3.26
茚满	0.78
1-甲基四氢萘	10.81
5-甲基四氢萘	25.27
四氢萘	37.00
萘	3.25

表7-5　1-甲基萘精制油在催化剂催化下发生加氢裂化反应的主要产物组成

化合物	质量分数/%	化合物	质量分数/%
环己烷	49.89	4-甲基-(2-甲基-丙基)苯	0.12
苯	1.04	茚满	0.16
甲苯	1.61	甲基十氢萘	1.89
乙苯	0.23	四氢萘	1.98
1,2-二甲基苯	0.20	甲基茚满	5.00
1,3-二甲基苯	0.20	萘	0.56
1,4-二甲基苯	0.37	1-乙基茚满	0.82
1-乙基-2-甲基苯	0.47	1-甲基四氢萘	1.04
1-乙基-3-甲基苯	0.60	2-甲基四氢萘	2.55
甲基丁基苯	1.22	5-甲基四氢萘	2.08
1,2,3-三甲基苯	0.11	C_6-苯	5.80
戊基苯	1.98	二甲基四氢萘	0.65
丁基苯	0.24	2-甲基萘	3.25

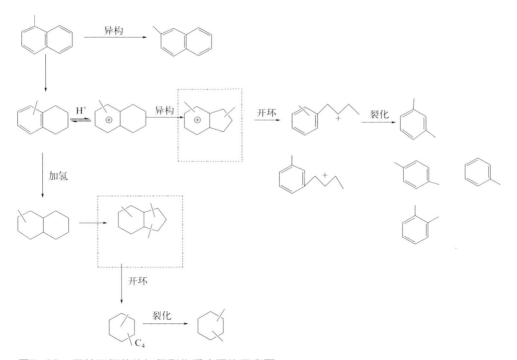

图7-39　甲基四氢萘的加氢裂化反应网络示意图

曹祖宾等[105]以含 USY 的氧化铝为载体，制备了镍钼加氢催化剂，其中 MoO_3 的质量分数为 14%，NiO 的质量分数为 4.6%。先在中型试验装置上运行了

600h，得到活性趋于稳定的加氢裂化催化剂。再在连续流动微反 - 色谱装置上，在 320 ～ 400℃、4.5 ～ 8.5MPa 反应条件下，进行了四氢萘加氢裂化反应动力学的研究。研究发现，NiMo/USY 双功能催化剂具有较高的裂化和异构化活性，在氢压为 8.5MPa、质量空速为 4h⁻¹、反应温度 320 ～ 360℃时，十氢萘的产率比甲基茚满高，而在较高的反应温度（380 ～ 400℃）时则相反，且甲基茚满增加的速度很明显。同时，生成的十氢萘、甲基茚满、甲基全氢茚和单环烷烃的量都存在一个最值，其对应的反应温度分别为 340℃、360℃、380℃和 380℃。随着氢压（4.5 ～ 8.5MPa）的升高，甲基茚满的产率急剧下降，但单环烷烃和单环芳烃的产率却迅速增长。这说明在低温、高压的反应条件下有利于加氢反应，而在高温、低压的反应条件下则有利于异构和裂化反应。

当分子筛上引入金属物种时，金属物种与分子筛之间会存在一定的界面作用。本书著者团队[106]探究了负载 Mo、W 物种对 Y 型分子筛结构及酸性的影响。首先，配制不同浓度的仲钼酸铵水溶液和偏钨酸铵水溶液，然后采用孔饱和浸渍法于室温下分别浸渍 USY 分子筛，经 120℃干燥，590℃下焙烧后得到负载金属氧化物的分子筛。从表征结果可以看到，当 Mo、W 氧化物负载质量分数不大于 8% 时，USY 分子筛结构依然存在，但结晶度有所下降。这是由于 Mo、W 物种的负载造成了分子筛骨架脱铝，且随着金属负载量的增加，分子筛脱铝的程度加深。与未负载金属物种的 USY 分子筛相比，USY 分子筛负载 Mo 物种所得样品的总酸量和 L 酸量均有所增加，但随着 Mo 负载量的增加，其 B 酸量均不同程度减少。当金属负载量相同时，Mo 物种比 W 物种对 USY 分子筛各项性质的影响更大。

考虑到四氢萘的最小截面尺寸与 Y 型分子筛的孔道尺寸相当，其在孔道内扩散会受到一定程度的限制。本书著者团队[107]采用不同方法制备了一系列多级孔 Y 型分子筛；以四硫代钼酸铵为金属前驱体，通过孔饱和浸渍法制备了相应的催化剂，对比研究不同多级孔 Y 型分子筛对四氢萘选择性加氢裂化性能的影响规律。分子筛的孔结构参数表征结果见表 7-6，与参比分子筛相比，多级孔分子筛的外比表面积、孔体积明显增大。但是，随着多级孔分子筛的外比表面积逐渐增大，微孔比表面积逐渐减小。从图 7-40 和图 7-41 可以看出，

表7-6　分子筛的孔结构参数

分子筛	BET比表面积/(m²/g)	微孔比表面积/(m²/g)	外比表面积/(m²/g)	外比表面积/BET比表面积	孔体积/(cm³/g)
参比分子筛	669	645	24	0.036	0.356
MY1	651	619	63	0.097	0.460
MY2	709	624	85	0.120	0.499
MY3	745	575	169	0.227	0.595
MY4	632	450	181	0.286	0.639

参比分子筛上介孔较少，且以约 4nm 的孔为主，而多级孔分子筛的介孔数量明显增多，且从 MY1 到 MY4 介孔数量逐渐增加，但上述多级孔分子筛介孔结构并不完全相同。MY2 和 MY3 的介孔主要是孔径为 4nm 和 20～40nm 的孔；MY4 的介孔分布较宽，为约 10nm 的孔较多。鉴于 MY4 相对结晶度（64.3%）明显低于参比分子筛（88.1%），推测其结构已发生了一定程度的坍塌。

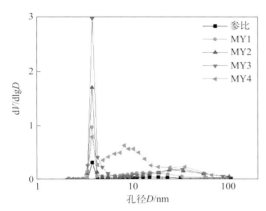

图7-40　分子筛的孔径分布

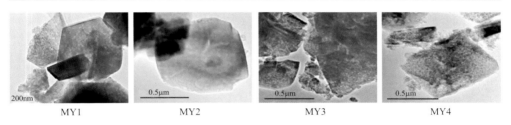

图7-41　多级孔分子筛的TEM照片

分子筛的酸性表征结果如表 7-7 所示，总酸量从高到低的顺序为：参比分子筛＞MY2＞MY3＞MY4＞MY1。考虑到酸强度太弱不足以使四氢萘开环，中强 B 酸对四氢萘开环更有利，因此，多级孔分子筛 MY2 和 MY3 的酸性特点相对较优。

表7-7　分子筛的酸性表征结果

分子筛	NH$_3$-TPD表征结果/（mmol/g）				Py-IR表征结果/（μmol/g）	
	总酸量	弱酸	中强酸	强酸	L酸量	B酸量
参比分子筛	1.993	0.608	0.649	0.737	0.78	23.27
MY1	1.089	0.339	0.408	0.342	0.85	13.28
MY2	1.911	0.526	0.578	0.807	0.76	18.25
MY3	1.754	0.458	0.470	0.826	2.53	16.18
MY4	1.548	0.388	0.418	0.743	3.39	14.40

多级孔分子筛催化剂对四氢萘转化深度的影响如图 7-42 所示，随着反应温度的升高，四氢萘的转化深度逐渐增加，其中，380℃时 CAT1 ～ CAT4 转化深度均高于采用参比分子筛制备的催化剂。

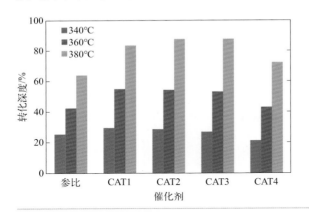

图7-42
多级孔分子筛催化剂对四氢萘转化深度的影响

反应温度对多级孔分子筛催化剂裂化性能有影响，温度越高，四氢萘加氢裂化产物 C_6 ～ C_{10} 和 C_6 ～ C_8 单环芳烃收率越高，如图 7-43 和图 7-44 所示。从图 7-43 和图 7-44 还可以看出，CAT3 上 C_6 ～ C_{10} 单环芳烃和 C_6 ～ C_8 收率最高分别可达 41.5% 和 24.0%，明显高于采用参比分子筛制备的催化剂。主要原因是总酸量和 B 酸量较高的 MY3 分子筛上介孔数量明显增加，酸性中心的可接近性得到改善。

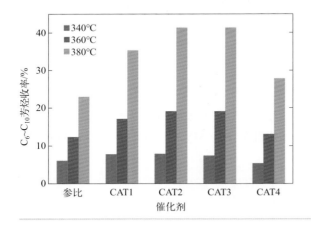

图7-43
多级孔分子筛催化剂对 C_6 ～ C_{10} 单环芳烃收率的影响

另外，反应产物中还检测到了 C_{10}^+ 重产物，例如，甲基四氢萘、乙基四氢萘、三环芳烃（如蒽、菲等）以及三环芳烃的部分加氢产物等。当四氢萘转化率为 50% 时，各催化剂上 C_{10}^+ 重产物选择性如图 7-45 所示。从图 7-45 可以看出，

CAT4 催化剂上重产物选择性明显高于其他催化剂，这可能是由于 CAT4 孔结构存在一定程度坍塌，介孔尺寸向大孔方向偏移且介孔集中度下降。

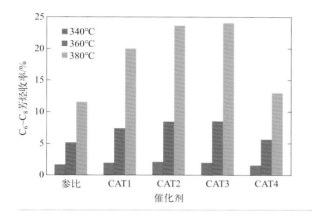

图7-44
多级孔分子筛催化剂对C_6～C_8单环芳烃收率的影响

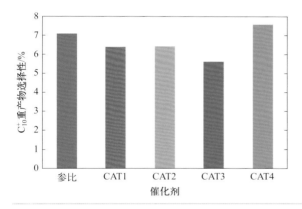

图7-45
分子筛性质对C_{10}^+重产物选择性的影响

因此，采用以四硫代钼酸铵为金属前驱体，介孔比例高、介孔孔径尺寸适宜、介孔集中度高且酸性适中的多级孔 Y 型分子筛为酸性组分制备的双功能催化剂进行四氢萘加氢裂化反应时，更有利于促进四氢萘的转化，提高单环芳烃的收率，并降低 C_{10}^+ 重产物的收率。

为了进一步探究 Y 型分子筛酸性质对四氢萘加氢裂化多产轻质芳烃反应的影响，以孔结构性质相近、酸性质存在差异的 Y 型分子筛为酸性组分制备加氢裂化催化剂[108]。四氢萘评价结果发现，提高 Y 型分子筛上强酸中心比例可促进四氢萘的转化；当 Y 型分子筛上中强酸的占比和强 B 酸 / 强 L 酸酸量比增加时，有利于四氢萘的开环、断侧链反应，并促进苯、甲苯、二甲苯的生成。另外，虽然不同催化剂上金属组分及负载量均相同，但是不同 Y 型分子筛的引入，一定程度上也改变了硫化态金属活性相的形貌结构以及相应催化剂的加氢性能，进而影响对轻质芳烃产物的选择性。

（2）引入不同类型分子筛对加氢裂化催化剂反应性能的影响

除了 Y 型分子筛，也可以引入其他类型的分子筛（例如，MCM-22、ZSM-5、β 型等）作为酸性组分，从而改变催化剂的加氢裂化反应性能。本书著者团队通过模板剂溶胀法对具有 MWW 型拓扑结构的 MCM-22 分子筛进行剥层处理[109]，制备了 RZMCM 分子筛。与 MCM-22 分子筛相比，RZMCM 分子筛的晶体有序性降低，硅铝比提高，外比表面积显著增大，B 酸量和 L 酸量均降低。溶胀处理后分子筛的片晶从有序团聚状堆积转化为无规则状堆积。与 NiMo/MCM-22 催化剂相比，NiMo/RZMCM 催化剂上负载的金属更容易分散在分子筛外表面，可形成更多的、易还原的金属物种，有利于提高催化剂的加氢活性。与 NiMo/MCM-22 催化剂相比，四氢萘在 NiMo/RZMCM 催化剂上的转化率更高。这是由于 RZMCM 分子筛作为加氢裂化催化剂的酸性组分，兼具扩散优势以及十二元环与十元环孔道的择形优势。另外，四氢萘与正癸烷混合反应油的评价结果表明，当 $C_6 \sim C_{10}$ 芳烃产物收率相近时，NiMo/RZMCM 催化剂上过度裂化产物远低于 NiMo/MCM-22 催化剂，表明采用 RZMCM 分子筛作为酸性组分可以在实现四氢萘开环的同时，减少链烷烃的过度裂化反应。

本书著者团队[110]通过碱处理法制备了多级孔 ZSM-5 分子筛，由于碱处理脱除硅时也将部分骨架铝转化为非骨架铝，与 ZSM-5 相比，其硅铝比降低，介孔表面积和总孔体积均有所增大，微孔表面积和相对结晶度有所损失，总酸量降低，其中 B 酸量降低而 L 酸量升高。与 NiMo/ZSM-5 相比，采用多级孔 ZSM-5 分子筛制备的催化剂对四氢萘的转化率提高了 10 个百分点以上，BTX 的收率也提高了 2 ~ 8 个百分点。在相同转化率下，采用多级孔 ZSM-5 分子筛制备的催化剂对四氢萘开环反应的选择性明显提高，对异构反应和脱氢反应的选择性则降低。

为了研究分子筛类型催化剂对四氢萘加氢裂化反应活性及产物选择性的影响，刘永存等[111]将改性 β 型分子筛、Y 型分子筛、ZSM-5 分子筛按相同比例分别与拟薄水铝石（SB）粉、田菁粉混合，在碾压机中干混均匀；后再将配制的稀硝酸水溶液一次性倒入粉体中，经捏合、挤条成型，150℃下干燥并在 550℃下焙烧后得到含分子筛的载体。采用碱式碳酸镍、三氧化钼、磷酸和水配制镍钼磷浸渍液，通过孔饱和浸渍法负载金属物种后，经 120℃干燥、500℃下焙烧后，得到金属负载量相同的催化剂。三个催化剂中，含 β 型分子筛催化剂具有较适宜的孔结构及比表面积，与含 Y 型分子筛催化剂以及含 ZSM-5 分子筛催化剂相比，其具有更高的 B 酸量和 L 酸量，并且金属与载体的相互作用较弱，更有利于金属组分的硫化还原。催化剂的四氢萘转化率由高到低排序：含 β 型分子筛催化剂＞含 Y 型分子筛催化剂＞含 ZSM-5 型分子筛催化剂。当四氢萘转化率相同时，含 β

型分子筛催化剂对 BTX 及加氢裂化产物的选择性最高，对缩合产物的选择性最低。

虽然 β 型分子筛具有独特的酸性，但是其孔道尺寸（约为 0.66nm×0.67nm 和 0.56nm×0.56nm）相对较小，不利于四氢萘的扩散。因此，研究者尝试制备介孔 -β 复合分子筛或多级孔 β 型分子筛等来强化反应分子的可接近性。程俊杰等[112] 通过后合成法制备了 Hβ/Al-SBA-15 复合分子筛，其具有介孔结构和微孔结构，含有 B 酸和 L 酸中心，且表面酸性比 Hβ 的酸性强，表明通过后合成法制备的复合分子筛实现了 SBA-15 分子筛与 Hβ 型分子筛在孔结构和酸性上的互补性。所制备的 Ni-W/Hβ/Al-SBA-15 催化剂具有较好的萘加氢裂化性能和 BTX 选择性。

张燕挺等[113] 采用表面活性剂 - 模板化法，分别以硅铝比（$n_{SiO_2}/n_{Al_2O_3}$）为 60 和 150 的 β-60 和 β-150 为母体，选用十六烷基三甲基溴化铵作为表面活性剂，分别以一步法和两步法制备了 2 种多级孔 β 型分子筛。以偏钨酸铵为钨源，采用孔饱和浸渍法制备了 WO₃ 质量分数为 25% 的催化剂，考察其对四氢萘的催化性能。研究发现，与母体相比，一步法制备样品的介孔孔体积提高 3 倍以上，两步法制备样品的介孔孔体积提高 1 倍以上。以 β-60 为母体，一步法和两步法制备样品的介孔均是无序的。而以 β-150 为母体，一步法制备样品的介孔是无序的，两步法制备样品的介孔却是有序的。四氢萘评价结果表明，采用多级孔 β 型分子筛制备的催化剂的活性和 BTX 选择性均高于采用母体分子筛制备的催化剂；在相同转化率下，对于 β-60 系列，采用一步法制备的具有无序介孔的样品催化反应 BTX 收率最高，气体收率最低；对于 β-150 系列，采用两步法制备的具有有序介孔的样品催化反应 BTX 收率最高，气体收率最低，表明制备方法以及介孔的数量、有序度综合影响催化剂的性能。

综上所述，不同类型分子筛在单独使用时，对四氢萘的加氢裂化反应均表现出其特定的催化性能，因此，若选择具有适宜孔道结构和酸性的不同类型分子筛进行复配使用，将有助于优化四氢萘加氢裂化的反应路径，进一步提高目标产物 BTX 的选择性。刘永存等[114] 分别以改性 β 型分子筛、ZSM-5 分子筛以及两者按不同比例复配的分子筛作为酸性组分，采用孔饱和浸渍法制备了相应的镍钼磷加氢裂化催化剂。复配制备的催化剂具有较适宜的比表面积、孔结构、酸量和酸强度，所负载的金属组分分散较好且易还原，从而表现出更高的四氢萘转化率以及 BTX 选择性。

三、金属组分对催化剂性能的影响

金属组分是加氢裂化催化剂的重要组成部分，其种类、负载量以及在载体上的分散状态等对催化剂的加氢功能均具有重要的影响。吴莉芳等[115] 以含 β 型分子筛的氧化铝为载体，制备了一系列镍钼、镍钨和钴钼加氢裂化催化剂。从催化剂的性质看，镍钼催化剂具有最高的中强酸强度和酸量，金属与载体的相互作用最弱，有利于金属物种的还原。催化性能评价结果也表明，镍钼催化剂上四氢萘转化率和裂化产物选择性最高，可见镍钼双金属类型比镍钨和钴钼更适合作为四氢萘加氢裂化催化剂的活性金属组分。以镍钼催化剂为研究对象，继续考察了活性金属（NiO + MoO$_3$）负载质量分数分别为 12%、15%、18%、21% 和 24% 时制备的催化剂对四氢萘催化性能的影响，结果表明，当金属负载质量分数为 18% 时所制备的镍钼催化剂具有更高的 BTX 选择性。

芳烃加氢反应为强放热反应，从热力学角度来讲，提高反应温度就可以抑制单环芳烃的加氢饱和。杜佳楠等[116] 提出在更高反应温度（420 ～ 500℃）条件下对 1- 甲基萘进行加氢裂化可以进一步提高 BTX 的选择性，但更高的反应温度会影响催化剂金属中心的加氢能力。采用孔饱和浸渍法，以 β 型分子筛为载体制备了一系列镍和钨负载量不同的加氢裂化催化剂（10%W-5%Ni/β、20%W-5%Ni/β、15%W/β、25%W/β 和 35%W/β）。表征结果表明，负载金属氧化物后，催化剂的 L 酸大幅增加；并且，随着金属氧化物负载量的增加，催化剂总酸量减少，而 L/B 酸量比呈现增加的趋势。以 10%W-5%Ni/β 为催化剂，考察了不同反应温度对 1- 甲基萘加氢裂化制备 BTX 选择性的影响，结果发现随着反应温度的升高（420 ～ 500℃），BTX 的选择性增加，证明了高温有利于提高 BTX 的选择性。当反应温度为 500℃、氢油体积比为 1300、反应压力为 6MPa 时，25%W/β 催化剂的 BTX 选择性和 BTX 收率最高。这说明镍和钨金属氧化物的配比以及负载量的变化确实会影响催化剂加氢中心和酸中心的匹配以及协同作用的发挥。

此外，研究者还采用还原态金属（Ni、Pt 等）作为加氢活性中心[117-119]，研究双功能加氢裂化催化剂对多环芳烃转化以及低碳芳烃选择性的影响规律。臧甲忠等[118] 通过柠檬酸处理和水热处理对 β 型分子筛进行复合改性并考察所制备的 Pt/β 催化剂对 1- 甲基萘选择性开环性能的影响。研究发现，采用柠檬酸处理 β 型分子筛时，柠檬酸与非骨架铝络合，同时发生络合脱铝与骨架补铝，使骨架铝进行了再分布；水热处理 β 型分子筛时，优先脱除稳定性相对较低的 Si(2Al) 处骨架铝，产生骨架缺陷的同时，生成一定比例的二次介孔结构。采用柠檬酸和水热处理复合改性可调控 β 型分子筛骨架补铝及骨架铝再分布，而且改变复合改性的顺序对 β 型分子筛的物性有较大影响。1- 甲基萘评价结果表明，复合改性处理的 Pt/β 催化剂对 1- 甲基萘的转化活性均显著提高，采用水热处理 - 柠檬酸处理路线制备的 β 型分子筛催化剂因其以中强酸为主，且具有较高的 B/L 酸量比，所以表现出比柠檬酸处理 - 水热处理路线制备的催化剂更高的低碳芳烃收率和稳定性。

赵岩等[119] 提出了一种在甲苯和水两相体系中，通过耦合水热法和生长修饰剂来合成 β 型分子筛的方法。相对于常规 β 型分子筛，采用新方法制备的 β 型分子筛颗粒较小，且堆积孔更加丰富，具有更多的中强 B 酸。合成时水相中引入十六烷基三甲基溴化铵制得 β-C 分子筛，其负载 Ni 和 Sn 后制备的 Ni-Sn/β-C 催化剂具有适度的酸性以及丰富的介孔，在四氢萘加氢裂化反应中，展现出更高的转化率以及目标产物 BTX 的选择性。

综上所述，以模型化合物（四氢萘、1- 甲基萘等）为原料，反应体系相对简单，可以较好地获得催化剂的构效关系，从而为新型加氢裂化催化剂的设计和研制提供一定的理论指导和技术支撑。酸性材料以及金属组分作为加氢裂化催化剂的重要组成部分，二者的优化设计对催化剂双功能协同作用的发挥至关重要。酸性材料的设计要考虑提高反应分子与酸中心的可接近性、在提高转化率的同时有效抑制其他副反应的发生，从而提高目标产物的选择性，这些都与分子筛的类型、孔道结构、酸性中心特征等密切相关；金属组分的设计要考虑提高金属中心与酸中心有效发挥协同作用的距离，这与金属种类、金属负载量、不同金属配比、金属前驱体分子结构、引入金属物种的方式、金属与载体的相互作用以及金属物种在载体上的分散状态等密切相关。总体来看，采用孔径尺寸适中、介孔集中度高且酸性适宜的多级孔分子筛，既有利于反应分子的扩散，又促进了酸中心与金属中心的协同作用，所制备的催化剂表现出更高的四氢萘的转化率和轻质芳烃选择性。

四、多产化工原料以及调整柴汽比加氢催化剂的应用

随着环保要求的提高和市场供求关系的变化，加氢裂化技术作为重质原料轻质化的有效方法之一[7,120-155]，在油化结合型企业中发挥着越来越重要的作用。对于真实油品原料，其组成更复杂，例如，用于加氢裂化的原料主要是直馏蜡油，有时还掺入一定量的焦化蜡油、催化裂化柴油等。随着原油的重质化和劣质化，直馏蜡油中硫、氮含量呈上升趋势；焦化蜡油是减压渣油经延迟焦化得到的馏分，其密度、硫含量、氮含量均比同一原油相同馏程的直馏蜡油高，尤其是氮含量和碱氮含量比直馏蜡油高 4 ～ 10 倍；催化裂化柴油的典型特点是硫、氮和芳烃的含量高、密度高、十六烷值低、氧化安定性差等。油品原料中的含氮化合物尤其是碱性含氮化合物是分子筛酸性中心的毒化物，一般含分子筛的加氢催化剂允许接触的原料油中氮含量都控制在 1 ～ 30μg/g 范围，在工业应用中为保证催化剂长周期稳定运转，实际上将氮含量控制在小于 10μg/g，甚至小于 5μg/g[126,127]。因此，在加氢裂化技术中，反应器上层的加氢精制段需要装填具有较好加氢脱氮活性和芳烃饱和性能的加氢精制催化剂，而且加氢精制段催化剂的性能对产品性质和最低可允许的操作压力有着重要的影响。

（1）多产化工原料型加氢裂化催化剂和技术

多产化工原料并增产航煤的蜡油加氢裂化技术具有重要的作用[2]。蜡油原

料组成较复杂，包括链烷烃、环烷烃、芳烃和胶质等，芳烃指数（BMCI 值）一般在 40 以上。优质的乙烯裂解原料的 BMCI 值一般不大于 12，其中，链烷烃的 BMCI 小于 1，是理想的蒸汽裂解原料，应尽量避免其在反应过程中过度裂化；反应过程中要尽量将环烷烃（尤其是多环烷烃）和芳烃等转化以显著降低尾油的 BMCI 值。研究发现在反应前期，环烷烃和芳烃的竞争吸附导致大分子链烷烃的质量分数基本不变；但是随着转化率提高，尾油中链烷烃浓度逐渐增加，其参与裂化反应的概率和比例也明显增大，从而导致链烷烃含量又开始显著降低。换言之，在加氢裂化反应过程中，沿反应器轴向位置处的烃分子组成是不断变化的。随着反应的进行，芳烃迅速饱和，在反应器中部其含量降低到较低的水平；而环烷烃总体上呈先增加后减少的趋势，这是由于芳烃加氢饱和后转化为环烷烃，而环烷烃会发生开环及断侧链反应；链烷烃则在较高原料油转化率下逐渐开始裂化（见图 7-46）[128]。基于蜡油加氢裂化反应过程的系统研究，RIPP 开发了多产化工原料和增产航煤的系列加氢裂化催化剂（见表 7-8）和技术，具体技术创新包括：第一，通过构建有利于大分子扩散以及环状烃吸附的高酸性、高密度介孔，强化环烷烃与链烷烃竞争吸附的酸性催化材料；第二，提高催化剂的加氢性能，提升金属中心与酸中心的协同作用，促进芳烃饱和、开环，减少链烷烃过度裂化，从而提高尾油馏分中的链烷烃含量；第三，基于催化剂的加氢中心和酸中心比例以及载体可几孔径的优化，强化了重质馏分和中间馏分的竞争吸附及裂化，实现了对航煤馏分的选择性调控。开发出以 USY 分子筛和介孔硅铝组分等为酸性组分，以镍和钨等为活性金属组元的大比例增产航煤兼产优质尾油的加氢裂化催化剂，在 10～16MPa 条件下，通过加工直馏蜡油掺焦化蜡油、催化柴油等原料，获得 BMCI 值不大于 10 的优质乙烯原料和收率不低于 40% 的航煤，柴油馏分零产出。

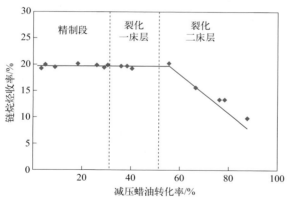

图7-46　加氢裂化尾油中链烷烃收率随原料油转化率的变化规律

表7-8 RIPP多产化工原料和增产航煤系列加氢裂化催化剂

项目	RHC-131	RHC-133	RHC-220	RHC-210
金属体系	Ni-W			
酸性组分	无定形硅铝 &分子筛	无定形硅铝 &分子筛	复合分子筛	复合分子筛
活性	最低	较低	高	最高
航煤收率	最高	高	较高	较低
尾油BMCI值	最低	低	低	低
尾油中链烷烃	最高	高	高	高
适用范围	最大量生产航煤、 优质尾油、石脑油	多产航煤和优质尾油， 兼产石脑油	灵活生产石脑油、 航煤和尾油	最大量生产化工料 和石脑油

根据加氢裂化烃分子转化规律以及大比例增产航煤改善尾油质量的要求，基于所开发的裂化活性、加氢活性和产品选择性不同的催化剂，构建了自上而下活性逐渐降低的催化剂梯级匹配体系（见图7-47），可减少床层间冷氢使用量以降低能耗，在满足催化剂活性、长周期运转的同时，兼顾航煤馏分选择性及尾油质量。在中国石化北京燕山分公司2Mt/a加氢裂化装置上的工业应用结果表明，相比上周期，采用增产航煤改善尾油质量的加氢裂化技术后，航煤收率提高13.06个百分点；尾油BMCI值降低2.1，质量更优；柴油馏分可实现零产出，装置连续运行近5年。中国石油四川石化有限责任公司2.7Mt/a加氢裂化装置采用增产石脑油和航煤兼产优质乙烯料加氢裂化技术及RHC-210和RHC-220级配催化剂的应用结果表明，在尾油收率为18.86%的情况下，重石脑油收率为29.47%，喷

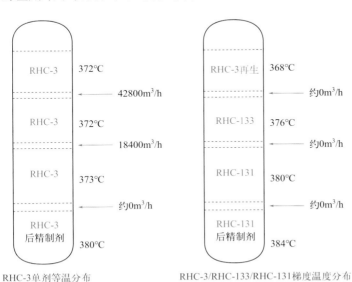

RHC-3单剂等温分布　　　　RHC-3/RHC-133/RHC-131梯度温度分布

图7-47 加氢裂化催化剂级配节能降耗效果

气燃料收率为 36.24%。与上周期相比，在相近转化深度下，喷气燃料收率增加 11.48 个百分点，柴油馏分零产出。重石脑油产品的芳烃潜含量为 55.8%，喷气燃料产品的烟点为 27.0mm，尾油产品的 BMCI 值为 7.8。实现了在压减柴油的同时多产重石脑油和喷气燃料、改善化工原料质量的预期目标[135]。

RIPP 还开发了中压加氢裂化技术（RMC），采用加氢精制和加氢裂化两种催化剂串联、一次通过工艺。自主开发的 RT 系列加氢裂化催化剂，以镍钨为金属组分，采用经过特殊化学处理以减弱碱性含氮化合物对酸性中心吸附且具有较高裂化活性的 HY 分子筛作酸性组分[136]。在总压小于 10MPa 条件下加工干点大于 520℃的减压馏分油（VGO），可同时生产高芳烃潜含量的重整原料、喷气燃料和优质蒸汽裂解原料等。与高压（总压大于 14.0MPa）加氢裂化相比，一次性投资大约可节约 30%，操作费用可降低 30%。为了生产更高质量的尾油，通过提高加氢精制深度以及强化裂化段催化剂的开环活性和选择性，开发了第二代 RMC 技术。该技术采用具有更高反应活性和开环选择性的 RN-32/RHC-3 组合催化剂，表现出较强的原料适应性，产品重石脑油馏分的芳烃潜含量高，硫和氮的含量均小于 0.5μg/g，是优质重整原料；并且在保证收率的同时，产品尾油中的烃类组成得到显著改善，链烷烃含量可达 60% 以上[137]。

使用中压加氢改质（MHUG）技术对柴油进行改质可以提升柴油品质，改质柴油可用作乙烯装置裂解原料。采用 MHUG 技术能够使柴油十六烷值提高 12 个单位，BMCI 值降低 7 个单位，芳烃含量降低 11.3%，乙烯收率提高 1.94%，高附加值产品收率提高 2.65%[138]。

（2）调整柴汽比的加氢裂化催化剂和技术

在成品油质量升级步伐加快、降低柴汽比和优化炼油厂产品结构形势下，将富含双环及以上多环芳烃的催化裂化轻循环油（LCO）高效转化具有重要的意义。本书著者团队开发的 LCO 加氢裂化生产高辛烷值汽油组分的 RLG 工艺技术，可以将 LCO 中的双环及以上多环芳烃选择性加氢饱和转化成单环芳烃，然后单环芳烃经开环和断侧链反应生成高辛烷值汽油组分或 BTX 原料（见图 7-48）。RLG 工艺技术通过采用专用的加氢精制催化剂 RN-411 和催化剂 RHC-100 进行催化剂级配，在适宜的工艺条件下控制双环以上芳烃的加氢饱和程度，提高选择性开环及烷基侧链裂化等的反应效率，以相对较低的氢耗实现最大量生产轻质芳烃等高辛烷值、高价值的汽油调和组分。该技术已在国内 3 套大型炼油厂装置上成功进行了工业试验和工业应用[139]。其中，中国石化安庆分公司 1.0Mt/a 催化裂化柴油加氢转化装置采用 RLG 工艺技术，以 100% 劣质 LCO 为原料，可以生产平均收率 45% 以上、研究法辛烷值（RON）达 90 以上、硫含量小于 10μg/g 的高辛烷值汽油调和组分，同时可生产硫含量小于 10μg/g、十六烷值提高 10 以上的清洁柴油调和组分。该公司采用 RLG 工艺技术后，全面消减普通柴油，车用柴油比例大幅度提高；柴汽比由 0.97 降低至 0.74，显著提高了经济效益。通过开发新的加氢裂化催化剂 RHC-100B，并优化催化剂级配和工艺流程，提高大分子芳烃转化为苯、甲苯、二甲苯的选择性，延长催化剂操作周期，又成功开发了 RLG-Ⅱ技术。采用 RLG-Ⅱ技术加工不同密度、氮含量、芳烃含量的 LCO 原料时，在产品轻柴油循环或一次通过条件下，均可生产收率大于 62.39%、RON 达 93.5 以上、硫含量小于 10μg/g 的高辛烷值汽油调和组分以及十六烷指数为 34.1 ～ 50.8、硫含量均小于 10μg/g 的柴油调和组分[140]。

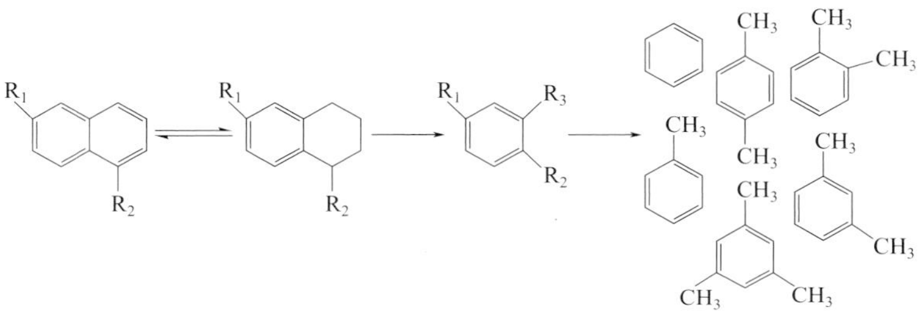

图7-48 LCO中双环芳烃加氢转化为苯、甲苯、二甲苯的化学反应示意

为了提高产品中轻质芳烃 BTX 的收率，基于对多环芳烃选择性加氢饱和、四氢萘类单环芳烃定向加氢开环及烷基苯断侧链反应化学的认识，通过创新催化材料以及构建适配反应区，在 RLG 工艺技术基础上又成功开发了催化柴油加氢裂化生产轻质芳烃的 RLA 技术，可将 LCO 中的劣质多环芳烃高效转化为高价值轻质芳烃 BTX。中试评价结果表明，加工密度为 0.9419g/cm³、芳烃质量分数为 86% 的 LCO，在转化率为 85.44% 的条件下，BTX 收率可达 32.88%。

除了上述介绍的加氢裂化催化剂和技术以外，目前国内外拥有馏分油加氢裂化专利技术的公司很多[96,141-144]，如 FRIPP、UOP（包含 Unocal）公司、Chevron 公司、IFP 公司、Shell 公司、Akzo-kellog-Mobil 公司等，其中，国外公司以 UOP 和 Chevron 公司的技术应用最为广泛。针对 LCO 加氢裂化生产高辛烷值汽油或轻质芳烃的技术有 FRIPP 的 FD2G 技术、UOP 公司的 LCO-X 技术、NOVA 公司的 ARO 技术等。

未来，研究者可针对化工型炼油厂的具体需求，基于对石油中烃类结构和反应特性的认识，在催化材料制备和反应优化调控基础上，遵循"宜烯则烯、宜芳则芳"的原则，开发相应的加氢催化剂和配套工艺。需要注意的是，加氢裂化是包括加氢、异构、开环、裂化、脱氢、聚合等多种平行、串联反应的复杂过程，而且加氢裂化催化剂包含酸性中心和金属中心，二者的协同作用对催化性能影响较大。因此，加氢裂化催化剂的构效关系比加氢精制催化剂的更加复杂。可基于现有的大量实验数据，借助数字化和智能化技术，探索新的研发模式以支撑催化材料及催化剂的高效设计和研发。

第七节
润滑油异构脱蜡催化加氢材料的特点与应用

随着环保法规的日益严格以及机械工业特别是汽车工业的发展，对高档润滑油基础油的需求快速增长。高品质润滑油基础油一般具有较高的黏度指数、较低的倾点，质量指标满足 HVI II 类和 III 类标准。由于加氢异构脱蜡技术可以生产高黏度指数、低倾点、氧化安定性和热安定性好的优质润滑油基础油，因此越来越受到人们的重视。

自 20 世纪 80 年代以来，Chevron 公司开始研制润滑油异构脱蜡催化剂及有关工艺，开发了异构脱蜡 IDW 技术。1993 年 Chevron 公司的 Richmond 炼油厂首次采用异构脱蜡 IDW 技术生产高质量的润滑油基础油。由阿拉斯加北坡原油生产出 100N、240N 和 500N 润滑油基础油，该生产技术的特征是采用专门的择形分子筛催化剂代替催化脱蜡的 ZSM-5 分子筛催化剂。产品不仅倾点低、黏度指数高、挥发性低而且收率较催化脱蜡高。ExxonMobil 公司开发了润滑油异构脱蜡 MSDW 技术。本书著者团队对润滑油加氢技术进行了多年的研究，成功开发出了具有自主知识产权的润滑油加氢异构脱蜡 RIW 技术 [156,157]，为我国润滑油加氢技术的发展打下了坚实的基础。

一、润滑油异构脱蜡催化剂

Exxon 公司最初将贵金属负载于氟化氧化铝或无定形硅铝作为异构脱蜡催化剂，20 世纪 90 年代后逐步发展到采用择形中孔分子筛作为异构脱蜡催化剂的酸性组分，包括 ZSM-5、ZSM-11、ZSM-12、ZSM-23、ZSM-35、ZSM-48、SAPO 分子筛等。进入 21 世纪，研究的重点转向 F-T 合成（费-托合成）蜡的异构，包括相关的工艺与异构脱蜡催化剂的研发 [158,159]。

Mobil 公司异构脱蜡催化剂的开发最初主要采用了高硅分子筛，以其作为蜡的异构化催化剂 [160]。由于催化剂的裂化性能较强，因此需要控制反应的苛刻度，为了提升降凝效果，还需要进一步脱蜡，脱蜡催化剂一般采用择形中孔分子筛催化剂。Mobil 公司在 ZSM 系列分子筛研发方面具有优势，因此其脱蜡催化剂很快便转向贵金属/中孔分子筛催化剂方向，采用的中孔分子筛主要包括 ZSM-22、ZSM-23、ZSM-35、ZSM-48、ZSM-57、MCM-22、SAPO-11、SAPO-5 等，优选的分子筛为 ZSM-22、ZSM-23、ZSM-48、SAPO-11[161,162]。一般要求中孔分子筛的约束指数大于 2，α 值（催化剂的正己烷裂解反应速率常数与标准催化剂的速率常数之比）小于 100，晶粒小于 1μm，具有一维孔或非交叉的二维孔结构。

Mobil 公司的异构脱蜡技术采用了两种催化剂，第一种催化剂为弱酸性无定形硅铝或大孔分子筛催化剂，使原料进行适度的裂化和异构化反应，适当降低原料的凝点；第二种催化剂为中孔分子筛催化剂，异构化反应主要在此催化剂上进行，以使倾点降低到目标值[163-165]。采用复合催化剂体系，技术操作灵活性较大，对原料的适应性较强。进入 21 世纪，合并后的 ExxonMobil 公司进一步改进异构脱蜡技术，包括新的分子筛合成方法、复合催化剂体系的优化、F-T 合成蜡的异构脱蜡、异构脱蜡催化剂的活化和钝化方法研究等[166-168]。

Chevron 公司进行润滑油异构脱蜡技术研究较早。20 世纪 80 年代，Chevron 的研究集中于贵金属 Pt 负载的 SAPO 分子筛催化剂方面，包括 SAPO 分子筛的合成。适用于异构脱蜡的分子筛包括 SAPO-11、SAPO-31、SAPO-41，加氢组分为 Pt、Pd[169-171]。之后研究重点转向复合催化剂体系、组合工艺以及 SSZ 系列分子筛的合成方面，申请了一系列相关专利[172-178]。Chevron 公司的异构脱蜡催化剂多采用一维孔道结构的中孔分子筛，包括 ZSM-5、ZSM-11、ZSM-12、ZSM-21、ZSM-23、ZSM-35、ZSM-38、SSZ-32、SAPO-5、SAPO-11、SAPO-31、SAPO-41 等，特别指出 SAPO-11、SAPO-41、SSZ-32 等的异构选择性较高。Chevron 公司合成了一系列 SSZ 分子筛并研究了其在催化脱蜡中的应用，如 SSZ-25[179]、SSZ-26[180]、SSZ-31[181]、SSZ-32[182]、SSZ-37[183]、SSZ-39[184]、SSZ-41[185]、SSZ-42[186]、SSZ-43[187]、SSZ-44[188]、SSZ-48[189]、SSZ-53[190]、SSZ-54[191]、SSZ-57[192]、SSZ-63[193]、SSZ-64[194] 等。

法国石油研究院（IFP）也研究开发了润滑油异构脱蜡技术，从申请的专利来看，其异构脱蜡催化剂主要由中孔择形分子筛组成，所涉及的分子筛有 TON 型（包括 ZSM-22、theta-1、ISI-1、KZ-2、NU-10）、MTT 型（ZSM-23、EU-13、ISI-4、KZ-1、SSZ-32）、FER 型（ZSM-35、ISI-6、NU-23、镁碱沸石）以及其他中孔分子筛如 ZSM-48、ZBM-30、EU-2、EU-11、EU-1 等[195,196]。

Shell 公司的异构脱蜡催化剂包括贵金属/无定形氧化物催化剂和贵金属/中孔分子筛催化剂。

RIPP 自 20 世纪末开始进行异构脱蜡技术的研究开发，先后成功开发了分子筛 SAPO-11、ZIP 和 BCM-168 等，在此基础上开发了异构脱蜡催化剂 RIW-1、RIW-2 和 RIW-30，并已在多套润滑油加氢装置进行了工业应用，取得了非常好的经济效益和社会效益。

二、异构脱蜡催化材料设计原理

基础油对低温流动性有严格要求，即基础油应具有较低的凝点。生产基础油的原料由于含有长链正构烷烃以及带少量侧链的异构烷烃，其凝点较高。采用异构脱蜡技术使之异构化成为凝点较低的异构烷烃，以保持较高的基础油收率和黏度指数。异构脱蜡的主反应是蜡组分的临氢异构化反应，由于采用贵金属催化剂，同时还发生芳烃的加氢饱和。在异构化转化率较高的情况下，生成的异构烷烃会进一步发生加氢裂化反应，导致润滑油基础油收率降低，若异构成较多短支链的分子，油品的黏度指数将会大幅降低。异构脱蜡过程中，"降凝与基础油收率"以及"降凝与黏度指数"的两对矛盾是技术难点，因此异构脱蜡技术的关键在于催化剂具有较高的烷烃异构化活性，同时在高转化率下保持较高的异构选择性，以尽可能减小收率和黏度指数的损失。

烷烃的临氢异构化反应一般认为符合经典的碳正离子机理，即金属-酸双功能催化剂上烷烃裂化和异构化反应的机理模型：首先，烷烃吸附于金属中心并脱氢生成烯烃；烯烃在酸性中心上形成碳正离子，然后异构化或裂化生成新的异构或小分子烯烃；金属中心上烯烃加氢生成烷烃并脱附。

烷烃脱氢形成烯烃并在酸中心上形成碳正离子后，进一步异构化或裂化一般认为要经过质子化环丙烷中间体（PCP），如图7-49所示。

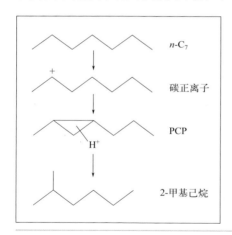

图7-49
正庚烷异构化的质子化环丙烷机理

如前所述，烷烃的临氢异构化反应一般采用一维孔道十元氧环中孔分子筛，如 SAPO-11、SAPO-31、ZSM-22、ZSM-23、ZSM-48、EU-10 等，通过大量研究，人们为解释异构烷烃的生成方式、支链位置的不同，提出了三种烷烃临氢异构化反应机理，即：孔口催化、过渡态择形和产物择形。

孔口催化机理可以较好地解释端位支链产物的形成方式，由于分子筛孔道尺寸的限制，质子化环丙烷中间体只能在分子筛孔口位置生成，然后形成端位甲基支链产物[197-199]。过渡态择形原理则认为，分子筛孔道大小对于两种反应中间体具有不同的限制作用，对端位甲基异构体的限制较小，而对中间位置甲基中间体的限制较强，因此在分子筛孔道内部可以产生端位甲基异构体，而非端位甲基异构体难以形成[200]。产物择形机理则认为，不同甲基支链的异构体均可以在分子筛孔道内生成，不同支链位置的异构体比例由其在分子筛孔道内的扩散速度决定，端甲基支链产物的脱附速度更快，因而更容易生成，选择性更高[201]。

异构脱蜡催化剂是一种双功能催化剂，即同时具有酸性组分和加氢金属组分。催化剂的酸性组分提供异构化能力，同时必须对正构烷烃具有较好的反应选择性，能够优先转化正构烷烃。利用一维中孔分子筛的择形选择性可以实现这一目标，其对正构烷烃有较好的吸附选择性，只允许正构烃或正构支链进入分子筛孔道内或孔口位置，而异构烷烃则不易接触分子筛的酸性中心发生反应。

根据现有的专利、文献和实践经验，一维孔道的十元氧环中孔分子筛如 AEL、TON、MTT 等结构的分子筛对长链正构烷烃具有较好的择形和异构选择性，适用于异构脱蜡过程，目前工业化的异构脱蜡催化剂酸性材料多采用这类分子筛组分。

三、异构脱蜡加氢催化剂的生产与制备

异构脱蜡技术所用分子筛的制备方法与常规分子筛制备类似，一般采用水热合成法。将硅源、铝源、无机碱、水和模板剂混合成胶体，在反应釜中于一定的温度和压力下进行晶化，然后过滤，得到分子筛，经过焙烧除去模板剂，然后进行氨交换，使分子筛转变为可以用来制备异构脱蜡催化剂的氢型分子筛。根据分子筛类型的不同，所用的无机碱和模板剂等有所不同。

分子筛的类型对于异构脱蜡催化剂的性能有较大影响。一般来说，酸性较弱的分子筛，如磷酸硅铝类型的分子筛，催化剂的降凝活性较低，需要在较高的反应温度下操作，才能得到倾点合格的基础油产品；而硅铝分子筛，如 ZSM 系列分子筛的酸性较强，催化剂活性相对较高，异构脱蜡所需的反应温度较低。

分子筛性质对催化剂的性能有较大影响，本书著者团队[156]研究了分子筛结晶度、硅铝比、形貌和杂质等对催化剂活性和异构选择性的影响，开发了对分子筛性质进行精确控制和调变的合成技术，在此基础上开发了一种活性和异构选择性均较好的异构脱蜡催化剂 RIW-2。

催化剂的制备工艺也需要进行非常精细的控制，以有效地发挥分子筛的性能，并且使得金属的加氢活性能够与催化剂的酸性很好地匹配。工业异构脱蜡催化剂的加氢组分主要采用贵金属 Pt，催化剂的异构选择性与 Pt 的负载量并非呈线性关系，而是存在一个最优范围。Corma 等[202]考察了 Pt 含量对临氢异构化催

化剂的影响，发现对于异构选择性，Pt 含量有一个最大值。

四、异构脱蜡加氢催化剂应用

20 世纪末，我国开始引进国外异构脱蜡技术生产 API Ⅱ类基础油，国内各研究机构开始进行异构脱蜡技术的开发。2009 年，中国石油石油化工研究院与中国科学院大连化学物理研究所联合开发的异构脱蜡 IAC 技术替代了国外技术，采用浅度脱蜡油、糠醛精制油和蜡下油，可以生产 API Ⅱ类和Ⅲ类基础油。

基于新型催化材料的研发，本书著者团队采用一种具有特殊孔道结构的分子筛 ZIP，通过调整载体酸性、改进金属浸渍条件开发了异构脱蜡催化剂 RIW-2，其具有良好的异构选择性和降凝活性，并且具有良好的抗中毒性能和原料适应性。以该催化剂为核心的异构脱蜡技术 RIW 的工业应用结果见表 7-9，可以看出以中间基原油为主要原料，其加氢裂化尾油经异构脱蜡可以生产黏度指数＞120 的 API Ⅲ类润滑油基础油，并且基础油收率高[146]，取得了很好的经济效益和社会效益，2019 年获得了中国石化股份有限公司科技进步奖一等奖。本书著者团队研发的异构脱蜡 RIW 技术和相应的异构脱蜡催化剂 RIW-2 于 2014 年成功地应用于中国石化南阳石蜡精细化工厂费 - 托合成油异构脱蜡工业示范装置上，生产出了黏度指数超过 145 的超高黏度指数基础油[203]，为费 - 托合成油加氢异构生产高档润滑油提供了技术支撑。

2021 年，本书著者团队又开发了具有更优异孔道结构、酸性分布和形貌特征的新分子筛 BCM-168，在此基础上开发了异构脱蜡催化剂 RIW-30，中试结果（表 7-10）表明，其活性和异构选择性比 RIW-2 有了较大进步，生产同样倾点的基础油时，黏度指数和基础油收率更高。RIW-30 催化剂已成功应用于中国石化某炼油厂 40 万吨 / 年润滑油加氢异构装置，典型的应用结果如表 7-11 所示。

表7-9　RIW-2工业应用结果

项目		数值
原料性质	密度（20℃）/（g/cm³）	0.8374
	运动黏度（100℃）/（mm²/s）	4.617
	黏度指数	136
	凝点/℃	39
	硫含量/（μg/g）	3.2
	氮含量/（μg/g）	＜1
反应条件	入口氢分压/MPa	15.0
	异构脱蜡平均反应温度/℃	349
	体积空速/h⁻¹	1.2

项目		数值
产品性质	密度（20℃）/（g/cm³）	0.8402
	运动黏度（100℃）/（mm²/s）	5.243
	黏度指数	122
	倾点/℃	−18
	基础油收率/%	72.56

表7-10　RIW-30与RIW-2中试结果对比

项目		催化剂	
		RIW-30	RIW-2
反应条件	反应温度/℃	325	335
	氢分压/MPa	15.0	15.0
	体积空速/h⁻¹	0.8	1.0
>420℃馏分性质	密度（20℃）/(kg/m³)	839.7	842.8
	运动黏度（100℃）/(mm²/s)	6.315	6.201
	黏度指数	127	123
	倾点/℃	−18	−18
	基础油（>420℃）收率/%	88.41	83.84

注：原料凝点37℃，黏度指数137。

表7-11　RIW-30工业应用结果

项目	原料	产品	产品质量指标
密度（20℃）/(kg/m³)	829.9	830.3	—
运动黏度(100℃)/(mm²/s)	4.080	4.238	3.50～4.50
黏度指数	134	123	≮120
凝点/℃	35	—	—
倾点/℃	—	−21	≯−18
闪点（开口)/℃	—	218	≮185
色度/号	—	<0.5	≯0.5
蒸发损失/%	—	12.82	≯14
饱和烃/%	—	99.73	≮98
基础油收率/%	—	83.16	
外观	—	透明无絮状物	透明无絮状物
氧化安定性（150℃）/min	—	382	≮300

由表7-11的工业应用结果可以看到，采用新一代异构脱蜡催化剂RIW-30，降凝后产品的运动黏度、黏度指数、倾点、闪点、色度、蒸发损失和氧化安定性等各项指标均满足指标要求。原料凝点为35℃，降低到−21℃时，黏度指数损失11个单位，对比RIW-2催化剂（黏度指数损失14个单位，见表7-9），减少3个单位，有明显改善。基础油收率比RIW-2提高超过10个百分点。

异构脱蜡技术自 20 世纪 90 年代开始应用以来，经历了快速发展已经比较成熟。我国从同时期开始异构脱蜡技术的研究开发，先后有多家研究机构开发了相应的异构脱蜡催化剂和技术，并进行了工业应用。

尽管润滑油异构脱蜡技术已经逐渐成熟，但仍有一些待解决的问题，如以异构脱蜡技术生产重质润滑油基础油（120BS 基础油或 150BS 基础油）的问题、重质润滑油基础油异构脱蜡后浊点的问题等，需要在异构脱蜡催化剂和工艺方面做进一步的研究。另外，异构脱蜡技术如何应用于费 - 托合成蜡的加工，也是一个具有挑战性的问题。由于费 - 托合成蜡的熔点更高，降凝幅度大，因此对催化剂的活性和异构选择性提出了更高要求，需要开发适于处理这种高蜡含量原料的分子筛。

为适应重质油和费 - 托合成蜡的加工，润滑油异构脱蜡催化剂的发展方向主要基于两个方面：一方面是单一的中孔分子筛催化剂体系向复合分子筛催化剂体系转变，中孔分子筛催化剂以十元氧环的一维择形分子筛为主，复合分子筛催化剂体系则有不同的组合方式，主要为无定形硅铝与中孔分子筛复合、大孔分子筛（十二元氧环的分子筛）与中孔分子筛复合、中孔分子筛与中孔分子筛复合。相对于单一分子筛催化剂，复合分子筛催化剂的操作灵活性较强，可采用不同的装填方式，控制反应在不同催化剂床层上的转化率，以提高活性和选择性。另一方面是新型择形分子筛的合成。

择形分子筛是润滑油异构脱蜡催化剂的关键组分，国内对新型分子筛进行了大量研究，也开发出了不同的适用于异构脱蜡催化剂的新型分子筛材料，为异构脱蜡催化剂的开发提供了有力的保障。但新型择形分子筛的开发仍处于起步阶段，需要研究开发更多类型的分子筛，同时关键分子筛的稳定生产技术也需进一步强化，以满足异构脱蜡技术的应用和发展。

第八节
催化加氢材料的回收与利用

加氢催化剂在反应过程中会产生积炭、金属沉积、活性相聚集或结构破坏等现象，导致催化剂活性下降或失活从而无法满足生产需求。一般当加氢催化剂表面沉积的镍和钒的质量分数低于 4% 时，可通过再生技术使催化剂的金属组分以氧化态物种重新再分散在载体表面上以恢复其活性；适宜的氧化再生处理可使再生后的催化剂活性达到新鲜催化剂活性的 80% ~ 95%。再生后的加氢催化剂可与新鲜加氢催化剂按一定比例混合使用[204]。另外，加氢反应过程中沉积 Ni 和 V 等无法再生的废加氢催化剂属于《国家危险废物名录》中的危险废物，需要妥善处理。未经妥善处理的废加氢催化剂上的金属组分会被水浸出，对生态环境造成严重危害，已禁止将废加氢催化剂进行简单填埋处理。考虑到废加氢催化剂上金属元素 Mo、W、Ni、Co 和 V 等含量较高，并且品位远高于原矿，属于重要的二次战略资源。因此，实现废加氢催化剂的绿色经济资源化利用，一方面能满足战略金属的需求，另一方面还能产生较好的经济效益和社会效益。

一、废加氢催化剂的再生与利用

一般馏分油加氢催化剂和加氢裂化催化剂的寿命为 3～5 年。由于馏分油加氢催化剂的失活主要是由积炭和活性相结构破坏等引起的，不像渣油加氢催化剂存在金属沉积的问题，故可通过再生使其恢复活性继续使用，通常在工业应用一周期后，可再生 1～2 次。

常规的固定床渣油加氢装置一个周期只能运行 1～2 年，并且渣油加氢催化剂用量大，每年产生的废催化剂占整个废加氢催化剂 70% 左右。由于反应结束后的废催化剂孔道内沉积了大量金属和焦炭，其再生难度大且成本高，一般不进行再生。以前废催化剂大多数可以填埋处理，《中华人民共和国固体废物污染环境防治法》修正案出台后，"固体废物产生者是固体废物治理的首要责任人，谁污染谁负责，谁产废谁治理。"炼化企业现在需要耗资去处理废加氢催化剂。基于多年来对各大炼油厂渣油加氢装置废催化剂进行的大量详细的物化性质分析，认为保护剂和脱金属催化剂因沉积了大量的金属，不具有再生的价值，而渣油加氢降残炭脱硫催化剂上沉积的金属较少，可以进行再生。如果能够采用经济、环保的技术选择性脱除催化剂上沉积的金属，并且不显著影响催化剂原有的物化性质，可再生利用的废加氢催化剂范围将进一步扩大。

加氢催化剂再生技术包括器内再生和器外再生。与器内再生相比，器外再生具有有效避免再生过程中产生的含硫气体对加氢装置设备的腐蚀，再生过程中温度容易控制且不易产生局部过热，催化剂活性恢复程度高等优点。器外再生技术一般包括烧焦、活性金属再分散等过程，其中，烧焦是基础，活性金属再分散是催化剂活性恢复技术的核心。针对烧焦过程会产生大量含硫和含氮氧化物的问题，在尾气处理设备中增加碱液喷淋装置，可以使尾气符合国家法规排放标准。采用绿色环保加氢催化剂器外再生技术所再生的催化剂已在百套工业装置上成功应用，产生了显著的经济效益和社会效益[205]。

加氢催化剂的种类繁多，再生工艺需要量体裁衣、专业化定制才能使再生催化剂活性恢复到较高水平。再生工艺的具体参数设计需要综合考虑其新鲜催化剂的制备方法、处理原料的组成特点、加氢反应的工况条件以及待再生催化剂的物化性质等因素。针对在柴油加氢装置上已运行达 53 个月的 RN-1 加氢精制催化剂 [206]，在连续再生装置上，采用氮气 - 空气间接方式给催化剂加热进行器外再生。待再生催化剂经 150℃脱水、250 ～ 300 脱硫和 300 ～ 360℃脱油和 400 ～ 480℃再生。器外再生后的催化剂性能恢复良好，与新鲜的 RN-1 催化剂混合使用，能够满足装置扩能改造后的生产要求，在超负荷的情况下，产品质量仍能达到各项指标。采用络合制备法制备的加氢精制催化剂 RS-1000，采用上述再生方法再生，催化剂活性恢复率低。针对使用近 3 年的加氢精制催化剂 RS-1000[207]，开发了符合特殊要求的再生技术，包括烧焦工艺以及向催化剂中引入再分散助剂。实现去炭的同时，尽可能避免金属的过度聚集或生成惰性金属物种（例如镍铝尖晶石等），通过再分散助剂与金属组分的作用，使聚集的金属组分重新再分散于载体表面；再生催化剂硫化后，金属转变为分散较好的、高活性的活性相。经过烧焦和活性恢复处理，再生后的 RS-1000 各项物化性质与新鲜催化剂基本相当，工业装置运行结果表明其活性基本恢复到新鲜催化剂的水平，表明针对 RS-1000 类加氢催化剂的再生方法是适宜的。

针对 3 个典型炼油厂卸载的渣油加氢脱硫脱残炭催化剂（简称卸剂）[208]，研究烧焦和后处理再分散条件对使用后催化剂活性的恢复情况发现，与新鲜剂相比，卸剂经 420℃烧焦后，催化剂的物化性质和活性恢复率都较高；中试装置 800h 评价结果表明，再生剂的相对脱硫活性和脱残炭活性均能达到新鲜剂的 85% 以上。向烧焦后的催化剂引入分散剂，使活性金属组分重新再分散，有利于进一步提高活性。沉积过多金属（尤其是钒沉积导致的孔口堵塞）的催化剂有部分孔结构不能恢复，这是导致卸剂活性不能完全恢复的一个重要影响因素。因此，在渣油加氢系列催化剂中，前端采用具有更高容金属能力的渣油加氢脱金属催化剂，显著降低催化剂上的金属沉积量，有利于提高渣油加氢脱硫脱残炭催化剂再生后的活性。

另外，待再生加氢催化剂上的含油量对器外再生过程的影响较大。对润滑油加氢装置上卸出的加氢催化剂进行再生时发现 [209]，当催化剂含油量过高时，即使在脱油段也会引起剧烈的燃烧反应，导致催化剂的局部温度迅速升高，严重时会引起催化剂上金属组分聚集或熔结，从而催化剂的活性显著下降。催化剂的含油量与其再生过程中"飞温现象"以及再生后催化剂性能紧密相关。在实际再生过程中，可通过延长催化剂的清洗时间或者采用轻油对催化剂进行洗涤，之后再用热氢气进行气提，进一步减少催化剂的含油量。此外，在催化剂再生过程中，还可以通过延长脱油段的运行时间或者减小催化剂的厚度来进一步减弱或消除催化剂含油量过高所带来的不利影响。本书著者团队 [210] 针对润滑油加氢异构装置加氢补充精制贵金属催化剂 RLF-10L 的卸剂进行分析表征并制定了相应的再生方案。首先，在氮气条件下进行预脱油处理以降低催化剂的含油量，防止空气烧焦再生时发生飞温。然后，将脱油后的待生剂按一定的料层厚度，连续、均匀地放置在网带上，匀速进入再生炉内的低温预热区段、烧炭区段和降温区段，最后移出炉外就完成了整个空气烧焦再生过程。其中，烧炭区段温度要严格控制以保证再生效果。再生后的催化剂控制碳质量分数小于 0.1%。由此法再生后的催化剂活性达到了新鲜剂的水平，为润滑油加氢异构装置的再次使用和工业生产提供了保障。

与加氢处理催化剂相比，加氢裂化催化剂还包括分子筛、无定形硅铝等具有裂化功能的酸性材料，其失活的原因主要包括：反应过程中的积炭、重金属沉积导致的孔口堵塞、分子筛部分孔结构崩塌、结晶度和酸性降低以及催化剂活性金属聚集等，失活后的加氢裂化催化剂经再生后其活性并不能有效恢复，与新鲜催化剂相比，活性明显降低[211]。因此，在脱除废加氢裂化催化剂上积炭的过程中，除了促进金属物种再分散且尽量不生成惰性金属物种以外，还需要保证分子筛和无定形硅铝等的孔结构和酸性质得到有效恢复。鉴于此，加氢裂化催化剂的再生工艺参数更需精准设计，以保证再生后加氢裂化催化剂金属中心 - 酸性中心的双功能协同作用。孙万付等[212]在研究工业失活加氢裂化催化剂 $Mo-Ni/USY-Al_2O_3$ 时发现，随着再生温度的提高，催化剂上碳含量和氮含量不断下降；450℃时，大部分积炭已被烧掉，氮含量明显降低；480℃时，碳含量接近最低值，氮含量降到约 0.05%。以 420℃ 为基准，随着再生温度的继续升高，分子筛的结晶度呈下降趋势，再生温度超过 480℃后，分子筛的结晶度下降较明显。随着再生温度的升高，催化剂酸度均呈下降趋势。而且，高温再生易导致活性金属聚集，520℃下再生催化剂上还出现了 $\beta-NiMoO_4$ 晶相。因此，在设计研发加氢裂化催化剂时要统筹考虑其再生性能。

二、加氢催化剂的梯级利用技术

针对炼油厂每年产生较多的废馏分油加氢催化剂，本书著者团队[205]还研发了加氢催化剂梯级利用技术：将废馏分油加氢催化剂经过特殊技术再生处理后，作为渣油加氢脱硫催化剂应用于渣油加氢以降低催化剂的采购成本。以柴油超深度加氢脱硫催化剂 RS-2100 的废剂为例，当直接用在渣油加氢过程时，加氢、脱硫和降残炭活性均较低，而采用加氢催化剂梯级利用技术处理后，其脱硫和降残炭活性均有明显提高，可以达到渣油加氢脱硫脱残炭催化剂 RCS-31 活性水平的 90% 以上。

在此基础上还可以将加氢催化剂梯级利用技术进一步拓展到除柴油以外其他不同类型的废馏分油加氢催化剂，统筹优化处理后的废馏分油加氢催化剂的孔道结构性质和活性金属分散状态，提高其在渣油加氢反应过程中的活性稳定性，从而实现废馏分油加氢催化剂的梯级利用和危废的减量化处理，并创造显著的经济效益和社会效益。

三、废加氢催化剂的金属回收与利用

为了减少废加氢催化剂对环境的影响，进行资源回收利用是非常必要的，尤其是金属的回收。通常判断某一种金属是否具有回收价值，取决于该金属的使用价值、回收需要的费用及其商品价格。目前，已工业化的废加氢催化剂的金属回收方法主要包括：湿法冶金和火法（高温）冶金。湿法冶金就是采用无机酸、有机酸、碱性溶液等浸出剂将金属浸出，然后经选择性沉淀、溶剂萃取或电化学还原等分离提纯有价金属（在提炼金属的催化剂中，除主金属外，还有具有回收价值的其他金属）的工艺；其中，金属的浸出富集过程是该技术的关键，浸出方法除了直接浸出，还可借助加压、氧化、微波等手段来提高金属浸出率。火法（高温）冶金就是将废催化剂放进电弧炉中进行高温熔炼，为了降低熔炼温度和熔渣的黏度，通常在高温熔炼时加一些助溶剂，最后使金属沉降在底部，从而与氧化铝、氧化硅等载体的矿渣分离。由于废加氢催化剂的金属类型和组成差别较大，所以，不同金属回收公司所采用的金属回收技术流程也不一样[204,213-215]。

另外，为了进一步提高废加氢催化剂的金属回收率和再利用价值，研究者一直不断探索各种金属回收的方法和工艺。例如，通过系统考察废加氢催化剂预处理温度和时间以及 Na_2CO_3 添加量、焙烧温度和时间等工艺参数对金属钼浸出率的影响规律[216]，得到 Na_2CO_3 焙烧-浸取法技术回收废加氢催化剂中金属 Mo 的适宜工艺条件，使废加氢催化剂 Mo 的浸出率达到 97.8%，有效回收了废加氢催化剂中的钼。

废重油加氢脱硫催化剂上沉积的钒含量较高（V 含量为 12.69%[217]），为了有效回收废催化剂中的钼和钒，首先将废催化剂进行干馏脱油和焙烧脱碳，然后将其磨细，按 5:1 的液固比配制矿浆，并添加 NaOH，最后放入加压釜内密闭升温。通过选用适宜的处理条件，钼的浸出率可达 96% 以上，钒的浸出率可达 95% 以上。加压浸出液的主要成分为 Na_2MoO_4 和 $NaVO_3$ 等，利用偏钒酸钠与铵盐反应生成偏钒酸铵的特点，可将钒从钼的溶液中分离出来，考虑到后续工序采用盐酸来酸化溶液，所以铵盐选用 NH_4Cl，当 NH_4Cl 浓度为 80g/L 时，钒的沉淀率为 98.7%，而钼的沉淀率为 5.8%。在钒分离后的溶液中加盐酸，调 pH 值为 3.0，用 D314 大孔径阴离子树脂吸附溶液中的钼；然后，加入 NaOH 进行解吸，解吸液经蒸发结晶、烘干后就得到钼酸钠产品。

为了从镍钨型废加氢催化剂中综合回收有价金属，采用氧化焙烧—碳酸钠浸渍—钠化焙烧—常压热水浸出—离子交换提取钨—硫酸浸出铝、镍—铝、镍分离工艺流程，可实现"钨、镍、铝分离并综合利用"[218]。在适宜的工艺条件下进行实验，钨、铝、镍的浸出率高达 96% 以上，回收率分别为 93.58%、98.37% 和 91.40%，钨酸钠产品和偏铝酸钠溶液质量均达到企标质量标准。该方法对类似含钼、钨、镍、钴的废催化剂回收具有普遍适用性，整个工艺流程简单、结构合理，实验设备简单、可操作性强，具有较好的市场应用前景。

目前用湿法冶金回收金属存在一定的局限性，主要是因为废加氢催化剂中含有 10%～30% 的有机物，需提前除去以避免对后续湿法提取造成不利影响；而且还含有较多的氧化铝，其易溶于酸或碱，对后续金属元素的提纯不利；此外，金属元素以金属氧化物、金属硫化物、金属盐、多金属复合物等形式存在，高效分离提纯难度较大。因此，为了实现废加氢催化剂中镍、钴、钼等金属与铝、硅等杂质的有效分离，可采用还原熔炼工艺回收废重油加氢催化剂中的有价金属[219]。该工艺通过向废加氢催化剂中添加还原剂、捕收剂和助熔剂，经混合均匀后将其在熔炼炉里进行还原熔炼，即可得到含有有价金属的合金和炉渣熔体。与湿法回收相比，该工艺具有以下特点：首先，在还原熔炼中，废加氢催化剂中的有机物可作为热源和还原剂，而有价金属则被还原形成合金或锍；其次，催化剂中的氧化铝因还原温度高，在熔炼中可造渣并与有价金属分离，有利于后续的净化分离工序；最后，有价金属在还原熔炼过程中得到富集，更有利于后续通过湿法冶金的方法进行处理。当 SiO_2 添加量 40%、B_2O_3 添加量 10%、CaO 添加量 29%、Na_2CO_3 添加量 80%、冰铜添加量 100%、褐煤添加量 5%、CaF_2 添加量 5% 时，在 1450℃ 下还原 3h，渣计 Mo、Co、Ni 和 V 的回收率分别为 98.54%、96.51%、99.47% 和 37.41%，实现了镍、钴、钼等有价金属与铝、硅等杂质的分离。

目前在废催化剂资源化回收过程中不可避免地要投入新的资源（化学试剂、水等）和能源（加热、焙烧所需的热量等），同时还会排放一定的污染物质，因此，有必要探究金属回收过程对环境的影响、识别金属回收过程的重点污染环节以及科学分析造成环境影响的具体原因，从而为相关企业实施环境污染防治提供一定的理论和数据支持。徐筱竹等[220] 采用生命周期评价法评价了废加氢脱硫催化剂金属回收生产过程的环境影响。首先，将金属回收过程分为 6 个阶段，即废催化剂的运输阶段、预处理阶段、焙烧阶段、提取钴镍阶段、提取钼钒阶段和浓缩蒸发阶段；然后，选取了 12 种关键环境影响类型，通过建立物质投入及排放清单，基于 eBalance 软件进行建模和计算。从研究结果看，废催化剂焙烧阶段对环境影响贡献最大；其次是提取钴镍阶段、浓缩蒸发阶段和提取钼钒阶段；预处理阶段和运输阶段的环境影响贡献很小，即废加氢脱硫催化剂金属回收生产过程污染排放则主要集中在焙烧、提取钴镍和浓缩蒸发 3 个回收生产阶段。基于生命周期评价法提出的能源替代方案较回收工艺削减了 55.16% 的环境影响。因此，废加氢催化剂金属回收的相关企业应该从源头减排，重点探究节能降耗的改进方案。

综上所述，在废加氢催化剂的金属回收与利用方面，研究者们已经进行了大量的研究工作并取得了较大的进展。有关废加氢催化剂的综合利用主要有以下途径：第一，将失活的加氢催化剂经再生恢复活性后继续在原装置上使用；第二，采用加氢催化剂的梯级利用技术将失活的废加氢催化剂经特定处理后，在其他装置上进行再利用；第三，将废加氢催化剂进行金属回收或生产有价材料。

未来，随着环保法规越来越严格，废加氢催化剂的处理成本也会进一步提高。废加氢催化剂的综合利用更需聚焦于全流程绿色低碳技术的研发，这样既可避免对环境的污染和破坏，又可实现资源的回收和再利用。

第九节
总结与展望

将应用基础研究和生产实践相结合，是实现从单点创新到多点或集成创新并能尽快工业实施，有力支撑行业和国家发展需求的良好范式。本书著者团队针对加氢反应化学特点，通过研究耦合加氢催化剂的关键制备因素，构建适宜的活性相结构，并深入研究了加氢催化剂的催化性能（活性、选择性和稳定性等）与活性中心结构特点之间的内在关联，实现了加氢催化剂制备技术的持续创新。同时，针对加氢催化剂生产、使用和后处理过程中可能会出现的不环保过程或废物排放，开发了符合国家环保法规要求的绿色处理技术，形成了加氢催化剂全生命周期绿色供应链（见图7-50）。长期大量的工业应用结果表明，开发的以加氢催化剂为核心的系列化加氢技术在炼油企业转方式、调结构、提质增效、绿色低碳运行等方面发挥了重要的作用，同时也为全氢型炼化模式提供了全方位的技术服务支撑。

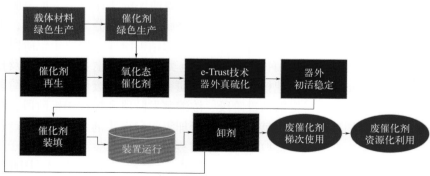

图7-50　加氢催化剂全生命周期绿色供应链示意图

"双碳"背景下炼化企业如何实现高质量可持续发展已成为目前研究的焦点，提高炼制效率，减少不必要的能耗和氢耗，显著提升反应过程的选择性和经济性是绿色低碳发展的必然要求。随着原油分子水平分析表征技术的快速发展，可以从分子水平深化对石油加工过程的认识，借助原油数据库和工艺技术模型实现从馏分炼油到组分炼油再到分子炼油，从而显著提升反应过程的选择性和炼制效率。通过构建原油性质、产品需求结构以及经济性分析模型，建立以催化加分离为核心的总流程加工路线，可减少无效循环，降低生产成本，并大幅度提高单程转化效率和目标产物收率[102]。

基于高效分离平台形成的分子炼油（组分炼油）关键技术必然对加氢催化剂的性能提出更高的要求。立足于对加氢反应化学的系统认识，借助先进的催化剂分析表征技术和理论计算，耦合催化剂制备技术、硫化/还原技术以及活性位后修饰技术，可实现活性相结构的精准设计与构建（见图7-51），设计开发具有特定硫化态/还原态金属形貌结构以及精准催化功能的新型加氢催化剂。同时，针对产品需求结构的变化，传统的炼化企业需从燃料型向化工型炼油厂转型，借助活性相结构的精准设计与构建技术平台，系统研究氧化铝、分子筛等载体表面结构的设计与修饰、金属前驱体分子结构的设计与合成、金属与载体的界面作用，进一步提升金属中心/酸中心的协同作用，设计开发具有选择性异构/开环/裂化功能的新型双功能加氢催化剂，从而满足分子炼油（组分炼油）关键技术的需求，为绿色低碳加氢技术、多产化工原料加氢裂化技术以及生产高质量润滑油基础油的异构脱蜡技术的研发提供理论支撑和技术支持。

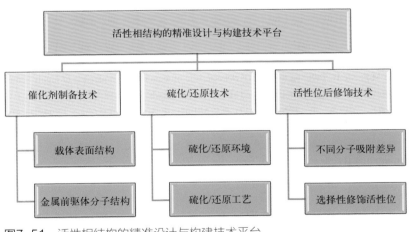

图7-51 活性相结构的精准设计与构建技术平台

未来，新型加氢催化剂的设计和研发仍然是绿色炼油化工与氢能等领域科研创新和发展的核心方向。首先，可以借助先进的原位或近原位仪器分析表征、分子模拟理论计算等手段，深入剖析加氢催化剂的精细结构与催化性能之间的构效关系，从而为加氢催化剂的定向设计和高效研发提供强有力的理论指导。其次，可以借助分子水平表征技术进一步深化对石油中烃类结构和反应特性的认识，从而为实现石油分子的高效利用以及化工转型发展提供坚实的技术支撑。最重要的是，随着人工智能的发展，可以借助数字化、智能化转型，将多年来积累的油品组成分析数据、催化剂结构表征数据和催化性能评价数据等体量巨大的"数据资产"转化成驱动创新的新引擎，从而更有力地支撑加氢催化剂的快速、高效、可持续创新发展。

参考文献

[1] Nie H, Li H F, Yang Q H, et al. Effect of structure and stability of active phase on catalytic performance of hydrotreating catalysts[J]. Catalysis Today, 2018, 316: 13-20.

[2] 聂红，魏晓丽，胡志海，等. 化工型炼油厂反应基础与核心技术开发 [J]. 石油学报（石油加工），2021, 37(6): 1205-1215.

[3] 聂红，张乐，丁石，等. 柴油高效清洁化关键技术与应用 [J]. 石油炼制与化工，2021, 52(10): 103-109.

[4] 聂红，李会峰，龙湘云，等. 络合制备技术在加氢催化剂中的应用 [J]. 石油学报（石油加工），2015, 31(2): 250-258.

[5] 聂红，杨清河，戴立顺，等. 重油高效转化关键技术的开发及应用 [J]. 石油炼制与化工，2012, 43(1): 1-6.

[6] 聂红，李明丰，高晓冬，等. 石油炼制中的加氢催化剂和技术 [J]. 石油学报（石油加工），2010（增刊）: 77-81.

[7] 聂红，胡志海，石亚华，等. RIPP 加氢裂化技术新进展 [J]. 石油炼制与化工，2006, 37(6): 9-13.

[8] 李大东. 加氢处理工艺与工程 [M]. 北京：中国石化出版社，2004.

[9] 李会峰，李明丰，褚阳，等. 钼和钨在氧化铝表面的分散特性 [J]. 催化学报，2009, 30(2): 165-170.

[10] Li H F, Li M F, Nie H. Tailoring the surface characteristic of alumina for preparation of highly active NiMo/Al$_2$O$_3$ hydrodesulfurization catalyst[J]. Microporous and Mesoporous Materials, 2014, 188: 30-36.

[11] 聂红，龙湘云，王锦业，等. 氟在 NiW/Al$_2$O$_3$ 催化剂中的作用 [J]. 石油炼制与化工，1998, 29(12): 23-25.

[12] 曲良龙，建谋，石亚华，等. F 在硫化态 NiW/γ-Al$_2$O$_3$ 催化剂中的作用 [J]. 催化学报，1998, 19(6): 608-609.

[13] 建谋，石亚华，李大东. 氟在 γ-Al$_2$O$_3$ 及 NiW/γ-Al$_2$O$_3$ 催化剂中的作用 Ⅰ. 氟的存在形态与表面酸性 [J]. 分子催化，1990, 4(2): 104-111.

[14] 建谋，石亚华，李大东. 氟在 γ-Al$_2$O$_3$ 及 NiW/γ-Al$_2$O$_3$ 催化剂中的作用 Ⅱ. 镍、钨的存在形态 [J]. 分子催化，1990, 4(8): 181-187.

[15] Han W, Nie H, Long X, et al. Preparation of F-doped MoS$_2$/Al$_2$O$_3$ catalysts as a way to understand the electronic effects of the support Brønsted acidity on HDN activity[J]. Journal of Catalysis, 2016, 339: 135-142.

[16] 李会峰，李明丰，张乐，等. 氟改性对不同钨物种在催化剂载体上分散及其加氢脱硫性能的影响 [J]. 石油炼制与化工，2019, 50(10): 1-7.

[17] Sun M Y, Nicosia D, Prins R. The effects of fluorine, phosphate and chelating agents on hydrotreating catalysts

and catalysis[J]. Catalysis Today, 2003, 86:173-189.

[18] 刘清河、龙湘云、聂红. 不同硅源对 NiW/Al$_2$O$_3$-SiO$_2$ 催化剂加氢脱硫性能的影响 [J]. 石油学报（石油加工），2009, 25(3): 307-312.

[19] Chen W B, Nie H, Li D D, et al. Effect of Mg addition on the structure and performance of sulfide Mo/Al$_2$O$_3$ in HDS and HDN reaction[J]. Journal of Catalysis, 2016, 344: 420-433.

[20] Chen W B, Maugé F, Gestel J van, et al. Effect of modification of the alumina acidity on the properties of supported Mo and CoMo sulfide catalysts[J]. Journal of Catalysis, 2013, 304: 47-62.

[21] Li H F, Li M F, Chu Y, et al. Essential role of citric acid in preparation of efficient NiW/Al$_2$O$_3$ HDS catalysts[J]. Applied Catalysis A: General, 2011, 403: 75- 82.

[22] Suárez-Toriello V A, Santolalla-Vargas C E, Reyes J A de los, et al. Influence of the solution pH in impregnation with citric acid and activity of Ni/W/Al$_2$O$_3$ catalysts[J]. Journal of Molecular Catalysis A: Chemical, 2015, 404: 36-46.

[23] Bergwerff J A, Jansen M, Leliveld Bob (R) G, et al. Influence of the preparation method on the hydrotreating activity of MoS$_2$/Al$_2$O$_3$ extrudates: A Raman microspectroscopy study on the genesis of the active phase[J]. Journal of Catalysis, 2006, 243: 292-302.

[24] Haandel L van, Bremmer G M, Hensen E J M, et al.The effect of organic additives and phosphoric acid on sulfidation and activity of (Co)Mo/Al$_2$O$_3$ hydrodesulfurization catalysts[J]. Journal of Catalysis, 2017, 351: 95-106.

[25] Badoga S, Dalai A K, Adjaye J, et al. Insights into individual and combined effects of phosphorus and EDTA on performance of NiMo/MesoAl$_2$O$_3$ catalyst for hydrotreating of heavy gas oil[J]. Fuel Processing Technology, 2017, 159: 232-246.

[26] Blanchard P, Lamonier C, Griboval A, et al. New insight in the preparation of alumina supported hydrotreatmentoxidic precursors: A molecular approach[J]. Applied Catalysis A: General, 2007, 322: 33-45.

[27] Liang J L, Wu M M, Wei P H, et al. Efficient hydrodesulfurization catalysts derived from Strandberg P-Mo-Ni polyoxometalates[J]. Journal of Catalysis, 2018, 358: 155-167.

[28] Nikulshina M, Mozhaev A, Lancelot C, et al. MoW synergetic effect supported by HAADF for alumina based catalysts prepared from mixed SiMo$_n$W$_{12-n}$ heteropolyacids[J]. Applied Catalysis B: Environmental, 2018, 224: 951-959.

[29] Klimov O V, Pashigreva A V, Fedotov M A, et al. Co-Mo catalysts for ultra-deep HDS of diesel fuels prepared via synthesis of bimetallic surface compounds[J]. Journal of Molecular Catalysis A: Chemical, 2010, 322: 80-89.

[30] Li H F, Li M F, Chu Y, et al. Design of the metal precursors molecular structures in impregnating solutions for preparation of efficient NiMo/Al$_2$O$_3$ hydrodesulfurization catalysts[J]. China Petroleum Processing and Petrochemical Technology, 2015, 17(4): 37-45.

[31] 李会峰、李明丰、张乐、等. 有机添加物对活性相形貌调控及原生积炭对加氢脱硫活性的影响 [J]. 石油学报（石油加工），2020, 36(2):253-261.

[32] 柴永明、赵会吉、柳云骐、等. 四硫代钼酸铵制备方法改进 [J]. 无机盐工业，2007, 39(5):12-15.

[33] 柴永明、南军、相春娥、等. 以硫化态前驱物制备的 NiMoS/γ-Al$_2$O$_3$ 催化剂表面活性相 HRTEM 研究 [J]. 石油学报（石油加工），2007, 23(3): 20-26.

[34] 刘大鹏、赵瑞玉、柴永明、等. 十六烷基三甲基四硫代钼酸铵的合成与表征 [J]. 石油学报（石油加工），2004, 20(6): 28-31.

[35] 柴永明、相春娥、孔会清、等. 馏分油浆态床加氢处理研究 I 催化剂制备方法 [J]. 燃料化学学报，2008, 36(6):720-725.

[36] 高杨、韩伟、龙湘云、等. MoS$_3$/Al$_2$O$_3$ 复合材料的合成及其用于制备加氢催化剂的研究 [J]. 石油学报

（石油加工），2018, 34(1): 56-63.

[37] 郑世富，张磊，何明阳. CoMo/MgO 催化剂的制备及其对 4,6- 二甲基二苯并噻吩的加氢脱硫性能 [J]. 石油学报（石油加工），2019, 35(4):676-684.

[38] 张景成，朱金剑，宋国良，等. 硫化型 NiMoS/CNTs 加氢催化剂的制备与性能研究 [J]. 无机盐工业，2019, 51(10): 89-92.

[39] 聂红，龙湘云，刘清河，等. 柠檬酸对 NiW/Al$_2$O$_3$ 加氢脱硫催化剂硫化行为的影响 [J]. 石油学报（石油加工），2010, 26(3): 329-335.

[40] Haandel L van, Bremmer G M, Hensen E J M, et al. Influence of sulfiding agent and pressure on structure and performance of CoMo/Al$_2$O$_3$ hydrodesulfurization catalysts[J]. Journal of Catalysis, 2016, 342: 27-39.

[41] Dugulan A I, Hensen E J M, Veen J A R van. High-pressure sulfidation of a calcined CoMo/Al$_2$O$_3$ hydrodesulfurization catalyst[J]. Catalysis Today, 2008,130: 126-134.

[42] Chen J J, Garcia E D, Oliviero E, et al. Effect of high pressure sulfidation on the morphology and reactivity of MoS$_2$ slabs on MoS$_2$/Al$_2$O$_3$ catalyst prepared with citric acid[J]. Journal of Catalysis, 2016, 339: 153-162.

[43] Dugulan A I, Hensen E J M, Veen J A R van. Effect of pressure on the sulfidation behavior of NiW catalysts: A ^{182}W Mössbauer spectroscopy study[J]. Catalysis Today, 2010, 150: 224-230.

[44] 倪雪华，龙湘云，聂红，等. 硫化压力对 NiW/Al$_2$O$_3$ 催化剂加氢脱硫催化性能的影响 [J]. 石油学报（石油加工），2016, 32(3): 444-452.

[45] Hensen E J M, Meer Y van der, Veen J A R van, et al. Insight into the formation of the active phases in supported NiW hydrotreating catalysts[J]. Applied Catalysis A: General, 2007, 322: 16-32.

[46] Okamoto Y, Kato A, Usman, et al. Effect of sulfidation temperature on the intrinsic activity of Co-MoS$_2$ and Co-WS$_2$ hydrodesulfurization catalysts[J]. Journal of Catalysis, 2009, 265: 216-228.

[47] 倪雪华，龙湘云，聂红，等. 硫化温度对 NiW/Al$_2$O$_3$ 催化剂加氢脱硫性能的影响 [J]. 石油学报（石油加工），2014, 30(1): 7-14.

[48] Okamoto Y, Hioka K, Arakawa K, et al. Effect of sulfidation atmosphere on the hydrodesulfurization activity of SiO$_2$-supported Co-Mo sulfide catalysts: Local structure and intrinsic activity of the active sites[J]. Journal of Catalysis, 2009, 268: 49-59.

[49] Liu B, Chai Y M, Li Y P, et al. Effect of sulfidation atmosphere on the performance of the CoMo/γ-Al$_2$O$_3$ catalysts in hydrodesulfurization of FCC gasoline[J]. Applied Catalysis A: General, 2014, 471: 70-79.

[50] 李大东，聂红，孙丽丽. 加氢处理工艺与工程 [M]. 2 版. 北京：中国石化出版社，2016: 635-636.

[51] Lauritsen J V, Bollinger M V, Lægsgaard E, et al. Atomic-scale insight into structure and morphology changes of MoS$_2$ nanoclusters in hydrotreating catalysts[J]. Journal of Catalysis, 2004, 221: 510-522.

[52] Helveg S, Laegsgaard E, Stensgaard I, et al. Atomic-scale structure of single-layer MoS$_2$ nanoclusters[J]. Physical Review Letters, 2000, 84(5): 951-954.

[53] Lauritsen J V, Helveg S, Lægsgaard E, et al. Atomic-scale structure of Co-Mo-S nanoclusters in hydrotreating catalysts[J]. Journal of Catalysis, 2001, 197: 1-5.

[54] Lauritsen J V, Kibsgaard J, Olesen G H, et al. Location and coordination of promoter atoms in Co- and Ni-promoted MoS$_2$-based hydrotreating catalysts[J]. Journal of Catalysis, 2007, 249: 220-233.

[55] 王薇，赵晓光，李会峰，等. 硫化钼基加氢脱硫催化剂活性位的研究进展 [J]. 计算机与应用化学，2014, 31(11): 1281-1286.

[56] Tuxen A K, Füchtbauer H G, Temel B, et al. Atomic-scale insight into adsorption of sterically hindered dibenzothiophenes on MoS$_2$ and Co-Mo-S hydrotreating catalysts[J]. Journal of Catalysis, 2012, 295: 146-154.

[57] Temel B, Tuxen A K, Kibsgaard J, et al. Atomic-scale insight into the origin of pyridine inhibition of MoS$_2$-based hydrotreating catalysts[J]. Journal of Catalysis, 2010, 271: 280-289.

[58] Lauritsen J V, Besenbacher F. Atom-resolved scanning tunneling microscopy investigations of molecular adsorption on MoS$_2$ and CoMoS hydrodesulfurization catalysts[J]. Journal of Catalysis, 2015, 328: 49-58.

[59] Salazar N, Schmidt S B, Lauritsen J V. Adsorption of nitrogenous inhibitor molecules on MoS$_2$ and CoMoS hydrodesulfurization catalysts particles investigated by scanning tunneling microscopy[J]. Journal of Catalysis, 2019, 370: 232-240.

[60] Lauritsen J V, Vang R T, Besenbacher F. From atom-resolved scanning tunneling microscopy (STM) studies to the design of new catalysts[J]. Catalysis Today, 2006, 111: 34-43.

[61] Lauritsen J V, Nyberg M, Nørskov J K, et al. Hydrodesulfurization reaction pathways on MoS$_2$ nanoclusters revealed by scanning tunneling microscopy[J]. Journal of Catalysis, 2004, 224: 94-106.

[62] Topsøe H, Hinnemann B, Nørskov J K, et al. The role of reaction pathways and support interactions in the development of high activity hydrotreating catalysts[J]. Catalysis Today, 2005, 107/108: 12-22.

[63] Walton A S, Lauritsen J V, Topsøe H, et al. MoS$_2$ nanoparticle morphologies in hydrodesulfurization catalysis studied by scanning tunneling microscopy[J]. Journal of Catalysis, 2013, 308: 306-318.

[64] Besenbacher F, Brorson M, Clausen B S, et al. Recent STM, DFT and HAADF-STEM studies of sulfide-based hydrotreating catalysts: Insight into mechanistic, structural and particle size effects[J]. Catalysis Today, 2008, 130: 86-96.

[65] Kibsgaard J, Clausen B S, Topsøe H, et al. Scanning tunneling microscopy studies of TiO$_2$-supported hydrotreating catalysts: Anisotropic particle shapes by edge-specific MoS$_2$-support bonding[J]. Journal of Catalysis, 2009, 263: 98-103.

[66] Brorson M, Carlsson A, Topsøe H. The morphology of MoS$_2$, WS$_2$, Co-Mo-S, Ni-Mo-S and Ni-W-S nanoclusters in hydrodesulfurization catalysts revealed by HAADF-STEM[J]. Catalysis Today, 2007, 123: 31-36.

[67] Moses P G, Hinnemann B, Topsøe H, et al. The hydrogenation and direct desulfurization reaction pathway in thiophene hydrodesulfurization over MoS$_2$ catalysts at realistic conditions: A density functional study[J]. Journal of Catalysis, 2007, 248: 188-203.

[68] Zheng P, Li T S, Chi K B, et al. DFT insights into the direct desulfurization pathways of DBT and 4,6-DMDBT catalyzed by Co-promoted and Ni-promoted MoS$_2$ corner sites[J]. Chemical Engineering Science, 2019, 206: 249-260.

[69] Wang W, Li H F, Han W, et al. A DFT study on the adsorption behavior of sulfur and nitrogen compounds on the NiMoS phase[J]. China Petroleum Processing and Petrochemical Technology, 2020, 22(1): 40-48.

[70] 王薇. MoS$_2$ 和 CoMoS 相结构与加氢脱硫反应化学研究 [D]. 北京：石油化工科学研究院，2015.

[71] Chianelli R R, Berhault G, Torres B. Unsupported transition metal sulfide catalysts: 100 years of science and application[J]. Catalysis Today, 2009, 147: 275-286.

[72] 李大东，聂红，孙丽丽. 加氢处理工艺与工程 [M]. 2 版. 北京：中国石化出版社，2016: 23-112.

[73] 左东华，聂红，Michel，等. 硫化态 NiW/Al$_2$O$_3$ 催化剂加氢脱硫活性相的研究 I.XPS 和 HREM 表征 [J]. 催化学报，2004, 25(4): 309-314.

[74] 左东华，聂红，Michel Vrinat，等. 硫化态 NiW/Al$_2$O$_3$ 催化剂加氢脱硫活性相的研究 II. 程序升温还原表征 [J]. 催化学报，2004, 25(5): 373-376.

[75] 左东华，Francoise Mauge，聂红，等. 硫化态 NiW/Al$_2$O$_3$ 催化剂加氢脱硫活性相的研究 III. 低温 Co 吸附-原位红外光谱表征 [J]. 催化学报，2004, 25(5):377-383.

[76] 袁蕙，徐广通，李会峰，等. CO 探针原位红外光谱研究汽油选择性加氢脱硫催化剂的性能 [J]. 光谱学

与光谱分析，2014, 34(10): 201-202.

[77] 李会峰，李明丰，褚阳，等. 调变载体表面性质设计制备高加氢脱硫选择性的 CoMoS/Al₂O₃ 催化剂 [J]. 石油炼制与化工，2021, 52(4):1-7.

[78] Chen J J, Maugé F, Fallah J E, et al. IR spectroscopy evidence of MoS₂ morphology change by citric acid addition on MoS₂/Al₂O₃ catalysts—A step forward to differentiate the reactivity of M-edge and S-edge[J]. Journal of Catalysis, 2014, 320: 170-179.

[79] Castillo-Villalón P, Ramirez J, Vargas-Luciano J A. Analysis of the role of citric acid in the preparation of highly active HDS catalysts[J]. Journal of Catalysis, 2014, 320: 127-136.

[80] 刘宾，刘蕾，柴永明，等. Co 调变 MoS₂ 催化剂的作用本质及其 FCC 汽油选择性加氢脱硫机理 [J]. 燃料化学学报，2018, 46(4): 441-450.

[81] 何文会，张乐，向彦娟，等. 负载型加氢脱硫催化剂的原子尺度微观结构 [J]. 石油学报（石油加工），2020, 36(2): 230-235.

[82] 刘希尧，康小洪，杨先春，等. Ni-W/γ-Al₂O₃ 加氢催化剂的制备方式对活性组分分布及化学状态的影响 [J]. 催化学报，1986(02):101-109.

[83] 刘佳，胡大为，杨清河，等. 活性组分非均匀分布的渣油加氢脱金属催化剂的制备及性能考察 [J]. 石油炼制与化工，2011, 42(7):21-27.

[84] 陈文斌，杨清河，聂红，等. 制备条件对 CoMoP 加氢催化剂性质的影响 [J]. 石油炼制与化工，2013, 44(6):1-5.

[85] 聂红，龙湘云，刘清河，等. 活化温度对 NiW/Al₂O₃ 催化剂中金属 - 载体相互作用的影响 [J]. 石油炼制与化工，2010, 41(7):1-5.

[86] Valencia D, Klimova T. Citric acid loading for MoS₂-based catalysts supported on SBA-15. New catalyticmaterials with high hydrogenolysis ability in hydrodesulfurization[J]. Applied Catalysis B: Environmental, 2013, 129: 137-145.

[87] Peña L, Valencia D, Klimova T. CoMo/SBA-15 catalysts prepared with EDTA and citric acid and their performance in hydrodesulfurization of dibenzothiophene[J]. Applied Catalysis B: Environmental, 2014, 147: 879-887.

[88] Pashigreva A V, Bukhtiyarova G A, Klimov O V, et al. Activity and sulfidation behavior of the CoMo/Al₂O₃ hydrotreating catalyst:The effect of drying conditions[J]. Catalysis Today, 2010, 149: 19-27.

[89] 户安鹏，聂红，陈文斌，等. 柠檬酸对 CoMo/Al₂O₃ 催化剂中助剂作用的影响 [J]. 石油炼制与化工，2015, 46(9): 1-6.

[90] 户安鹏，陈文斌，龙湘云，等. 柠檬酸对 NiMo/γ-Al₂O₃ 催化剂中助剂 Ni 作用的影响 [J]. 石油炼制与化工，2018, 49(10): 52-57.

[91] Rinaldi N, Kubota T, Okamoto Y. Effect of citric acid addition on Co-Mo/B₂O₃/Al₂O₃ catalysts prepared by a post-treatment method[J]. Industrial & Engineering Chemistry Research, 2009, 48: 10414-10424.

[92] Rinaldi N, Kubota T, Okamoto Y. Effect of citric acid addition on the hydrodesulfurization activity of MoO₃/Al₂O₃ catalysts[J]. Applied Catalysis A: General, 2010, 374: 228-236.

[93] 杨清河，曾双亲，李会峰，等. 满足全氢型炼化模式的加氢催化剂开发技术平台的构建和工业应用 [J]. 石油炼制与化工，2018, 49(11):1-6.

[94] Li M F, Li H F, Jiang F, et al. The relation between morphology of (Co)MoS₂ phases and selective hydrodesulfurization for CoMo catalysts[J]. Catalysis Today, 2010, 149: 35-39.

[95] 许友好，王新，林伟，等. 支撑我国车用汽油质量持续升级的核心技术开发与技术路线创建 [J]. 石油炼制与化工，2021, 52(10):126-135.

[96] 李大东，聂红，孙丽丽. 加氢处理工艺与工程 [M]. 2 版. 北京：中国石化出版社，2016: 6-16

[97] 张乐，刘清河，聂红，等. 高稳定性超深度脱硫和多环芳烃深度饱和柴油加氢催化剂 RS-3100 的开发 [J]. 石油炼制与化工，2021, 52(10):150-156.

[98] 胡大为，杨清河，戴立顺，等. 第三代渣油加氢系列催化剂的开发及应用 [J]. 石油炼制与化工，2013, 44(1):11-15.

[99] 胡大为，杨清河，邵志才，等. 劣质渣油加氢脱金属催化剂 RDM-36 的开发 [J]. 石油炼制与化工，2013, 44(6):39-43.

[100] 胡大为，王振，杨清河，等. 具有活性缓释功能的渣油加氢催化剂 RDM-203 的研制与开发 [J]. 石油学报（石油加工），2020, 36(1):11-16.

[101] 贾燕子，曾双亲，杨清河，等. 高性价比渣油加氢降残炭脱硫催化剂的开发 [J]. 石油炼制与化工，2022, 53(6):40-45.

[102] 李明丰，吴昊，沈宇，等. "双碳"背景下炼化企业高质量发展路径探讨 [J]. 石油学报（石油加工），2022, 38(3): 493-499.

[103] 鞠雪艳，胡志海，蒋东红，等. 金属与分子筛含量对预加氢 1- 甲基萘的加氢裂化催化剂的影响 [J]. 石油学报（石油加工），2012, 28(5): 711-716.

[104] 鞠雪艳，蒋东红，胡志海，等. 四氢萘类化合物与萘类化合物混合加氢裂化反应规律的考察 [J]. 石油炼制与化工，2012, 43(11): 1-5.

[105] 曹祖宾，徐贤伦，齐帮锋，等. 四氢萘在 Mo-Ni/USY 双功能催化剂上加氢裂化反应动力学的研究 [J]. 分子催化，2002, 16(1): 44-48.

[106] 杨平，辛靖，李明丰，等. 负载 Mo、W 氧化物对 Y 型分子筛结构及酸性的影响 [J]. 石油学报（石油加工），2011, 27(5): 668-673.

[107] 杨平，庄立，李明丰，等. 多级孔分子筛对四氢萘加氢生产轻质芳烃的影响 [J]. 工业催化，2018, 26(7): 60-66.

[108] 羡策，毛以朝，龙湘云，等. Y 型分子筛酸性质对四氢萘加氢裂化多产 BTX 反应的影响 [J]. 石油学报（石油加工），2021, 37(2): 252-261.

[109] 孙立杰，董松涛，邢恩会，等. MCM-22 分子筛溶胀处理对四氢萘加氢裂化性能的影响规律 [J]. 石油学报（石油加工），2022, 38 (2): 234-244.

[110] 孙立杰，董松涛，龙湘云，等. 多级孔 ZSM-5 分子筛催化剂对四氢萘加氢裂化多产轻质芳烃反应的影响 [J]. 石油学报（石油加工），2022, 38(1):11-19.

[111] 刘永存，肖寒，张景成，等. 分子筛类型对四氢萘加氢裂化反应性能的影响 [J]. 石油炼制与化工，2017, 48(11): 28-34.

[112] 程俊杰，李振荣，赵亮富. Hβ/Al-SBA-15 介微孔复合分子筛负载 Ni-W 催化剂对萘加氢裂化制 BTX 的催化性能 [J]. 燃料化学学报，2017, 45(1): 93-99.

[113] 张燕挺，党辉，张妮妮，等. 表面活性剂 - 模板化法制备多级孔 β 沸石及其四氢萘加氢裂化制苯、甲苯、二甲苯的催化性能 [J]. 无机化学学报，2022, 38 (7): 1350-1360.

[114] 刘永存，肖寒，王帅，等. Ni-Mo-P/Beta-ZSM-5 催化剂对四氢萘加氢裂化性能的研究 [J]. 无机盐工业，2018, 50(6):5.

[115] 吴莉芳，祝伟，张新堂. 双组分金属类型对四氢萘加氢裂化反应性能的影响 [J]. 工业催化，2018, 26(3): 54-60.

[116] 杜佳楠，张燕挺，吴韬，等. 反应温度及催化剂金属氧化物负载量对 1- 甲基萘加氢裂化制 BTX 反应性能的影响 [J]. 石油学报（石油加工），2020, 36(5): 919-929.

[117] Du H，Fairbridge C，Yang H，et al. The chemistry of selective ring-opening catalysts[J]. Applied Catalysis A: General，2005，294：1-21.

[118] 臧甲忠，马明超，于海斌，等. 柠檬酸复合改性对多环芳烃选择性开环铂/Beta 催化剂性能的影响 [J]. 无机盐工业，2021, 53(6): 205-211.

[119] 赵岩，杨帆，岑宇昊，等. 相转移合成 Beta 分子筛及其四氢萘加氢裂化性能 [J]. 化学反应工程与工艺，2021, 37 (4): 296-303.

[120] 胡志海，熊震霖，聂红，等. 生产蒸汽裂解原料加氢裂化工艺过程的研究及应用 [J]. 石油炼制与化工，2005, 36(1): 1-5.

[121] 胡志海，张富平，聂红，等. 尾油型加氢裂化反应化学研究与实践 [J]. 石油学报（石油加工），2010（增刊）: 8-13.

[122] 胡志海，石玉林，史建文，等. 劣质催化裂化柴油加氢改质技术的开发及工业应用 [J]. 石油炼制与化工，2000, 31(9): 6-9.

[123] 胡志海，石玉林，熊震霖，等. 中压加氢裂化加工大庆 VGO 的研究 [J]. 石油炼制与化工，2001, 32(4): 1-4.

[124] 胡志海，蒋东红，赵新强. RICH- 临氢降凝组合工艺的研究与开发 [J]. 石油炼制与化工，2004, 35(1): 1-4.

[125] 李顺新，刘昶，郭俊辉，等. 多产化工原料型加氢裂化催化剂的工业应用 [J]. 当代化工，2020, 49(6): 1225-1228.

[126] 史建文，何跃，聂红，等. RT-5 加氢改质催化剂抗氮稳定性研究 [J]. 石油炼制与化工，1995, 26(1): 37-40.

[127] 李大东，聂红，孙丽丽. 加氢处理工艺与工程 [M]. 2 版. 北京：中国石化出版社，2016: 250-252.

[128] 张月红，张富平，胡志海，等. 加氢裂化反应尾油中烃组成变化规律的研究 [J]. 石油炼制与化工，2014, 45(11): 44-47.

[129] 赵广乐，赵阳，董松涛，等. 大比例增产喷气燃料、改善尾油质量加氢裂化技术的开发与应用 [J]. 石油炼制与化工，2018, 49(4): 1-7.

[130] 胡勇，莫昌艺，余顺，等. 加氢裂化装置喷气燃料芳烃含量调整措施与应用实践 [J]. 石油炼制与化工，2021, 52(5): 26-30.

[131] 毛以朝，聂红，李毅，等. 高活性中间馏分油型加氢裂化催化剂 RT-30 的研制 [J]. 石油炼制与化工，2005, 36(6): 1-4.

[132] 任亮，许双辰，杨平，等. 高性能加氢改质催化剂 RIC-3 的开发及工业应用 [J]. 石油炼制与化工，2018, 49(2): 1-5.

[133] 孙士可，黄新露，彭冲. 催化裂化柴油加氢转化馏分利用方案研究 [J]. 石油炼制与化工，2019, 50(8): 10-14.

[134] 白宏德，薛稳曹，蒋东红，等. 提高柴油十六烷值 RICH 工艺技术的工业应用 [J]. 石油炼制与化工，2001, 32(9): 28-30.

[135] 武宝平，莫昌艺，黎臣麟，等. 多产重石脑油和喷气燃料加氢裂化技术的工业应用 [J]. 石油炼制与化工，2020, 51(12): 12-16.

[136] 石亚华，石玉林，聂红，等. 多产中间馏分油的中压加氢裂化技术的开发 [J]. 石油炼制与化工，2000, 31(11): 7-10.

[137] 李毅，毛以朝，胡志海，等. 第二代中压加氢裂化（RMC-Ⅱ）技术开发 [J]. 石油化工技术与经济，2008, 24(3): 33-36.

[138] 黄锦鹏. MHUG 改质柴油用作乙烯裂解原料的实践 [J]. 当代石油石化，2021, 29(11): 28-31.

[139] 李桂军，刘庆，袁德明，等. 采用 RLG 技术消减低价值 LCO、调节柴汽比的工业实践 [J]. 石油炼制与化工，2018, 49(12): 53-57.

[140] 许双辰，任亮，杨平，等. 催化裂化柴油选择性加氢裂化生产高辛烷值汽油或轻质芳烃原料的 RLG 技术开发和应用 [J]. 石油炼制与化工，2021, 52(5):1-7.

[141] 杜艳泽，秦波，王会刚，等. 多级孔分子筛在重油加氢裂化催化剂的应用进展 [J]. 化工进展，2021, 40(4): 1859-1867.

[142] 刘雪玲，刘昶，王继锋，等. 加氢裂化催化剂的研究开发与进展 [J]. 炼油技术与工程，2020, 50(8): 30-34.

[143] 南毅，高子祺，李佳鑫，等. 催化裂化柴油加氢裂化生产轻质芳烃研究进展 [J]. 工业催化，2022, 30(1): 10-20.

[144] 陈骞，毛安国，唐津莲，等. 催化裂化柴油催化转化生产高附加值产物的研究进展 [J]. 石油炼制与化工，2021, 52(5): 108-116.

[145] Mao Y C, Nie H, Li M F, et al. Development and application of hydrocracking catalysts RHC-1/RHC-5 for maximizing high quality chemical raw materials yield [J]. China Petroleum Processing and Petrochemical Technology, 2018, 20(2): 41-47.

[146] 李善清，赵广乐，毛以朝. 新型石脑油型加氢裂化催化剂 RHC-210 的性能及工业应用 [J]. 石油炼制与化工，2020, 51(5): 26-30.

[147] 刘建伟，任亮，张毓莹，等. 直馏柴油加氢改质多产乙烯原料的技术开发和工业应用 [J]. 石油炼制与化工，2020, 51(9): 34-39.

[148] 李锐，崔德春，杨惠斌. 中压加氢改质尾油用作裂解原料的研究 [J]. 乙烯工业，1995, 7(3): 54-57.

[149] 崔德春，胡志海，王子军，等. 加氢裂化尾油做蒸汽裂解工艺原料的研究和工业实践 [J]. 乙烯工业，2008, 20(1): 18-24.

[150] 张富平，张月红，董建伟，等. 提高尾油质量加氢裂化新技术的首次工业应用 [J]. 石油炼制与化工，2007, 38(8): 1-5.

[151] 邵为谠，罗智，蒋东红，等. 兼产喷气燃料和重整原料 MHUG 技术的工业应用 [J]. 石油炼制与化工，2011, 42(2): 14-18.

[152] 董松涛，赵广乐，胡志海，等. 加氢裂化催化剂 RHC-131 的开发及其工业应用 [J]. 石油炼制与化工，2023, 54(8): 51-57.

[153] 赵广乐，赵阳，毛以朝，等. 加氢裂化催化剂 RHC-3 在高压下的反应性能研究与工业应用 [J]. 石油炼制与化工，2012, 43(7): 8-11.

[154] 任谦，赵广乐. 大比例增产喷气燃料兼产优质尾油加氢裂化技术长周期工业应用 [J]. 石油炼制与化工，2022, 53(7): 23-29.

[155] 蒋东红，任亮，辛靖，等. 高选择性灵活加氢改质 MHUG-II 技术的开发 [J]. 石油炼制与化工，2012, 43(6): 25-30.

[156] 黄卫国，方文秀，郭庆洲，等. 润滑油异构脱蜡催化剂 RIW-2 的研究与开发 [J]. 石油炼制与化工，2019, 50(5): 6-11.

[157] 王鲁强，黄卫国，郭庆洲，等. 加氢异构降凝催化剂 RIW-2 的开发及工业应用 [J]. 石油炼制与化工，2019. 50(6): 1-6.

[158] Brandes D A, Zinkie D N, Alward J S, et al. Method for upgrading waxy feeds using a catalyst comprising mixed powdered dewaxing catalyst and powdered isomerization catalyst formed into discrete particle: US5977425[P]. 1998-02-13.

[159] Cook B R, Johnson J W, Cao G, et al. Catalytic dewaxing with trivalent rare earth metal ion exchanged ferrierite: US6013171[P]. 1998-02-03.

[160] LaPierre R B, Partridge R D, Chen N Y, et al. Catalytic dewaxing process: US4419220[P]. 1983-12-06.

[161] Dwyer F G. Highly siliceous porous crystalline material ZSM-22 and its use in catalytic dewaxing of petroleum stocks: US4556477[P]. 1985-12-03.

[162] Chester A W, McHale W D, Yen J H. Hydrodewaxing with mixed zeolite catalysts: US4575416[P]. 1986-03-11.

[163] Gentry A R, Goebel K W, Hilbert T L, et al. Integrated hydroprocessing scheme with segregated recycle: US6261441[P]. 2001-07-17.

[164] Leta D P, Soled S L, McVicker G B, et al. Production of lubricating oils by a combination catalyst system: US6475374[P]. 2002-11-05.

[165] Chen N Y, Garwood W E, Huang T J, et al. Lubricant production process: US4919788[P]. 1990-04-24.

[166] Apelian M R, Borghard W S, Degnan Jr T F, et al. Wax hydroisomerization process: US5885438[P]. 1999-03-23.

[167] Apelian M R, Borghard W S, Degnan Jr T F, et al. Wax hydroisomerization process employing a boron-free catalyst: US5976351[P]. 1999-11-02.

[168] Chester A W, Garwood W E, Vartuli J C. Catalytic dewaxing of light and heavy oils in dual parallel reactors: US4605488[P]. 1986-08-12.

[169] Miller S J. Catalytic dewaxing process using a silicoaluminophosphate molecular sieve: US4859311[P]. 1989-08-22.

[170] Miller S J. Production of low pour point lubricating oils: US4921594[P]. 1990-05-01.

[171] Miller S J. Wax isomerization using catalyst of specific pore geometry: US5135638[P]. 1992-08-04.

[172] Miller S J. Catalytic isomerization process using a silicoaluminophosphate molecular sieve containing an occluded group Ⅷ metal therein: US4689138[P]. 1987-08-25.

[173] Miller S J. Process for dewaxing heavy and light fractions of lube base oil with zeolite and sapo containing catalysts: US5833837[P]. 1998-11-10.

[174] Xiao J R, Winslow P, Ziemer J N, et al. Base stock lube oil manufacturing process: US5993644[P]. 1999-11-30.

[175] Xiao J R, Winslow P, Ziemer J N,et al. Base stock lube oil manufacturing process: US6264826[P]. 2001-07-24.

[176] Harris T V, Reynolds Jr R N, Vogel R F, et al. Process for reducing haze point in bright stock: US6051129[P]. 2000-04-18.

[177] 桑迪利 D S，佐尼斯 S I. 生产低倾点的重质润滑油的方法：ZL94191385[P]. 1996-05-15.

[178] 肖 J，文斯洛 P，滋墨尔 J N. 基础油料润滑油的制备方法：ZL97196410[P]. 1999-08-11.

[179] Zones S I, Holtermann D L, Innes R A, et al. Dewaxing process using zeolite SSZ-25: US5591322[P]. 1997-01-07.

[180] Zones S I, Santilli D S, Ziemer J, et al. Zeolite SSZ-26: US5007997[P]. 1991-04-16.

[181] Zones S I, Harris T, Rainist A, et al. Hydrocarbon conversion processes using SSZ-31: US5215648[P]. 1993-06-01.

[182] Zones S I. Zeolite SSZ-32: US5252527[P]. 1993-10-12.

[183] Nakagawa Y. Zeolite SSZ-37: US5254514[P]. 1993-10-19

[184] Zones S I, Nakagawa Y, Evans S T, et al. Zeolite SSZ-39: US5958370[P]. 1999-09-28.

[185] Zones S I, Santilli D S. Hydrocarbon conversion processes using zeolite SSZ-41: US5656149[P]. 1997-08-12.

[186] Zones S I. Zeolite SSZ-42: US5653956[P]. 1997-08-05.

[187] Lee G S, Nakagawa Y, Reynolds R N. Zeolite SSZ-43: US5965104[P]. 1999-10-12.

[188] Nakagawa Y. Zeolite SSZ-44: US5683572[P]. 1997-11-04.

[189] Lee G S, Zones S I. Zeolite SSZ-48: US6080382[P]. 2000-06-27.

[190] Elomari S. Hydrocarbon conversion using zeolite SSZ-53: US6841063[P]. 2005-01-11.

[191] Reynolds Jr R N. Dewaxing process using zeolite SSZ-54: US6793803[P]. 2004-09-21.

[192] Elomari S. Hydrocarbon conversion using zeolite SSZ-57: US6616830[P]. 2003-09-09.

[193] Elomari S. Hydrocarbon conversion using molecular sieve SSZ-63: US6827843[P]. 2004-12-07.

[194] Elomari S. Hydrocarbon conversion using zeolite SSZ-64: US6808620[P]. 2004-10-26.

[195] Benazzi E, Kasztelan S, George-Marchal N. Process for improving the pour point, and a catalyst based on at least one MTT, Ton or Fer zeolite: US6235960[P]. 2001-05-22.

[196] Benazzi E, George-Marchal N, Cseri T. Flexible process for producing base stock and distillates by conversion-hydroisomerisation using a catalyst with low dispersion followed by catalytic dewaxing: US6602402[P]. 2003-08-05.

[197] Souverijns W，Martens J A，Uytterhoeven L，et al. Selective key-lock catalysis in dimethylbranching of alkanes on ton type zeolites[J]. Studies in Surface Science and Catalysis，1997，105(B)：1285-1292.

[198] Munoz Arroyo J A, Martens G G, Froment G F, et al. Hydrocracking and isomerization of *n*-paraffin mixtures and a hydrotreated gasoil on Pt/zsm-22: Confirmation of pore mouth and key-lock catalysis in liquid phase[J]. Applied Catalysis A: General, 2000, 192: 9-22.

[199] Claude M C, Martens J A. Monomethyl-branching of long *n*-alkanes in the range from decane to tetracosane on Pt/ZSM-22 bifunctional catalyst[J]. Journal of Catalysis, 2000, 190(1): 39-48.

[200] Meriaudeau P, Tuan V A, Nghiem V T, et al. Competitive evaluation of the catalytic properties of SAPO-31 and ZSM-48 for the hydroisomerization of *n*-octane[J]. Journal of Catalysis, 1999, 185(2): 435-444.

[201] Maesen Th L, Schenk M, Vlugt T J H, et al. The shape selectivity of paraffin hydroconversion on TON-，MTT- and AEL-type sieves[J]. Journal of Catalysis, 1999, 188: 403-412.

[202] Corma A, Miguel P J, Orchilles A V. Influence of hydrocarbon chain length and zeolite structure on the catalyst activity and deactivation for *n*-alkanes creacking[J]. Applied Catalysis A: General, 1994, 117(1): 29-32.

[203] 王子文，高杰，李洪辉，等. 加氢法生产 HVI Ⅱ/Ⅲ类润滑油基础油的技术途径与实践 [J]. 润滑油，2017, 32(3): 54-57.

[204] 史志胜，丁云集，张深根. 废加氢催化剂的回收现状与研究进展 [J]. 化工进展，2021, 40 (10): 5302-5312.

[205] 杨清河，曾双亲，刘锋，等. 加氢催化剂全生命周期绿色供应链技术的研发 [J]. 石油炼制与化工，2022, 53(3): 1-8.

[206] 闫乃锋，廖勇，赵世勤. RN-1 加氢精制催化剂的器外再生 [J]. 工业催化，2003, 11(4): 30-31.

[207] 郑选建. 加氢精制催化剂 RS-1000 器外再生技术应用及效果 [J]. 中外能源，2011, 16(6): 84-87.

[208] 贾燕子，刘滨，杨清河，等. 固定床渣油加氢脱硫脱残炭催化剂的再生条件 [J]. 石油学报（石油加工），2021, 37(4): 789-797.

[209] 马莉莉，胡宇辉，王雪梅，等. 含油量对加氢催化剂再生的影响 [J]. 工业催化，2004, 14(增刊):173-176.

[210] 黄卫国，李洪宝，王鲁强，等. 加氢补充精制贵金属催化剂 RLF-10L 的活性恢复研究 [J]. 石油炼制与化工，2019, 50(11): 26-29.

[211] 梁相程，王继锋，喻正南，等. 几种加氢裂化催化剂的失活与再生研究 [J]. 石油化工高等学校学报，2002, 15(4): 29-33.

[212] 孙万付，马波，张喜文，等. 工业 Mo-Ni/USY-Al₂O₃ 失活催化剂的再生行为 [J]. 催化学报，2000, 21(2): 156-160.

[213] 李大东，聂红，孙丽丽. 加氢处理工艺与工程 [M]. 2 版. 北京：中国石化出版社，2016: 597-611.

[214] 王丽娟. 失活加氢处理催化剂的再生与金属回收综合利用发展趋势 [J]. 当代化工，2012, 41(4): 387-390.

[215] 孙晓雪，刘仲能，杨为民. 废弃负载型加氢处理催化剂金属回收技术进展 [J]. 化工进展，2016, 35(6):

1894-1904.

[216] 祁兴维，林爽. 废加氢催化剂中金属钼回收技术研究 [J]. 当代化工，2019, 48(4): 775-777.

[217] 王淑芳，马成兵，袁应斌. 从重油加氢脱硫废催化剂中回收钼和钒的研究 [J]. 中国钼业，2007, 31(6): 24-26.

[218] 谢美求，陈坚，熊学良，等. 废钨 - 镍型加氢催化剂中综合回收有价金属的研究 [J]. 金属材料与冶金工程，2007, 35(5): 10-14.

[219] 王成彦，杨成，张家靓，等. 废加氢催化剂还原熔炼回收有价金属试验 [J]. 有色金属（冶炼部分），2019, 9: 12-17.

[220] 徐筱竹，张芸，高秋凤，等. 加氢脱硫废金属催化剂回收生产过程生命周期评价 [J]. 环境工程，2022, 40(8):185-190.

本书缩写符号表

BTX	benzene toluene xylene	苯、甲苯、二甲苯
CFD	computational fluid dynamics	计算流体力学
COD	chemical oxygen demand	化学需氧量
DCC	deep catalytic cracking	深度催化裂解
DLS	dynamic light scattering	动态光散射
FAU	faujasite	八面沸石
FCC	fluid catalytic cracking	流化催化裂化
FTIR	Fourier transform infrared spectrometer	傅里叶变换红外光谱仪
HCO	heavy cycle oil	重循环油
LCO	light cycle oil	轻循环油
LPG	liquefied petroleum Gas	液化石油气
LTAG	LCO(light cycle oil) to aromatics and gasoline	轻循环油转化芳烃和汽油
MAT	micro-activity test	微反活性测试
MFI	mobil-type five	美孚五号
MOFs	metal organic frameworks	金属有机框架材料
NMR	nuclear magnetic resonance spectroscopy	核磁共振波谱法
SEM	scanning electron microscope	扫描电子显微镜
TEM	transmission electron microscope	透射电子显微镜
XRD	X-ray diffraction	X射线衍射

索引

B

半再生重整 010, 126

焙烧 133

焙烧气氛 079

焙烧温度 080

比表面积 027

吡啶吸附 137

丙烷脱氢 131

丙烷脱氢制丙烯 078

丙烯 104, 277

丙烯环氧化 117

丙烯直接环氧化工艺 118

铂簇 140

铂铼双金属催化剂 123

铂锡双金属催化剂 123

C

残炭 146

超低压连续重整装置 127

超深度脱硫 327, 331, 332

超稳 Y 型分子筛 099, 100, 112

超稳改性 233

成型 024

成型方法 072

程序升温还原 145

程序升温脱附 145

程序升温氧化 145

持氯能力 152

重整催化剂 122

催化材料 002

催化剂 166, 255

催化剂还原 149

催化剂级配装填 336

催化剂胶体 257

催化剂梯级匹配体系 353

催化剂中毒 125

催化加氢 296

催化裂化 012, 104, 222

催化裂化柴油 268, 330

催化裂化催化剂 024, 109

催化裂解 271

催化氧化 116

催化重整 009, 122

催化重整催化剂 024

D

大型化 083

待生催化剂　150

待再生催化剂　364

单分子反应　108

蛋黄型分布　322

氮气吸脱附（BET）表征　104

导向剂　201

低氢耗　015

低碳烷烃　103

低碳烯烃　097, 240, 271

低温氧化铝　024

低载体堆密度　339

滴定成型法　074

电子显微镜　140

电子效应　138

断侧链反应　342

堆叠层数　300

堆积方式　024

对二甲苯　199

多产化工原料　296, 351

多级孔　101, 241

多级孔材料　186

多级孔分子筛　344

多相催化　002

多效助剂　287

E

二次反应　107

二次晶化　204

二甲苯异构化　167

二氧化硅　007

二氧化钛　008

F

反应动力学　288, 339

反应机理　168

芳烃联合装置　166

芳烃潜含量　341

芳烃异构　010

芳烃指数　341

沸石　090

费－托合成蜡　362

分散活性组分　024

分子炼油　369

分子筛　006, 090, 166, 222

分子筛改性　094

分子筛后处理　192

G

改性　005

干点　354

干燥　133

高固含量　257

高硅丝光沸石　196

高含酸原油　264

高活性金属利用率　339

高活性稳定性　339

高角环形暗场成像技术　140

高岭土　245

高温氧化铝　024

高辛烷值汽油　109

隔离活性相　310

工业应用　182

共沉淀　038, 132

共沸蒸馏　069

构效关系　327

固定床加氢技术　339

硅铝比　197

硅溶胶　253

硅烷化　181

贵金属铂　122

贵金属型助燃剂　278

滚球成型　204

锅炉　286

H

化学改性　036, 048

化学气相沉积　181

化学稳定性　024

化学吸附　141

化学液相沉积　181

还原　133

还原峰　145

环己酮氨肟化　117

环境友好　025

回收与利用　362

回收再利用　016

活性　013, 327

活性材料　222

活性位　314

活性相　314

活性相稳定　014

活性相形貌结构　298

活性中心　010, 154, 328

火法（高温）冶金　366

J

机械强度　024

积炭　010, 146, 330

基质材料　222

基质黏结剂　024

基质小球　203

几何效应　138

挤出成型　025

挤条机　072

加氢处理　296

加氢催化　013, 024

加氢催化剂　296

加氢功能　015

加氢裂化　112, 113, 296

加氢裂化催化剂　351

加氢脱氮　332

加氢脱硫　261, 302, 332

加氢异构脱蜡技术　356

甲苯歧化　010, 185

尖晶石结构　031

间二甲苯　199

间歇性的气相超稳工艺　237

减压馏分油　354

减压蒸馏　069

降本增效　155

降低 NO_x 排放助剂　284

降凝　358

焦炭选择性　260

角位　328

节能降耗　353,367

介孔　188

金属沉积　335

金属簇结构　320

金属分散度　135

金属功能　124

金属回收技术　366

金属前驱体　298,305

金属前驱体的分子结构　298

金属有机框架材料　209

金属–载体相互作用　298,326

金属中心　124

浸渍法　132

晶格　031

晶粒尺寸　186

晶面　024

晶体结构　031

精准催化　016

竞争吸附　322,332

竞争吸附剂　132

均裂　314

均匀分布　322

K

开环　342

开环反应　342

抗重金属污染　245

空间限制　311

空心钛硅分子筛　116

孔饱和浸渍法　309

孔道结构　176

孔分布　224

孔结构　024,224

孔径分布集中度　039

孔口催化机理　358

孔体积　027

孔隙　024

孔性质　024

孔直径　038

扩散　189

扩散双电层　253

L

蓝烟拖尾　280

累托土　247

离心喷雾干燥　077

离子交换　205

立方密堆积　031

立式管式炉　081

粒子生长　025

连续（再生）重整　010,126

连续化气相超稳工艺　237

连续稳定　025

裂化　058

裂化功能　015

裂化能力　242

临氢异构化反应　358

临氢异构降凝　113

磷改性　110

磷酸铝溶胶　252

流化催化裂化　098

硫边　328

硫化　125, 307

硫化过程参数　298

硫酸铝法　025

硫转移剂　280

铝溶胶　250

铝盐中和法　071

绿色催化剂　016

绿色低碳发展　017

绿色环保　083

氯化　147

M

模板导向　311

模拟移动　200

钼边　328

N

纳米分子筛　186

纳米氧化镁　306

内扩散　224

拟薄水铝石　004, 249

逆流连续重整　127

黏度指数　358, 361

黏结剂　190, 222

黏土　222

黏土矿物　245

柠檬酸　302

P

喷雾成型　025

喷雾干燥机　076

片晶尺寸　300

平衡剂　273

Q

气相法超稳　236

汽油辛烷值　258

器内再生　151, 363

器外再生　151, 363

强亲水性能　024

羟基　024, 298

轻循环油　354

轻质芳烃　268

氢耗　330

氢氧滴定法　143

氢氧化铝　024

氢氧化铝胶溶油氨柱成球法　130

氢转移　108

清洁燃料　017

清洁油品　013, 327

球差矫正扫描透射电子显微技术　320

全生命周期绿色供应链　368

缺陷位　037

R

热处理　040, 323

热风循环式网带炉　081

热辐射式网带炉　081

热力学平衡　174

热稳定性　024

热油柱成型法　075

容炭能力　156

软模板法　194

润滑油基础油　356

润滑油异构脱蜡　113, 356

S

三水氧化铝　065

筛分效应　209

烧焦过程　146

深度芳烃饱和　331

失活　330

湿法洗涤　280

湿法冶金　366

石脑油　122

石油化工　002

石油炼制　004, 255

双分子反应　108

双功能催化剂　010, 124

水氯活化　133

水热处理　040, 041

水热法超稳　234

水热合成法　193

水热晶化法　193

水热稳定性　155

水蒸气处理　198

丝光沸石　011, 176

丝钠铝石　067

四氢萘　112, 344

酸量　350

酸强度　350

酸性　005, 177, 224

酸性材料　326

酸性功能　124

酸性中心　024, 124

T

塔底油转化助剂　267

拓扑结构　210

钛铝复合氧化物　053

碳化法　025, 065

碳纳米管　307

碳四烯烃　269

碳正离子迁移　172

梯级利用技术　365

天然黏土　242

调和组分　109

调整柴汽比　351

脱硫塔　286

脱铝补硅　228

脱水活化　205

脱水温度　024

脱硝助剂　283

W

外扩散　224

外排废水盐含量　280

烷基化　115

烷基转移　010, 185

烷氧基铝　025

烷氧基铝水解法　025

微反活性　254

微孔材料　090

稳定汽油　259

稳定性　327

X

吸附分离　010, 199

吸附剂　024, 166

吸附剂制造　203

吸附性能　024

吸附选择性　203

吸水率　321

稀土型 Y 型分子筛　098

箱式炉　081

辛烷值　009

辛烷值助剂　102

形貌控制　189

修饰载体表面　310

选择性　013, 327

选择性催化还原　281

选择性加氢脱硫技术　329

选择性脱氢　105

选择性吸附机制　202

Y

压缩成型　025

研究法辛烷值（RON）　155

氧化安定性　361

氧化锆　008

氧化铝　004, 024, 026

氧化铝载体　134

液化气　269

液相法超稳　235

一水氧化铝　024

移动床反应工艺　126

移动床工艺技术　131

乙苯　114

乙苯脱乙基型　167

乙苯异构化　171

乙苯转化　167

乙烯　277

乙烯裂解　352

乙烯与苯液相烷基化　114

异丙苯裂化　239

异丁烯　108

异构和裂化反应　344

异构化　058

异构脱硫　059

异裂　314

硬模板法　194

油氨柱成型法　074

油化一体化　296

预硫化　150

原生积炭　310

Z

杂原子　196

再生　362

载体　024,128

载体的表面结构性质　298

择形催化　093

渣油加氢　014

蒸汽裂解　352

直接脱硫　059,330

直馏柴油　330

重油催化裂化　101

重油高效转化　334

重油裂化　262

重油裂解　099

重油转化　013

重质芳烃原料轻质化　196

转动成型　025

转盘式滚球机　073

转筒式成球机　073

组分炼油　158

其他

1-甲基萘　342

Brønsted 酸　024

BTX 轻质芳烃　270

BTX 选择性　350

C8 芳烃异构化　167

CO 桥式吸附　138

CO 探针吸附原位红外　138

CO 线式吸附　138

CO 助燃剂　278

DCC　277

EU-1　176

FAU　200

FAU 结构分子筛　225

H/Pt 化学计量比　142

HSX　200

HTS 分子筛　116,117

Lewis 酸　024

LSX　200

LTA（LCO to light aromatics）技术　270

LTAG 技术　268

MCM-22 分子筛　096,114

MFI 结构分子筛　224

MOFs　209

MSX　200

Pt-Sn 合金　141

Pt 纳米簇　140

RAX　207

REY 分子筛　102

RIC　184

SKI　182

TS-1 分子筛　116

X 射线衍射　139

X 射线衍射线宽化技术　139

X 型分子筛　200

Y 型分子筛　006, 095, 098, 099, 112, 200

Zeta 电位　252

ZIP 分子筛　113

ZRP 分子筛　104

ZSM-22　097

ZSM-22 分子筛　097, 113

ZSM-5　011, 176

ZSM-5 分子筛　091, 095, 102, 103

β 沸石　011, 186

β 型分子筛　006, 096, 109, 110, 114, 115

γ-Al_2O_3　122